认识数字影像

[美] 布莱恩·布朗◎著
李勇 译
Blain Brown

The Filmmaker's Guide to Digital Imaging

数字摄影、影像控制
和工作流程

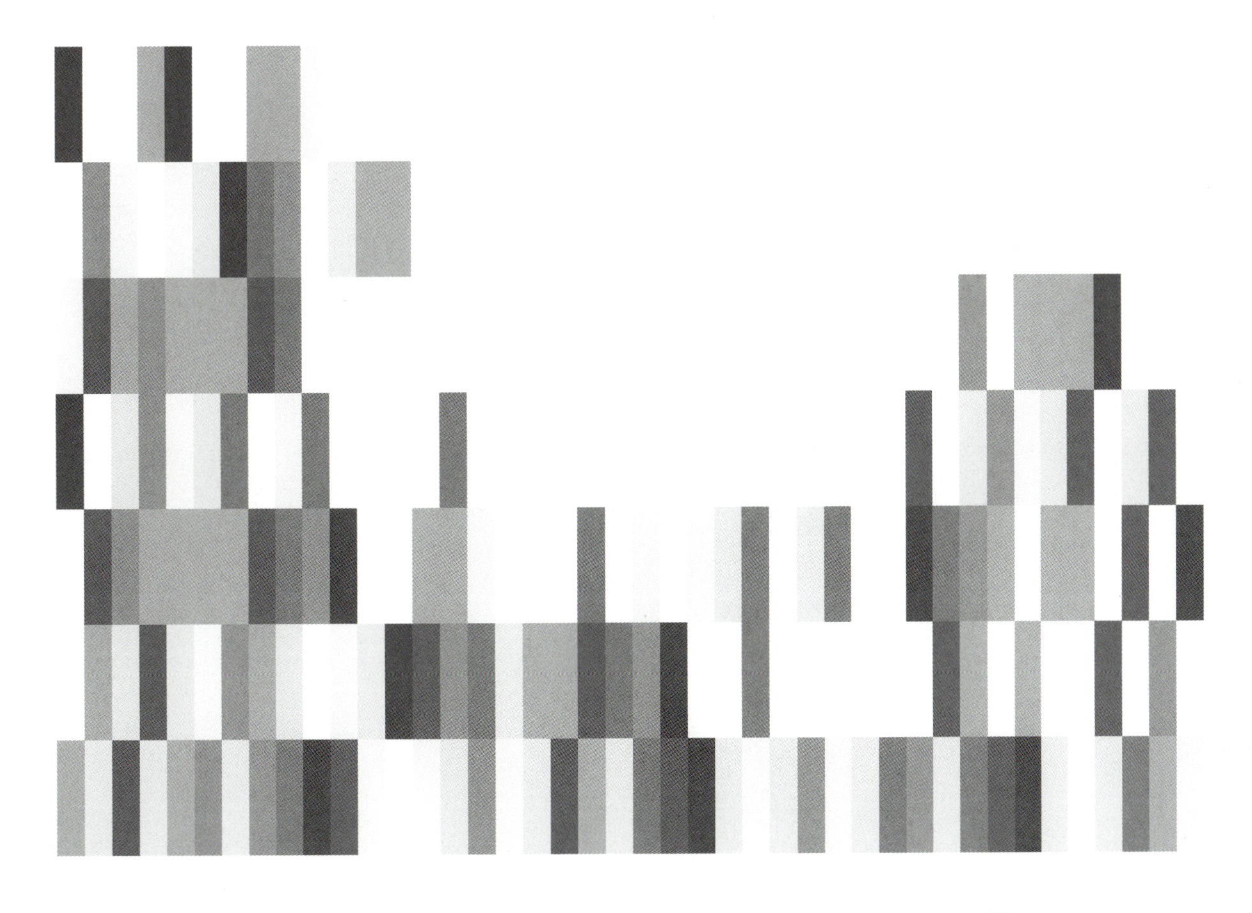

后浪电影学院 203
POST WAVE FILM ACADEMY

北京时代华文书局

献　词

感谢我的妻子埃达·普利尼·布朗（Ada Pullini Brown），
是她使这一切成为可能。
感谢奥斯古德（Osgood）让一切平静下来。

目录

第 6 章　数字色彩　173

前言　这是一个全新的世界

自有声电影诞生以来，电影制作的世界还从未改变得如此迅速和彻底。短短几年之内，数字化的采集和传输方式彻底改变了我们做事的方式。就在几年前，那些制造过最好的胶片摄影机且拥有卓越工程技术及软件设计的公司，联合那些几十年来一直制造顶级视频设备的公司推出了一些摄影机①，这些摄影机所完成的工作是从前根本想象不到的（至少是很难想象的）。这带来了两种结果：第一，电影摄影师们获得了各种各样的新工具来完成拍摄，如摄影机、软件、监视器，等等；第二，随之而来的是有大量的新知识需要学习。想要成为一名电影摄影师并且在这一领域不断取得进步总是需要大量的学习和多年的实践经验，但在大多数情况下，一旦你学会了这门手艺，你就相当于已经做好了付诸工作的准备。当然，这其中总会有些新玩意儿供你使用：镜头、照明设备、升降设备、锁紧装置等（总之，你必须要始终不断努力才能在这一领域做得越来越好）。但这些新技术都是在现有技术的基础上进行的改进——所以其实它们并不难掌握。然而数字化是一袋全新的豆子，无论你是一位正在向数字化过渡的电影摄影师，还是刚刚进入这一领域，都有大量的信息需要吸收。

① 原著中机器统一使用了camera一词，在翻译过程中为配合国内的称呼习惯，有时把用于拍摄电影的高端数字摄像机称为“数字摄影机”，但在行文中为保持概念上的连贯，有时也将其简称为摄像机。（本书注释若无特别说明，均为译者注）

有两种途径可以使你成为一个数字电影制作者：你可以不断地工作，学习有关摄影机、传感器、软件和技术的一切；或者你也可以只是说，“我按红色按钮来记录，对吧？”既然你正在读这本书，那我还是建议你做第一种选择。让我们开始学习吧！

第1章

图像传感器和摄像机

sensors & cameras

1.1 数字信号的通道

让我们来看看在现代数字摄影机中图像是如何被获取并记录的。我们先来做一个快速的概述，随后将在本章和其他章节中做更详细的阐述。

镜头将现实场景中的景物成像在图像传感器上，图像传感器可以同比例地把光信号转换为电流信号。传感器上的电压变化是模拟量，所以要做的第一步处理是把这个模拟信号数字化，这是由模数转换器（ADC 或 A-to-D）来实现的。

1.1.1 数字信号处理器

从模数转换器出来的数据随后进入摄像机内的数字信号处理器（DSP）中。目前的视频图像是一个用比特位（bit）表示的数字编码流（digital code values），而不是一个模拟电子信号（由于模数转换器的作用）。数字信号处理器使用了许多算法，这些算法既为信号更进一步被使用提供了条件，而且也对信号实施了我们可能需要的任何调整。这些算法可能包括如色彩平衡、伽马校正、色彩调整、增益等，这些调整可以利用摄影机上的开关或按钮进行控制（我们将其统称为旋钮），或者更多是通过机内的菜单进行调整。所有这些我们将在下一章节进行详细讨论。

数字信号处理器实际上做了两种不同的工作，其中一些操作可能包括色彩校正矩阵变换、伽马校正、线性对数转换、拐点调整——所有这些我们将会有更详细的探讨。大多数拍摄 RAW 格式的摄影机在记录影像时都不会对影像进行如色彩平衡、反差改变等调整。这些调整的选择被单独记录在元数据中（详见“元数据和时间码”一章）。有些例外的情况我们稍后再谈。顺便说一下，RAW不是首字母缩写，它不代表任何东西。另外书写它时全用大写字母也是整个行业的惯例。RAW 将是一个我们需要大量谈论的概念，因为它已经成为数字电影制作的一个重要组成部分。

矩阵编码

矩阵的概念将深入覆盖整个“数字色彩”一章，但我们需要在这里简单地提到它，以便我们更清楚地谈论在相机的前端发生了什么。如果你使用过较早的高清摄像机，或者是几种当下的机型，你就应该知道在机器的菜单里有“矩阵”这一选项，它用以对影像的色彩进行调整，它调整的是比我们通常所说的跟偏冷或偏暖、偏品红或偏绿相关的白平衡更为特殊的色彩改动。

1.2 高清和超高清

我们将讨论两种类型的摄像机：高清（HD）和超高清（UHD）。高清摄像机基本上指的是第一代超过标清摄像机的摄像机，标清摄像机在电视出现时就已经出现了，标清有 480 条水平线（美国）或 576 条水平线（欧洲）。高清被认为是任何比标清分辨率高的标准，但通常 720 条水平线被认为是达到高清的最低标准。高清有几种不同的格式，但最为人熟知的是 1920 × 1080 像素和 1280 × 720 像素。超高清摄像机是当下新一代的摄像机，正如我们马上要看到的，它们能够记录更高清晰度的信号。

1.2.1 高清记录

传统的高清摄像机所采用的基本设计如图 1.1 所示。由场景所发射的光子被镜头汇聚至图像传感器的感光单元上，数字影像信号自此开始流动。有几种不同类型的图像传感器，我们将在本章的后面进行讨论。尽管类型不同，但所有的图像传感器都按照相同的原理进行工作：它们把由镜头（光学的）所形成的图像（光子）转换为电子信号（电子）。图像传感器本质上是模拟设备，它产生模拟的电信号，然后模数转换器将其转换为数字信号。

图 1.1（上） 常规摄像机的信号通道，包括对影像的“旋钮”控制和机内控制，这些调整在影像被记录的同时“烧入”影像。

图 1.2（下） 使用 RAW 记录的摄像机的信号通道——对影像的调整没有被“烧入”影像，而是伴随着影像作为元数据被记录下来。

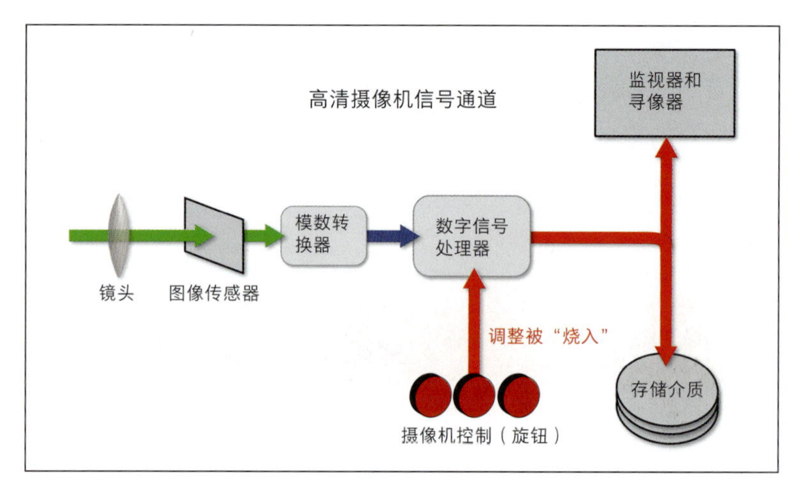

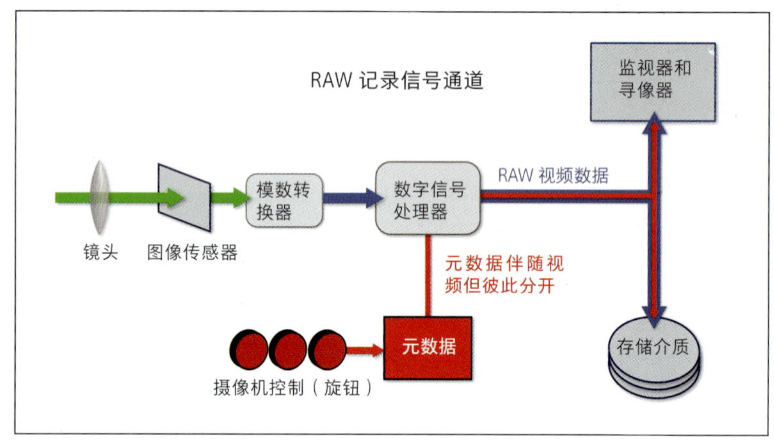

这些数字信号之后流入摄像机内的数字信号处理器（如图 1.1 和图 1.2 所示）。对于大多数传统的高清摄像机来说，与被记录的信号相同的信号会同时被传送到寻像器和其他外部监视器上，尽管有些寻像器降低了信号的分辨率。这种类型的摄像机在 2000 年左右被首次使用。传统的高清摄像机可以对影像进行很多调整，既可以用开关、选择轮、拨盘，也可以用菜单——这被称为“旋钮”式调节。这些调节可以针对伽马（也称为中间影调或中间范围）、色彩、高光（拐点）、阴影（趾部）和影像的其他一些方面进行。一旦选择了这些更改，就会以这种方式记录视频，我们称此方式为“烧入”[①]——信号一旦以此方式被记录，之后将很难得到还原。

① “baked in”，其中“bake”一词原意为“烘焙”，在国内影视行业内俗称为“烧入”。

1.2.2 RAW 记录和“烧入”记录的比较

第二次革命发生在几年后，汤普森（Thompson）公司推出了 Viper Filmstream 数字摄影机，紧随其后的是 Dalsa 公司[②]和阿

② Dalsa 公司推出的机型是 Dalsa Origin。

图 1.3 一台阿莱的爱丽莎（Alexa）为机器测试所做的设置。在这种情况下，机器的色平衡值通过菜单被调整。有趣的是，大多数（不是所有）现代数字摄影机，如这台机器一样，拥有极少的按钮、开关和旋钮。甚至与过去的摄像机相比，其菜单也不是特别复杂。

莱（Arri）公司推出的数字摄影机（如图 1.3 所示）[①]，后来又有了 RedOne[②]。这是第一批输出原始数据 RAW 且不使用磁带记录（直接将数字文件传送到硬盘或闪存，而不是录像带）的拍摄系统。在过去的几年中，专业领域内发生了几乎彻底的改变，可以在无磁带的工作流程中拍摄和记录原始视频数据。电影制作人曾经为磁带引起的信号丢失、卡带以及其他一些故障而产生的烦恼从此将不复存在。正如我们已经提到的，原始数据图像采集意味着来自图像传感器的数据仅经过极小的“非人为”变换被记录下来，或者有时就连这种极小的变换都不存在（具体情况取决于摄像机和使用者的选择）。

大多数摄像机仍然允许使用者在色彩矩阵、伽马和其他一些重要的影像特性方面进行调整，但与传统高清摄像机最大的区别在于，这些操作实际上并不是作为视频信号的一部分来记录的——它们仅仅作为元数据记录。本质上说，元数据是对视频场景的一种注释，它们在后期可以被随意地改变。原始数据则被看作是“电子负片”。在使用胶片进行拍摄时，负片作为影像记录的最前沿直接记录来自镜头的影像——在随后的冲印过程中会进行精确的色彩平衡和曝光控制等调整。

拍摄原始数据的数字摄影机的确具备一些影像调节功能，视频软件开发人员斯图·马施威茨（Stu Maschwitz）曾这样说道：“调整数字电影摄影机上的图像设置就像如何在移动着的面包车里把家

① 如阿莱的 D-20 和 D-21 数字摄影机。

② 可参阅网址：http://www.red.com。

具布置得更好看。”其实我们有很充分的理由在拍摄现场对影像做出调整，因为摄影指导和导演需要在现场的监视器上得到一个能反映他们关于某一场景的艺术创作倾向的画面。另外，如果没有摄影指导和导演添加的这个对画面的调整，那些稍后观看画面的人将不知道创作团队的意图是什么。最后，创建在视频文件里的画面效果将会传送到剪辑师那里（即使画面并没有被添加任何观看效果），这些画面将被导演、剪辑师和其他工作人员数周或数月地观看。大家往往只是“爱上”某种效果，可能会完全忘记原来的意图。正如我们稍后要讨论的，这些已经被开发出来的技术就是要用以确保摄影指导（或者甚至是导演）始终可以对影片的最终画面效果产生重要的影响，即使他或她在后期制作过程中并不在场。

1.2.3 拍摄 RAW 格式的摄像机的信号通道

在拍摄 RAW 格式的摄像机中，信号的通道与传统的高清摄像机并不相同（如图 1.2 所示）。被记录在存储介质（硬盘、闪存卡或其他）上的就是没有经过任何“创造性”调整的原始 RAW 信号。这就是使拍摄 RAW 格式的摄像机与之前的摄像机如此不同的原因。它意味着那些重要的影像特征，如感光度、白平衡、伽马、高光和暗部调节、色彩变换，可以在后期自由地进行改变并且不会对影像质量产生任何消极的影响。当然也存在一些例外的情况，这取决于机器的制造商，比如有些机器在拍摄时会把感光度和白平衡“烧入”信号。[①]这就是为什么不可能精确地界定 RAW 格式拍摄。所以许多摄影指导也发出警告说不要认为你拍摄的是 RAW 就觉得“一切都能在后期得到修复”。这对于新入行的电影制作者而言是相当危险的，因为他们总是会说“我们会在后期修复它”。

① 比如佳能 C 系列摄影机。

另外需要特别指出的是，记录的信号中的有些方面是影像的不可分离的组成部分：帧频（frame rate，也称帧率）、压缩比（compression ratio）、时基（time base，比如每秒 24 帧），一旦场景被拍摄，这些指标将无法被改变，或者至少需要做大量的工作才能去改变。正如之前提到的，许多情况下，RAW 数据是以对数方式记录的（可参考“线性、伽马、对数”一章），并且通常会带有一定程度的压缩——比如 Red 摄影机，拥有的最小压缩比为 3∶1，Red 公司声称这一压缩在视觉上是毫无损失的。

1.3 观看流

通过数字信号处理器后，信号开始分离：它既被传输到摄影机的记录部分，同时也被传送到外部监视设备上。许多情况下，用以观看的和用以记录的输出信号是不同的，而且这些用以观看的输出信号会有不同的视频格式。比如，有些摄像机上的寻像器无法显示1080的高清信号，那么它们有可能就只输出720的高清信号。

由摄像机输出到监视器上的有可能是SDI（serial digital interface，串行数字接口）信号、HDMI[1]信号、复合信号或分量信号，高端专业的数字摄影机通常有各种不同用途的输出。

① high definition multimedia interface，高清多媒体接口。

以Red数字摄影机的情况为例，监视信号通道是把来自图像传感器的16比特RAW原始信号数据转换为经过白平衡调整的10比特1080线、色彩采样比为4：4：4的视频信号。这一影像是经过了感光度、白平衡或其他色空间调整的用以提供给寻像器和监视器的信号。其他类型的摄像机提供不同的监视信号，但普遍都经过了一些不同程度的变换。还有一些数字摄影机像胶片摄影机一样具有传统的光学取景系统，也就是说，拍摄者在寻像器里看到的是实际场景的纯光学影像。

1.3.1 像　素

pixel（像素）一词代表的是picture element（图像的元素），或可理解为pix-el（与我们所知的乔・艾尔[2]无关）。这个词起源于20世纪60年代，其确切来源尚不清楚。像素的真正含义是单个点的色彩信息。像素没有固定的尺寸。比如，同一图像在计算机显示器上显示时可能有非常小的像素，但当在影院银幕上投影时，像素的尺寸将变得相当大。我们之所以感觉不到这些作为画面元素的大尺寸的像素的原因是观看距离——在影院里，观众和银幕间的距离比较远，这就是为什么当为测试摄影机拍摄的画面投影到银幕上时，你经常会看到影像专家们会走到屏幕前去近距离观察它的原因（如图1.4所示）。当然，越小的像素（因此在同样尺寸的画面中像素的数量就越多）就会带来越清晰越锐利的影像外观。这是图像分辨率的基本概念，尽管分辨率远不止有多少像素这么简单。在其他条件相同的情况下，更多的像素就意味着更高的分辨率，但其他条

② Jor-El，DC超级英雄漫画系列《超人》中的人物，主角超人的生父。——编者注

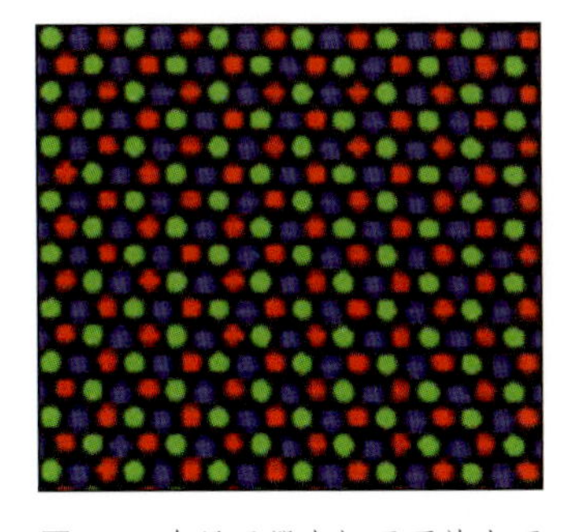

图1.4 在显示器上把画面放大可以看到像素的结构。这对于理解像素和感光点的不同是非常重要的（如图1.12所示）。感光点是图像传感器上的物理点，当来自感光点的数据被以色彩来解释时才会产生像素。

件往往是不同的。在高清和超高清视频中，像素是正方形的。我们马上就要讨论感光点（photosite）的概念，感光点和像素是完全不同的两个概念。[①]

① 像素可以理解为是感光点的不同组合方式，一个像素至少是由三个以上（包括三个）的感光点组成的。

分辨率

某一设备（如数字监视器或摄像机图像传感器）的分辨率有时被定义为每个维度中可显示或捕获到的不同像素的数目。有些情况下，它是以百万像素（megapixels）来计量的，至少全世界的数码照相机是这样——一个百万像素等于一百万个像素。但百万像素这个名词几乎没有在我们正在讨论的视频摄像机上使用过。因为在某些情况下，对图像传感器的测量结果可能并不同于摄像机的最终输出。如何计算图像传感器的像素，是存在着一些不同选择的。

另外，像素的数量并不是决定分辨率的唯一因素，反差也是一个重要的决定因素。图像处理软件开发者格雷姆·纳特雷斯（Graeme Nattress）在他的一篇名为《理解分辨率》（"Understanding Resolution"）的文章里说："我们对细节的总体感知不仅仅依赖最细微的影像特征，还与影像的所有特征尺寸所组成的特征全谱的再现效果有关。对于任何光学系统，这些尺寸之间都是相互关联的。尺寸越大的特征，比如树干，就越能保留景物原始的反差。尺寸越小的特征，如树干上树皮的纹理，就越容易降低反差。[②] 分辨率只是对影像最小特征的描述，比如木纹，在所有的对比消失之前，它们仍然保留着可辨的细节。"他还补充道："分辨率不同于锐度，尽管一个高分辨率的影像可能会显得比较锐利，但这不是必然的，而且一个影像看起来锐利也不一定拥有很高的分辨率。我们对分辨率的感知与图像的对比度有着内在的联系。对于同一个影像而言，反差低总比反差高看起来显得柔和。我们的眼睛是通过物体边缘处形成的对比来看到边缘和细节的。"

② 这里所说的道理其实可以用MTF（调制传递函数）曲线来表示。曲线的横坐标代表空间频率，即影像特征的尺寸，从左向右尺寸渐小，也就是空间频率渐大。纵坐标则代表调制度，即影像反差对景物反差的还原度，其数值在0和1之间。一般光学系统都是随着空间频率的渐大而调制度渐小的。

1.3.2 数字化

数字化的关键要素是每帧的像素数、每个像素的比特数、比特率和视频大小（给定时间帧的文件大小）。数字化是将模拟信息（例如从图像传感器出来的信号）转换为数字比特和字节的过程。

数字化的过程包括以规则的时间间隔来对模拟的波形进行测

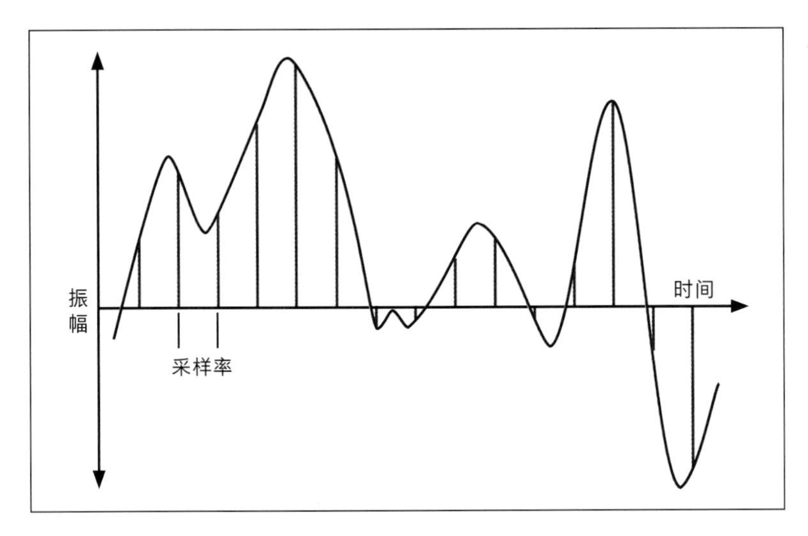

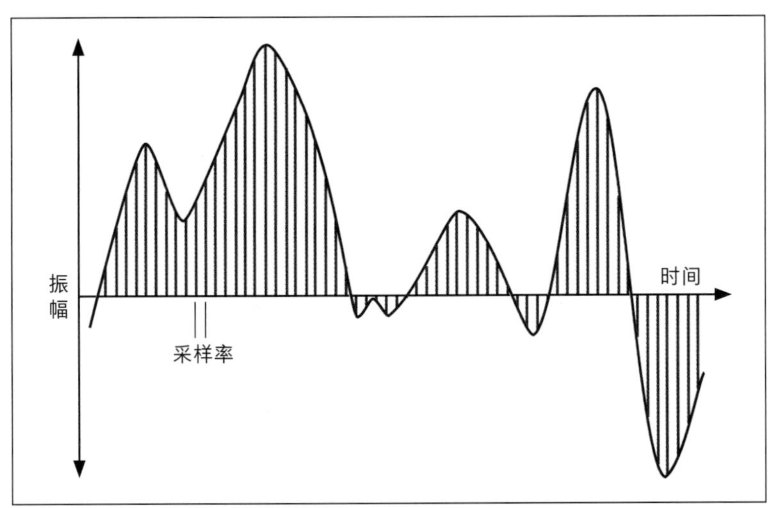

图 1.5（上） 在低采样率下，数字化只给出了原始信号的粗略近似。

图 1.6（下） 较高的采样率会使数字值更接近原始信号。

量，这称为采样（sampling），采样时时间间隔的频率称为采样率（sampling rate），如图 1.5 和图 1.6 所示。正如你所能看到的，如果视频信号每条线的采样频率太低，这个采样的结果就会是相当粗糙的，不能非常精确地表示原始信号。随着采样频率的增加，数字转换变得更加精确。一旦确定了准确表示模拟信号的最小采样率，所使用的实际采样率通常至少是该频率的两倍，这其中的原因跟奈奎斯特采样定理（Nyquist Theorem）有关。

奈奎斯特极限

奈奎斯特极限或奈奎斯特定理是在讨论图像传感器和把视频信号数字化的过程中经常会听到的名词。我们不需要在这里讨论这个定理的数学问题，但是它指出，模拟到数字转换过程中的采样率必须是模拟信号中最高频率的两倍。在视频信号中，最高频率代表着被采样的影像中最精细的细节。如果不遵循这个定理，假频率可能会被引入信号中，它会导致混叠（aliasing）——物体边缘可怕的阶梯状锯齿效应（jagged effect）。有些人错误地认为他们需要把像素增加到分辨率的两倍。但是因为采样理论是指视频图像的频率，视频图像是由一组线对[①]组成的，所以你需要的是像视频图像的线条一样多的采样，而不是两倍于线条的采样。

① 指交替出现的暗线和亮线。——编者注

1.4 光学低通滤波器

光学低通滤波器（OLPF）是用来消除摩尔纹（Moire pattern）的（如图1.7所示），所以它们有时被称为反混叠滤波器（anti-aliasing filter）。它们是由光学石英层制成的，通常会和IR（红外）滤波器在一起，因为硅是传感器的关键部件，对较长波长的光——红外线最敏感。图像传感器会产生摩尔纹的原因主要是因为在色彩滤镜矩阵上的感光点的形状（如图1.12所示）。所以所有类型的图像传感器（包括黑白的）都会受到混叠的影响。当拍摄有图案的物体的影像时，每个感光点都曝光成一种色彩，摄像机利用插值法来计算剩余的信息。感光点滤镜的小图案正是导致摩尔纹的原因——那些比像素更小的细节无法得到正确地解读，于是就产生了错误的细节。作为一种妥协，对低通滤波器的使用会导致影像被细微地柔化。出于这个原因它们有时会被移除，而且对有些机型，使用者还会把它内部调换成其他“等级”的滤镜。低通滤波器的工作原理就是切除最高频率，这导致了任何比像素小的细节都会被柔化（模糊化）。

格雷姆·纳特雷斯这样解释其工作原理：“低通滤波器或反混叠滤波器由两个工作层来进行工作，每一层都将光分解成水平和垂直两个方向[②]，通过将二者结合，你可能得到水平和垂直两个方向的过滤。当太高的频率（太细节的信息）进入采样系统，混叠现象就会发生。”低通滤波器是需要为不同的图像传感器量身定做的，因为不同的图像传感器存在着感光点间距、尺寸等方面的

② 即双折射。

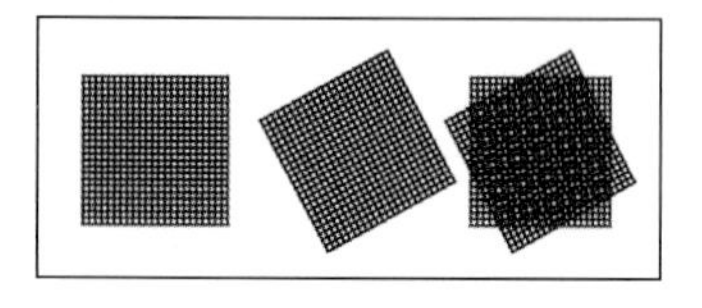

图1.7 一个混叠如何导致摩尔纹的例子。在此，摩尔纹呈现为圆形。

差异。正因如此，它们成为不同制造商所生产的摄像机之间性能差异的重要指标。

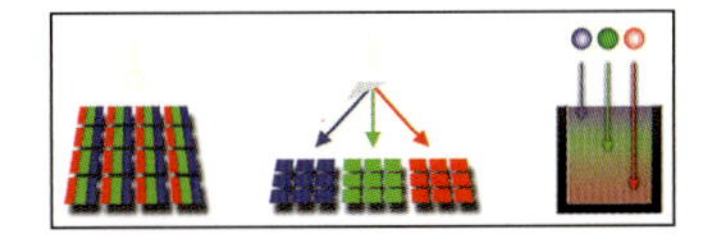

图 1.8 三种基本类型的图像传感器：单片式、三片式、佛文式。

1.5 数字图像传感器

目前摄像机上所使用的主要技术是 CCD 和 CMOS，这是一个竞技舞台，正如所有机器制造公司在这一领域所做的持续研究和开发表明的那样，我们期待未来会有更多的技术革新。在影像质量、低照表现和造价方面，不同类型的图像传感器各有其优缺点（如图 1.8 所示）。自从它们 20 世纪 70 年代被柯达公司发明，数字图像传感器在各个方面都在稳步改进，比如其性能、影像再现质量、制造成本等。

1.5.1 CCD

CCD 代表电荷耦合器件。CCD 其实是模拟设备——光子计量器；它先将光子转换成电荷的积累，然后再将引起的电压转换为数字信息：0 和 1。在 CCD 阵列中，每个像素的电荷被有限的输出连接转移并转化为电压，并作为模拟电子信号传送给数字信号处理器。几乎所有的图像传感器都可以用来捕获光，并且其光电转换的均匀性（影像质量的一个重要指标）是非常高的。每个像素实际上是一个 MOSFET（金属氧化物半导体）。它是一种晶体管，可以是一个放大器也可以是开关。

那么所有这数百万的像素是如何通过一些相对较少的连接点输出它们的信号的呢？这是在数字图像传感器设计之初就构想过的一个机智的处理。硅芯片可以对光做出反应并产生电信号的概念其实很早就已经存在了。看一看老式测光表，令人尊敬的光谱仪（如图 1.9 所示）。它就是一个硅芯片，能够感光并产生一个弱小的可测量的电压。它实际上可看作一个只具有一个感光点的图像传感器。而图像传感器概念的不同是它将大量的这种具有单一感光点的微小传感器集合在一起，以便更加有效地输出它们的信号。可以想象一下，如果所有这些单独的百万像素需要用线连接起来，这将是一个多么复杂的焊接工作啊！

图 1.9 经典光谱仪（为了更好地说明，摘除了乳白泡）其实就是一个单感光点图像传感器——当光照射它时可产生电压。

① 美国百年通讯企业，全球首屈一指的通讯控股公司。

在 AT&T[①] 贝尔实验室工作的乔治・史密斯（George Smith）和威拉德・博伊尔（Willard Boyle）提出了移位寄存器的想法。这个想法本身并不复杂，它就像一个水桶列：每个像素都寄存它自己的电荷，然后把它传输给相邻的像素，依次循环，直到它们到达输出连接点。它们的第一个示范模型只有 8 个像素，但它足以证明目前的机器仍在应用的原理。这两个人因为他们的发明获得了诺贝尔奖。其他公司开发了这个想法并且柯达公司在 1975 年把这一理念用在了它们生产的第一台拥有 100 × 100 像素的数码相机上。

帧转移 CCD

移位寄存器设计的一个缺陷是，当曝光完成后，在信号读出阶段，如果读出的速度不够快，由于光仍然照射在感光点上，就会导致错误的数据产生。这就是为什么画面上的强光点会导致垂直漏光现象（vertical smearing）。另外，在信号读出阶段，图像传感器作为一个影像收集装置，基本不做别的工作。一种更新的设计，叫作帧转移 CCD，就解决了这些问题。它使用了一个隐藏区域，隐藏区域内的存储点和图像传感器的感光点数量一样多。曝光结束后，所有的电荷移入这个隐藏区域内，然后信号读出过程就在没有任何光照的情况下发生了，这也为感光区域的下一个阶段的曝光留出了时间。

1.5.2 CMOS

CMOS 代表互补金属氧化物半导体。通常，由于制造相对简单且因其内部组件较少，CMOS 的价格要低于 CCD。另外，CMOS 耗电也少，且其信号的读取速率（把影像数据传输给机器信号处理部分的速率）也有很大优势。CMOS 的一个变体是背照式（back-illuminated）CMOS。它是由索尼公司研发的，这种传感器改变层的内部排列以提高捕获光子的机会，由此改善了低照表现。

在 CMOS 图像传感器上，每个感光点都有属于自己的电荷 – 电压转换电容，而且传感器往往也包含了放大器、噪波校正和数字化电路，从而使芯片可以用比特输出数字信号（仍然需要进行处理）。这些附加功能增加了复杂性，减少了捕获光的可用总面积。由于每个感光点都要进行自己的转换，所以均匀性要比 CCD 差，但传感器为工作运行所需要的外部电路就要少一些了。

1.5.3 其他类型的图像传感器

还有一些其他类型的图像传感器，它们较少用于数码相机或摄像机。佛文（Foveon）图像传感器有用来感知三原色的三个感光层，相当于感知三原色的单个像素垂直排列在彼此的顶部，这种设计就没必要使用彩色滤光片阵列。结型场效应晶体管（JFET）和CMOS类似，但它使用了不同类型的晶体管。LBCAST代表的是侧向埋入式蓄能器感测晶体管阵列。

1.5.4 三片型图像传感器

自早期的电视到超高清的问世，大多数摄像机都拥有三个单独的图像传感器（通常是CCD）来分别感知红、绿、蓝三种原色光。这种设计可产生高质量的画面。因为要把一个镜头完成的影像分成三个部分，这是用如图1.10所示的棱镜或二向色镜来完成的。为了能让它们聚焦在同一个平面和对齐，三个光路的长度必须严格相同，并且三个图像传感器的位置也必须准确。

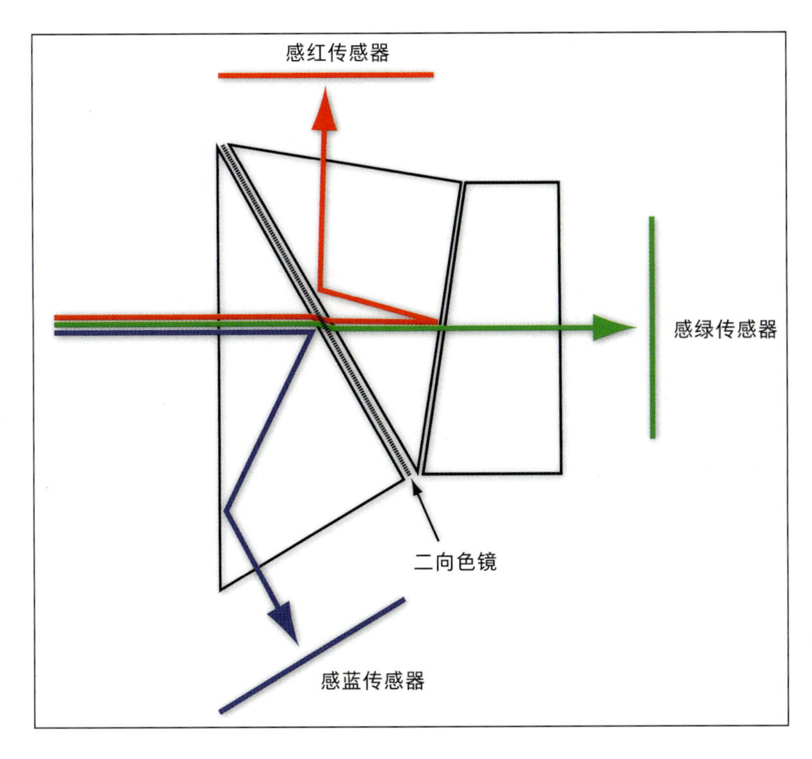

图 1.10 三芯片摄像机的图像传感器安排。由二向色镜或棱镜分离出影像中的红、绿、蓝部分。

1.6 感光点

数字照相机，无论是为视频设计，还是为图片设计，或者二者兼顾，使用数以百万计的微小的感光点组成的阵列来记录影像（如图 1.11、图 1.12 所示）。感光点基本就是光子计数器——它对照射其上的光做出反应，并按比例输出电压。它们只能感觉到光子，并不能感觉到色彩，也就是说对于感光点而言根本不存在“色彩”。当我们说光子没有色彩时意味着什么呢？不同波长的光作用于我们眼睛的锥体细胞从而产生色彩感知。我们将在“数字色彩”一章中更详细地讨论它。

1.6.1 像素和感光点是不一样的东西

人们很容易认为感光点和像素是一回事，但它们不是。由感光点到像素这是一个比较复杂的处理过程。从感光点输出的信号被收集在一起，是未经处理的，形成了摄像机的 RAW 影像。在大多数图像传感器中，相邻感光点输出信号的组合方式是因厂家的不同而不同的。阿莱公司的影像科学工程师约瑟夫·戈德斯通（Joseph Goldstone）这样描述其中的道理：“可以在感光点的阵列（或阵列组，如果摄像机是三片感光芯片的话）和影像的 RGB 像素阵列之间保持 1∶1 的关系[①]，但这是没有必要的。有一些纯粹主义者说，最好和最‘真实’的图像是在 1∶1 的时候产生的，但是有很多好看的图像不是这样的。”他把阿莱的爱丽莎机器作为一个例子：“当使用 2880 × 1620 感光点阵列拍摄情节剧时，感光点会被同时进行彩

① 即一个感光点就是一个像素。

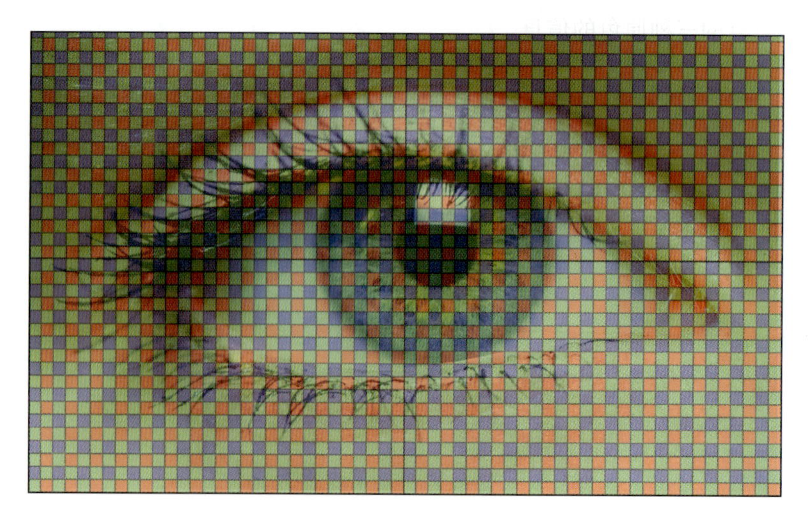

图 1.11 叠加有拜耳滤镜装置的影像。

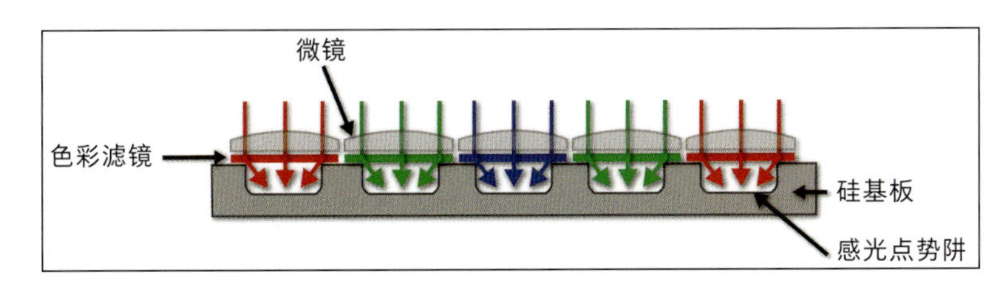

图 1.12　典型单芯片图像传感器色彩滤镜中的红、绿、蓝感光点。

色插值和 3 : 2 比例的下采样，从而产生 1920 × 1080 画面——这是在机器内部发生的，如果你是从 BNC 接口得到高清视频的话。或者，你使用爱丽莎以 ArriRAW 格式拍摄一部故事片，你可以使用 ArriRAW 转换器对它进行彩色插值并把它上变换为 3840 × 2160，也就是被认为的 4K。”

像素可以看作对来自感光点的数据进行处理的结果。在显示设备（比如监视器）上，像素是由次像素组成的——红、绿、蓝在强度上产生变化从而形成宽范围的色彩。

1.6.2　从黑白中创造色彩

感光点并不能分辨每种颜色有多少照射到它身上。也就是说它们只能记录单色灰度图像。为了捕获彩色图像，每个感光点上都需要加一种滤镜，该滤镜只允许某一特定颜色的光线穿过。然而这种分色方法永远不会是充分完全的，总会存在某些颜色重叠的情况。实际上目前所有机器使用的图像传感器上的每个感光点只能捕获三原色中的一种颜色，这就意味着有 2/3 的光线被浪费掉了——因为滤色镜的工作原理是挡掉与其不匹配的波长的光。所以，信号处理电路必须近似计算出其他两种原色信息，以使得每个像素都能得到所有的三种原色的信息。

1.6.3　拜耳滤镜

最常用的色彩滤镜阵列被称为拜耳滤镜或拜耳滤镜色彩阵列。由柯达公司的布赖斯·拜耳博士（Dr. Bryce Bayer）设计的这种滤镜阵列只是色彩滤镜阵列的一种（如图 1.13 和图 1.14 所示），但它已经被广泛地使用在数字摄影机上。这样的图像传感器具有两层：

- 传感器基板，它是一种光敏硅材料，它可以感知光强并将其

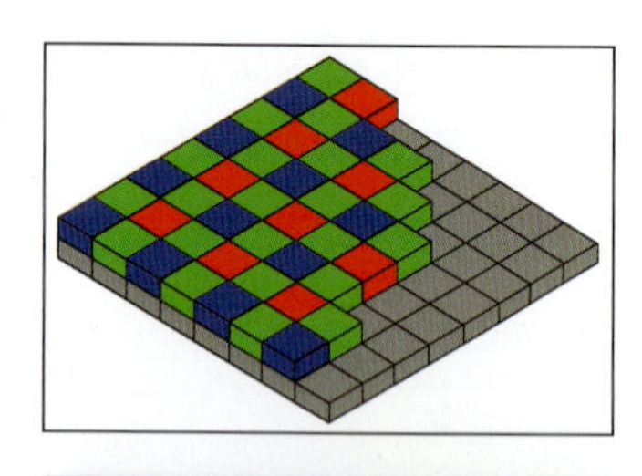

图 1.13（上） 图像传感器上拜耳滤镜的排列。

图 1.14（下） 拜耳滤镜最重要的特征是两个感绿感光点对应一个感红感光点和一个感蓝感光点。当然这只是一种最典型的排列方式，不同机器制造商对此会有不同的改动。

转换为电荷。图像传感器具有微腔（microscopic cavity）或势阱（well），可以捕获入射光并允许它们被测量。每一个微腔或势阱就是一个感光点。

- 拜耳滤镜，它是被绑定在传感器基板上的色彩滤镜阵列。传感器本身只能测量它所收集到的光的光子数量。虽然感光点不能“看见”色彩，但滤镜可以区别波长从而导致色彩产生。

微镜

即使有纳米技术所带来的巨大进步，要想把不同感光点严丝合缝地码在一起几乎是不可能的——感光点之间不可避免地存在着细小的沟。任何照进这个沟的光都是浪费的，因为它对曝光不产生任何作用。微镜阵列（如图 1.12 所示）置于图像传感器的顶部，用以避免那些刚好照射到感光点之间的沟中的光的浪费，使它们要么照到这个感光点上，要么照射到与之相邻的感光点上。每个微镜都会收集到一些损失的光线，让它们的照射方向冲向某一感光点。

1.7 彩色插值和去拜耳

拜耳滤镜或类似的东西存在一个明显的问题：它们是一个彩色像素的马赛克——根本不是原始影像的准确再现。去马赛克（demosaicing），也被称作去拜耳（deBayering），是将图像重新组合为可用状态[①]的处理过程。在这个过程中，每个像素的颜色值通过某种算法被插值。图 1.11 模拟了一个未被去拜耳的影像的样子。有一些软件允许对这一过程进行可控化处理，比如在 RedCine-X Pro 这一软件中，你可以在 1/16、1/8、1/4、1/2 好、1/2 优质或者完全去拜耳之间做出选择（如图 1.15 所示）。这一选择是在你拨动你的输出设定时做出的，因此，不同质量的去拜耳选择将满足你不同类型的影像需求。

格雷姆·纳特雷斯曾说：“为得到 4K 素材，使用完全去拜耳来抽取 4K 分辨率是有必要的。当缩小比例时，它也可用于做最好的 2K。但是，如果你直接想得到 2K，最好的做法是选择一半去拜耳

① 即完整色彩状态。

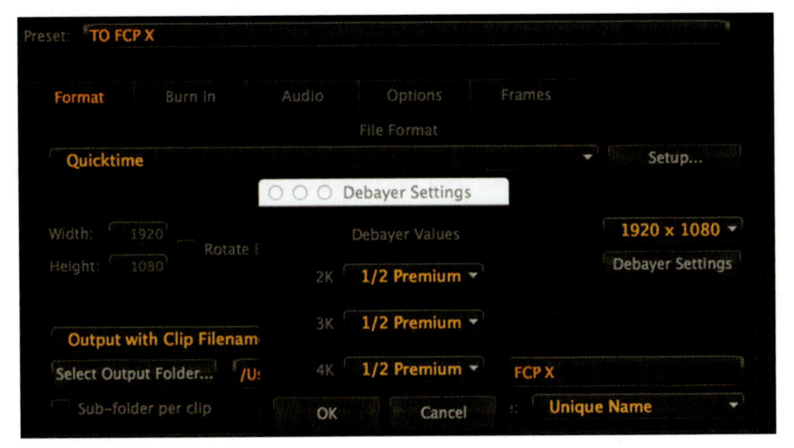

图 1.15 一个通过使用拜耳滤镜记录的影像需要去拜耳，当这一过程在后期完成时通常会有一些选项可供选择。图中所示就是软件 RedCine-X Pro 的选项界面。

抽出完全 4K 后再进一步缩小到 2K，这样速度会快得多。如果你只是想要 2K，那么一半去拜耳就已经很好了，但通过使用完全去拜耳＋比例缩控的方法你可以得到一个百分比或两个以上质量不同的影像。”［格雷姆·纳特雷斯，《供 FCP 使用的胶片效果和转换标准》（*Film Effects and Standards Conversion for FCP*）。］ 在 RedCine-X Pro 软件中还有一个去拜耳选择名叫“Nearest Fit”（最近拟合），它可以自动设定最接近于你所选择的输出分辨率的去拜耳选项。摄影指导阿特·亚当斯（Art Adams）这样描述：“一个好用的经验值是，使用拜耳滤镜的图像传感器会立即降低 20% 的分辨率，因为去拜耳算法会将相邻感光点的颜色混合到不同的像素中。”

1.7.1 彩色插值

基本的拜耳滤镜最引人注目的一点是，它的绿色感光点数量是红色或蓝色的两倍。这是因为人眼对绿光的敏感度要高于红色或蓝色，而且在这一范围内具有更大的分辨率。显然，如果每个感光点只能记录一种颜色的光，那么制作一个完整的彩色图像并不是一件容易的事。要在每个感光点都缺少三分之二色彩数据的情况下来制作一个完整的彩色图像。而且，滤镜不能完全精确地分离颜色，所以总是会有一些溢出和重叠的部分。但是因为有很专业的算法，大多数摄像机（相机）在颜色解释方面做得非常好。

用来去拜耳的方法是相当复杂的（如图 1.16 所示）。在相当简单的模式中，机器把每 2 × 2 个感光点当作一个单元来处理。在感光点阵列的每个子集中，可提供一个红、一个蓝和两个绿感光点，然后，相机可以根据这四个感光点中每一个感光点的光子水平来估计实际颜色。图 1.14 就是这种情况，每个感光点仅包含一个单色信息——红、绿、蓝中的一种。可将它们标注为 G1、B1、R1、G2。当曝光结束时，随着快门关闭，感光点被光子充满，处理电路便开始它们的计算。

以下我们将仔细看一下每个 2×2 的小正方形是如何完成去马赛克的。对于感光点 G1 处的像素，绿色值直接从感光点 G1 中提取，而红色和蓝色值则是从相邻的感光点 R1 和 B1 中推断出来的；在最简单的情况下，这些感光点的值是被直接使用的。在更复杂的算法中，同一颜色的多个相邻感光点可以一起取平均值，或者组合使用其他数学公式以把细节最大化，同时将伪色保持在最低的水准。

根据拜耳模式，如果中间的感光点是绿色的，则周围的感光点将由两个蓝色的感光点、两个红色的感光点和四个绿色的感光点组成。如果中心是一个红色的感光点，其周围就会有四个蓝色的感光点和四个绿色的感光点。如果中间是蓝色的感光点，它将被四个绿色的感光点和四个红色的感光点所包围。一般来说，每个感光点至少被其他八个感光点所使用，这样每个感光点就可以创建一个完整的颜色数据。

以上描述只是举出的一个典型的例子，彩色插值的方法对每个机器制造商都是专有的，因此属于严格保密的商业机密。彩色插值这一处理过程的改进是数字摄像机不断变得越来越好的一个重要部分，同时传感器、压缩和其他因素的改进，包括后期处理也是如此。

有效像素

那处在图像传感器边缘的像素会发生什么呢？——它们不具备插值所需的所有伴随的像素。如果它们是非常边缘的像素，就没有那么多的周边像素可供它们借入信息，因此其颜色数据不会太准确。这是实际像素和有效像素之间的区别。

图像传感器上的实际像素数是像素的总数量。然而，并非所有这些像素都用来形成影像。在形成影像时，机器忽略了那些边缘的像素，但它们的数据被那些离边缘更远的像素使用了。这意味着用于形成图像的每个像素都使用相同数量的像素来创建其颜色数据。

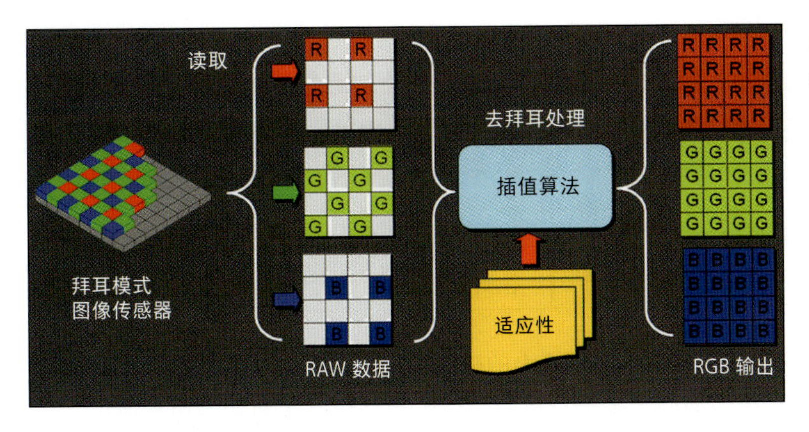

图 1.16 索尼 F65 去拜耳流程图（索尼供图）。

许多“额外的”像素藏在芯片开口的遮罩后面，所以它们不会接收光。但是它们仍然产生一个“暗电流”信号，该信号会随温度变化（除其他因素外），这些“黑色”像素被用于芯片上黑电平的控制和调整。这就是为什么即使在不使用色彩滤镜的三芯片摄像机上，你也会看到实际像素和有效像素在数字上的差别。这也是为什么在机器的性能指标中，你可能会看到“有效像素 1010 万，总像素 1050 万”。这些额外的 40 万像素是用来创建颜色数据信息的，但并不用于形成最终图像的一部分。

1.8 多少像素才够？

计算一个传感器有多少像素会变得有点复杂。你可能会认为一个被列为 2MP① 的传感器每个通道都有 200 万像素：红色、绿色和蓝色。对大部分摄像机而言，情况并非如此。比如对于使用拜耳滤镜模式的机器，绿感光点的数量是红色或蓝色感光点的两倍——这该如何计算像素数量呢？每家机器制造商都在如何计算总像素数方面有不同的选择。在此没有一个全行业的统一标准。然而，与数码相机不同的是，在讨论摄像机时很少使用百万像素的计数方式。摄像机往往采用画面水平方向的像素数量作为计量方式——比如 1920、2K、4K、5K 等。

① 百万像素的缩写。——编者注

1.8.1 为了 4K 的 5K

有些摄像机可以以 5K、6K 或者更高分辨率进行拍摄，但目前没有支持这种素材的显示器或投影仪，为什么？它可以被认为

图 1.17 索尼的设计允许更密集的感光点排列（索尼供图）。

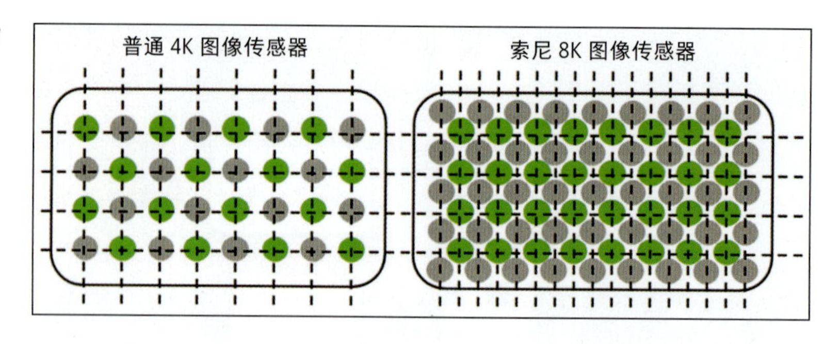

是“过采样”。这种更大的格式的一个流行用途是，拍摄比最终输出更大的帧，为重新构图、稳定抖动的镜头和其他用途留出了一些空间。在胶片中，通常的做法是拍摄更大的格式，如 65 毫米或 VistaVision 宽银幕视效镜头。这确保了在后期制作过程的许多步骤中不会出现画面质量的降低。5K、6K 及更高的格式就是以这种方式发挥作用的。

1.8.2 索尼走了一条不同的道路

索尼 F65 使用了不同的图像传感器设计方案。它不需要使用更小的像素，就可以获得更窄的间距（感光点之间的距离），方法是使用不同一般的更密集的排列方案（如图 1.17 所示）。使用这种设计，索尼制造出了其所谓的 8K 的图像传感器。索尼 F65 称其滤镜为马赛克模式而非拜耳模式（如 1.18 所示）。索尼的其他机型则使用不同于此的图像传感器，其前面加的是不同类型的色彩滤镜。

1.9 你的图像传感器是什么颜色的?

那么数字图像传感器的色彩平衡是怎样的？简单的回答是，不像电影胶片，它既可以对日光平衡，也可以对钨丝灯光平衡，图像传感器没有“色彩平衡”。是的，所有的摄像机都允许你选择认为合适的色温或自动“白平衡”来适应日光、钨丝灯、阴天、荧光灯，等等。但这些都是对信号的电子校正——它们实际上并不影响图像传感器本身。

在一些机器上，这种色彩校正是“烧入”的，是图像中永久的一部分。正如我们所知，摄像机拍摄的 RAW 文件可以以校正过的色彩平衡来显示图像，但实际上，这只是元数据在影响显示——

RAW 文件不受影响，任何想要的色彩平衡都可以在后期的软件中选择，并且只需要到那时再“烧入”影像（当然我们会看到有一些例外的情况）。然而话虽如此，有些摄像机的图像传感器确实存在一个最优化的色彩平衡——它被称为“原始”（native）色彩平衡，正如图像传感器的“内置”感光度被称为它的“原始”ISO。一些传感器在不同的色温下会有轻微不同的响应。图像传感器的原始ISO 和色平衡通常是由需要最小增益（gain，电子放大）的设置来决定的，最小的增益导致最小的噪波。

比如，在 Red 摄像机上使用的龙（Dragon）图像传感器的原始色平衡是 5 000K，当然，在 1 700K 到 10 000K 的范围内，任何色温都可以通过电子方式进行补偿——正如我们知道的，在拍摄RAW 格式时，它是被记录在元数据里的。预设白平衡分别可用于钨丝灯照明（3 200K）和日光照明（5 600K）。摄像机还可以使用标准白卡 / 灰卡技术计算色彩中性白平衡值。

佳能摄像机采用的方法是在拍摄时使用增益来把色彩平衡“烧入”影像，请参阅“编码和格式”一章，以探索它们在选择这条路

图 1.18 索尼 F65 被检查中。记录单元安装在机器后背，TVLogic 监视器用来供摄影助理调整机器设置［数字影像工程师肖恩·斯威尼（Sean Sweeney）供图］。

径时的逻辑。

1.9.1 佳能图像传感器的方式

佳能使用了色彩滤镜设计，但它的传感器实际上输出了四个2K的数据流，一个是红像素的数据流，一个是蓝像素的数据流，两个是绿像素（Gr和Gb）的数据流。第二个绿色信号是被放入阿尔法通道（透明或不透明）的，阿尔法通道通常用来实现一些其他的功能。随后这些信号被多路复用，最终形成RMF（原始媒介格式），如图1.19所示。

1.9.2 爱丽莎的原始色温

以下内容来自阿莱并经过了其许可使用。“爱丽莎的图像传感器的原始色温是多少？简单的回答是，虽然爱丽莎并没有真正的‘原始’色温，对红色、绿色和蓝色像素应用最低总增益的点是5 600K，在这个点，图像中可能产生最小的噪波。然而，由于爱丽莎无论如何都有一种神奇的低噪波水平，在3 200K和5 600K之间所产生的噪波差别如此之小，以至于在大多数拍摄环境下噪波与色温并无直接的关系。因此，对色温的选择可以由其他一些因素来决定，比如摄影师的偏好、钨丝或日光照明设备的可用性或预算。”

“如果需要一个更长的回答，我们必须从头说起，在我们这里，必须从赛璐珞和卤化银晶体说起。电影胶片要么是对钨丝灯（3 200K），要么是对日光（5 600K）色平衡的。为了达到这一目的，胶片制造商仔细调整了各个感色层的化学成分。在相应的照明条件下拍摄的灰卡，在后期冲印后也应该得到灰色图像。所以每种类型的胶片都有一个被‘烧入’的色平衡值，有时它被称为这种胶片的‘原始’色温[①]。如果你需要在不同色温下拍摄，你就需要更换不同类型的胶片。”

① 即平衡色温。

“由光转换为影像的方式对于图像传感器和胶片来说是不一样的。为了能把灰卡显示为灰色，数字摄像机必须很仔细地平衡应用于红、绿、蓝三种信号的增益（放大量）。数字摄像机对不同颜色的入射光的响应取决于滤光片（IR红外镜、OLPF光学低通滤波器、UV防紫外线镜）、光电池、拜耳遮罩和图像处理的响应行为。虽然在选择滤光片、光电池和拜耳遮罩时考虑到了最佳的色彩平衡，但仍有其

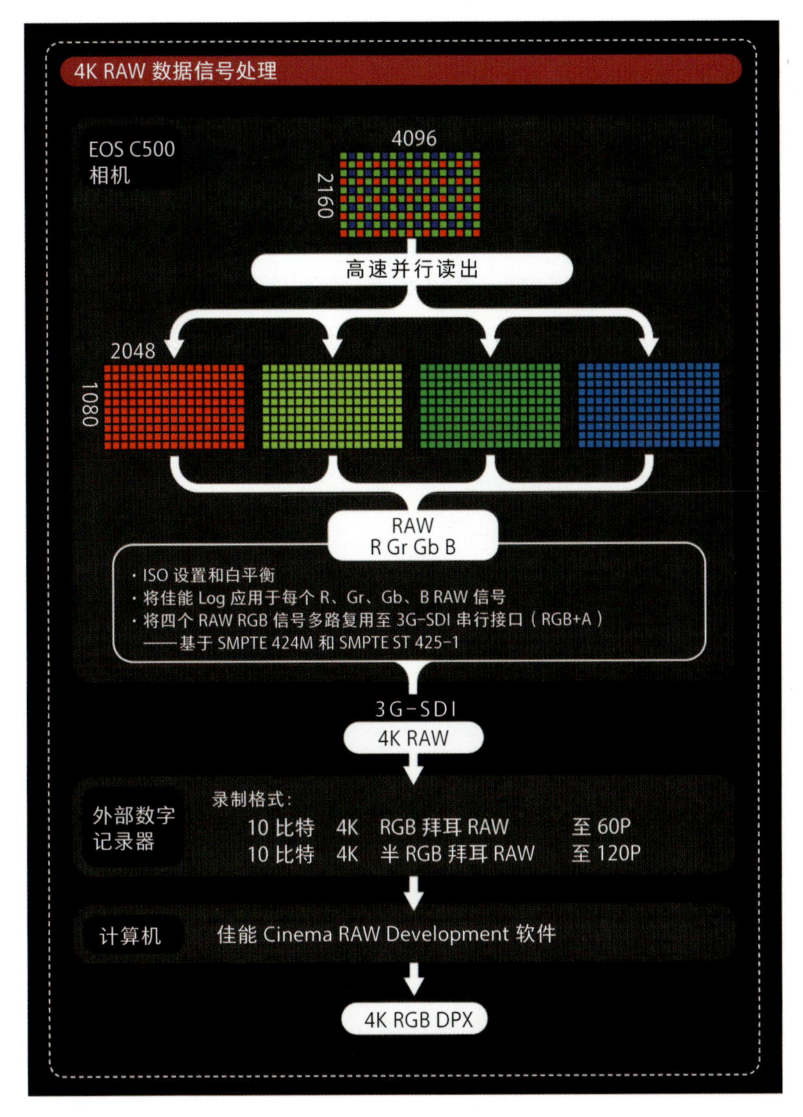

图 1.19 佳能的图像传感器输出红色和蓝色通道，以及两个不同的绿色通道。它们被复合使用成为一个 4K 的 RAW 图像，然后被处理成视频。RAW 数据并不是真正可查看的，因此它不被认为是“视频”。另请注意，不像其他大部分的摄像机，佳能是在信号处理初期就把 ISO 和白平衡设定进了信号中（佳能供图）。

他因素影响着来自传感器的信号的色彩平衡，包括对最高的灵敏度、最宽的动态范围和最低的噪波的优化。所有这些要求之间的适当平衡不仅难以实现，而且也是区别各种型号数字摄像机的因素之一。”

“由于我们不能为每一种色温情况设计单独的图像传感器，即使可以我们也不能自如地改变它们，所以数字摄像机必须用一个图像传感器来覆盖各种色温。对于任何给定的色温，传感器将传递出不同数量的红色（R）、绿色（G）和蓝色（B）信号。为了能针对不同的色温值来平衡三种颜色信号，机器制造商对红色和蓝色信号使用不同的放大设置，同时保持绿色信号不被放大。让我们用爱丽莎的实际设置来说明这一点。”

“当使用爱丽莎拍摄在钨丝灯（3 200K）照明下的灰卡时，必须以以下倍数放大来自红色和蓝色像素的信号，以形成中性灰色：

红 R——1.13 ×
绿 G——1.00 ×
蓝 B——2.07 ×

拍摄同样的灰卡，但照明光源的色温变为日光（5 600K），这将使更多的蓝光和更少的红光照射到图像传感器上。因此，我们可以对来自蓝色像素的信号应用较少的放大，但是需要对红色像素的信号进行更多的放大：

红 R——1.64 ×
绿 G——1.00 ×
蓝 B——1.37 ×

所以，对于钨丝灯，爱丽莎在蓝色通道中使用了更多的放大，而对于日光，在红色中使用了更多的放大。对于那些仍在阅读并想知道得更多的人还需了解的是：即使红和蓝信号的放大倍率在 5 000K 的色温下是相等的，以增益平方之和的平方根来测量[①]，日光（5 600K）下仍具有数学上最低的总体噪波增益。”

① 均方根颗粒度的计算方法。

1.10 图像传感器尺寸与景深

有时人们会混淆图像传感器的尺寸和分辨率的关系。我们现在要讨论的，就是跟传感器的物理尺寸最相关的内容。这是因为传感器的大小对电影故事的讲述有着重要的影响：它是一个决定景深（镜头前对焦清晰的范围）的主要因素。在视觉叙事中，它是引导观众注意力的有用工具。它也可以使一个场景看起来更有“电影感”效力。

另一方面，图像传感器的大小不一定与像素数量相关。一些非常小的传感器（例如手机或袖珍相机）的像素总数非常高，这导致的问题是像素必须要做到更小且相互之间的间距也更近。这意味着每个像素能收集到的光更少（感光度更低），且更容易受相邻像素

图 1.20 索尼 F55 的菜单选择。仍然有一些按钮，但它们大多与菜单选择有关。另请注意名为 MLUT 的选项，这是索尼为现场观看监视器而提供的查找表。

的串扰和污染，因而造成更大的噪波。较大的像素（通常与更大的传感器相关）通常也有更大的动态范围。传感器尺寸还会影响到镜头的焦距换算系数（crop factor），影响着镜头焦距的外在表现。

1.11 快　门

任何类型的摄影，无论图片还是影视，快门都是必需的（如图 1.20 所示，菜单中的“shutter”即快门）。如果胶片或图像传感器总是暴露在光线之下，它将全时记录场景内的运动，这会导致运动模糊。而且，这使得对曝光过度难以控制——因为光线会不断地涌入传感器。

1.11.1 旋转反光镜（叶子板）

照相机有很多种类型的快门：叶片、焦平面、闸门式（guillotine），等等。但是现代电影摄影机几乎普遍使用旋转式叶子板快门。它的最基本的形式是一个半圆，可以绕圆心旋转。当叶子板上的反光镜转离光路时，光线到达胶片，在胶片乳剂上曝光形成影像。当叶子板上的反光镜转入光路时，它把影像反射到取景器上。在叶子板遮挡光路的过程中，摄影机完成胶片的传输以使得下一格画面接着曝光。如果在光线到达胶片时胶片发生移动，则影像就会产生模糊现象。

1.11.2 卷帘快门与全域快门

图 1.21 这张由雅克－亨利·拉蒂格（Jacques-Henri Lartigue）拍摄的著名照片，虽然是一张老旧的照片，但它说明了快门与画面中的运动相互作用的问题。这种相机上的快门从下到上垂直移动，所以当画面的顶部曝光完成时，汽车已经走得更远了。这就是“果冻效应”这一概念背后的意思。画面中倾斜的旁观者向我们表明，摄影师在曝光时正在摇动照相机。

仅有极少数的数字摄影机使用这种旋转式的叶子板快门。[①]由于成像介质（图像传感器）不必像胶片那样一帧一帧地物理移动，所以物理快门对它并不是真正必要的，这就使摄像机可以变得小和轻便。但同时数字摄像机还存在一个缺陷——图像传感器并不需要在同一时间段内对整个画面同时曝光。不同于胶片曝光的是，它是自上而下（或者相反方向）地扫描影像。对于一个正在移动着的物体，自画面的顶部开始被记录起，到快门关闭那一刻之间的时间段内，因该物体仍在移动，故其影像会产生扭动。图 1.21 就是一个例子。

这可以产生几种负面的结果，包括“果冻效应”（jello effect，一种移动物体的拖尾现象）或者在像闪光或闪电这样的极短时间光源照射情况下的部分曝光现象。[②]有一些后期软件可以对此进行修复，但是避免使用这种修复当然是最好的。防止这种问题的一种方法是在摄像机中添加一个旋转快门，就像在胶片摄影机中使用的那种。这样可以产生一个额外的好处，那就是提供一个光学取景器，而不是一个视频取景器——许多电影摄影师更喜欢用光学的方式取景观看。

在视频中所说的快门并非一个真正的物理装置，它是指像素被“读取”的方式。通常 CCD 拥有全域式快门而 CMOS 拥有卷帘式快门。全域式快门对入射光的控制是针对传感器上的所有感光点同时进行的，当快门打开时，传感器吸收光线，当快门关闭时，它读取像素电荷，并使传感器为下一帧曝光做好准备。换言之，CCD 是同时获取整个影像，然后当捕获结束后再读取信息，而不是在曝光期间就由上到下地读取信息。因为它同时捕捉所有的东西，所以快门被认为是全域式的。其结果是影像不会有运动失真。一个卷帘式快门则不同，它总是活跃和“滚动”着。它从上到下扫描每一行像素，每次只扫描一行，这就可能会产生“果冻效应”。

① Dalsa Orgin 使用的就是一种旋转式叶子板快门，具体可参阅：https://en.wikipedia.org/wiki/Dalsa_Origin#Technical_details。

② 图片摄影将其称为闪光不同步。

1.12 噪 波

噪波在表面上看跟胶片的颗粒并不相同。有些人错误地试图通过加入视频噪波来模仿胶片的外观效果。在任何电子设备中都总会有一些噪波存在，这只是物理学上的一个不可避免的结果。尤其在影像的暗部（画面中最黑的地方），它是一个必须面对的问题。这是因为当实际信号（图像）的亮度越来越低，它就变得与电子噪波无法区分。正如我们将要在“曝光”一章中看到的，当图像的一部分“处于噪波”状态时，一些摄像机能够发出警告信号。由于噪波在图像较暗的区域最明显，因此有两个后果：首先，曝光不足的画面会产生噪点感（就像电影负片一样）；其次，在某一水平上，部分影像的细节会被噪波遮盖。

除了这种固有的背景之外，噪波在图像中可见的主要原因是增益，即电子放大。导致噪波产生的操作包括使用高感光度、曝光不足、后期补偿，甚至是在白平衡中使用色彩补偿，因为这会导致某个色彩通道信号放大得比其他通道更多。色彩科学家、顾问和作家查尔斯·波因顿（Charles Poynton）说：“感光度和噪波是一个硬币的两个面，不要相信那些只谈二者之一的任何说明，特别是不要相信那些典型的摄像机说明书。”噪波的标准测量单位是信噪比（简写为 S/N 或 SNR，通常以分贝为单位）。正如摄影指导阿特·亚当斯指出的那样：“说到传感器，你不能没有代价地得到任何东西。”

1.13　数字摄像机的感光度

ISO 是一个代表感光度的数字——意思是需要多少光来产生一个可接受的影像。注意“可接受”一词——当然可以在非常低的光线条件下拍摄一个画面，努力“在后期修复它”，但结果通常是噪波感、低分辨率和奇怪的对比度。

摄像机有一个“原始”感光度，它只是传感器的设计参数，用以界定摄像机在没有任何像增益这样的改变的情况下理想的曝光量，而增益无非是影像信号的电子放大。这一感光度对应的是刚好让曝光量填满感光点，不是溢出，也不是不足。当我们用分贝（dB）来描述增益的时候，每增加 6 个分贝代表着曝光量翻倍。这正如增加一挡光圈相当于曝光量加倍，而缩小一挡光圈相当于曝光量减半。

+6 dB = 1 挡光圈的曝光量

+12 dB = 2 挡光圈的曝光量

+18 dB = 3 挡光圈的曝光量

如果增加 6dB 相当于增加一挡光圈，增加 3dB 就相当于增加 1/2 挡光圈，而增加 2dB 则相当于增加 1/3 挡光圈。

问题是，当你放大图像信号时，你也放大了噪波，所以增加增益必然会导致影像退化，尽管机器制造商已经在此方面取得了巨大的进步，而且在大多数情况下，增益的小幅增加仍然会产生可接受的影像。然而，如果可能的话，增益还是应尽量避免。

正如 Red 公司指出的："对于 Red 摄像机，其原始感光度仅是对它的一个建议使用起点，这一起点是为在暗部噪波和亮度细节之间求取平衡的。[①] 它并不一定反映摄像机传感器本身固有的任何东西，也不一定反映不同公司的摄像机性能。它是传感器设计、信号处理和质量标准的综合体现。"

① 即在噪波和动态范围之间取得平衡。

对于拍摄 RAW 格式的摄像机，ISO 的改变是被记录在元数据里的，真正的曝光变化发生在后期。高端的佳能摄像机在这一方面略有不同，我们稍后将会讨论。摄影指导阿特·亚当斯用自己的实践经验这样来描述原始感光度："我要做的就是看看示波器上的噪波基底（noise floor）。我知道自己喜欢多少噪波，我可以很好地判断噪波，只要看一看利达（Leader）或泰克（Tektronix）示波器上的线迹的厚度就可以（如图 1.22 和图 1.23 所示）。我让摄像机预热，把机身盖住，做任何对减小噪波有必要的黑补偿操作（比如 F55/F5 上的 APR[②] 操作），并且观察在不同 ISO 设定下的示波器上的线迹的厚度。"

② APR 即自动成像器调整，如果 F55/F5 五天内没有做过自动黑平衡，则寻像器和 SDI 输出会显示"请执行 APR"。具体可参阅 F55/F5 说明书。

"当我发现某个 ISO 设定可以给到我想要的线迹厚度时，我会在摄像机上安装镜头，让画面曝光不足，观察暗部噪波以确定噪波水平。如果我对这种噪波水平很满意的话，那就是我的新 ISO 了。ISO 的设定完全基于噪波水平和个人喜好。传感器去除了增益好像意味着到达了它的'原始'感光度，比如 160，或 200，或 300，但是如果信号足够充分，你可以通过左右改变感光度把你的中灰放在任何你想要的位置，并且观察这个噪波水平是不是你想要的。"

图 1.22（上） Red 摄像机使用 200 的 ISO 拍摄的一帧画面，显示器底部显示出最小噪波，特别是在示波器的最左边部分。画面的黑色和近黑色区域在波形上的线迹非常薄。想更多地了解示波器请参阅“测量”一章。

图 1.23（下） 同一场景保持构图不变，Red 摄像机使用 2 000 的 ISO 拍摄的一帧画面，黑色部分在示波器上的线迹现在变成了一条非常粗的线，意味着在最暗的区域有大量的噪波。在画面的其他部分也能看到一些噪波，因此整个波形线迹表现出轻微的模糊性。整个画面都有噪波，只是在最黑暗的部分出现了更多的噪波。

这是对原来构图的一个扩大的部分，即使如此，噪波是几乎看不见的。这说明了示波器在检查噪波方面的作用。在一个大显示器上，比如在电影院屏幕上，噪波将是可见的。

摄影指导大卫·马伦（David Mullen）提出了这样的问题：“当传感器和信号处理过程变得足够安静（低噪波）时，‘原始’感光度的问题变得不那么重要了，你更加重视的是在噪波大到能被察觉之前机器能用到的最高感光度是多少。[Red] 龙传感器比 [Red] MX 传感器更安静，因此可以说龙传感器比 MX 传感器更敏感；但是由于龙传感器比 MX 传感器在低感光度时有更多的亮部信息，所以它可能具有更低的‘原始’感光度。那么，一个因低噪波而被界定为敏感的传感器难道应该被称为‘不那么敏感’吗？这让你怀疑‘原始感光度’到底意味着什么。”

1.14 红外线和热镜滤镜

在室外拍摄时，有些摄像机需要一个额外的红外或热镜滤镜，其原因不仅仅是照明条件的问题。图像传感器有时能看到人眼看不到的东西，比如过量的红外线。在正常情况下，红外是击中传感器的光线中的一小部分。在光线较弱的情况下，照射到传感器的一定数量的红外线被光谱的其他部分所覆盖，从而不是一个问题。

当我们在室外拍摄时，灰镜的作用通常是把光量减少到可控的水平。尽管灰镜在设计（理想情况下）时是没有颜色的（这就是为什么它们是中性密度的原因），它通常是允许红外线通过的。不幸的是，尽管滤镜制造商做出了最大的努力，也有一些非常先进的生产技术，但是很少有灰镜是100%中性的。建议你在拍摄之前进行测试。

胶片制造商为适合室外拍摄环境制造了最低可到50ISO的低感胶片，数字电影摄影机很少有这么低的感光度设置。普通的高清摄像机通常都有灰镜轮和色镜轮以适应不同光线的色彩倾向和照度水平。当然灰镜对于把光线减到可工作的水平是非常有效的，但它也存在着缺点——它不能等比例地影响红外线，这就导致了可见光与红外线的比例发生了变化，红外线比正常情况占比更高，这会导致在某些颜色上会产生红色污染。红外滤镜和热镜滤镜虽在效果上相同但二者不是一样的东西。热镜是一种二向色镜，可以让红外线返回，而让可见光通过。

红外滤镜的选择是特定于机器的，因为不同的机器具有不同的红外灵敏度。那些拥有内置灰镜的摄像机通常都在滤镜设计时考虑到了机器的红外响应。但这并不意味着具备内置灰镜的摄像机不需要红外滤镜，或者可以在拍摄时不使用灰镜：有些机器会出现明显的红色污染（尤其在红外线丰富的钨丝灯照明环境下）。有必要始终如一地去做的是，在使用不熟悉的机器前要对机器进行测量。黑色织物上的轻微红色往往能说明问题，但并非总是如此，一些机器的拍摄结果显示，其蓝色通道的红外污染更多。

第 2 章

数字影像

the digital image

2.1 曲奇面团和高清的历史

获取视频数据有两种基本方法。可以用做曲奇的面团来打个比方：你希望得到的是原始数据（raw）还是被“烘焙”（baked）过的数据？[1] 它们同样都很美味且令人满意，但两者非常不同。要弄清这一问题需要先了解一点历史——许多人惊讶地发现高清（HD）的概念实际上早在 20 世纪 70 年代就已经出现了，但那时的高清信号是模拟高清视频信号。到了 20 世纪 80 年代，有几家公司相继推出了用以记录数字信号的视频设备，紧随其后的是数字摄像机的问世，包括现在我们所熟知的高清视频。

① 原始数据就是做曲奇的面团，被“烘焙”过的数据就是已经做好的曲奇。

2.1.1 数字高清

传统高清摄像机方法的应用实际上是从数字高清出现到 21 世纪初的几年间“现代”摄像机相继问世为止的。我们会称那些早一些的机器为“高清摄像机”，是指其产生的信号为“高清信号”——这些摄像机包括自经典的索尼 F-900 开始的 CineAlta 系列、松下的 Varicam 系列[2] 和其他几种机型。这些摄像机虽然记录的是所谓高清视频信号，但其对高清的定义其实是不够精确的。通常情况下，任何比标清信号分辨率高的信号都被认为是高清视频信号（标清的标准在美国、日本和其他少数几个国家是 480 线，其余大部分国家是 576 线）[3]。这其中就包括 720p 视频，比如松下的 Varicam。大多数情况下，高清是指 1920×1080——水平方向 1920 个像素，垂直方向 1080 个像素。

② 如松下 27F。

③ 这取决于不同的电视制式，美国和日本属 NTSC 制式，其他国家是 PAL 或 SECAM 制式。

这些机器大都使用不同尺寸的并且经过特别设计的磁带作为信号记录的介质。例外是如 XDCam 这样的机器，它把信号记录

图 2.1（左） 一个传统高清摄影机，索尼 F-900 上“旋钮”的例子。当然，在这种情况下它们是开关。在那些拍摄 RAW 格式的摄像机中，它们大部分被那些仅仅控制元数据而非“烧入”影像的菜单选择所取代。

图 2.2（右）“旋钮”的另一个例子——索尼摄像机控制器，通常被称为画箱（paintbox）。若使用它几乎可以控制所有的摄像机功能，包括伽马、拐点、细节、白平衡、黑平衡、主黑和光圈。因为它是为传统高清摄像机设计的，一旦这些功能安在摄像机上，它们也会被“烧入”记录的影像。

在光盘上，后期的机型则是把信号记录在闪存卡上（比如索尼的 SxS 卡）。

2.1.2　旋钮和超高清

正如我们在第 1 章中简要提到的，这些高清摄像机的显著特点是其拥有许多如色彩科学家查尔斯·波因顿所说的“旋钮”（如图 2.1 和图 2.2 所示）。换句话说，通过使用旋钮、拨轮选择、开关和菜单，机器操作者可以对影像实施许多控制——这将在本章和后面的章节“数字色彩”和“影像控制和色彩分级”中进一步展开论述。所有这些对影像的控制：感光度（ISO）、伽马（gamma）、帧频（frame rate）、快门速度（shutter speed）、色平衡（color balance）、色彩矩阵（color matrix）、黑伽马（black gamma）、拐点控制（knee control）等都会作用于视频信号并最终被直接记录在磁带或其他介质上。正如我们所知，这种方法称为“烧入”——所记录的信号包含了所有在摄像机上进行的对信号的控制——而之后再想把这些控制去掉可谓难上加难，甚至是完全不可能的。

视频信号的下一个主要发展包含了几个方面：其中之一是分辨率超过 1920 × 1080——一个大的跳跃是到达 4K 视频。现在监视器和投影都拥有 16∶9 的标准画幅比（第二代高清的结果），为了实现像 2.35∶1 或 2∶1 这样更宽的画幅比，我们不得不缩小画面的高度（即采用所谓信箱模式）。由于画面的高度不一定是恒定的，所以使用水平方向来定义分辨率是一种更好的方法。依此方法，高清的分辨率1920仅比2K略低一点。新一代的视频标准，自4K开始（至少目前如此），在技术上被称为超高清。书中所使用的“高清”一词，均是指较早的1920×1080的标准，它所记录的信号可能是在摄像机上经过“烧入”调整的信号，也可能是没有经过“烧入”调整的信号。

2.1.3 有一些RAW

超高清或RAW的第二个主要方面是，在大多数情况下，图像的各种操作都没有被“烧入”。事实上，大多数超高清摄像机的旋钮和开关都要少得多，而且它们的菜单也要简单得多（最早的RedOne除外，它拥有非常巨大和复杂的菜单结构）。需要说明的是，这些摄像机提供了几乎所有的高清摄像机所能提供的图像选项。最大的区别是，这些对图像的控制不是作为信号的一部分来记录的，而是与视频数据流分开记录的——这个分开记录的部分叫作元数据，意为“关于数据的数据”。

这是一个很简单的概念：不是真的去改变视频，你只是加了一些“注释”给它，这些“注释”会对剪辑软件或监视器说：“当你显示此片段时，请把这些调整添加到其中。”“元数据和时间码”一章对元数据有更深入的讨论。当视频被以这种方式记录时，它被称为RAW格式。如前所述，大写字母作为缩略语没有任何意义，它只是大多数使用大写字母的公司所采用的惯例而已，比如RedRAW、ArriRAW。有些数据则不能这样处理，它们仍然被记录为影像的一部分，包括帧频、位深度和快门角度。

2.1.4 定　义

在我们继续之前，让我们澄清术语。术语RAW、未压缩和视频有时会被不准确地使用。RAW并不是真正的视频，直到它以某种方式被处理，无论是在数字信号处理器中，还是在后期的一些其他软件或硬件中。它不是视频是因为它并不能真正被观看。在信号处理的任何阶段，一种或多种压缩有可能会被施加到数据上。说影像是否未被压缩和它是否是RAW不是一回事。比如对数编码是一种压缩形式，它经常被施加于RAW数据，但不是必然的。

所以什么是RAW的准确定义呢？令人惊讶的是，当涉及特定的摄像机和它们的工作方式时，可能会有一些争论。阿特·亚当斯这样形容此事："需要记住的重要一点是，RAW 意味着来自感光点的被保存起来的实际的 RGB 数值：它们没有被转换为像素，没有被去马赛克或者去拜耳，当对它进行马赛克解析后，它将变成如 ProRes 那样的非 RAW 格式。对数和线性并非 RAW 的标签，它们只是对亮度信号的一种调整，线性是完整地保留亮度信号，对数则在视觉上无损的情况下最大程度地压缩亮度信号。信息被保留在一种未进行马赛克解析的状态，判断一段素材是否为 RAW 的唯一标准是它的色彩信息是否仍处于这种未解析状态。除此之外，嗯，在每一种 RAW 格式的背后都有很多事情发生。有些人的想法是，所有的传感器信息都以某种原始状态完整地存储在一起，根本就没有发生过。当然，它从来不会以一种对所有格式都很普遍的方式发生。"

会聚设计公司的米奇·格罗斯（Mitch Gross）也持同样的观点："对我来说最重要的一点是，RAW 仅仅意味着'非去拜耳'的意思，它可以被施以伽马曲线，可以被线性或对数调整，可以被设置白点，可以被施以增益（模拟或数字的），可以被压缩。但只要它仍未被进行去拜耳，它就可以被称为 RAW。"

2.2 数字负片

我们可以把 RAW 格式想象成数字负片[①]。对于那些对电影成像领域不熟悉的人们来说这需要一些解释。电影负片是中立的：它只能记录穿过镜头进入的东西。当然，电影胶片的乳剂具备一些可以以某种方式改变影像的特性。这些方式大部分会让眼睛感觉很愉快。这意味着当你由电影负片印出成片时，你可以有很多创造性的选择。对于那些经历过电影或广告制作的印片阶段的人来说，你们知道以下步骤：你坐在一位调色师（其在胶片曝光和调色方面是技能娴熟的专家——跟视频调色师一样）旁边，并对每一个镜头的曝光和色平衡做出选择。请注意，我们并没有说场景，而是在说一个接一个的镜头，因为尽管我们努力在每一个镜头的拍摄中保持一致，但总是会有一些变化。

然后印出工作样片（dailies）[②]，摄影指导和导演坐在另一

① 也有人把 RAW 格式比喻成负片上的潜影（无法观看的潜在影像），或者说 RAW 相当于是曝过光但未冲洗的负片。RAW 格式被元数据"烧入"的过程就像负片的显影过程。

② 指对之前一段时间的摄影工作的洗印结果。工作样片通常供导演、摄影师、剪辑师等工作人员观看，目的是检查拍摄效果。

个调色室内，在此出于创作上的考虑，他们可以再次要求一些改变。通常到了第三印的时候，所有这三次印片过程中的问题将被最终统一。到那个时候，最后的拷贝就确定了；或者实际上是一个翻底（internegative）[①] 被制作出来用于最终的影院拷贝印制。但问题是，这并不一定就是道路的尽头。你总有机会可以回到最初的原底，用不同的创造决定做一个全新的拷贝。毫无疑问，你已经听说过从原始的电影负片中恢复过来的电影。我们都看过经典电影的恢复版，如《乱世佳人》《卡萨布兰卡》等。现在有个棘手的问题：当新一代的调色师重新回到原底片，并印出一版新的拷贝时，我们怎么知道他们是否是按照拍摄这部电影的摄影师的创作意图来印片的呢？毕竟，摄影指导是受雇来拍摄并保证这些电影的画面质量的（当然是要与导演和美术指导合作的），并且他们的创作意图需要得到尊重（谢天谢地，要给电影《卡萨布兰卡》"上色"的时代已经过去了！）。简单的回答是我们不知道。幸运的是，从事这类修复工作的人几乎都是那种不遗余力地维护原始艺术家的意图的人。

① 中间片的一种。传统胶片电影自原底始，必须经过翻正、翻底、印拷贝。翻底实际上是对原底的复制。

然而，摄影指导在很大程度上可以将其对影片创作的意图包含在他对负片的处理上。他可以通过曝光和色彩（既有整体的色彩平衡，又包括场景中某一特别的色彩）处理做到这一点。摄影指导们使用了一些"技巧"来确保以后的人们不能轻易处理他们的影像。这包括在画面中设置一些"参考白色"和"参考黑色"。那么，这对我们现在拍摄 RAW 格式的人来说意味着什么呢？人们能否通过改变我们的影像来实质性地改变我们的创作意图呢？他们当然可以。

这种变化到底会带来什么？ RAW 的基本思想是几乎没有改变地简单记录来自传感器的所有数据。元数据同时被记录下来，它能记录对色彩、影调范围等的创作意图，但是元数据可以更改，或者可以在后期被忽略。

就像摄影负片，数字影像的 RAW 格式可能具有比最终图像格式所能够再现的更宽的动态范围或色域，因为它保留了被捕获图像的大部分信息。RAW 格式的目的是以信息的最小损失来保存直接从传感器发送来的数据，以及图像被捕获的条件数据——元数据。元数据可以包含各种各样的信息，如白平衡、感光度、伽马、矩阵、颜色饱和度等。元数据还可以包括诸如拍摄时使用了什么镜头、多少焦距、多大光圈，一天中的时间和（如果在拍摄时使用了

GPS 定位的话）拍摄位置的地理坐标以及其他一些如制片公司的名称等标记信息。

RAW 格式其实可以充当和传统胶片摄影中负片一样的角色：也就是说，负片不是直接被作为影像使用，但它拥有创建最终可视影像所需的所有信息。将 RAW 文件转换为可视格式的过程有时被称为“显影”，因为它类似于电影胶片的冲印过程，该过程将曝光的负片转换为可投射的正片。

对于电影负片，你总是可以回到原点。如果你在开始时正确地拍摄了负片，你现在或者将来就可以对最终拷贝做实质性的改变，比如说从现在开始五年之后，你决定再做一个完全不同的拷贝（在制作胶片拷贝可能的范围内，这一范围比使用数字影像所能做到的要有限得多）。对于 RAW 格式你同样可以这样做，它是无损记录，你可以在后期再控制影像。这种改变使得在信号处理、色彩校正，或影像制作过程中的任何一个环节中，影像的失真和退化都将变得更少。这种改变包括对曝光不足和过度的补偿。RAW 格式文件的一个缺点是它比其他大部分的文件格式要大得多，这意味着摄像机通常要施加一些有损的或无损的压缩以避免捕获的文件太过巨大。

一个普遍的误解是 RAW 格式是完全无压缩的——大部分摄像机记录 RAW 时所使用的对数编码其实就是压缩的一种形式，但是也有一些例外的情况。当使用负片和 RAW 格式进行拍摄时，必须要记住的一点是：尽管它们有很宽广的影像控制范围，但仍然不要相信“在后期修复它”的神话。有许多类型的 RAW 文件，不同机器生产厂家都有各自不同的主意。在它们能被编辑和观看之前，RAW 文件必须要被解释和处理，用什么软件来完成这项工作依赖于是用什么机器进行的拍摄。此外，使用拥有拜耳滤镜的摄像机拍摄的 RAW 文件必须被去马赛克 / 去拜耳（拜耳滤镜加在图像上的马赛克图案必须被解释），但这是处理的一个标准部分，它将 RAW 文件转换为更通用的 JPEG、TIFF、DPX、DNxHD、ProRes 或其他类型的影像文件。

RAW 格式的一个问题是，不同厂家采用自己研发的 RAW 格式，它们之间没有统一的标准。Adobe 一直试图建议业界在共同标准上达成一致，以一种通用的文件格式来存储厂家特有的 RAW 文件信息，而不需要特殊应用程序或插件。Red 公司的版本为 RedCode RAW（.r3d），阿莱的版本为 ArriRAW，Adobe 使用 CinemaDNG（数字负片）。ArriRAW 类似于 CinemaDNG，黑魔（Black Magic）摄像机使用的也是 CinemaDNG。DNG 是基于 TIFF 格式研发的，它是一种质量非常高的图像，很少或没有压缩。RAW 格式的标准化受到了阻碍，因为制造商们希望将自己的专有信息保密，而不愿公布 RAW 格式的内部工作方式。

有些索尼摄像机[①]也拍摄 16 比特的 RAW 文件，这是其所说的 SRMaster 记录的一部分。尽管不同厂家间的 RAW 变化很大，但它们仍有一些共同的特征，这些特征大都是基于 ISO 标准的，它们包括：

① 如索尼 F65。

- 带有文件标识符的头文件，也包括字节顺序指示符和其他数据；
- 影像元数据，用以满足在数据库环境或内容管理系统（CMS）中的操作需要；
- 以 JPEG 格式出现的影像缩略图（可选）；
- 时码（timecode）、密码等，视情况而定。

RAW 的具体内容将在“编码和格式”一章中进行讨论。

2.3 色度抽样

大多数图像传感器都使用红色、绿色和蓝色（RGB）信息。RGB 信号具有潜在的最丰富的颜色深度和最高分辨率，但需要巨大的带宽和处理能力，并产生大量的数据。工程师们意识到这其中其实存在着大量的冗余信息：每个通道都包含亮度（luma）数据（图像的黑白灰度值）和色度（chrominance）数据（图像的色彩值）。色彩科学家很早以前就发现，我们从影像上所获得的大部分信息其实大部分来自影像的黑白灰度值。这就是为什么大多数情况下我们从同一场景的黑白画面中可以获得绝大多数信息，几乎等于该场景的彩色画面。这是由人眼和人脑如何进行工作的本性所决定的。RGB 视频信号中的每个通道都带有基本上相同灰度值，因此使用 RGB 信号相当于消耗了带宽并且因为需要处理三幅黑白图像而额外增加了工作负担。

有关人类视觉的另一个基本事实是，人眼的视觉更多关注于光谱中的绿色。这意味着视频信号中的绿色通道跟亮度信息一样重要。你自己可以用任何一个影像处理软件做一个实验：把一张照片的红色和蓝色通道关掉，剩余的绿色通道还能形成一幅体面的黑白画面。现在试着仅保留其他两个通道中的任意一个通道，产生的画面往往是虚弱的、多颗粒感的。

色度抽样是使用色差信号进行工作，以减少数据量的一种形式。在这一技术中，亮度信号和色度信号以不同的频率进行采样。色度抽样表示为 Y'CbCr，其中 Y' 代表亮度部分，Cr 和 Cb 代表色差信号。Y 所代表的亮度，实际上是一种照明强度的度量，而不是视频亮度级别。而 Y' 是 luma，它是红、绿、蓝三个分量的加权和，是在这个上下文关系中应该使用的正确术语。[①] 这里所指的“加权”意味着 luma 是“非线性”的。

① 具体可参阅：https://en.wikipedia.org/wiki/Luma_(video)。

你应该已经注意到了这里没有 Cg 或绿色通道，它是要使用其他通道来重建的。绿色不需要作为一个单独的信号发送，因为它可以从亮度 luma 和色度分量中推断出来。编辑、色彩校正软件或显示设备知道图像中亮度灰度的贡献是来自 Y' 分量的。很粗略地说——因为它知道图像中有多少是蓝色和红色的，所以它认为其他的图像必须是绿色的，所以它会填充它。事实要比这个复杂得多，但这是基本的思路。

对于亮度 luma（灰度值），工程师们选择了一个 72% 绿、21% 红和 7% 蓝的信号，所以它主要由绿组成。但它是三种颜色的一种加权组合，大致对应于我们对亮度的感知（参阅“数字色彩”一章对人类视觉做更多了解）。为了简化一点，颜色信息被编码为 B–Y 和 R–Y，这意味着红色通道和蓝色通道都减掉了亮度信息，这就是所谓的色差编码视频，即色差信号 Cb 和 Cr。这其中有一些很微妙的技术细节，但在这个简短的概述中，我们没有必要做进一步的讨论。这种编码方法有时被称为分量视频，它将传输和处理的要求降低了 3 : 2 倍。

因为人类视觉系统在颜色上感知到的差异和细节要比灰度值少得多，低分辨率的色彩信息可以与高分辨率的 luma（亮度）信息叠加，以组建成一个其中的颜色和 luma 信息看起来像是在全分辨率的情况下采样的影像。这意味着使用色度抽样，可以获得的亮度样

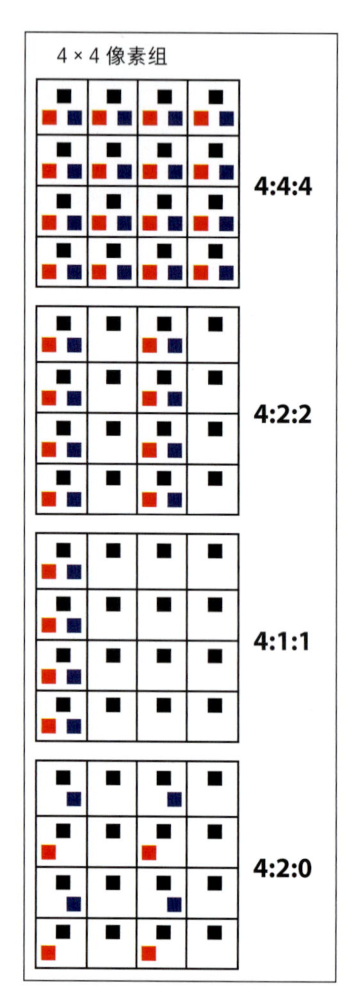

图 2.3　各种色度抽样方式的操作。黑色块表示亮度通道，这就是为什么没有绿色通道的原因。

本要比色度样本多。在众多色度抽样方式的若干变体中有一个是被普遍使用的，其亮度样本是色度样本的两倍，它被表示为 4∶2∶2。其中第一个数字代表亮度 luma 通道（Y'），其余两个代表色度通道（Cb 和 Cr），色度通道的采样率是亮度通道的一半。

色度抽样比为 4∶4∶4 的视频，其色度采样率与亮度采样率相同。色度抽样比还有其他一些变体，比如索尼 HDCam 摄像机采用的是 3∶1∶1 的色度抽样。你有时会看到色度抽样的表达中有四个数字，比如 4∶4∶4∶4，在这里第四个数字表示的是阿尔法通道（alpha channel），它包含的是透明度信息。还有一些其他的色度抽样形式，比如 4∶2∶0，图 2.3 就是这些不同变体的图示。出于我们自己的目的考虑，我们可以说 4∶4∶4 信号拥有更大的数据量。在任何情况下，4∶4∶4 信号将在颜色深度和分辨率方面更好，但它需要更强的处理能力和更多的存储空间。以下列举了几种常用的色度抽样方式。当然，相较于我们在这里能看到的，还存在着更多的变化方式。

4∶4∶4——所有的三个分量均以 13.5MHz 的频率采样，这意味着色度通道没有压缩，但是信号仍可能以其他方式被压缩。

4∶2∶2——4 个亮度采样伴随着 2 个 Cr 色度采样和 2 个 Cb 色度采样。亮度以 13.5MHz 的频率采样，色度则以 6.75MHz 的频率采样。对于 8 比特的量化比特数而言，其画面传输的有效比特率为 167Mb/s，10 比特则为 209Mb/s。

4∶1∶1——亮度采样频率仍然是 13.5MHz，但是色度采样频率降低到 3.375MHz，画面传输的有效比特率无论 4∶1∶1 还是 4∶2∶0 均为 125Mb/s。

4∶2∶0——和 4∶2∶2 很像，但是做了所谓的色度的垂直采样。这意味着，虽然亮度采样频率为 13.5MHz，并且每个色度分量仍然以 6.75MHz 的频率采样，但是仅每隔一行采样一种色度信息。

2.4　视频的种类

很早以前，世界上只有很少的几种视频：基本上是 NTSC（美国系统）和 PAL（欧洲系统），以及法国、非洲部分地区和苏联所使用的 PAL 的一个变种，称为 SECAM。高清视频的引入和世界范围内对其的接受已经导致了一些标准化，但是视频本身，至少在原始格式中，有各种各样的大小和形状。

2.4.1 高 清

令人惊讶的是，对于什么是“高清”并没有硬性的和明确的定义。这一概念通常是指任何分辨率比标清高的格式，而标清对于NTSC制是525线，对于PAL制是625线。因此，720视频也是高清（虽然没有被一些广播组织严格认可为高清）。虽然有许多变体，但最常用的高清格式是1280×720（720）和1920×1080（1080）。两个数字分别代表画面水平方向的像素数和垂直方向的像素数。和在标清中一样，后缀“P”表示逐行扫描，而“i”表示隔行扫描（它已不再被使用）。在广播电视领域，1920×1080主要应用于有线电视、蓝光光盘和电视机方面，而1280×720有时仍用于基于宽带网络的传播。

2.4.2 超高清

虽然仍然有许多高清摄像机正在被生产和使用，特别是在消费者层面，高端专业摄像机的分辨率则早已经超过了1920×1080。大多数人把它称为超高清（UHD）。有些人仍然把这些格式称为“高清”，尽管这在技术上并不准确。在任何情况下，用清晰度来指代视频要普遍得多，例如2K视频、4K视频等（如图2.4所示）。

视频格式的命名还有另一个变化：“1080”和“720”是指格式的高度（如图2.5所示）。这里存在的问题是画面的高度经常是变化的，35毫米胶片也有类似的问题。从爱迪生时代直到现在，35毫米胶片的宽度从未改变过（对于那些相比于标准格式而使用了超35格式的电影来说，画面宽度是有了一些小的变化，这其实是对爱迪生时代默片格式的一种回归①），但其高度则存在很大的变化——这是持续渴望“更宽”格式的结果（Panavision、Cinemascope、1.85∶1、2.35∶1等）。这些都不是更宽的电影——它们的宽度都是相同的（除了变形格式和70毫米，前者是一种光学技巧，后者则是使用时间不长的影院格式），不同的只是在高度上的变化。就像电视上使用的信箱模式——通过让高度更短使画面显得更宽。

① 超35格式与标准35格式的区别就是它占用了标准35格式声迹的位置，从而使画面宽度更大。

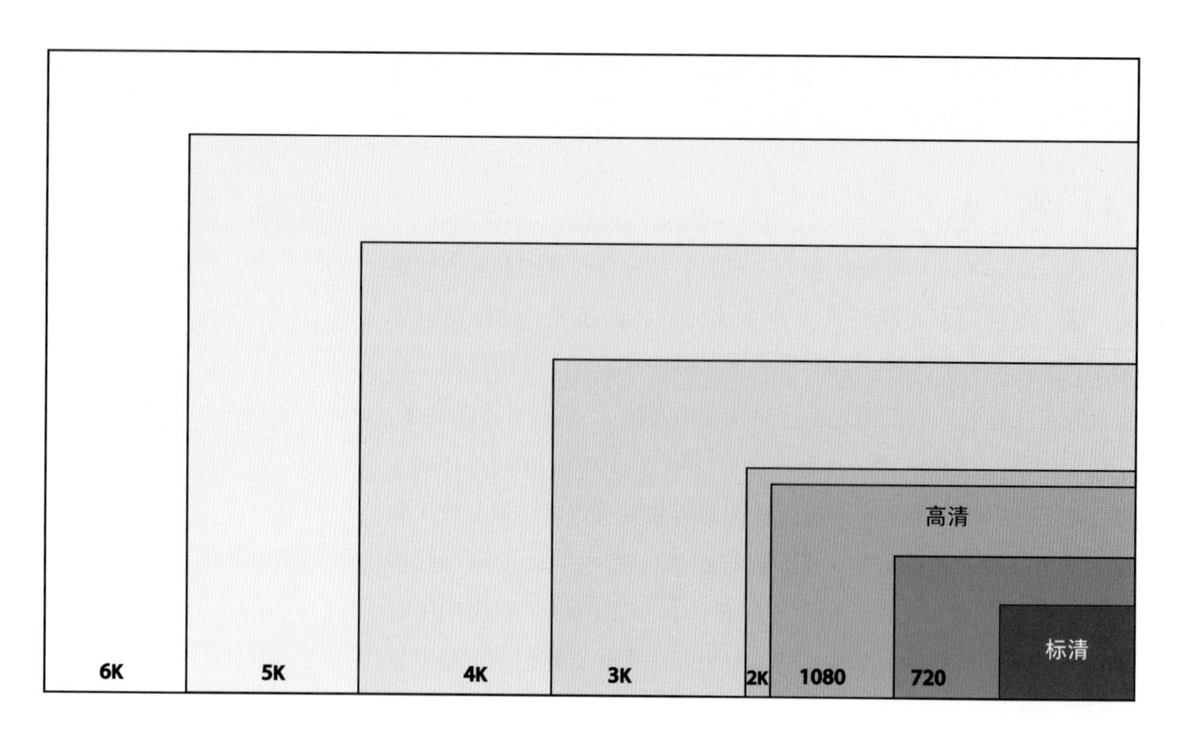

图2.4 4K及以上的超高清的分辨率远高于标清以及高清（1920×1080）。

这也同样适用于视频，当你改变画面的高宽比时，你通常只是切掉顶部和底部。

出于这个原因的考虑，使用画面的宽度来对格式进行定义更有意义。这就使问题变得简单了，因为视频不再由扫描线（仅在垂直测量时）组成而是由像素组成，像素既可以量化高度也可以量化宽度。因此，当我们谈论2K视频（一种在影院放映中被广泛使用的格式）时，它意味着画面的宽度大约有2000个像素（实际上是2048个像素），而4K视频的画面宽度有4096个像素。这意味着当你将画面画幅比改为更高或更短时，它不会变得复杂（在命名上）。幸运的是，高清时代也产生了一种更宽的画幅比标准，16∶9在电视机、广播和蓝光光盘等方面几乎是通用的。这是一个现代格式，它可以更有效地取代总是不断变化的电影格式，这些电影格式受到了19世纪末20世纪初所形成的一些电影技术规范的限制。

播放格式（影院、电视、光盘播放器等）需要在某种程度上标准化——因为数百万购买电视和媒体播放器的人，或者成千上万的影院所有者以及后期制作团队，都要在设备上进行投资，这就需要格式在一段时间内保持或多或少的稳定。原始格式（摄像机和编辑硬件）可以更加灵活。就像影院电影几乎全部用35毫米格式在放映——它可以兼容35毫米电影、65毫米、16毫米或高清视频。

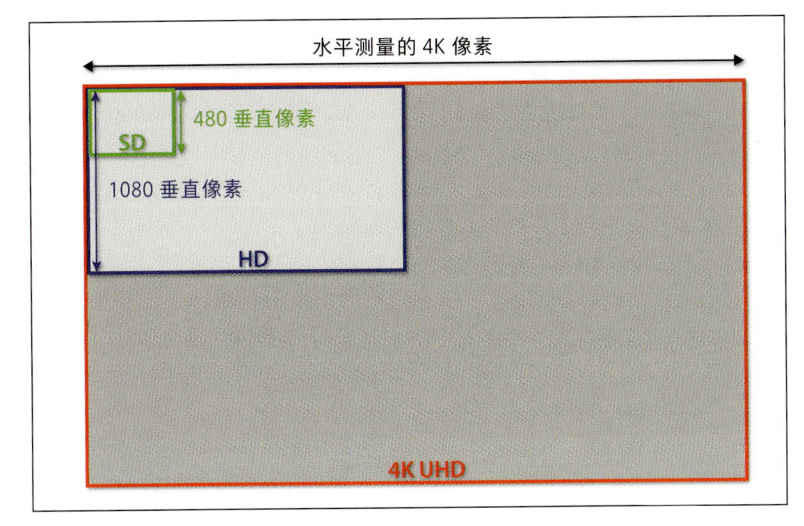

图 2.5 标清和高清通常是以它们的垂直方向来定义的，比如 1920×1080（HD）视频通常被称为“1080”，使用这种定义方式存在的问题是，为了实现不同的画幅比，画面的垂直方向往往会被以不同尺寸呈现。出于这个原因的考虑，超高清是用水平方向来定义的，比如 4K 和 8K。与许多数字设备一样，4K 在采集或显示方面也不完全是 4000。

尽管在到底有多少分辨率才“足够”的问题上存在争议，但人眼能感知到的细节数量是有上限的。毫无疑问，更高分辨率的捕捉格式更适合后期制作和最终观看。摄像机在分辨率方面还能走多远还有待于观察，数码相机在传感器分辨率上取得了巨大进步——有些数码相机每幅画面分辨率可高达 8000 万像素。什么是捕获影像时足够的分辨率应该与该影像最终被以什么尺寸使用相关：一个严格为移动电话创建的图像显然不会在分辨率上提出像要在影院大银幕上播放一样的要求。即便要考虑屏幕大小，观看距离也是一个关键因素。要真正欣赏（并感知）最终的影像分辨率，必须在离显示器 / 屏幕不超过两到三个屏幕高度的地方坐着。这意味着，如果屏幕高度是 6 米，那么理想的观看距离应小于 18 米，因此在看电影的时候一定要带上卷尺。

重要的是要区分图像的分辨率（它在描绘精细细节方面有多好）和其他诸如图像所能显示的亮度范围等因素：它们是不同的因素，而且往往会随着制造商技术开发的进步而并肩改进，但它们不一定是相互关联的。随着分辨率的大幅提高，随着 4K 和更高格式的视频的引入，摄像机所能处理的亮度范围的提高也将同样具有革命性。

2.4.3 位　深

位深（bit depth）和比特率（bit rate）不是同一个概念。深度表示用来记录每个像素的位数有多少个，我们将在“编码和格式”

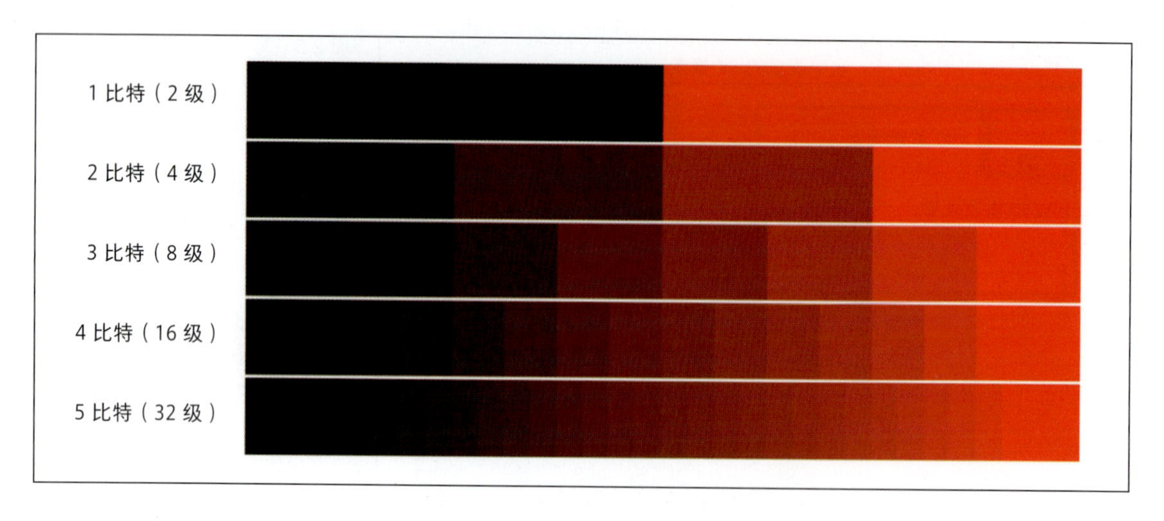

图 2.6 每个通道的位数越多，就能呈现出更多的色调等级。

一章中更全面地讨论这一问题。举个例子，大多数消费级的视频设备是 8 比特的，而高端专业设备可能是 12 比特或 14 比特。高位深给了你更多的工作可能性，并对工作流程、实现你想要的图像的能力以及诸如动态范围和颜色精度等问题都有很大的意义，但这也意味着你有更多的数据需要处理。有一点值得注意的是，位深是以两种不同的方式计算出来的（如图 2.6 所示）。其中之一是比特总数，另一个是每个通道的比特数（包括红、绿、蓝通道，有时甚至还包括用以表示透明度的阿尔法通道）。

深色（deep color）指的是真色（true color，24 位）之上的任何东西和我们正在谈论的数十亿种颜色（如表 2.1 所示）。① 但在某种程度上，这并不是关于多少种颜色的问题，而是关于灰度再现和表现色调细微变化的能力（如图 2.7 所示）。当我们在这样的上下文中提到灰度时，我们指的是特定颜色通道内色调的变化。

① 按照维基百科的说法，24 比特是真色，30/36/48 比特是深色。

2.4.4 比特率

比特率是衡量每秒可以传输多少比特数的指标。更高的比特率通常意味着更好的图像质量，但也意味着更大的文件。媒体存储是以字节数（以大写字母 B 表示）来衡量的，比如兆字节（MB）、千兆字节（GB）、太字节（TB）、拍字节（PB），甚至艾字节（EB）②，而数据传输率则是以每秒传输的比特数（小写 b）来衡量的。串行数字视频中使用了几个比特率：对于（老的过时的）标清应用，如 SMPTE 259M ③ 所定义的，可能的比特率有 270Mb/s、360Mb/s、143Mb/s 和 177Mb/s，其中 270Mb/s 是最常用的。由于高清需要应

② 1KB=2^{10}B，1MB=2^{20}B，1GB=2^{30}B，1TB=2^{40}B，1PB=2^{50}B，1EB=2^{60}B；1B=8b。

③ SMPTE 指美国电影电视工程师协会，该组织在影视领域提出了一系列技术标准。

每通道位数	每通道级数	颜色总数	举例
1	2	8	
2	4	64	
3	8	512	
4	16	4 096	
5	32	32 768	
6	64	262 144	
7	128	2 097 152	
8	256	16 777 216	DVD/Blu-Ray、5D、TV、计算机
9	512	134 217 728	
10	1 024	1 073 741 824	ProRes、DNxHD（x）、DPX 10 比特
12	4 096	68 719 476 736	DCP、ArriRAW、RedCode RAW
16	65 536	281 474 976 710 626	F65 RAW、DCDM、DSM

图 2.7（右） 顶部的画面显示的是每个通道位数非常低时的效果，它出现了可见的条带，因为从颜色的一个层次到下一个层次有大的跳跃（在此为了更好地说明有些夸张的处理）。中图和下图显示的是每个通道 16 位和 24 位的效果，与上图差别很明显，颜色有更精细和更微妙的变化。

表 2.1（左） 通过此表可以看出每个通道的位数以及它如何影响可以显示的颜色总数。可以把颜色的数量看作可能产生的细微变化的等级数。

用比 HD-SDI 接口所能提供的更大的分辨率、帧频或色彩深度，所以 SMPTE 372M 标准定义了双链路接口（dual link interface）。顾名思义，这个接口由两个并行操作的 SMPTE 292M（HD-SDI）连接组成。双链路接口支持 10 比特、4 : 2 : 2、1080p 格式，帧频可以是 60Hz、59.94fps 和 50fps，还支持 12 比特色彩深度、RGB 编码和 4 : 4 : 4 色度抽样。3G-SDI 传输与双链路相同的 2.97Gb/s 数据，但它只需一个链路即可完成。也有用于 4K 视频传输的四链路（Quad-Link）SDI 连接。想对 SDI 有更多的了解，可参阅“数据管理”一章。

2.5 帧　频

电影是 24 帧每秒，电视是 30 帧每秒，对吗？如果世界如此简单，那就太好了，但不幸的是，事实并非如此。是的，自 1929 年以来，电影就是以每秒 24 帧的速度来拍摄的。在此之前，它更常见的拍摄频率是从 14 到 18 帧每秒，由于那时的机器大多是手摇曲柄[①]来操作的，所以这真的只是一个近似值。同期声的问世引出了标准化的问题：为了使声音与画面同步，摄影机和放映机必须以恒定的速率运行。托马斯·爱迪生坚持认为，46fps 是不会造成人眼疲劳的最慢的帧频。最后选择 24fps 作为标准，其原因并非人们常说的，是因为知觉的或音频的原因。有趣的是，现在一些电影制作人认为 48fps 是理想的帧频，而其他人则主张 60fps 甚至 120fps。

① 指摄影机的传动靠发条驱动，而发条驱动对帧频的计算是无法很准确的。

当视频发明时，最初选择30fps作为标准帧频，很大程度上是因为美国的电源是以非常可靠的60赫兹（周每秒或Hz）运行，而电子同步是视频能同时在摄像机和电视机上工作的基本要求。另一方面，在欧洲，之所以选择25fps作为电视标准，是因为其电力系统运行在50赫兹，这在许多方面更简单。

以30fps运行视频的意图很快就遇到了问题，其色彩被证明会受到副载波信号的干扰。为了解决这个问题，工程师们把帧频稍微调到了29.97。由此导致的结果是，当24fps胶片被转换成视频时，实际的帧频最终为23.976。有人指出，23.98（四舍五入值）与23.976在一些软件应用中并不一样（特别是Adobe公司的产品），这些软件对它们的处理方式略有不同。

您还将看到类似把帧频确定为60i或30p的情况，它们指隔行或逐行扫描视频。让我们再回头看看过去的NTSC视频，工程师们发现那时候的电视在电子扫描向画面底部进行的过程中，人眼会在画面的顶部看到空白，从而导致视觉闪烁感。为了解决这一问题，他们让扫描先从奇数行开始，然后重新回到顶部再扫描偶数行，这就是所谓的隔行扫描①。对于现代的显示设备这种方式不再需要了，因为它们不再需要通过电子束扫描屏幕来获得影像，所以现在的视频几乎都是逐行扫描的。另外，隔行视频在后期制作中很难重新调整或处理，这是放弃使用它的一个重要因素。

① 隔行扫描的优点是减少闪烁感的同时使图像信号的带宽减小一半。

2.5.1 胶片效果与视频效果对比

胶片电影以每秒24格放映，这使得它有一种独特的外观，大多数人认为这是电影感的视觉外观。而视频是每秒30帧的视觉外观。主要原因是因为我们早已习惯了每秒24帧。其实我们在电影院看胶片电影时看到的画面是每秒48帧的，这是因为放映机有一个挡片，它断开每一个帧，使它在放映时相当于变成了两帧。另外胶片电影有一种印象派的感觉——它并没有向我们展示所有的细节。出于这个原因，在视频领域的某些拍摄实践中，有时拍摄剧情类的节目使用每秒24帧，拍摄体育类节目则使用每秒30帧（实际上是23.98帧或29.97帧）。

图 2.8 一台幻影 Flex 高速摄像机正在为一次轨道拍摄做准备。该机器能够在 2.5K 分辨率下达到 1 445fps 的帧速率，在较低分辨率下帧频可高达 10 750fps。[爱高速（Love High Speed）供图]

2.5.2 高帧频

虽然高帧频（HFR）的放映目前仍只处于实验阶段，但在电影领域，它已经被探索了许多年。Showscan 是由效果专家道格拉斯·特朗布尔（Douglas Trumbull）研发的使用 70 毫米胶片以每秒 60 帧拍摄的电影系统。如果你见过它，你就知道这是一次令人惊奇的经历。电影《霍比特人》是第一个以高帧频拍摄并放映的实验案例，它的帧频是每秒 48 帧。就像 3D 的未来一样，高帧频的未来仍有待观察。

2.5.3 超高速

有一种摄像机主导着高速市场：幻影（Phantom）系列摄像机，它的帧频可以超过每秒 10 000 帧，从而产生了一些令人惊奇的镜头（如图 2.8 所示）。结果很明显——高速摄像机的工作需要为数据提供更多的存储空间，而下载、转码和输出所需的时间也相应增加。极高的帧速率只能维持几秒钟的记录时间。

2.6 复习一点数学知识

为了理解视频，我们需要对一些非常基本的数学知识和术语进行快速回顾。其中的大部分内容你可能已经知道了，但回顾一下不会有什么坏处。不要担心，它没有看上去那么可怕。实际上，其中的大部分都非常简单。

2.6.1 笛卡尔坐标

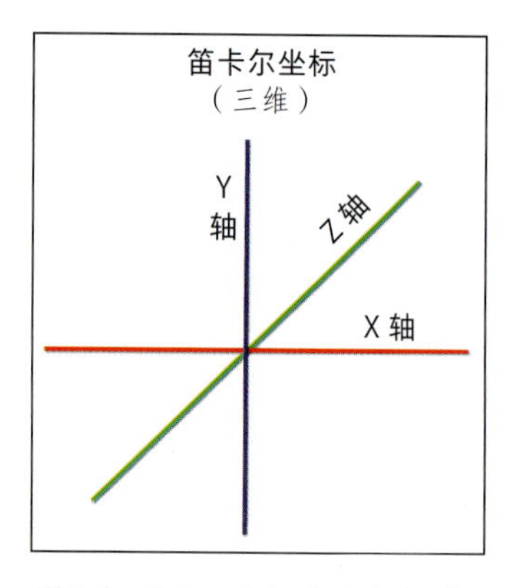

图 2.9 笛卡尔坐标系可以用二维，也可以用三维来表示数值关系。

所有我们将要讨论的关于视频信号的问题都可以用坐标表示为二维（2D）或三维（3D）图，它们被称为笛卡尔坐标系，是以其发明者——哲学家勒内·笛卡尔（René Descartes）的名字命名的（如图 2.9 所示）。最简单的版本是一个两轴图，其中 X 是水平轴，Y 是垂直轴。在三维版本中，还有第三个轴，Z 轴。它们相交的点被称为原点或（0，0，0）。该图可以有也可以没有负值，它们是指从原点向下（负 Y 值）或从原点向左（负 X 值）的值，Z 轴也是同样道理。重要的是要标出每个轴代表什么以及它们的单位是什么——它们可以是 0 到 1 或 0 到 10 000 或任何你想要的，比如伏特、烛光每平方米、比萨饼。

2.6.2 幂函数

幂函数在视频中是非常重要的。你可能也知道它是“的次方”或者指数。它的表示形式为在底数的右上角写一个较小的数字，比如 3^2，表示三的平方或三的二次方。在此例中，3 是底数，2 是指数。意为底数 3 被它自己再乘一次，结果是 9。指数 2 称作“平方”。以 3 为指数（比如 5^3）被称为“立方”。图 2.10 显示了两个函数图形：函数 X^2 和 $X^{1/2}$。

底数可以是任何数字，正负均可，指数也一样。负指数有一点不同——它导致了一个比底数小的数。比如 $10^{-1} = 0.1$ 而 $10^{-6} = 0.000001$。在坐标图上绘制幂函数时，我们发现指数大于 1 的函数是一条向上弯曲的线，指数小于 1 的则是一条向下弯曲的线。

2.6.3 对　数

有这样的数列，它的变化速度非常快，这种数列不容易处理，当然也不好用曲线来绘制（如图 2.11 所示）。一个简单的递增数列，比如 1、2、3、4、5、6 等，是很容易被绘制的。相反，数列 10^1、10^2、10^3、10^4、10^5、10^6 等，就很难被绘制（如图 2.12 所示）。如果我们做一个能容得下 10^8 数值的图，那么比 10^8 低得太多的数值

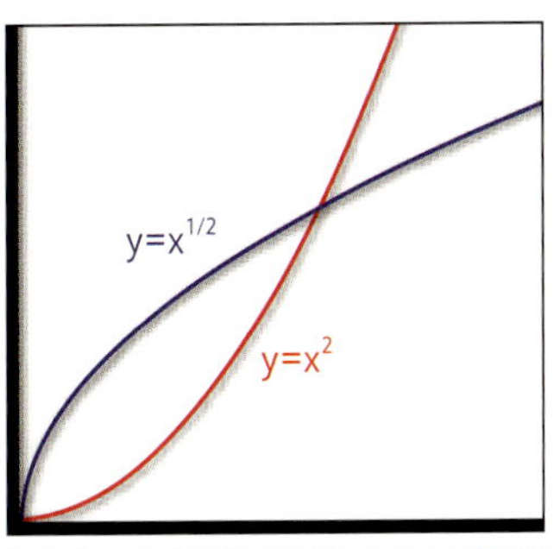

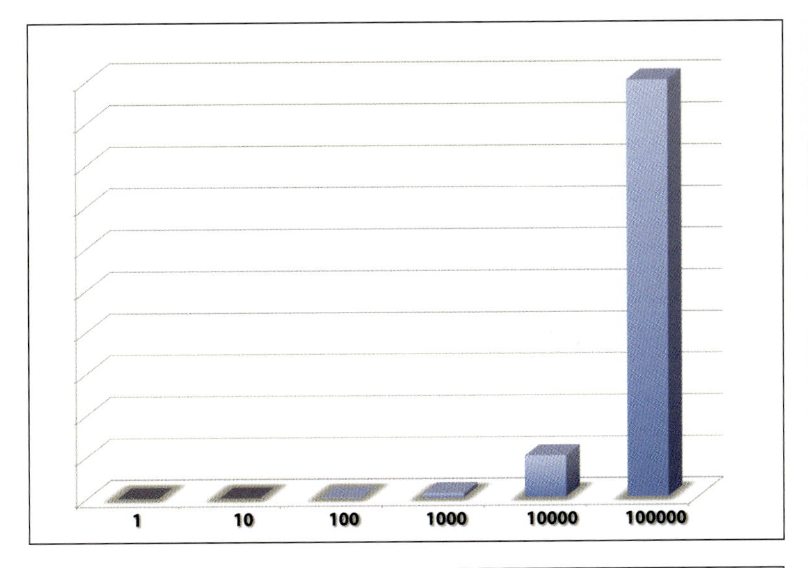

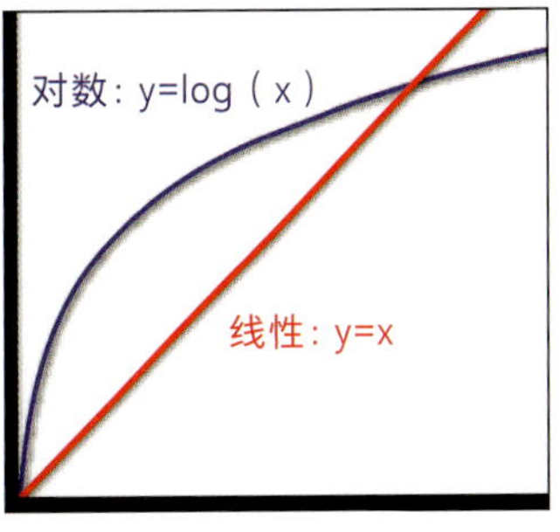

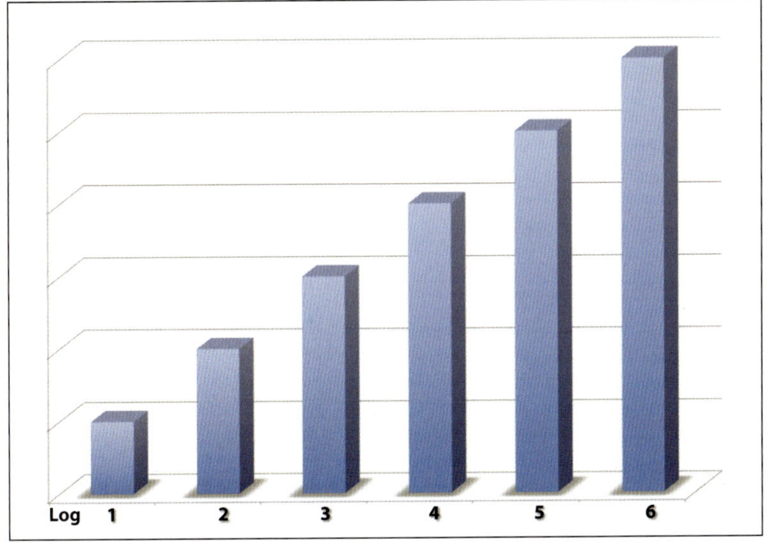
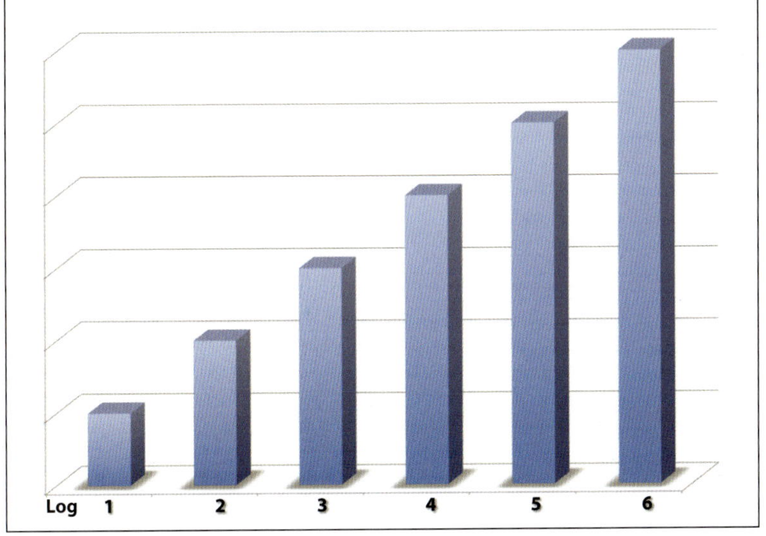

图 2.10（右上） 幂函数的例子。

图 2.11（右下） 线性函数和对数函数对比。线性是一条直线，如 x=y。对数函数是一条斜率变化的曲线。

图 2.12（左上） 试图绘制 10 的幂几乎是不可能的，因为跳跃太大了。

图 2.13（左下） 通过使用每个数字的对数来描绘相同系列的数字，将生成易于管理和易读的图形。这对数据存储产生了巨大的影响。在这个非常简单的例子中，10 的对数是 2，100 的对数是 3，依此类推。

将无法被读取。如果我们使较小的值容易被读取，那么较大的值将“脱离图表”。现实情况是，我们在很大程度上是要根据一张纸上的内容来绘制和可视化事物的。

科学家和工程师们使用对数。一个数的对数（以底数 10 为例）是将 10 提高到该数所需的指数。例如，1 000 的对数是 3，因为 10^3 = 1 000（在此是以 10 为底数的）。当然，还有以其他数为底的对数，如二进制对数的底数是 2，通常在计算机科学中使用。在上面的图形示例中，我们绘制的是以 10 为底的对数，这样原来的数列就变为 1、2、3、4、5、6，这是一个很容易绘制的图！（如图 2.13 所示）它也使许多计算变得容易得多。对数目前是视频记录的

$$\begin{bmatrix} 2 & 5 & 7 \\ 4 & 2 & 5 \\ 3 & 2 & 2 \end{bmatrix}$$

矩阵的标量乘法

$$2 \cdot \begin{bmatrix} 1 & 8 & -3 \\ 4 & -2 & 5 \end{bmatrix} = \begin{bmatrix} 2\cdot 1 & 2\cdot 8 & 2\cdot -3 \\ 2\cdot 4 & 2\cdot -2 & 2\cdot 5 \end{bmatrix} = \begin{bmatrix} 2 & 16 & -6 \\ 8 & -4 & 10 \end{bmatrix}$$

两个矩阵的点积乘积

$$A = \begin{bmatrix} 1 & 2 \\ 3 & 4 \end{bmatrix}, \quad B = \begin{bmatrix} a & b \\ c & d \end{bmatrix}$$

$$A \cdot B = \begin{bmatrix} 1 & 2 \\ 3 & 4 \end{bmatrix} \cdot \begin{bmatrix} a & b \\ c & d \end{bmatrix} = \begin{bmatrix} 1\cdot a+2\cdot c & 1\cdot b+2\cdot d \\ 3\cdot a+4\cdot c & 3\cdot b+4\cdot d \end{bmatrix} = \begin{bmatrix} a+2c & b+2d \\ 3a+4c & 3b+4d \end{bmatrix}$$

图 2.14（左） 一个简单的 3×3 矩阵。

图 2.15（右上） 矩阵的标量乘法只是标量分别与矩阵中的每个分量相乘或称为等比例地改变每个分量。

图 2.16（右下） 矩阵的点积乘积是一个比较复杂的问题，但它仍然只是一个简单的算术运算。在这个例子中，有两个矩阵：A 和 B，如上一行所示。下一行显示了这两个矩阵的点积乘积过程。

一个很大的部分，因为它能“压缩”大量的数字，也因为人类的视觉是以对数方式工作的。

2.6.4 矩 阵

矩阵是以行和列进行有序排列的数组，其中的每个数字（或符号或表达式）称为矩阵的元素或条目（如图 2.14 所示）。我们知道它是一个矩阵，因为它被括在括号里。矩阵由有多少行和多少列来定义，例如 2 × 3 矩阵或 8 × 8 矩阵等等。

对于矩阵（它是线性代数的一个分支），你可以做很多有用的事情，但是在处理视频信号时，最常见的操作是将两个矩阵相乘，这称为矩阵相乘或矩阵的点积运算（dot product）。矩阵用大写字母表示。矩阵的标量乘法（scalar multiplication）非常简单，只要将矩阵的每个元素乘以标量因子即可，在图 2.15 的例子中标量因子是 2。

就我们的目的而言，最常使用的操作是矩阵的点积，它要稍微复杂一些。在点积运算中，第一个矩阵中的行元素与第二个矩阵中的相应列元素相乘，如图 2.16 所示。它看起来有点复杂，但实际上只是基本的算术。在处理视频时，大多数情况下我们只使用 3 × 3 矩阵，原因很简单，我们通常处理的是红、绿、蓝三个通道。正如我们稍后将看到的，这与摄像机上矩阵的概念直接相关，这是一种控制画面颜色的方法。

2.6.5 测　量

了解我们在谈论视频、光、数据传输与存储以及曝光时使用的各种测量的术语是很重要的。以下是一些最常用的指标。在大多数情况下，我们使用国际单位制（公制），但也有很少的例外，比如英尺－烛光（foot-candle），它们有时会被那些从胶片时代走过来的摄影师所使用。从前，测光表只测量英尺－烛光，并且它通常是用来讨论场景照明的。

1 英尺－烛光 =10.76 流明 /m^2
1 英尺－烛光 =1 流明 /ft^2
1 勒克斯 =1 流明 / m^2
1 勒克斯 = 0.093 英尺－烛光
1 英尺－朗伯 = 1 流明 /ft^2
1 英尺－朗伯 = 0.3183 烛光 /ft^2

表 2.2　光测量的常用单位换算。

光

光的测量可以变得异常复杂，其指标包括辐射强度（radiance）、亮度（luminance）、照度（illuminance）、光通量（luminous flux），等等（如表 2.2 所示）。我们不需要对所有这些都进行掌握，但对一些基本的测量的理解是必不可少的。

- 英尺－烛光（foot-candle）——1 英尺－烛光是一支标准蜡烛在距离其一英尺的位置产生的光量。进行光谱测量的传统测光表是以英尺－烛光来计量光的。
- 英尺－朗伯（foot-lambert）——这也不是公制单位。1 英尺－朗伯等于 1/π 坎德拉每平方英尺，或者 3.426 坎德拉每平方米。
- 流明（lumen）——流明是一种测量光源可见光总量的方法。这是一个公制单位。
- 勒克斯（lux）——1 勒克斯等于 1 流明每平方米，所以它相当于英尺－烛光的公制单位。1 勒克斯大约相当于 1/10 英尺－烛光。
- 坎德拉（candela）——是一个公制单位，1 坎德拉是 1 个标准烛光的发光强度。
- 坎德拉每平方米（cd/m^2）或称尼特（nits）——它是亮度的测量单位，是 1 坎德拉散落在 1 平方米上的光亮度。因为它叫起来比较绕口，所以简称为尼特，来自拉丁文。

2.6.6 米、毫米、微米、纳米

除了美国、利比里亚和缅甸，英制单位（英寸、英尺、码等）

在英国和其他一些国家已经不再是标准单位。而且它们在视频中也并不多用（镜头上的焦点环标记除外）。公制单位（或更正式地说是国际单位）对于几乎每一种测量都是优选的，当然在科学和工程方面也是如此。一米最初的定义是从赤道到北极距离的千万分之一，大约是 39 英寸，也约等于 1 码。一米可分为一百厘米，一厘米可分为十毫米。比这更小的是微米（1/1 000 毫米）和纳米（1/1 000 微米），后者是十亿分之一米。最后，十埃构成一纳米。

我们要理解这些尺寸单位所代表的意义。一毫米相当于铅笔中铅的大小，水分子的宽度约为一纳米，人的头发直径大约为七万五千纳米。我们最常遇到的是纳米，因为它们被用来描述光的波长。例如，人类视觉的波长范围为 390 到 750 纳米。我们将在“数字色彩”一章中对此进行更深入的研究。

时间的测量

时间是视频测量中的一个元素，因为时序问题对视频信号是至关重要的。在公制单位中，毫秒为一秒的千分之一，微秒为一秒的百万分之一，毫微秒为一秒的十亿分之一。

数字的

每个人都知道比特，它是开或关的一个数字 / 电子状态。它只有 0 和 1 两个可能的数值（至少在我们拥有了包含量子处理器的摄像机之前）。一个字节是 8 比特，它可以产生 256 种可能的组合，即 0 到 255。当然一个字节不一定必须是 8 比特，但它的使用是目前最为广泛的。

当然，一个千字节是 1 000 个字节（从 1 024 约等于得来），一个兆字节是 $1\ 000^2$ 或 1 000 000 个字节，1 千兆字节是 $1\ 000^3$ 或 1 000 000 000 个字节，1 太字节是 $1\ 000^4$ 或 1 000 000 000 000 个字节，1 拍字节是 $1\ 000^5$ 或 1 000 000 000 000 000 个字节。目前视频的一帧画面通常以多少兆字节来衡量，一般 500 兆字节是最低要求，而对于硬盘容量的要求一般不能低于 1 太字节。最后，比特位数通常被用来描述一些特定的数字处理，比如 16 比特、32 比特和 64 比特。例如，柯达公司开发的 Cineon 视频压缩格式基于每个通道 10 比特，包含在 32 比特中，其中两个比特没有使用。

一点希腊语知识

为了记住视频计算中经常使用的一些符号，这里简要回顾一下希腊字母的读法，以及其在视频应用程序、公式和计算中最常见的用法。当然，在讨论其他主题时，相同的希腊字母会有不同的含义。

α = 阿尔法（透明度）

γ = 伽马

λ = 拉姆达（波长）

δ = 德尔塔（变化或差别）

ρ = 柔（反射率）

τ = 套（透射率）

ϕ = 斐（光通量）

2.6.7 分　贝

分贝是一种常用的功率或强度的单位——最常见的是用于增益（信号的增加）或衰减（信号的衰减），它是一个对数量。例如从 10 分贝增加到 20 分贝等于把功率从 10 增加到 100，从 20 分贝到 30 分贝相当于功率从 100 增加到 1 000，参见表 2.3。

功率变化 10 倍就是 10 分贝的变化。比值 2 倍的变化约为 3 分贝。除其他用途外，分贝用于衡量视频传感器的噪波，当然还有音频的噪波。

动态范围		
因数（功率）	分贝	挡位
1	0	0
2	3.01	1
3.16	5	1.66
4	6.02	2
5	6.99	2.32
8	9.03	3
10	10	3.32
16	12.0	4
20	13.0	4.32
31.6	15	4.98
32	15.1	5
50	17.0	5.64
100	20	6.64
1 000	30	9.97
1 024	30.1	10
10 000	40	13.3
100 000	50	16.6
1 000 000	60	19.9
1 048 576	60.2	20
100 000 000	80	26.6

表 2.3 功率、分贝和挡位在测量动态范围时的比较。光圈挡位是底数 2 的幂，分贝则是对数的。

第3章

测　量

measurement

3.1 图像测量

在电视领域，测量视频信号已成为一项很高的艺术。从最早的时候开始，可用的视频信号就依赖于对时序、振幅和频率的仔细控制。为了确保电视演播室的设备符合规格要求，并向家庭电视提供可靠的图像，工程师们开发了先进的标准和测量工具来测量和控制这些设备。特别是模拟视频设备需要持续的维护和调整。数字视频在传播和维护摄像机方面有一些简化的部分，但对于在拍摄现场的我们来说，视频信号的测量是很重要的，特别是在曝光和颜色方面。对于视频而言，曝光错误一直是不可饶恕的，甚至比对胶片还要严重。新型的传感器和视频格式在一定程度上减弱了这些严格的限制，但是对场景如何被记录的控制对于获得尽可能好的画面仍然是至关重要的。

数字影像工程师（DIT，digital imaging technician）经常就是拍摄现场的视频工程师。因为这不仅仅是一本关于电影摄影的书，所以我们将对数字信号测量和控制方面的技术做更深一些的研究。图 3.1 展示了许多服务于此目的的工具。然而，更多的关于视频工程方面的内容是远非本书所能囊括的。

3.1.1 信　号

我们需要知道什么时候我们的信号是好的或是不好的。幸运的是，有一些优秀的工具是现成可以获得的，并且一定会以某种形式出现在每一个专业的制作现场。它们是示波器和矢量仪，它们通常会被用一个外部的箱子固定在一个设备上。而且，许多专业的显示器都内置了示波器，几乎所有类型的编辑和色彩校正应用程序都有

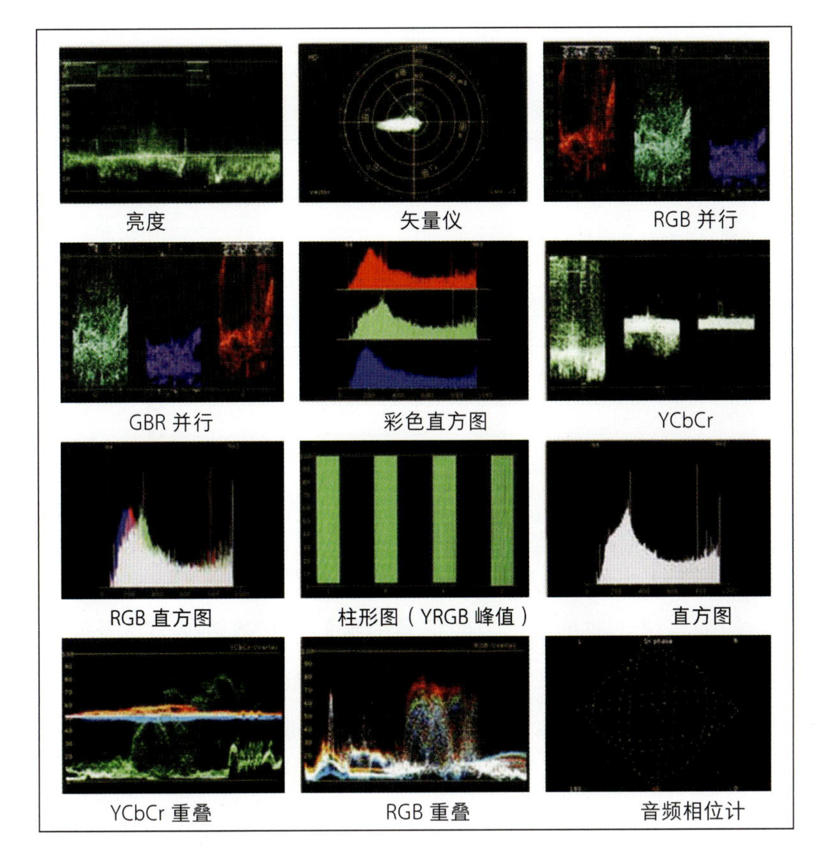

图 3.1 在弗兰德斯（Flanders）显示器上显示的可用于视频测量的各种波形，包括音频相位计。

波形和矢量图软件。

在拍摄胶片电影时，有一个工具，对摄影师来说，绝对必要，那就是测光表。事实上，电影摄影师没有它就无法完成自己的工作。现在它仍然是非常重要的，但是示波器也可以很好很合适地完成这项工作。在某些方面，测光表和示波器做的是同样的工作，但示波器给予我们的信息量要多得多。让我们逐一看一下它们。

3.2 示波器

在拍摄视频的时候，测光表仍然是有用的，而且有时候也是必要的，但示波器也是一个可以信任的参考。许多电影摄影师已经重新使用测光表来作为他们的主要工具，这将在“曝光”一章中进行讨论。

示波器可以告诉我们关于我们所拍摄的视频的“真相”，即使我们的监视器（在拍摄现场或在剪辑室）没有得到正确的校准，或

图 3.2 标准高清示波器上的刻度显示。从技术上讲，高清是以百分比来衡量的，而不是以 IRE（美国无线电工程师协会）来衡量的，但是许多人仍然习惯提到 IRE 值。实际上，它们是一回事，比如 100IRE 就相当于 100%。毫伏则是模拟（标清）测量时的单位。[①]

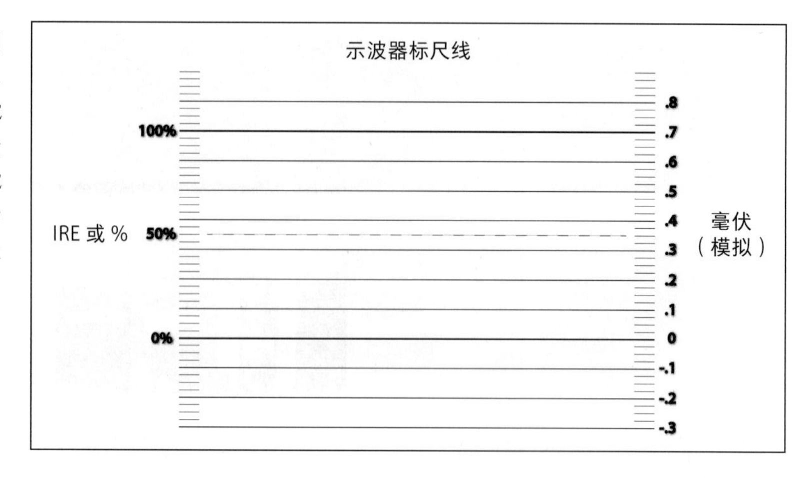

① 使用美国无线电工程师协会的缩写来作为视频信号的亮度单位，即将 700 毫伏等同为 100IRE，其实是一种归一化的做法，其结果是带来计算和描述上的方便。

者在拍摄现场，当观看条件不好时，即使从一个非常好的、校准良好的监视器上也很难获得对画面状态的正确的判断。

简而言之，波形显示视频信号的振幅，它被转换为信号的亮度。根据泰克公司（视频测试设备的领军制造商）的说法："许多视频设备在影视制作和发行的各个阶段都严重依赖于用图像监视器进行质量检查。毕竟，图像监视器会显示最终产品，即画面。这是一种快速而简单的方法，以确保没有明显的画面损伤。"但是图像监视器并不能讲述整个故事。事实上，仅仅依靠图像监视器进行视频质量检查可能是灾难向你发出的公开邀请。首先，并不是数字图像的所有问题在图像监视器上都会有明显显示——特别是在小型监视器上，小问题很容易被忽视，有些根本看不见。例如，处于临界质量的视频信号仍然可以在宽容性较好的显示器上产生一幅看似"好"的画面。经验是监视器越小，情况看起来越好，往往越是一种危险的错觉。例如，在一个小型显示器上，焦点问题很少能被发现，除非它们是极其糟糕的。这可能产生虚假的安全感，因为信号退化会累积在不同的影像制作阶段。

为了避免这样的意外，你需要看的不仅仅是画面。您需要查看通过视频系统的各种设备和互连电缆传递图像信息的视频信号。已经开发了专门的仪器来处理和显示这些信号以供分析。示波器是用来测量信号亮度（luminance）或图像亮度（picture brightness）的仪器。矢量仪则被用于视频色度的质量控制，特别是在更复杂的系统中。如果使用得当，这些工具可以让您在信号问题变成画面问题之前发现它们。你可以确保信号是最理想的，而不是临界的和有问

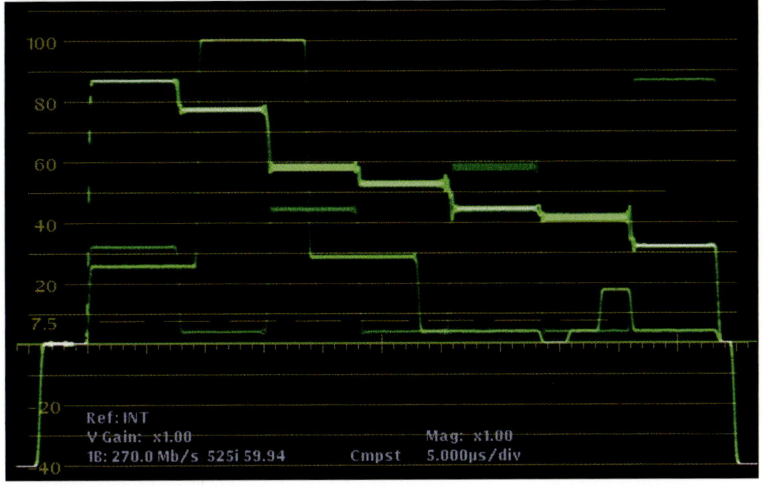

图 3.3（上） 视频监视器上所显示的 SMPTE 75% 彩条，原色和补色按亮度顺序进行排列（第一行），在最下面一行中，左数第二个格为 100% 的白色。①

图 3.4（下） 显示在示波器上的标清彩条，用于测量视频信号的电压。图 3.3 中彩条最下行靠右的地方是一个小灰阶（PLUGE），在示波器上可以很清楚地看到。② 请注意顶部一行色彩是如何按亮度变化形成漂亮的阶梯形状的。

① 有关 SMPTE 彩条的详细知识可参阅：https://en.wikipedia.org/wiki/SMPTE_color_bars。

② 彩条最下行右数第二个方块内有三个小的灰色竖条，肉眼不易辨别，也可参见图 3.14。

题的。此外，通过定期的视频系统测试，你可以捕捉到轻微的退化和性能表现趋势，这预示着系统需要维护了。这使你可以避免那些需要昂贵花费的故障，无论是在设备本身，在节目制作或发行方面。波形的例子可见图 3.2 和图 3.4。

3.3 测试方法学

泰克公司是这样说的：“在测试视频时，有两种不同的想法。一是测试特定信号的特性，以确保它满足某些艺术或技术要求。或者，也可以测试单个设备或视频信号路径中的几个部件的特性，以确定由该设备引入的信号失真是可以接受的，或者至少是最小化的。”［泰克：《视频测量》（*Video Measurements*）。］

3.3.1 标尺线

示波器上的标尺线（graticule，如图 3.2 所示）有 IRE 单位也有毫伏单位。从技术上讲，IRE 单位仅适用于复合视频信号：0IRE 等于 0 伏，100IRE 为峰值白色。另一个刻度为-0.3 到 +0.8 伏特，峰值白色视频为 0.7 伏特。在高清视频中，我们使用百分比，但由于 0 到 100 在 IRE 或百分比上是相同的，所以它们几乎没有实际的差别，许多人在提到信号水平时仍然会说 IRE。在纯白色（100%）以上和纯黑色（0%）以下仍有波形标记——在 0 以下还有和视频信号相关的部分（特别是模拟复合视频中的同步或消隐信号，可以达到-40IRE）。

3.3.2 单纯观看或滤除观看

视频信号除了有亮度分量还有色度分量，示波器同时可以显示色度分量。分量信号用 Y/C 表示，其中 Y 是亮度，C 代表色度。色度分量有时是有用的，但它会干扰画面使我们很难很干净地看到亮度。这对我们判断曝光是不利的，而在拍摄现场，我们通过示波器要做的主要工作就是判断曝光。把色度信号关掉单纯地观看亮度信号是比较好的选择。

3.3.3 校 准

最根本的调整是确保波形能显示在示波器中刻度尺的正确位置上。使用由摄像机内部提供的彩条信号这样的测试信号很容易做到这一点。彩条如图 3.3、图 3.4 和图 3.16 所示，是拍摄现场最容易获得的测试信号。

3.3.4 行显示

可以选择是让示波器显示整个画面或用户可以选择的单独一行视频。有时还可以选择单独一场画面，当然这仅适用于隔行扫描视频，因为逐行扫描视频不存在场的概念。

3.3.5 环路输出

尽管大多数示波器接受环路输出（loop through）[①]，但使示波器成为视频链中的第一个设备始终是最好的办法。就像摄影指导监视画面时永远不在线下，因为线下的图像精度可能会下降。重要提醒：由于某些波的范围需要被禁止[②]，所以必须要在线路最末设备的输出端使用 75 欧姆阻抗。

① 俗称“环通”，由原信号分路出来的信号，在放大增益方面比原信号较差。

② 指驻波，75 欧姆阻抗主要目的是防止驻波。

3.3.6 画面监视

许多示波器可切换成能够显示正在测量的图像的显示状态。在某些情况下，波形显示可以叠加在画面的顶部；在其他情况下，画面可以是全屏或者是以小屏插入到屏幕的某个角落。虽然这通常不是一个高质量的图像，但也是有用的。

3.3.7 外部同步

所有视频都需要时间同步，这对于可用的视频信号至关重要。示波器可以使用外部同步源，比如单独的同步生成器（如图 3.5 所示），但它们通常会从正在显示的视频输入中获取同步。大多数视频设备也是如此：它们既可以生成自己的同步信号，也可以接受外部生成的同步信号。在演播室中，有时会有中央同步脉冲发生器服务于所有设备。当采用多机拍摄时，这通常是非常关键的，尤其是当从一个摄像机到另一个摄像机要进行实时切换时——如果没有同步，切换可能会产生明显的差错。多机拍摄中的机器同步或同步锁相（genlock）还可以通过使用 BNC 电缆来完成，从主摄像机的 genlock out 端口输出到从属摄像机的 genlock in，而且还可以菊花链（daisy-chaining）连接更多额外的摄像机。

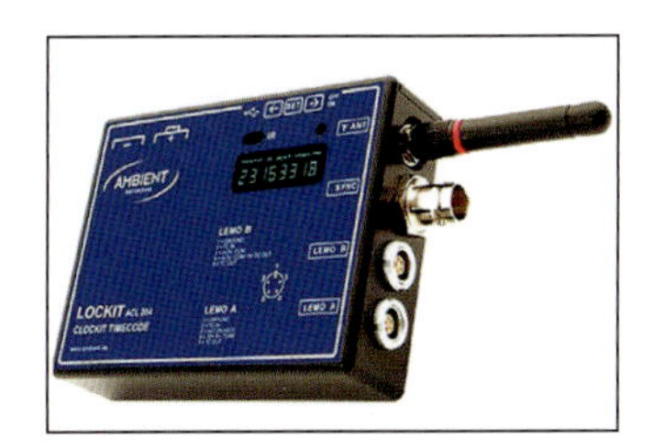

图 3.5 由 Ambient 设计的 Lockit 盒是一种广泛使用的用于多机拍摄的外部同步发生器（Ambient Recording，GmbH 供图）。

3.3.8 起点 / 基座

起点（setup）或基座（pedestal）实际上是一个标清的问题，但你应该知道它意味着什么。在 NTSC 视频中，设计师们对电视广播设备和电视能正确地显示图像中非常黑暗的部分没有太大的信心。为了解决这一问题，他们将“黑色”设置为 7.5IRE，这也被称为基座或起点。在数字世界中，它不再被需要，但在一些情况下它仍然被使用。大多数软件和示波器都允许把起点设置打开或关闭。

特别需要记住的是，当涉及视频，什么是“纯黑色”并不总是相同的。在 8 比特视频中，纯黑色不是 0，而是 16，尽管它在波形上仍然是 0%。这跟在亮部的情况相同，即“纯白色”不是 255，它是 235，在波形上是 100% 白色。任何在 16 以下的被称为“超级黑”，而在 235 以上的被称为“超级白”，这被称作“工作室摇摆”（studio-swing）。当从 0 到 255 的所有范围都被使用时，被称为全范围或扩展范围。我们将在随后的“线性、伽马、对数”一章中更加详细地讨论这些概念。

3.3.9 显示类型

大多数示波器 / 矢量仪和软件显示器能够以多种格式显示信号，所有这些信号格式都有自己的用途，要么是在前期拍摄和后期制作流程中的某一点，要么在其他方面。有些设备可以同时显示多种类型的波形，这是用户可选择的，以适应各种情况和需要。不同的技术人员对每一种情况都有自己的偏好。

亮 度

这是最基本的显示，它是画面亮度 / 曝光水平的线迹（如图 3.6 所示）。对于设置曝光水平，这通常是最快的应用。纯亮度只显示 Y 水平。当曝光是主要考虑因素时，这个开关可能会被关闭。由于它既能显示亮度（Y）又能显示色度（C），因此称为 Y/C 显示。当单个颜色通道被切割时，亮度显示状态可能显示不出来。

重 叠

重叠显示 R、G、B 线迹，但相互覆盖。为了使其可读，线迹被以其对应的色彩显示，以此来表示其代表的每个通道（如图 3.7 所示）。

RGB 并行

并行视图把红、绿和蓝三种信号的亮度并排显示（故称并行）。许多技术人员说它们是“以并行显示方式谋生”，其意义是很明显

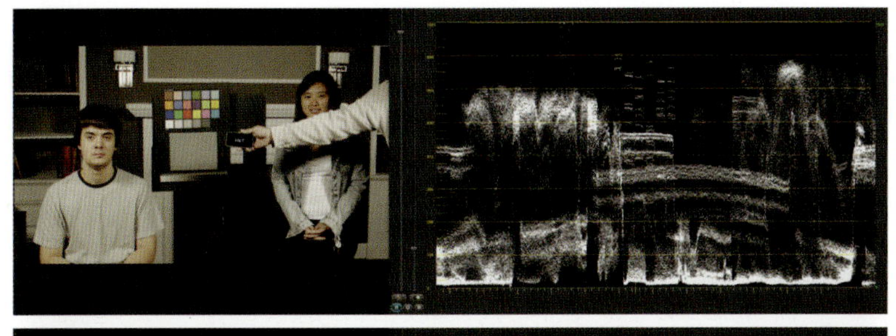

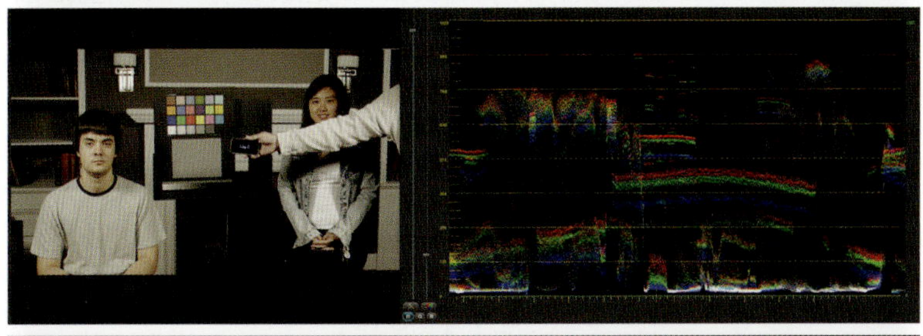

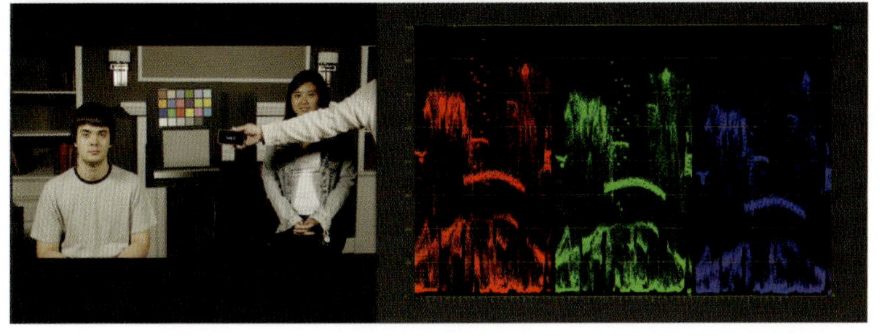

图 3.6（上） 示波器仅展示了一帧画面的亮度。这只是画面的灰度值。

图 3.7（中） RGB 重叠显示，三种信号同时呈现。

图 3.8（下） RGB 并行显示，一种被更普遍使用的显示方式，既可以体现色彩平衡，也能看到某一通道是否被切割。

的：它不只是显示画面的整体亮度水平，而是显示不同颜色通道的相对值。这意味着能对色彩平衡做出判断，而不仅仅是亮度（如图 3.8 所示）。它能显示色彩平衡，以及个别的颜色通道是否有被切割。

YCbCr 显示

这个显示状态要难解释一些，它首先显示亮度，然后是色差信号 Cb 和 Cr，其中 Cb 是蓝减亮度，Cr 是红减亮度。两个色彩信号和左边的亮度信号完全不同，亮度信号包含了画面的整个亮度范围，而 Cb 和 Cr 信号只反映画面中的所有色彩信息。既然亮度已经被从这两个色度信号中移除了，所以色度信号要比亮度信号小得多。落实到具体实践中，色度信号在拍摄现场也很少被用到。

当解释 YCbCr 信号时，请记住，在 8 比特系统中，黑是 16，白是 235（虽然为了显示允许它们在内部被转换）。你应该让你的信号落在这个界限之间。YCbCr 既是一个色彩空间，也是一种对

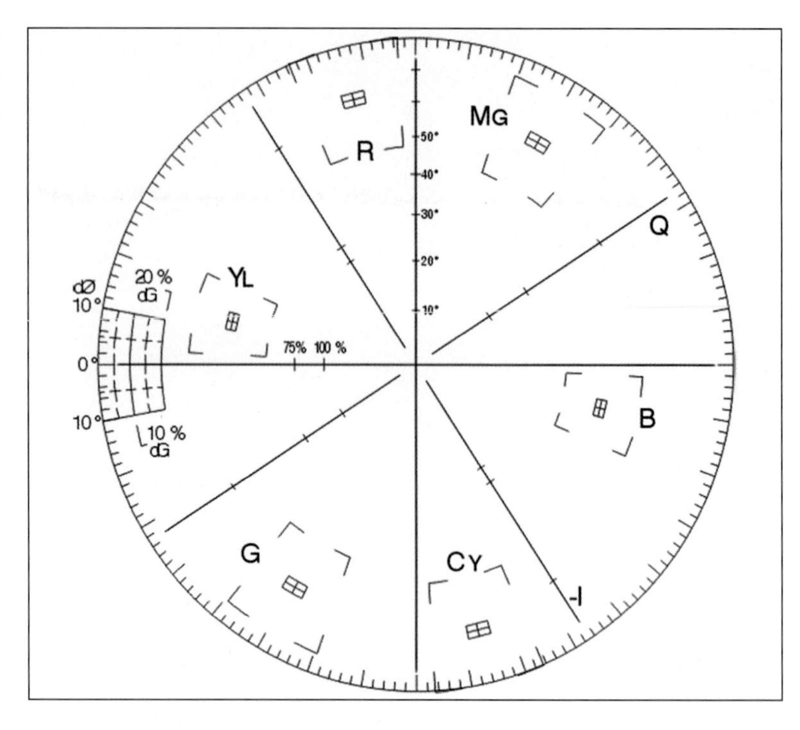

图 3.9 矢量仪上的标尺显示。方框表示当摄像机上显示 SMPTE 彩条信号时，三原色和三补色的线迹应该落定的位置。

RGB 信息进行编码的方法。最终输出的色彩取决于用来显示画面的显示器所使用的实际的三原色是什么。

3.4 色调或相位

相位是我们所称的色调，也就是许多人在随意使用“色彩”一词时所指的意思。“色彩”的含义太多，不是全部都对工程目的有用。色调被表示为一个圆圈（就像色轮），而“色彩”可以精确地用绕着这个圆圈的角度来描述。视频工程师使用“相位”这个术语来指色调在矢量仪上的相对位置。

3.5 矢量仪

矢量仪（如图 3.9 所示）要比示波器略微专业一些。它只测量色彩信号。对于色彩而言，它是一种非常宝贵的工具。图 3.10 是一个镜头显示在矢量仪上的情景，我们可以看到，这个镜头里的场景是严重偏红色 / 黄色，还有一些蓝色和青色。它没有给我们任何关于亮度的信息（这是示波器可以完成的）。在拍摄现场或后期机

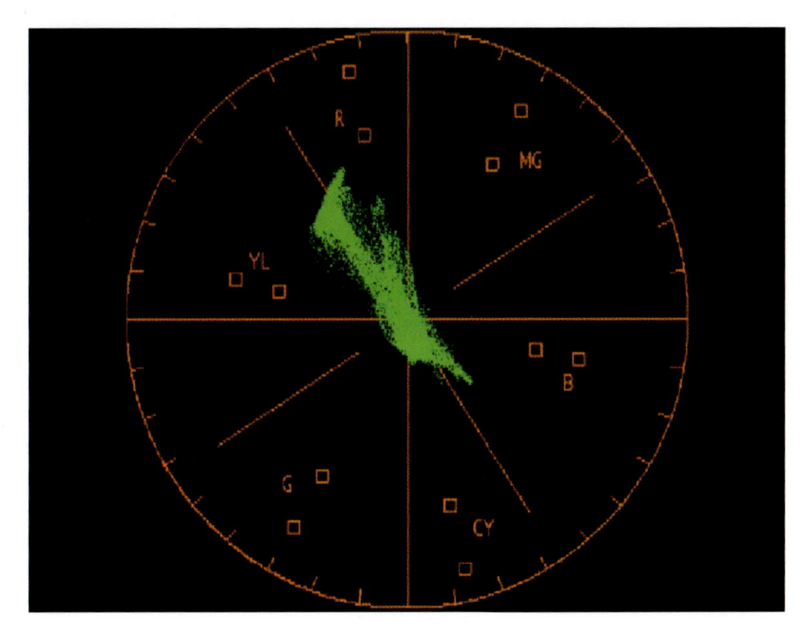

图 3.10 在矢量仪上显示的一个典型画面。我们可以看到，这个画面有大量的红色和一些蓝色而没有太多的绿色。

房，两者往往一起使用。矢量仪基本显示的是色彩轮，但在视频上称作相位（如图 3.11 所示）。从类似于钟表上 3 点的位置开始计算，也即 3 点的位置是零度，其他色彩的角度如下：

品红：61°

红：104°

黄：167°

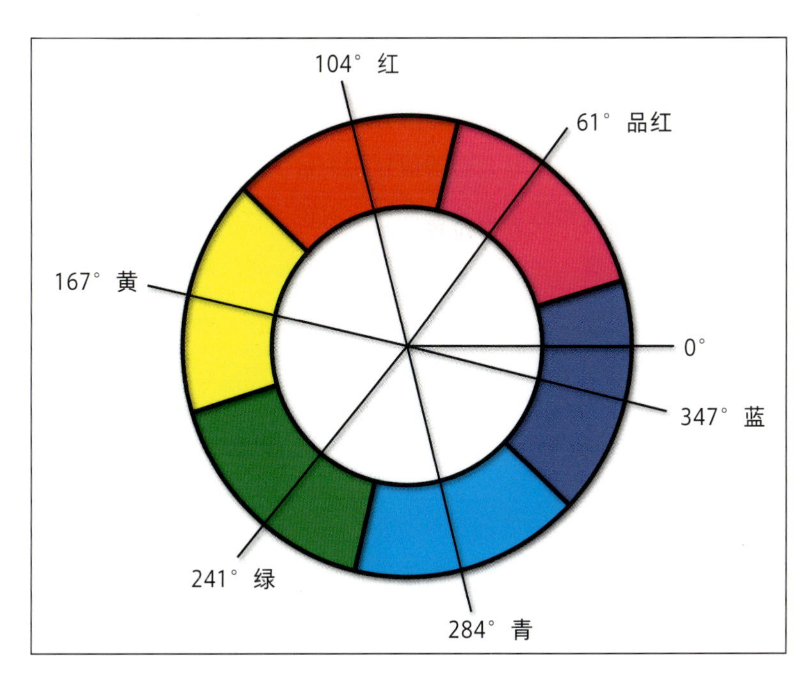

图 3.11 矢量仪的显示是基于色轮的，每种颜色都根据其在圆周上的位置分配一个数值。从 3 点的位置开始计为零。在这张图中，为了清晰起见，原色和补色被显示为各部分之间离散的状态，但在现实中，色彩是一个连续的光谱。

图 3.12 一个画面被显示在矢量仪上，该矢量仪是达芬奇调色软件（DaVinci Resolve）中的一个组件。注意白色的小点代表着画面中麦克贝斯色板上的色彩小方块。

绿：241°

青：284°

蓝：347°

某种程度上，这几种色彩是色彩的“中心”。在现实中，我们处理这些色彩的所有微妙的等级，而不仅仅是纯色调。这就是为什么数学描述很重要的原因——当涉及数字信号处理时，像“浅黄色”这样的术语并不能意味太多东西。

因此，绕圆圈的方向是一维的。另一个维度是轨迹离中心有多远（如图 3.12 所示）。与中心的距离通常被认为是饱和度的度量，但实际上这并不完全准确。到中心的距离可以是饱和度，也可以是明度，还可以是两者的结合（参见“数字色彩”一章）。这就是为什么“箭头显示”（arrowhead display）这么有用的原因（如图 3.21 所示）。这意味着一个纯粹的黑白画面将表现为屏幕的中心的一个点。再比如，一个没有其他颜色的单色蓝色场景将是一个移动到右侧的点。

你经常看到和使用的是彩条信号在矢量仪上的显示。所有的彩条（还有几种我们稍后会看到）都有三原色（红、绿、蓝）和三补色（黄、品红、青）。这些颜色都应该落在矢量仪刻度盘上的方框内（如图 3.9 所示）。

3.6 彩条的细节

在旧式 SMPTE 彩色的条形图上（如图 3.14 所示），画面中三分之二的部分是七个垂直色条。从左边开始，分别为 80% 的灰、黄色、青色、绿色、品红色、红色和蓝色。色彩方块的强度为

75%，故常称其为“75% 彩条”。

在这个色彩序列中，蓝色是每个其他色条的组成部分——正如我们将在校准监视器时看到的那样，这是一个非常有用的方面。而且，红色在每个其他色条中要么存在要么不存在。绿色只存在于左边的四个条中而在右边的三个条中不存在，由于绿色是亮度的最大组成部分，这有助于梯阶图案的形成，当在示波器上观看时，梯阶图案从左到右均匀下降（如图 3.4 所示）。

在主要的色条下面是一组由蓝色、品红色、青色和白色组成的方块列。当监视器被设置为“只显蓝色”时，这些方块和它上面的主色条组合在一起，用于校准颜色。当监视器的色彩调整适当时，它们将显示为四个实心蓝色条，即在方块和其上方的主条之间没有界线。稍后我们将更详细地研究这个校准过程。在拍摄现场校准监视器是为当天拍摄做准备的最关键的步骤之一（如图 3.13 所示）。

标准 SMPTE 彩条的最下面一排包含了一个纯白（100%）的方块，和一个由黑、近黑的更小的方块组成的序列，称为 PLUGE（灰阶）。它代表图像校准信号发生器（picture line-up generation equipment），这是英国广播公司（BBC）开发的一种方法，以确保整个大楼的所有摄像机都符合同样的标准。它是由地下室的一个信号发生器产生的，并发送到所有的工作室，以便工程师可以校准设备。

3.6.1 在监视器校准时使用灰阶

在 SMPTE 彩条中，灰阶位于红色主条下面（如图 3.14、图 3.15 所示）。它由三个小的垂直条组成，最右边的垂直条的强度略高于饱和的黑色电平，中间的垂直条强度完全等于饱和黑电平，而最左边的垂直条的强度略低于饱和黑（或称“比黑更黑”）。灰阶是正确设置监视器最黑部分的关键。可以这样想一想：如果只需要一个“黑色”方块，我们可以很容易地设置监视器，使黑色看起来是黑的。但我们如何知道我们是否把它刚刚好设在了黑，而不是走得太远，使它比纯黑色更黑了呢？因为黑和更黑在监视器上都会显示为同样的黑。

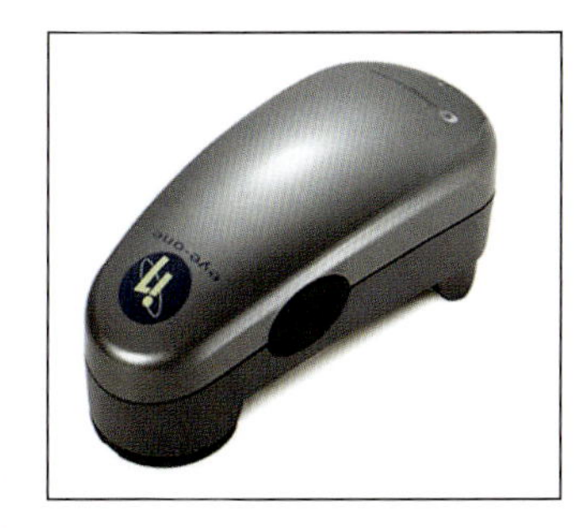

图 3.13 由爱色丽公司提供的监视器校准探头。校准探头的功能是量化监视器输出偏离已知标准的程度，从而允许您调整监视器并使其恢复到标准。

通过设置这些仅在黑色上下很小范围的方块，我们可以设置监视器的亮度水平，使其黑色为黑色，而不是“太黑”——这也将影

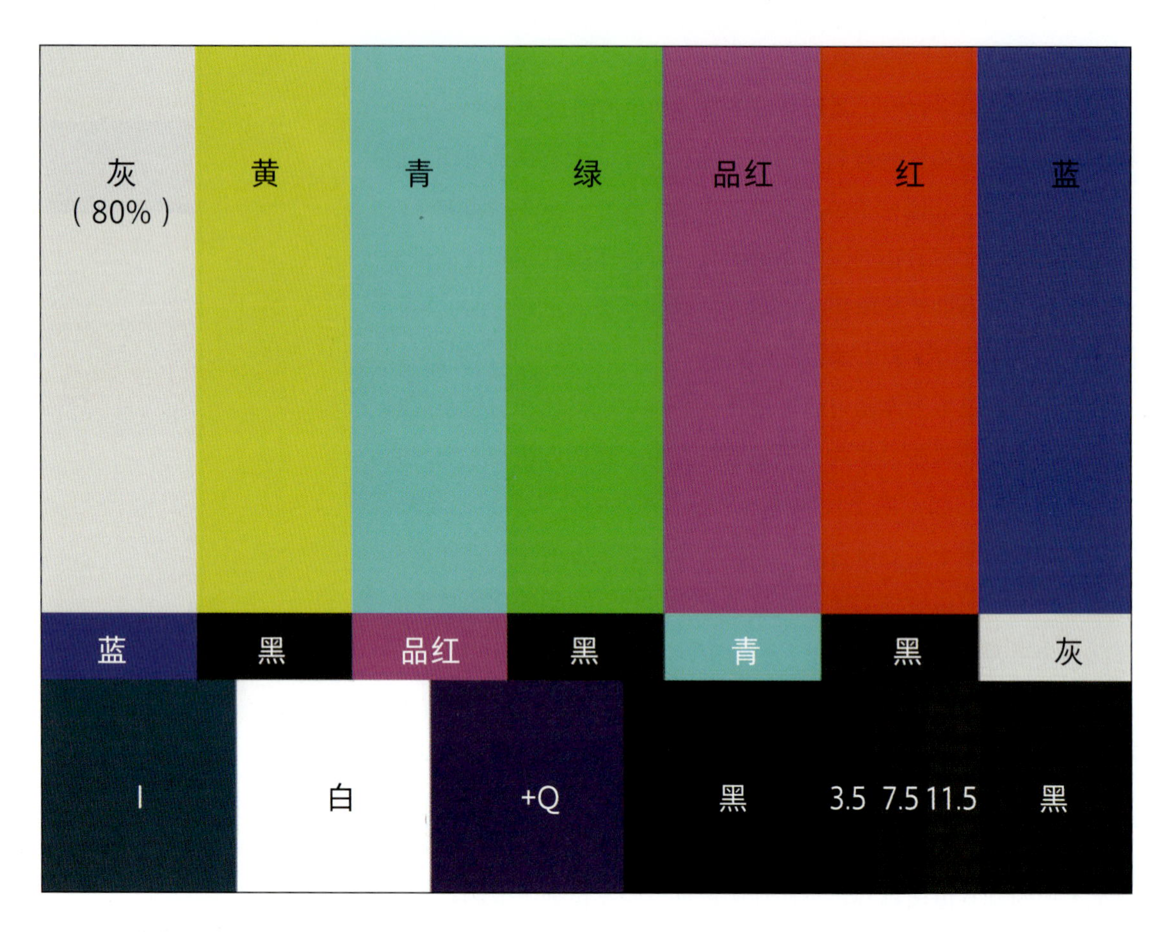

图 3.14 传统的 SMPTE 色条。右下角两个纯黑色方块之间是灰阶。I 和 +Q 方块是目前已经停止使用的 NTSC 颜色系统，但它们仍然出现在有些矢量仪中。

响到画面的其他亮度部分：中间调、亮部和暗部。当监视器调整合适时，灰阶中的三个小垂直条，左边的两条应为完全一样的黑，而右边的条和左边的两条应该刚刚好分开。这是一个解决监视器亮度水平设置的巧妙的方法。英国广播公司 BBC 最初对这一灰阶的设计方案是在黑背景上仅放置-4% 和 4% 两个条，这带来的结果是会有一个很宽的调整范围，在该范围内画面看上去都是正确的。绝对精准被认为不如拥有一个可以快速、方便地使用的系统那么重要。添加一个-2% 和 +2% 的条会使图案更精确，但也更难校准，因为

图 3.15 灰阶是校准监视器的关键。在两个纯黑色方块之间的三个垂直条的 IRE 值分别为 3.5、7.5 和 11.5。

图 3.16 高清彩条和标清彩条有很大不同。它们包括一个 Y 斜坡（亮度从 0% 到 100%）以及 40% 和 75% 的灰方块。灰阶也是不同的，因为它是以百分比来衡量，而不是以 IRE 来衡量。从技术上讲，IRE 值不适用于高清信号。这套彩条是由日本广播行业协会（ARIB）开发的。它们已被标准化为 SMPTE RP 219-2002。

当 -2% 的条消失时，+2% 通常是几乎看不见的。如果你愿意的话，你可以只使用外围的 ±4% 的两个条作为一种“快速直接”的方法。

使用校准探头来校准监视器的情况越来越多（如图 3.13 所示）。一些电子传感器临时附着在监视器的表面，探头的软件可以让一系列测试方块显示在监视器上，探头对它们做出测量，用以调整监视器。这些探测器的价格从数万美元到相对低廉的价格不等。弗莱彻（Fletcher）摄像机的工程总监迈克·西普尔（Mike Sipple）是这样说的：“探头与其说是执行监视器的调整，不如说它允许你量化监视器偏离已知标准（亮度的或色度的）的程度。探头软件‘知道’特定颜色或灰色样本在某一特定参考基准（如 Rec.709）下的‘应有’外观（术语为：发射波长值），并显示显示器实际显示的与应该显示的值相比的偏移值。然后，你可以使用监视器上的控件进行手动调整，使其所显示的值等于正确的值，或者在某些情况下，软件可以与监视器对话，并自动告诉监视器要进行的调整以使其与目标一致。”许多技术人员和设备还雇用专门从事监测校准的独立承包商。

传统 SMPTE 彩条的下面部分有两个代表“I”信号和“Q”信号的方块，它与不再被使用的 NTSC 视频有关，NTSC 视频已经被 ATSC（Advanced Television Systems Committee，即高级电视系

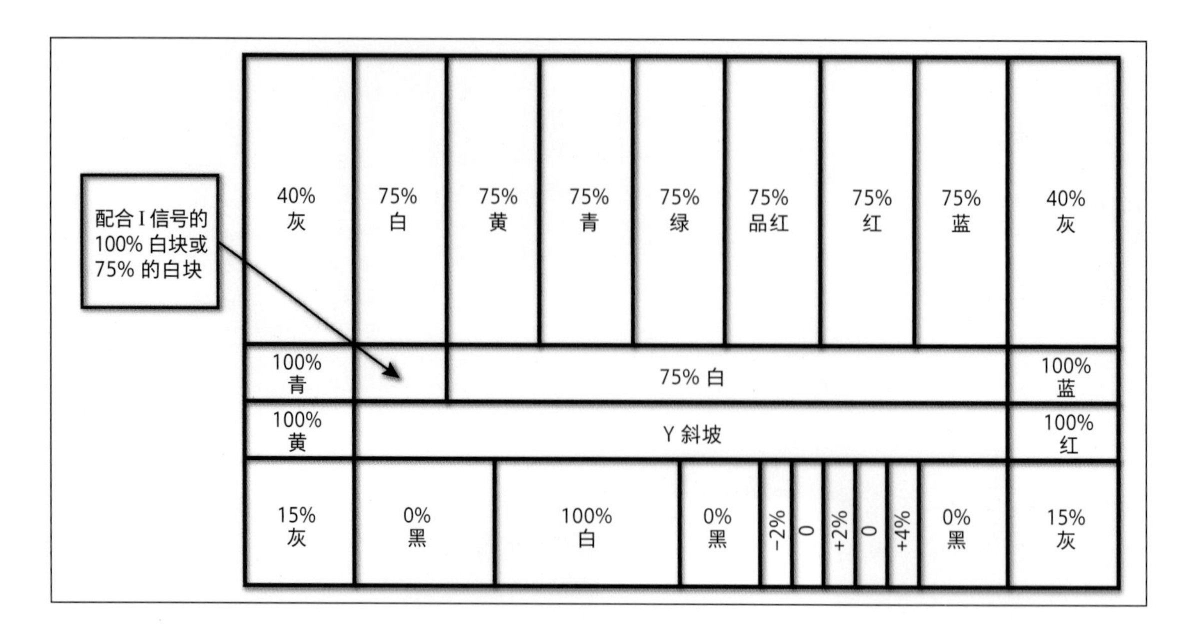

图 3.17 ARIB/SMPTE 高清彩条的解剖图。

统委员会）视频所取代，所以我们不必对它们进行太过细致的了解。只需要知道的是，它们和 NTSC 视频的色彩信号和色彩同步信号有关。“I”线已经和肤色值相关联（如图 3.29 所示），这是纯粹的巧合，在矢量仪上，这条线附近是大多数皮肤色调应该显示的位置。

还有另一种形式的彩条，叫作 100% 彩条，或 RGB 图案。它由 8 个 100% 强度的垂直条形组成，不包括其他方块或亮度图案。与 SMPTE 标准（75%）彩条一样，其颜色顺序是白色、黄色、青色、绿色、品红色、红色和蓝色，但另有一列饱和黑色。此种彩条用于检查色彩峰值、色彩饱和度以及色彩排布。100% 彩条不像 SMPTE 标准 75% 彩条那样通用或有用，但是许多测试设备这两种模式的彩条都可以提供，并且还可以选择只提供其中一种。许多专业摄像机可以设置输出一个 100% 彩条，用以校准广播或录像设备，尤其是在多机安装时。

虽然彩条的设计是为了校准标清世界中的模拟视频设备，但它们在数字视频中仍然被广泛使用——尽管彩条的形状有些不同。SMPTE 高清彩条被标准化为 ARIB 或 SMPTE RP 219-2002（如图 3.16 和图 3.17 所示）。

高清彩条有一些额外的特征，包括一个较宽的 100% 白色方块和一个亮度（Y）斜坡。这个图案的灰阶版本是由 –2% 黑色、0% 黑色、+2% 黑色、另一个 0% 黑色以及 4% 黑色的窄条组成，然后两边都是较大的 0% 黑色方块。在最下面一行的两侧各有一个 15% 的灰块。在中间部分，75% 的长白条和亮度斜坡旁边是两个白色方块，如果需要，可以交替使用配合 I 信号的 100% 白块或 75% 的白块。

3.6.2 合法和有效

广播信号既有技术上的限制，也有政府或准政府机构设定的法定限制，这些限制有助于确保你发出的信号基本上不会破坏某些人的电视接收。这些标准规定信号必须保持在一定范围内。在这些限制范围内的信号称为合法视频。有效意味着即使在不同的颜色空间中显示，它仍然是合法的。例如，如果色差信号被翻译成 RGB 格式并保持在法定范围内，则称为有效信号。

3.7 示波器的种类

有几种类型的外部和内部示波器。外部示波器仍是最初的形式，它们通常是波形显示和矢量显示的组合，可以切换，也可以同时显示多种波形。软件示波器 / 矢量仪的分辨率和响应时间通常较低，但随着应用程序的每一个新版本的发布，它们都在不断改进。其原因很简单：软件设计人员希望将大部分处理能力用于用户体验和画面的质量。在画面监视器中内置的示波器有时分辨率太低，充其量只能是近似，但是对于我们在拍摄现场使用它的目的来说，这往往已经“足够好”了。

3.8 在拍摄现场使用示波器

示波器在拍摄现场有许多用途（在视频工程实验室中用处更多），但最常用的两种用处是设置摄像机、检查照明和曝光。

3.8.1 摄像机设置中的测量

彩条和其他一些类似在 Red 摄像机上的东西都是来自摄像机内部的，但设置摄像机仅用来自机器内部的测试工具是不够的，还有一些是需要独立使用的测试表和测试图，这包括：

- 亮度梯度（luma ramp）
- 色度梯度（chroma ramp）
- 焦点测试板 / 多波群测试板（focus pattern/multiburst）
- 色卡（chip chart）
- 黑场卡（black field）
- 白场卡（white field）

这些测试图形不是用来被记录的，但把它们传输到监视器、示波器和矢量仪上，可以检查信号路径或监视的问题。

改变画面外观

当我们用伽马、色彩空间、矩阵和其他控件改变图像的外观时，可以利用示波器和矢量仪精确地看到图像上发生的事情，这些仅仅在画面监视器上是不能精确看到的。这特别适用于我们正努力遵守的，在亮度、色度和色域方面的任何安全限制——示波器 / 矢量仪将指出我们所做的改变是否使信号超出了极限。

3.8.2 波形上看曝光

当我们照明一个场景，设定好光圈并进行拍摄，没有什么比波形更能准确地反映曝光是否正确了。我们将在“曝光”一章中讨论它的使用。请记住，曝光有两个重要的方面：场景的整体曝光水平和同一场景内的曝光平衡。请参看《电影摄影：理论与实践（第 2 版）》（*Cinematography: Theory and Practice 2nd Edition*）和《电影和视频照明（第 2 版）》（*Motion Picture and Video Lighting 2nd Edition*）两本书（两本书的作者和本书相同）了解更多有关曝光理论、照明以及机器设置的问题。为曝光而观看波形图上的线迹，这需要一点实践经验，有一个很重要的方面更容易被理解和观察到，那就是“切割”问题，比如图 3.20 中的例子。

3.8.3 切　割

切割（clipping）不一定意味着达到了视频信号的 100%，实际上，切割电平在某些摄像机上是可调的。切割意味着视频设备已经达到“饱和水平”，不能再显示（切割点）往上的白色等级。切割的线迹在波形图上很容易被发现：是指信号在顶部变成一条“平坦的”线的时候。可以切割亮度，也可以切割色度，这可能是由于特定信号通道的色度过饱和或彩色信号通道的曝光过度造成的。监视器上的某个查找表（LUT）可以让信号看起来是被切割了，但它实际上并不一定是。详情可参看“影像控制和色彩分级”一章中关于查找表的论述。

切割是一个简单的概念：在某些点上，数字设备达到了它的饱和水平，即信号超出切割点的部分将无法被设备再进行处理。一旦到达这个点，任何附加信号都不会改变原来的信号。真正的问题是：任何被切割的信号都将“没有信息”。这意味着什么都不能恢复，什么也不能“保存”。

一旦信号被切割掉，它就不会再回来了。没有神奇的硬件或特殊的软件可以修复它。有时一幅画面中很小的区域会被切割，却不会对画面产生不良影响，有时这可能是一种故意的艺术选择。

从历史上看，视频在高光方面一直存在问题，而数字视频在亮部的空间通常比暗部的要小[①]，这也是胶片作为影像记录媒介一直不被淘汰的原因之一。机器制造商不断尝试提高图像传感器的高光捉获性能，而且他们正在为取得更大进步继续付出着不懈的努力。与此同时，“保护高光”往往仍然是数字影像工程师（DIT）最重要的工作之一——因为他或她更有可能在拍摄过程中观看示波器。

① 指宽容度在中灰以上的部分小于中灰以下的部分。

3.8.4 破碎黑

在信号电平标尺的底端，你通常希望黑的物体是黑的，而不是“破碎”了的黑（crushing the blacks）。暗部的破碎就相当于亮部的切割，而且它们在亮度波形的显示上有相同的特征，它们似乎都在把影调波形范围压缩成越来越小的区域。这一现象很容易通过在外部或内部示波器上显示任何平均亮度水平的画面（尽管灰阶或灰度斜坡对此会显示得最好）来观察——把画面从正常的更改为曝光非常低的画面，然后再将其转换为严重曝光过度的画面，可以通过改变光圈或在色彩校正 / 编辑软件中改变图像亮度来实现。

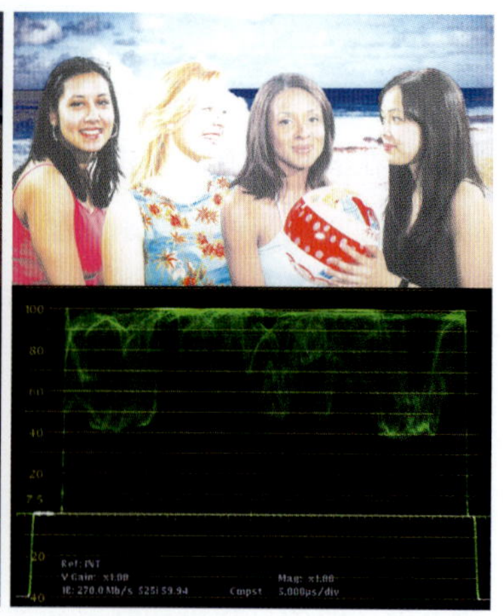

图 3.18（左） DSC 实验室所做的坎贝尔（Cambelles）色彩测试卡① 的正确曝光画面。后面涌起的白浪非常接近 100%，最黑暗的区域在 7.5IRE 以下。

图 3.19（中） 坎贝尔色彩测试卡曝光不足的画面。在波形上，即使是图像中最亮的部分也不能超过 50IRE，整个画面被压缩到较低的水平。

图 3.20（右） 坎贝尔色彩测试卡严重曝光过度的画面。画面的许多部分正被切割（平坦的顶部），画面几乎没有任何低于 50IRE 的地方。

① 又称四色肤色卡。

图 3.18 至图 3.20 显示了测试图的曝光正常、曝光不足和曝光过度三种情况。特别要注意的是，随着曝光的变化，全部影调波形不会均匀且不变地上下移动。具体来说，就是影调之间的间距发生了根本性的变化。随着曝光过度，亮部影调变得越来越近，直到它们在切割中变为一条平直的线。事实上，它们之间的距离越来越近，这意味着数字图像不再能准确地表示原始景物。记住，在“标准”的情况下，我们想要的曝光是要能准确地复制景物的曝光。当我们需要创造性地对待画面时，我们当然会改变这一点。但回到开始，当我们正在学会理解数字图像时，我们的目标是让记录下来的画面成为在拍摄现场的景物或测试卡上所有内容的真实再现。在对数编码的视频中，这种步长（steps）将一直保持不变，直到切割点为止。在暗部，接近黑色的区域几乎总是有一些步长压缩，因为当信号接近噪波基底时，图像传感器往往会这样工作。白切割和黑破碎几乎在所有类型的波形显示上都表现得很明显，但为了简单起见，我们这里的大多数插图只使用亮度波形显示。

3.9 在拍摄现场使用矢量仪

为了得到一个好的画面，我们对亮度所做的处理是有安全限制的，对色彩所做的处理也是有安全限制的。为了监控这一点，我们以各种不同的显示状态来使用矢量仪。和示波器一样，它可以用来检查、设置机器以达到某种特殊的效果，并在拍摄过程中监控画面。

根据您使用的标准或色彩空间的不同，色彩限制也有所不同，这是因为每个色彩空间和视频格式对色彩的处理方式不同。例如，当选择 Rec.709（高清）标准时，标准色彩图在矢量仪上的显示会明显不同于选择 ITU601 标准（不同的标准）时的显示。

由于各种技术原因，100% 饱和度不能用标准油墨和印刷技术正确打印出来，所以它通常不用于测试表和测试图。为此，一些矢量仪可以选择显示在 75% 饱和度或者选择显示在 100% 饱和度。当然，你需要确保使用正确的设置来匹配测试时你使用的测试图或测试表。[①]

① 即测试图用的是 100% 则矢量显示就应该在 100%，测试图用的是 75% 则矢量显示就应该在 75%。

3.9.1 矢量仪上的彩条

矢量仪的显示界面上有为三原色和三补色落定位置标注的方框（如图 3.9 所示）。当来自摄像机或其他信号源的彩条信号显示在矢量仪上时，三原色和三补色的线迹就应该落在这些小方框内——如果不是这样就说明出了问题。如果线迹顺时针旋转或逆时针旋转了，则说明相位（色调）有了偏差。如果它们离中心太近或离中心太远，那么就说明饱和度太低或太高。在色彩校正软件中改变色调也会使它们向一个或另一个方向移动。正如我们将要看到的，大多数打印的测试图表并不是 100% 的色彩饱和，因为它们是不可能被正确打印的。一些测试卡将饱和度设置为 50%，然后将矢量仪设置为 2 倍增益，以给出准确的读数。

3.9.2 白平衡 / 黑平衡

当摄像机对准中性灰卡或中性白色目标时，在矢量仪上很容易判断出白平衡。因为一个真正中性的测试卡在任何方向上都不会有偏色，所以其线迹将表现为矢量仪中间的一个点——影像只有亮度而根本没有色度。

如果点不在中央，说明摄像机的白平衡出了问题。如果点向蓝色方向移动了，这可能意味着照明测试卡的光是日光（蓝色），而相机的白平衡设在了钨丝灯。如果点向红色 / 黄色移动，那么意思刚好相反，照明是钨丝灯，机器设置为日光平衡。（参阅“数字色彩”一章中的图 6.14。）许多技术人员也使用并行波形来判断颜色平衡，因为它显示了三种颜色通道之间的相对平衡。我们将在后面的一章中讨论这方面的例子。

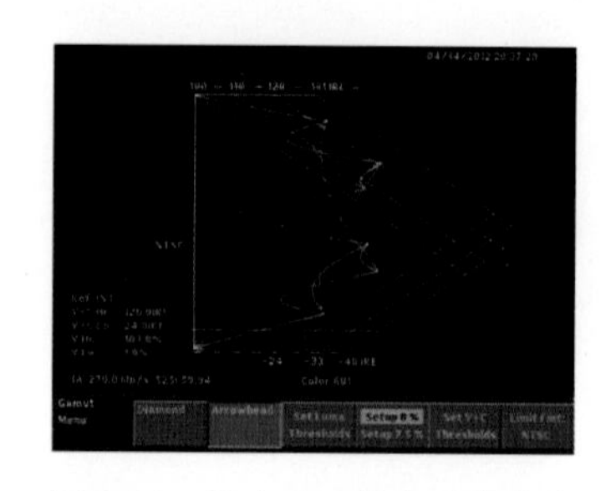

图 3.21 箭头显示是查看色彩的另一种方式，它用于判断色彩是否超出了色域。它是泰克示波器专有的。图中最里面的“箭头”是100IRE（泰克公司供图）。

黑平衡也很重要。大多数摄像机都有自动黑平衡功能。如果你手动操作黑平衡，你可以盖上镜头，使传感器上接收不到任何光线，然后确保点位于矢量仪的中心。

3.9.3 色　域

视频首要关心的问题是要被控制在色域限定的范围内（我们将在“数字色彩”一章进行更为详细的讨论），特别是当被规则和设备的限制所规定时。一些矢量仪有帮助实现这一点的显示和警告，其中一些由泰克公司获得专利，并在其部件中使用。有些软件会在超出色域限制时发出警告。

箭　头

箭头显示（如图 3.21 所示）以一种更容易解释色域的方式显示色度。当 RGB 的振幅超过指定的限值时，箭头显示会出现。虽然这个特殊的显示在拍摄现场使用不多，但是知道它是什么以及如何使用它是有用的。

菱形显示

菱形显示（diamond display）显示了 RGB 的色域限制（如图 3.22 至图 3.24 所示）。它被安排成两个菱形，一个在另一个上面。两个菱形的左手边都是绿色的，上方菱形右角是蓝色，下方菱形右角是红色。要使信号正确地保留在色域内，所有的线迹必须在 G-B 和 G-R 两个菱形内。菱形的边缘有两条虚线，内线为 75% 信号，外缘为 100% 信号。

超出这些线之外当然是“非法的”。此显示可用于色彩平衡，对于单色物体，如灰卡，线迹应该是一条垂直直线。如果线条向左弯曲，图像就太绿了，这说明它有可能是被像荧光灯一样的光照明的。如果线迹朝右上方弯曲，则说明是画面太蓝；向右下弯曲则是太红。它也是分析黑平衡的一个很好的工具：正确的黑平衡会在两个菱形的连接点显示一个点。如果黑平衡出现错误（这意味着它不是纯粹的黑色）将显示为一个向所偏颜色方向拉伸的点。菱形显示的一个变化形式是分离菱形（split diamond）显示，这使得观看画面黑色区域的问题变得更容易。

3.10 视频测试卡

彩条是由摄像机内部生成的，这意味着它没有告诉我们关于我们正在拍摄的场景的任何信息，包括照明情况，镜头的色彩和眩光特点，或者甚至是机器设置的修改情况。为了评估这些条件，我们需要一些外部的测试图表，也称为测试卡或校准目标。

3.10.1 看似简单的中性灰卡

18% 的灰卡几十年来一直是图片摄影师和电影摄影师必不可少的工具（如图 3.25 所示）。在安塞尔·亚当斯（Ansel Adams）的区域曝光控制系统中，从黑色到白色的灰阶被划分为几个部分或区域，每个区域代表连续灰色的一小部分。传统上，它被划分为 11 个区域，从 0 到 10，0 是纯黑色，10 是纯白色。亚当斯用罗马数字来定义这些区域。有几个重要的地方我们可以参考：区域 0 是理论上的纯黑，但亚当斯认为区域 1 是最黑的“有用的”区域，而区域 0 是理论上的最小值。

另一边区域 10 是理论上的最大白，但区域 9 是有用的，是实际上的最高点（稍后我们将看到这和视频中超级黑和超级白的概念是多么相似）。他把区域 2 到区域 8 称为纹理范围：这意味着它们

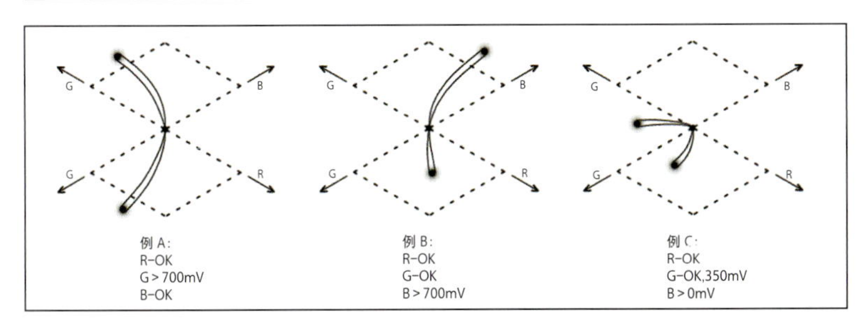

图 3.22（左上） 菱形显示和分离菱形显示是如何形成的（泰克供图）。

图 3.23（左下） 菱形显示状态下的坏信号的例子（泰克供图）。

图 3.24（右） 菱形显示状态下显示的色域错误，每个菱形都代表着色域的极限（泰克供图）。

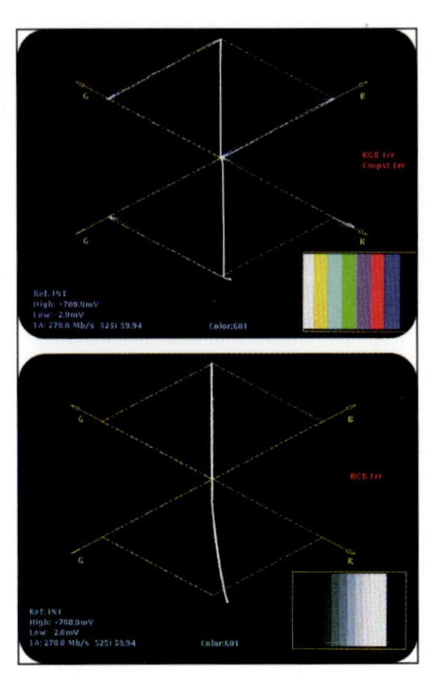

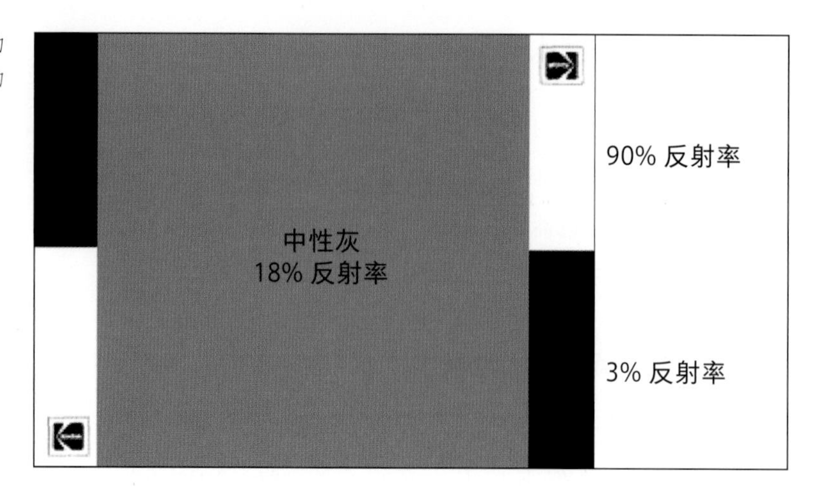

图 3.25 柯达灰卡，包括 90% 的白色块和 3% 的黑色块以及中间的 18% 灰块。

是灰度的区域，在这些区域中仍然可以检测到一些纹理和细节——这些也是视频曝光中有用的概念。

一个有用的参考点是中间灰——区域 5，它是感觉上黑和白的中间位置，这是因为人眼视觉是非线性的，实际上是对数的。我们能察觉到的亮度的增加是不均匀的——在黑暗端，我们可以辨别亮度的微小变化，而在高亮端，我们需要非常大的亮度变化才能感觉到差异。[①] 这种对数变化适用于人类的大多数感知能力，例如，这就是为什么响度是用分贝（dB）来定义的，分贝就是对数单位。我们将在“线性、伽马、对数”一章中看到这一点。

① 可参阅“韦伯－费希纳定律”（Weber-Fechner law）。

中性部分

请注意“中性的”这一名词，顾名思义，是指它的设计和制造是没有任何色彩倾向的。[②] 当涉及色彩平衡和调色时，卡片的这一方面是非常有用的。尤其对于拍摄前的白平衡调整。有些摄影指导更喜欢使用灰卡进行机器的白平衡调整，因为它可能比一张白纸或者甚至比卡片上的白色一侧更准确地代表中性。有些公司还为摄影机的白平衡调整制造了专门的白卡。

② 更专业的名称为“消色”。

另一侧的 90%

灰卡的另一边（反面）是 90% 的漫射白色。主要原因是 90% 的反射率是纸上能达到的最白的白色。像灰色的一面一样，它是中性的，并广泛用于机器的白平衡调整，虽然许多人更喜欢使用灰色的一面来调整白平衡。只是简单地使用随便一张旧的白纸来调整白平衡是危险的，原因很简单——下一次你去一家固定的商店，看看它有多少张“白色”的纸，没有一张和其他的完全一样。更糟糕的是，这些“明亮的白色”纸是用漂白剂和其他产品制成的，这些产品可能会使它们在非可见光谱中发出荧光，这将导致意想不到的结果。

3.10.2 灰卡是如何帮助你调整色平衡和曝光的

从最早期的时候开始，电影摄影师需要处理的一个问题是让洗印公司（或配光师）以一种与他们在现场拍摄时的创作意图相匹配的方式来处理画面，对于工作样片的处理尤其是这样。在时间较长的工作流程中（比如拍摄时间超过几天的项目，如故事片），工作样片通常是在没有摄影师监督的情况下制作的，因为工作样片往往是在夜间完成的，而拍摄人员希望在下一个拍摄日开始前能睡上一觉。当摄影指导不能出现在工作样片制作现场时，各种各样的设备都被用来让配光师理解他们的意图。如果不这样做，当导演和制片人看到没有反映摄影指导创作意图的工作样片时，可能会感到恐慌，并带来各种各样的负面后果，比如有人被解雇。

在电影冲印中，配光师把负片装入配光设备，然后在监视器上观看——他们真的不知道摄影指导想达到什么效果：场景应该是黑暗的、多阴影的吗？或者应该是明亮、清晰的？是蓝色的、险恶的，还是暖色调的橙色？是朝更暗的方向还是更亮的方向调整？摄影指导可以给配光师留便条、打电话，把从杂志上找到的参考照片发给他们，或者从片场发照片以及各种各样的东西。

这些工作方式都可以，但有一种更简单、更直接的方法，它纯粹是技术性的，不需要工作样片配光师（他通常是洗印公司收入最低的人之一）主观的、艺术的眼光。在以胶片为基础的制作中，“拍摄灰卡”长期以来一直是一种在拍摄现场的标准流程，这一点在拍摄视频时仍然很重要。

当然，使用摄像机的自动白平衡功能是一种赌博。尤其是在诸如荧光灯这样的恶劣照明条件下进行拍摄时，正确的白平衡将为后期减少困难。当摄像机设置完成，场景照明就绪后，摄影助理在镜头前拿着一张中性灰卡，掌机根据摄影师计算出的光圈值以理想的曝光水平拍摄它。一旦配光师在他们的监视器上有了这个灰卡画面，其余的就简单和快速了。他把灰卡的曝光置于示波器上中灰的规定水平（在示波器上它达不到 50%，这一问题稍后再谈），然后查看矢量仪，并将灰卡在矢量仪上的小点放置在精确的中心，这意味着它是中性灰色。使用这种方法所得到的画面就是摄影师想要的画面[①]，或者至少是按他们拍摄应得的画面。如果这两者不一样，那就不是配光师的错了。

① 在控制曝光水平方面，如果摄影师希望配光师把画面调得比正常曝光暗一挡（至于为何摄影师不直接在现场减一挡来进行曝光可能有画面颗粒方面或其他方面的考虑），在正式拍摄某镜头前，可以先拍摄几格曝光过度一挡的灰卡。这样配光师在校正灰卡曝光时自动将本镜头降低一挡进行配光。

3.10.3 为什么不是 18% 也不是 50%

一个有逻辑思维的人会推断，在示波器上，中间灰色会落在 50% 的位置。如果是这样的话，这将是一个美好而整洁的世界，但事实并非如此。当使用了对数编码或伽马校正时，中灰会落在 38IRE 到 46IRE 的区间。这是一个相当大的范围，而且它离 50% 也稍微远了一些。我们将在下一章讨论为什么会发生这种情况。在 Rec.709 标准中，中灰的位置是 40.9%。到现在为止，我们已经充分理解了视频信号不是线性的——视频数据，尤其是来自摄像机的以对数编码的视频数据，被以各种方式进行处理，目的是扩大动态范围，这是导致中灰值被向下推的原因。它有一个变化范围的原因是不同机器生产厂家在其数字信号处理器中使用了不同的数学运算方法，甚至还给用户提供了几种不同的选择。了解这是如何工作的，实际上需要学习大量知识，包括视频信号如何在摄像机中工作，如何在色彩校正软件中被处理，以及图像采集和处理的各个方面的工作原理。

3.10.4 18% 灰：传说还是神话

还有一个复杂的问题，一个被证明是难以置信的问题，一个对于在区域曝光控制系统中受过训练并且后来将这些技能和知识转移到电影和电子视频拍摄领域中的老摄影师们来说是难以置信的问题。那么请抓紧你的帽子吧，这个问题就是：中灰不是 18% 而且测光表不把 18% 当作中灰。实际上中灰在反射式测光表上是 12% 到 15%（具体取决于制造商）。我们将在下一章重新回到这个问题上来。然而，不要放弃所有的希望，最终真正重要的是，有一个标准是众所周知的，而且是一致同意的，一个每个人都容易来做参考

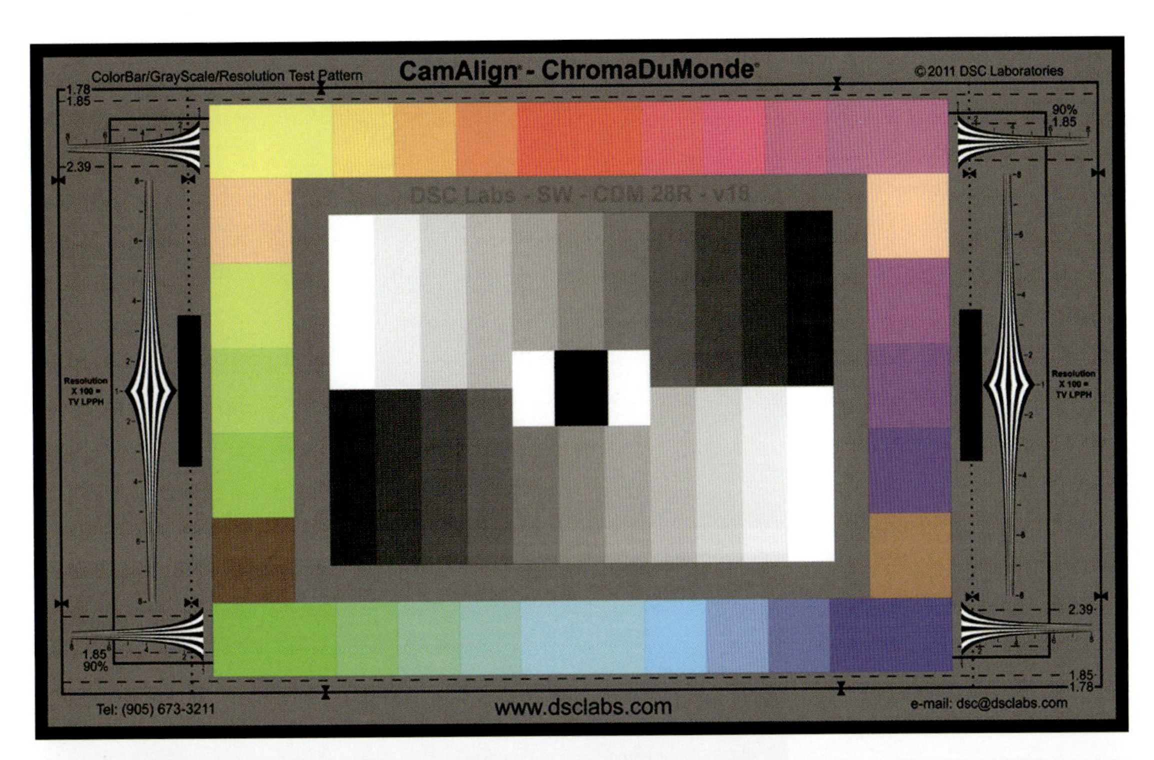

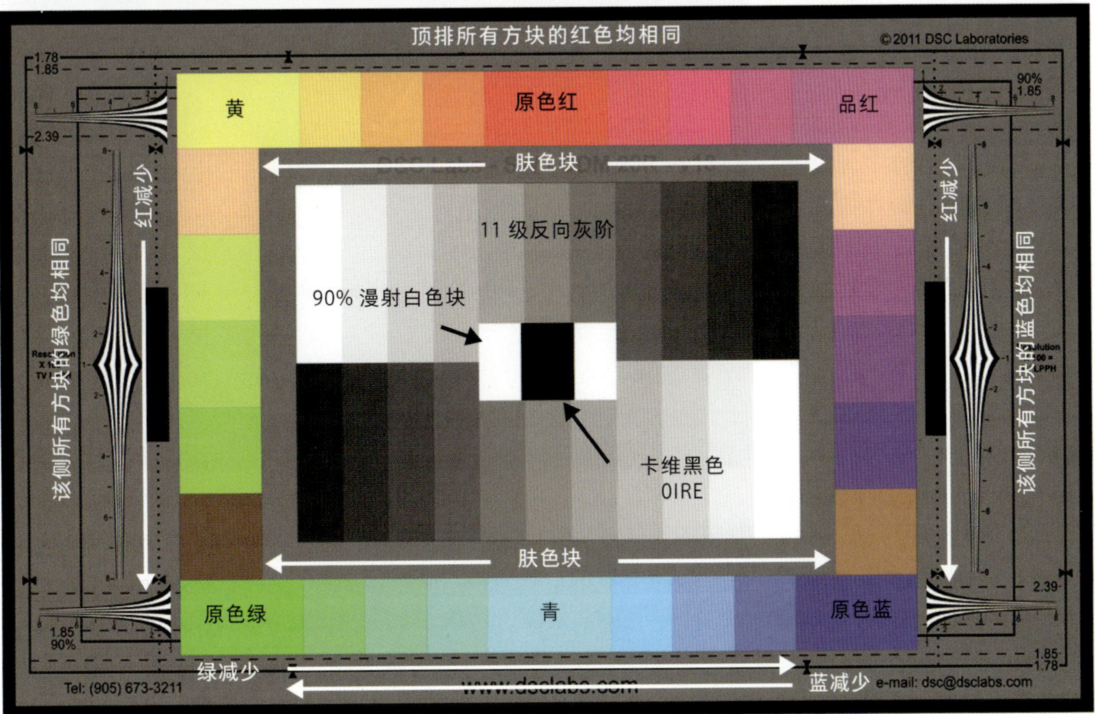

图 3.26（上） DSC 洗印公司的 ChromaDuMonde ™测试卡——一个非常有用的工具。由于技术原因，色块没有达到 100% 的饱和度。

图 3.27（下） ChromaDuMonde ™测试卡的解剖图。

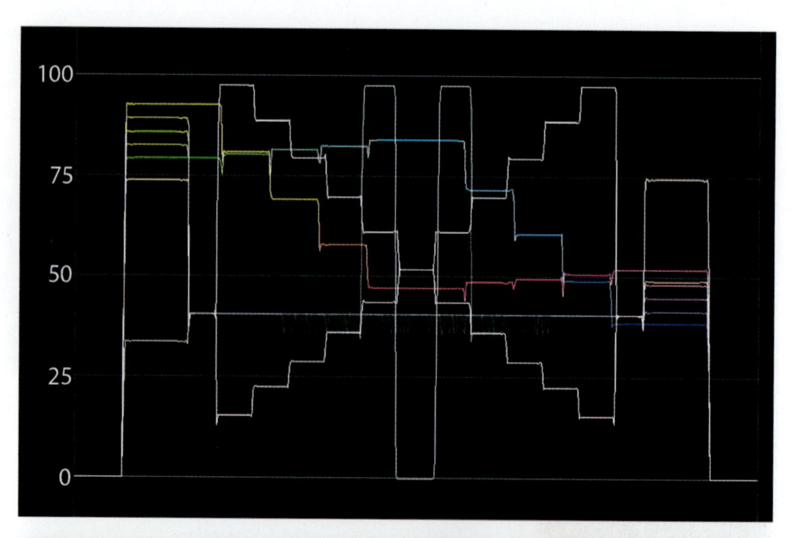

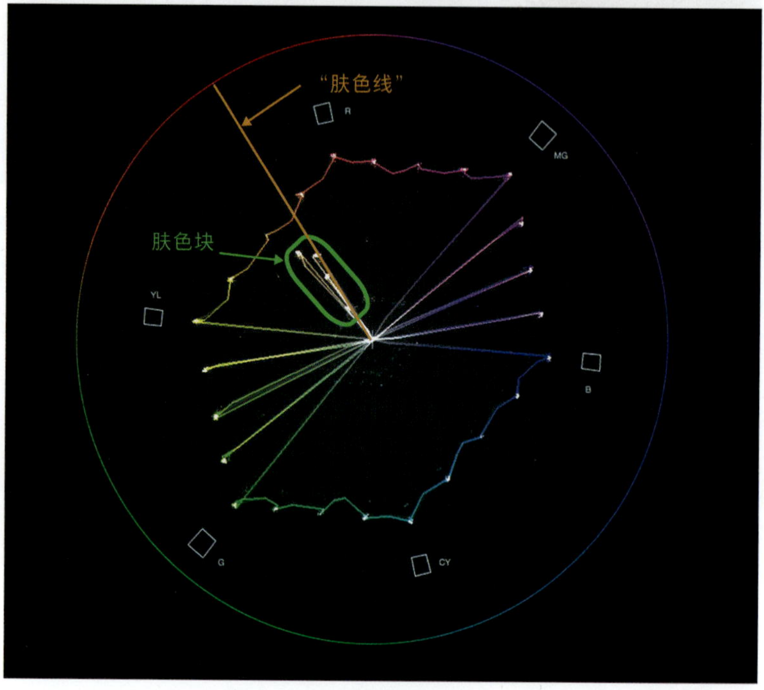

图 3.28（上） ChromaDuMonde ™测试卡在 Final Cut Pro X 软件上的波形图中。注意卡维黑色一直是0——一个非常可信的参考点。白块没有到达希望的 100% 而是到了90%。还可以看到各种颜色块和肤色块的亮度分布。

图 3.29（下） 矢量仪上显示的 ChromaDuMonde ™测试卡。如你希望的一样色块是均匀分布的，但请注意它们没有到达标尺上的方框内。这是因为 DSC 测试卡设计的是当矢量仪在 2 倍增益时色彩才能显示全饱和度，但是 Final Cut Pro 软件中的矢量仪不像专业的矢量仪，它不具备 2 倍增益功能。

还请注意，肤色块落在矢量图上的位置为何如此地接近。尽管事实上肤色是广泛变化的颜色，然而实际上人类的肤色主要取决于亮度而不是颜色。

"肤色线"是一个巧合的一致。在过时的 NTSC 系统中，它是"I"线，只是碰巧大多数肤色大致都落在了这条线附近。这是一个方便的参考，但它不能取代良好的眼睛和一个良好的校准过的监视器。

的测量标准。一米是赤道和北极之间距离的千万分之一，这真的很重要吗？不完全是这样的，重要的是，它是每个人都认可的参考标准，一个共同的标准，即使它不再是巴黎金库中保存的标准米铂金条。如今，它是光在真空中传输 1/299 792 458 秒经过的距离——试着把它变成 iPhone 应用程序吧！

因此至少现在不要惊慌。正如查尔斯 · 波因顿所说，"足够接近爵士乐了"。灰片和测试卡上的 18% 灰色区域仍然是非常重要和有用的，如果电影摄影师们真的关心控制他们的画面以获得可预测

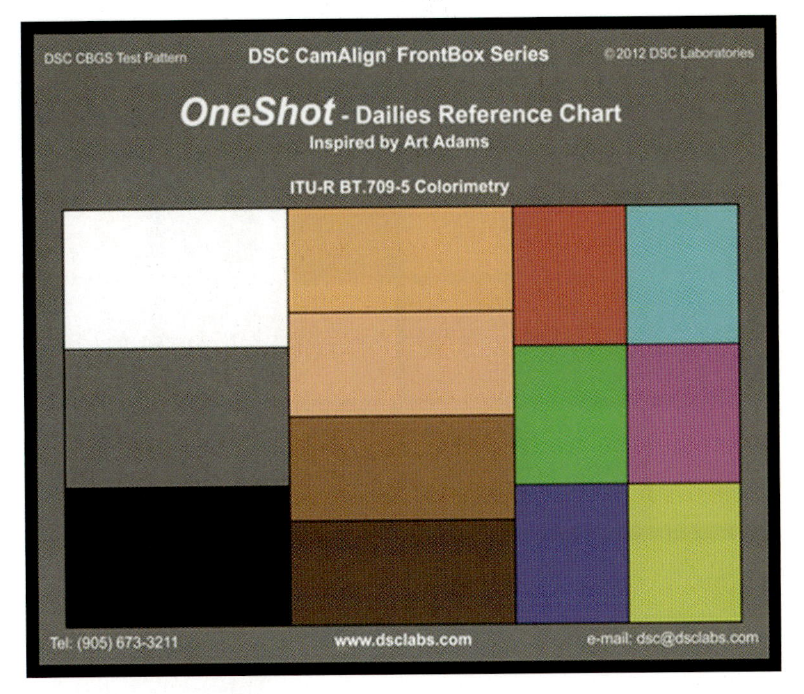

图 3.30 DSC 实验室的 One Shot 测试卡，其中包含灰、白和黑块，原色和补色以及肤色样本。它是专为现场快速使用设计的，当你可能没有时间设置和照明一个像 ChromaDuMonde™ 测试卡这样的完整测试图表时。

的结果的话，他们绝对应该知道该如何使用它。

3.11 校准测试卡

对摄像机进行校准的需要可以追溯很长一段时间。我们在前面已经讨论过英国广播公司对彩条中的灰阶（三条小灰块）的发明，是用来确保其工作室的所有机器都符合同样的标准。在电子管摄像机时代，校准是一项长期恒定的任务，因为图像可能会根据电子管的年龄、温度等发生变化。在目前的数字时代，摄像机要稳定得多，但是仍然会有很多事情会发生在图像上，不管是好是坏：照明、曝光、压缩、录音格式、机器设置，可列举的还有很多很多。所有这些使得把校准用测试图表放在摄像机前来对机器进行测试变得绝对必要。

3.11.1 DSC 实验室的测试卡

毫无疑问，顶级的测试卡——测试卡中的兰博基尼来自位于多伦多的 DSC 实验室。特别是 ChromaDuMonde ™测试卡，它是终极的选择——你在每个使用摄像机拍摄的专业现场，在每一家设

图 3.31（右） 爱色丽色彩检查卡。许多人仍然愿意使用它过去的名字：麦克贝斯色彩检查卡。其实际颜色值将在“数字色彩”一章中的图 6.31 中显示。

图 3.32（左） DSC 实验室的坎贝尔测试卡对肤色和色彩有很好的参考价值。因为它是标准化的、严格按现有的标准制造的，它可以在不同的摄像机测试中作为一个常量，因为如果使用真人，可能会导致不同的变化。

备租赁公司，并且在任何地方的摄影师和摄影助理手中，几乎都能看到有这种测试卡被使用。

图 3.26 和 3.27 显示了这张卡的结构。它包含了一个 11 阶的交叉灰阶和 28 个色彩方块，其中包括原色、补色和四个典型的肤色方块。最有用和最重要的特征之一是在中间的称为卡维黑色（Cavi-Black）的部分，它是测试上的一个洞，而整个测试卡的背后是一个黑色天鹅绒内衬的盒子。这形成了真正的黑色，0IRE 是一个非常有用的参照点。当一个场景的画面呈现在示波器上，而且对于场景中的每一个位置我们都绝对地知道它所对应在示波器波形上的位置，这对我们是巨大的帮助（如图 3.28、图 3.29 所示）。卡维黑的两侧各是一个 90% 的白块，这是印刷材料所能达到的最大反射率。许多人仍然把像这样的白色方块说成是 100% 的白色，但事实并非如此。因此，当人们将白色称为 100% 白色时，请记住，它只是接近 100%，并不是真的。整个测试卡的背景是 18% 的中灰，这是另外一个重要的曝光参考点，还包括分辨率喇叭图（resolution trumpet）和 1.78（16 × 9）、1.85 和 2.39 的画幅比标记。

这张测试卡是光滑的，这使得黑色更黑，因此反差就更高。光滑意味着反射和眩光是明显可见的也是能被处理的。这同时也意味着，仔细定位和照明测试卡是关键，因为眩光和反射肯定会干扰测试目标的正确使用。

3.11.2 One Shot 测试卡

摄影师兼作家阿特·亚当斯和 DSC 实验室商量后，提出建议并设计了一款方便于现场快速参考的测试卡，称为 One Shot 测试卡。它由黑、白、灰、原色、补色以及四种典型的肤色块组成（如图 3.30 所示）。亚当斯指出，如果一个人正在设置摄像机，灰阶参考对于调整曝光是至关重要的，但它很少告诉你色彩矩阵中的变化——这些在色块尤其是肤色区域中更容易跟踪。由于这张卡是供快速使用的，并且布置一个精心的照明环境也是不切实际的，所以它被制造成了毛面的。

图 3.33 西门子星状测试卡是一种很好的用来判断焦点的工具，但还有其他几种来自不同公司的焦点测试卡。

亚当斯在专业视频联盟（ProVideoCoalition.com）网站上写了关于这张测试卡的博客："在过去，我们拍摄了一张 18% 的灰卡，用来告诉电影工作样片配光师，我们希望曝光的位置和我们想要的工作样片是什么颜色的。现在胶片已经被高清所取代，一个简单的灰卡不够用了，因为胶片的颜色可以被乳剂固定下来，而视频的颜色不是。视频中的灰卡不能传达任何关于颜色的准确信息。这就是为什么我设计了 DSC 实验室 One Shot 工作样片测试卡。"

"DSC 实验室的 One Shot 工作样片测试卡致力于在拍摄现场不占用大量时间的情况下给色彩专家提供尽可能多的信息。该测试卡包含用于黑白平衡的白色和黑色块（是的，黑色有颜色，如果它不正确，整个画面的色彩将会受到损害），一个 18% 的灰块用于曝光，四个常见的肤色色调参考，以及 Rec.709 标准的原色和补色，它们的饱和度为 50%。此测试卡仅真正适用于 Rec.709 标准比色法，即高清比色法。目前我们正在拍摄的是数字电影，但我们经常看到的工作样片仍是 Rec.709 标准的。"

"Rec.709 标准的原色和补色都是以 50% 的饱和度来打印的，原因是无法做到以全饱和度来打印它们。它们的颜色，正如在显示器上正确地看到的，比现代印刷技术所能再现的更饱和。原色和补色也许是测试卡上最重要的参考。当然，有可能只使用白色和黑色参考就可以使图像获得中立，但这并不一定意味着这样做之后颜色将是准确的：摄像机的矩阵一般不影响中性色调（白色、黑色和灰色），但它总是影响颜色。白平衡意味着中性色调将呈现为白色，但很少说明红色、绿色、蓝色、青色、黄色和品红色是

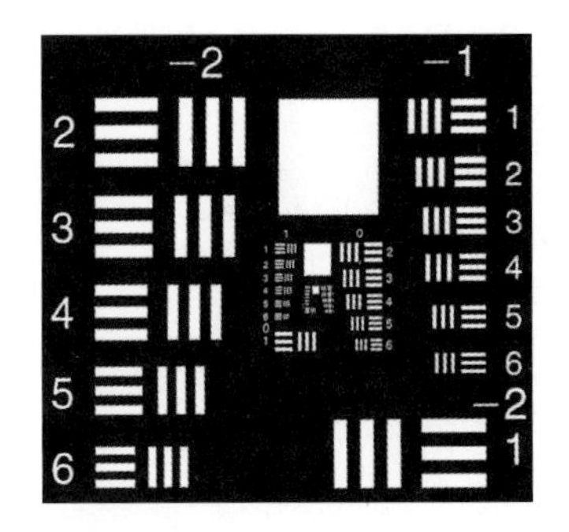

图 3.34 一种判断分辨率能力的早期版本的测试卡，1951 年 USAF 测试图。

如何呈现的。”

我们将在后面详细地讨论 Rec.709 的细节。

3.11.3 麦克贝斯 / 爱色丽色彩检查卡

尽管很多人还把它称作麦克贝斯（Mcbeth）色彩检查卡（原先的名字），但目前它的确是由爱色丽公司（xRite）在生产（如图 3.31 所示）。它最初是为图片摄影师设计的，其作品最终会被打印出来，但它仍然适用于视频。如果你把它作为照片拍摄的参考，它可以很好地工作——它被拍摄下来，然后被打印出来（像一个样本），摄影师在严格控制的照明条件下拿它和正常的测试卡进行比较——这就是它在照片打印制作中的使用方式。就视频而言，调色师使用这种测试卡的可能性不大。即使他们有这样的视频，他们又会怎么去观看呢？用来调色的房间非常暗，他们会把设备拿到大厅，在荧光灯下对比着看吗？虽然测试卡的颜色和灰度值是已知的（如图 6.31 所示），但把它们呈现在矢量仪 / 示波器上并不容易。然而，这个测试卡确实有其用途，特别是在涉及光谱仪或其他设备校准的问题时。尽管有这些限制，它仍然被许多人使用，他们认为它是一个有用的视觉参考。

3.11.4 肤 色

由于皮肤色调的再现质量是一个非常重要的课题，所以几乎所有的机器测试都会把人作为被摄景物之一。为了进行更严格的校准，人的画面也一直被用于此方面。在电影的早期，“中国女孩”是一个被广泛使用的标准。这与文化或者种族方面的偏见无关，她们之所以被这样称呼，是因为她们是被用手绘在瓷器（中国）上的。她们为校准电影冲印设备提供了一个稳定的和可重复的皮肤色调画面。一种新的测试参考是由 DSC 实验室生产的坎

图 3.35（右） 科伦（Koren）镜头测试图［诺曼·科伦（Norman Koren）供图］。

图 3.36（左） 美国空军跑道末端的分辨率测试图。

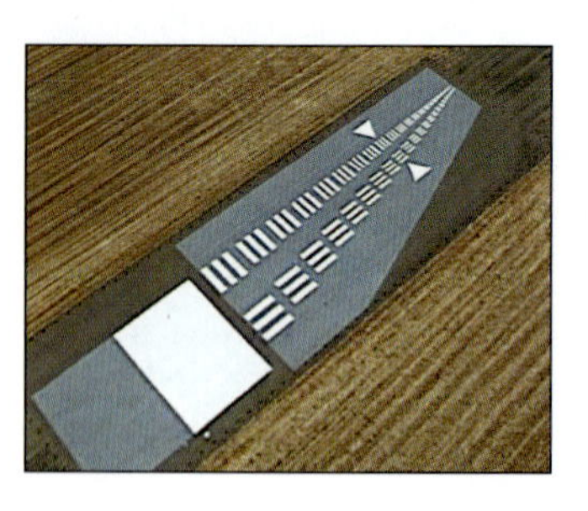

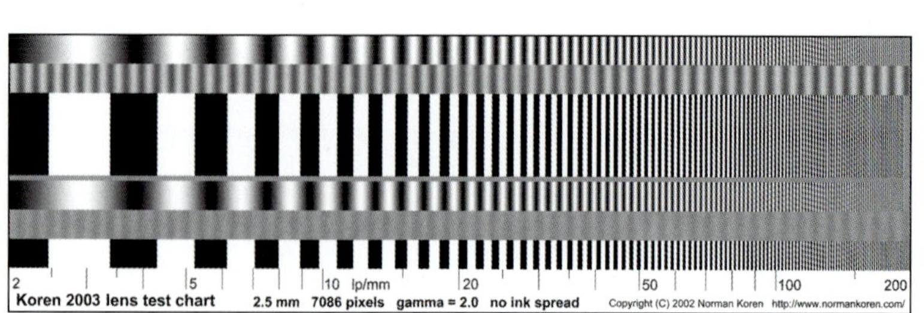

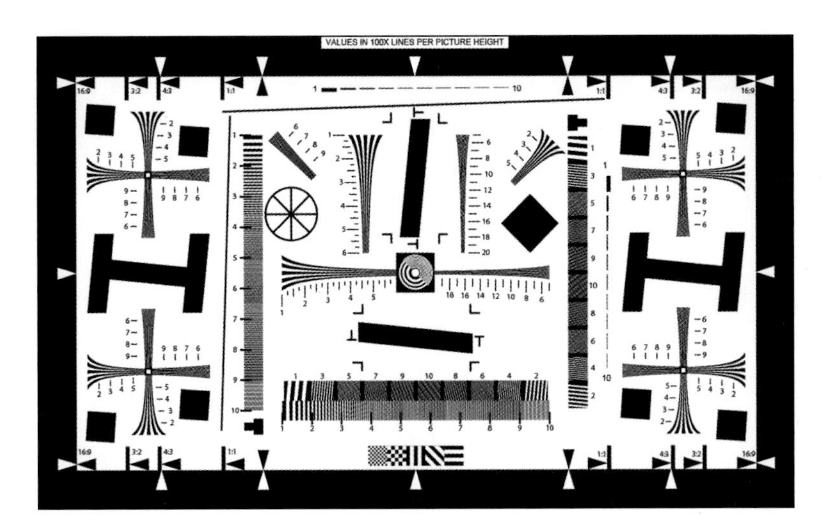

图 3.37 ISO 12233 测试卡，有水平和垂直线，但也包括倾斜线和用以测量边缘清晰度的目标（康奈尔大学光测量实验室 Stephen H. Westin 供图）。

贝尔测试卡（如图 3.32 所示），经过仔细的校准和印刷，它有四种典型的有代表性的肤色。在进行机器测试时，把一个活生生的人和测试卡放在一起拍摄总是很重要的——肤色既是一个有用的指导，也是一个重要的目标。当然，实际的皮肤对光线的反应是任何测试卡所无法做到的。

3.11.5 暖调卡

用白色物体或中灰卡来设置白平衡，虽然其结果在技术上是正确的，但并不总是美观的。由于人们几乎总是对温暖色调的画面感觉更好一些，所以我们拍摄时并不总是想要一个纯技术性的白平衡。由于摄像机可通过在参考目标上添加与其想要得到的颜色相反的颜色来调整白平衡，因此拍摄一张略带蓝色的卡片将导致画面变暖。为了使这变得更容易，有专门的暖调卡片（warm card）。它们不是中性的白色或灰色，而是略带不同程度的蓝色，因此当它们被用作色平衡测试目标时，画面的颜色将被相应地调整。它们通常是按等级来划分的，比如暖 1、暖 2，等等。

3.12 影像的分辨率测量

影像的分辨率可能以各种方式来测量（如图 3.33 至图 3.38 所示）。一种被广泛使用的方法是，拍摄一些彼此之间的大小和紧密程度已经被量化了的线组，判断由被测设备所获得的该线组的影像

图 3.38 MTF 测试是如何工作的：原始测试卡上有尺寸和间距在逐渐减小的线条，最后的读数显示了被测系统如何在线条的尺寸和间距减小的同时，急剧地失去了分辨它们的能力，以及如何测量它来产生最终的结果。调制传递函数，核心概念是，没有任何成像系统能够完美地再现现实，但有些系统比其他系统更好些。

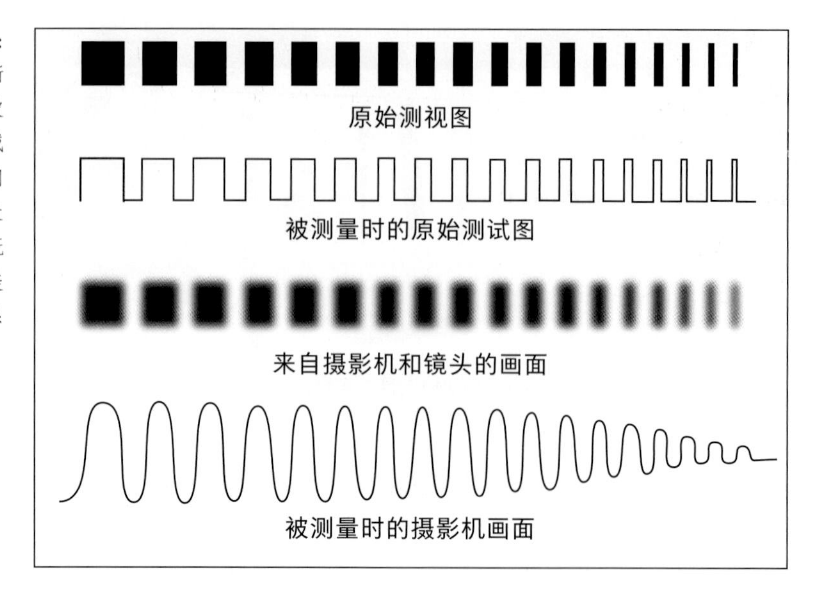

中对应的线组是否可以被明显地分辨出来——这是用来测试镜头、图像传感器和成像链中其他部件的分辨率的方法。有时测量的目的是测试单个组件（如镜头），有时是测试整个系统，因为所有的组件是一起工作的。分辨率的单位可以用物理尺寸（例如，每毫米线数、每英寸线数）或画面的总尺寸（每幅画面高度上的线数）来定义。

3.12.1 分辨率测试卡

一个 10 线每毫米的分辨率意味着每毫米可以分辨出交替着的 5 条暗线和 5 条亮线，或者也可称为 5 个线对（LP）每毫米（5LP/mm）。摄影镜头或胶片的分辨率通常用线对每毫米来定义。有一些图表是以线每画面高度（LPHH）来测量。一些测试用“线”，另一些测试则用“线对”。此外，结果表示也可能是每幅画面高度的线条数，而不是每毫米的线条数。讨论为何使用不同的标准这一事实几乎没有什么意义。真正重要的是，如果你比较两个镜头或两个摄像机，一定要使用相同的测试图表和测量标准。否则，这在很大程度上是一个“苹果和橘子”的情况（如图 3.35 所示）。

3.12.2 调制传递函数

在光学测试中，不是仅就成像链中的单个环节——如透镜或传感器——来考虑问题是很重要的。一个镜头的分辨率可以用它每毫米能分辨出多少线对来量化，但是一个数字并不是整个故事的全部：重要的是，不仅要在画面中心位置（镜头几乎总是在这里表现最好）测量镜头，而且要在画面的角落（通常在这个位置的分辨率较低）和在不同的光圈挡位。

镜头通常有一个“最佳光圈”（sweet spot），在这个光圈范围内，它的表现是最好的。它通常是在镜头光圈范围的中间位置，随着镜头光圈向两端开大或缩小，镜头的分辨率都会下降。有时镜头（在设计时）会针对特定的光圈范围进行优化。除了镜头之外，还需要评估镜头、传感器、数字信号处理器、压缩方式等之间的相互作用，换句话说，对整个系统进行整体测试，这才是真正重要的。如果你有一个很棒的机器和一个低于标准质量的镜头，那么你永远不会得到最好的结果。

对此有一种更全面的分辨率测量方法称为调制传递函数（modulation transfer function，缩写为 MTF，如图 3.38 所示）。用最简单的术语来说，它包括拍摄一张线对测试图，然后测量图像在通过成像链时退化了多少。

第 4 章

线性、伽马、对数

linear, gamma, log

4.1 动态范围

亮度范围、动态范围、照度范围是同一概念的术语：场景的亮度水平有多大的变化，然后成像系统能够多么精确地再现这些变化。我们所看到的任何场景都有一个特定的亮度范围，这是有多少光落在场景上和场景中的物体如何反射的结果。而且，场景中还会有一些物体不会反射光，而是自己产生光，比如灯、火、窗户、天

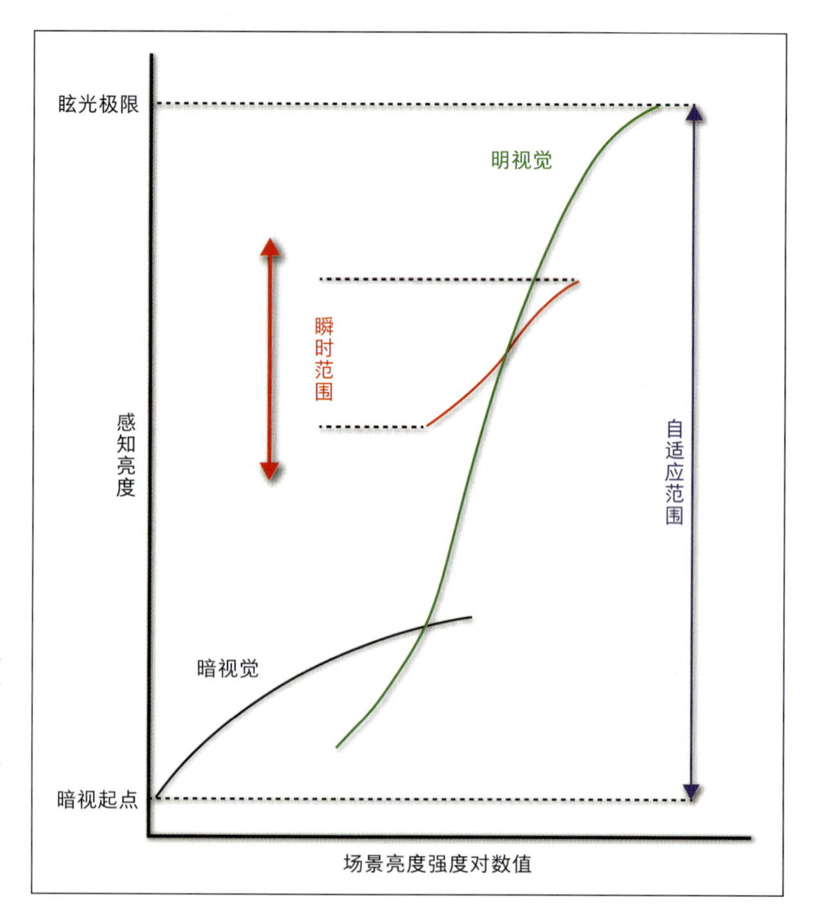

图 4.1 人类视觉具有非常宽的动态范围，但这可能是一种有欺骗性的测量。因为这不是在“某个”时间进行观看的结果：眼睛通过改变虹膜（光孔）和从明视觉（正常光照条件）到暗视觉（黑暗条件）的化学调整来适应环境。实际的瞬时范围要小得多，并且上下移动。

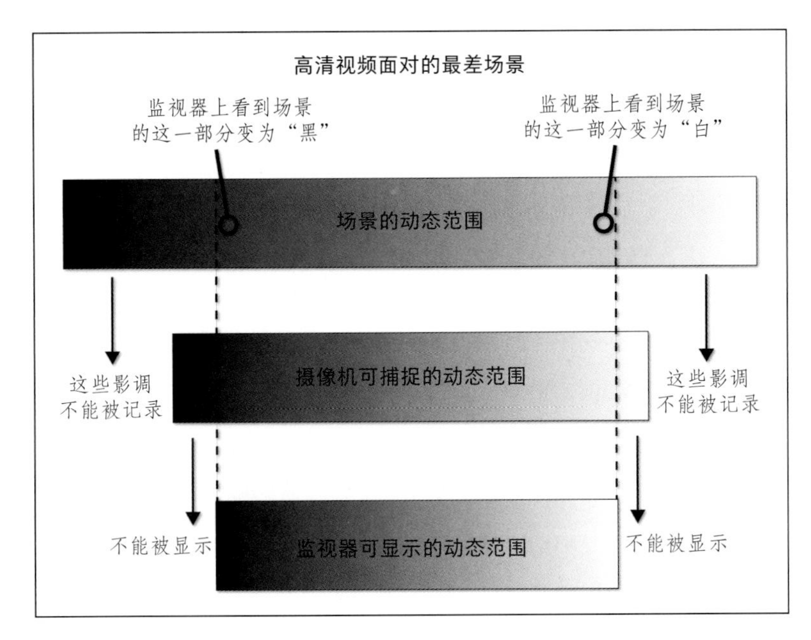

图 4.2 由于摄像机和监视器并不总是能够再现某些场景的极端动态范围，所以在影像再现过程的每个步骤中，影调范围的表现都是不同的。幸运的是，目前在制作具有惊人动态范围的摄像机方面已经取得了巨大的进步。

空，等等。眼睛可以感知到一个巨大的光值范围：大约 20 挡。它通过两种方式做到这一点。其一，虹膜的打开和关闭，就像镜头中的光圈。另外，它也改变自己对光的反应，从明视觉（锥体细胞可以在有大量光时更好地发挥作用）转向暗视觉（柱状细胞则在光线较弱的情况下更好地发挥作用）。但在任何同一个时刻（除非眼睛有变化），我们都只能看到大约 6.5 挡的范围（在这一点上没有多少科学共识）。图 4.1 显示了这些因素如何相互作用来创建人类视觉的动态范围。

场景中最黑暗的部分和最明亮的部分之间的差异是巨大的，尤其是在室外场景中。如果场景中有较暗的物体处在阴影中，还有被较亮光线照明的云朵，它们之间的亮度差别可以高达 20 挡或者更大。20 挡是 1 000 000 : 1 的比率。另外对所有的场景都一样，物体的反光率也是一个重要的因素，而且还会有不同数量的光照射在场景的不同区域的情况——想象一下在同一个画面里，同时有洞穴里的黑豹和充足阳光照射下的白色大理石雕像，即使有了人眼所能达到的惊人范围，你也不可能同时看到两者。你可以保护你的眼睛不受大理石雕像的眩光，让其适应黑暗，在洞口看到黑豹；或者你可以眯着眼睛，让你的眼睛适应强光线，看到大理石雕像，但你永远无法同时看到它们。

胶片和视频所拥有的动态范围是受到技术的限制的。色彩科学家查尔斯·波因顿表示："根据传感器设计者的定义，动态范围是传感器饱和时的曝光量与噪波完全填充的最低挡的曝光量之比。考虑一下这种动态范围是否对你是有用的度量标准。"换句话说，你的里程表可能会有所不同。

直到最近一些年之前，在动态范围方面，视频都远远比不上胶片，但新型的摄像机正在迅速缩小这一差距，甚至超过了这一范围。传统的高清视频（直到 Viper、RedOne、爱丽莎和现在的许多其他机型问世之前）的动态范围是有限的。这个问题见图 4.2——使用高清视频时的最坏情况。场景的动态范围可能相当大，可摄像机只能获得有限的部分亮度范围（假设机器的曝光设置在中间）。这就意味着场景中非常浅灰色的东西会被摄像机记录为纯白色，因为这个亮度值位于摄像机可以"看到"的顶部。在暗部一端，场景中深灰色的东西会被摄像机记录为纯黑色。

当所记录的图像显示在比摄像机动态范围更小的监视器上时，也会出现同样的情况：在亮度等级的两端图像的信息会丢失。在老式的模拟视频中，特别是在早期的电视中，摄像机的动态范围非常有限。因此，旧的电视演播室都使用非常"平"的照明效果：不允许有深阴影或轻微亮的亮点，因为它们会变成粗糙的耀眼的亮点和极其模糊的阴影。虽然对节目本身而言那是一个经典的时代，但电视摄像的工作总是平淡乏味的——这是解决技术局限性的唯一途径。当然现在的情况完全不同，通过使用最新的摄像机，在为有线电视制作的节目中，出现了一些真正出色的摄影工作。当色彩引入电影时，同样的问题也发生在胶片上。特艺色胶片的动态范围是有限的，由于化学乳剂的原因，它需要大量的光线，同时因为影像要被棱镜分裂并被传送到三种彼此分开的胶片上，这又造成了严重的光线损失。虽然在特艺色时代也有一些杰出的电影拍摄，但在大多数情况下，它的特点是平淡的低对比度照明，其中大部分是"平面化的顺光照明"，这是今天的摄影指导们所极力避免的。这当然是相比于黑白片时代的一大退步。同样是那些在黑白片时代拍出了令人惊叹的、高对比度的、情绪多变的影像的摄影师们，现在都在为彩色摄影工作——这并不是说他们不知道如何把照明做好，当然，正是因为新媒体的限制，他们才被迫进入了这一领域。

4.2 线性响应

如果一种“理想”胶片确实是线性的，那么每一次曝光的增加，就会带来等量的密度增加：将场景中的光量变为两倍，就会导致最终画面的亮度同样变为两倍（如图 4.3 所示）。问题是线性响应意味着某些亮度范围超出了胶片的极限（如图 4.4 所示）——场景中太亮的部分不会被记录下来：在胶片上，它们是纯的、无特征的白色（在视频中我们称之为切割），没有细节，没有纹理，没有区别。场景中非常黑暗的部分也会发生同样的情况：它们只是底片上一个没有特征的黑点。其不是微妙的阴影和有等级变化的黑色色调，只是纯黑色，没有纹理。简单地说，由于许多场景的亮度范围超过了摄像机和显示器所能达到的范围，所以纯线性响应将场景的某些区域置于极值处。即使有了最先进的摄像机，这也是电影摄影中的一个永远存在的问题。毕竟，即使是人眼也无法不经调整而适应现实世界的亮度范围。

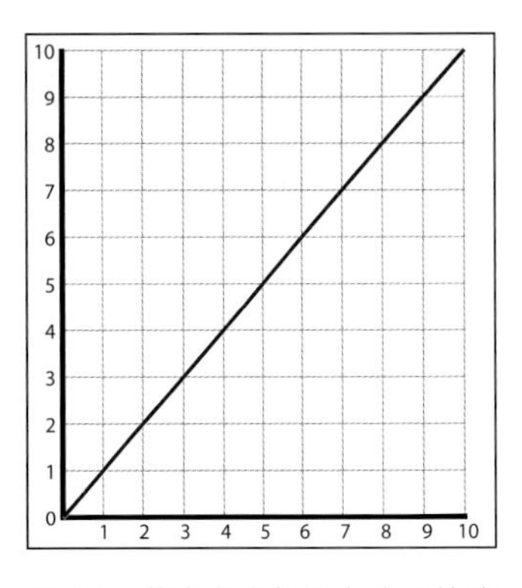

图 4.3 笛卡尔坐标图上的线性响应：X 轴上的每一个增量都会在 Y 轴上产生相同的变化。

4.2.1 理想和问题

你可能听说过摄像机是“线性的”，这意味着它在输入（场景亮度值）和输出（像素亮度值）之间具有一对一的对应关系，它仅仅意味着在传输过程中数据没有变化。

乍一看，这似乎是理想的——在现场内的任何一个亮度水平的变化，在感光点的输出水平上都会产生一个相应的变化。听起来很棒，毕竟，准确再现场景就是我们想要的，对吧？如果生活如此简单，一切都会很容易。

因为现实世界的亮度范围往往很大，目前没有图像传感器、监视器或投影仪能容纳这么大的亮度范围。在静态条件下，人的眼睛可以容纳 100 : 1 的比例范围（没有虹膜调整相适应，也没有从暗视觉变为明视觉，或由明视觉变为暗视觉的化学变化）。因此，对于我们可以记录和使用的亮度范围，存在某种严格的限制——随着机器和显示设备的发展，最终限制因素将不是设备，而是人类视觉本身。对于传感器，我们称之为上限切割，正如我们前面所说的，机器制造商称其为满势阱容量（full well capacity）或传感器饱和。简单地讲，满势阱容量就是每一个感光点（势阱）吸收了它能

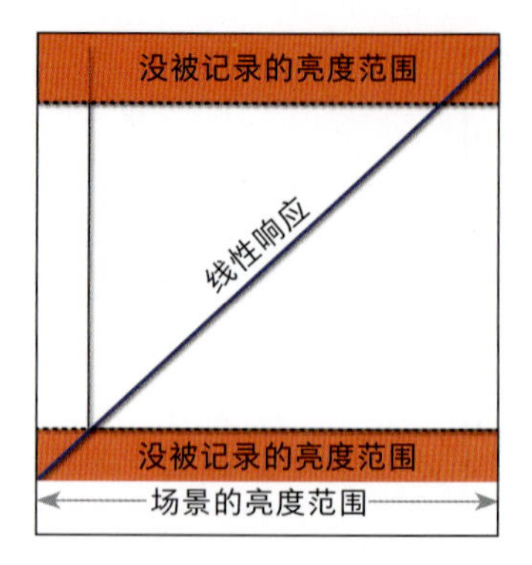

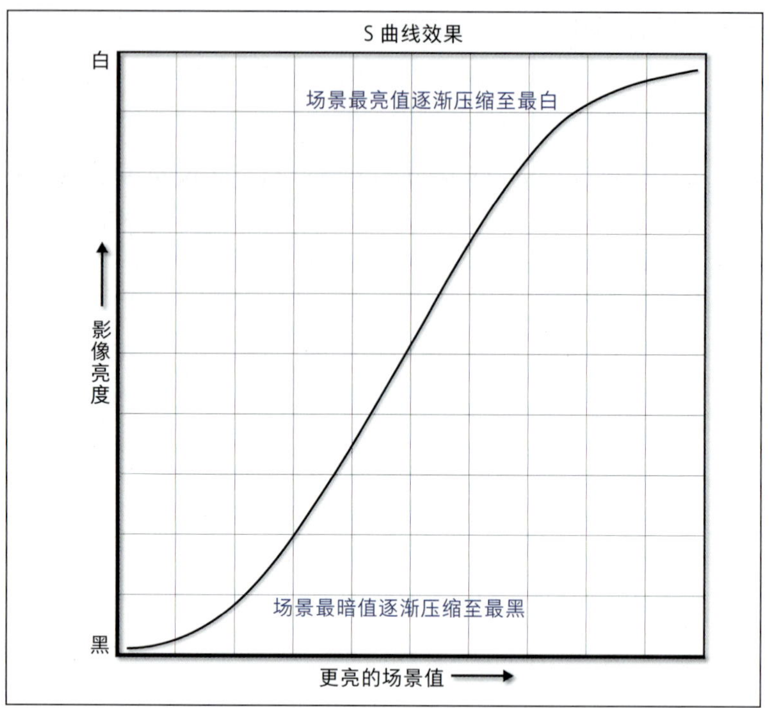

图 4.4（左） 与胶片 S 曲线中高光和阴影的柔和过渡不同，纯线性表征意味着阴影和高光超出了媒体能够再现的范围。

图 4.5（右） 胶片中的 S 曲线。阴影部的再现是柔和的弯曲，且高光部也是缓慢弯开的，这是一种压缩的形式，扩大了动态范围。因为人类的感知对影调的中间范围比对两端更敏感。

力所及的最多的光子。我们的起点是纯黑，0IRE，动态范围是在黑和切割上限之间测量。最好的摄像机其动态范围可以高达 14、15 挡或者更高，但即使如此，许多场景，尤其是阳光明媚、阴影深的外景，也会超出这一动态范围。这意味着，在许多情况下，对场景的线性记录超出了传感器 / 记录系统（或者实际上是眼睛）所能达到的动态范围。

4.2.2 作为场景参考的线性

我们已经讨论过有关线性的一些问题，但不要忽视，它仍然是我们在图像获取方面所渴望的理想——最终的目标是准确地再现场景，还原出它实际上出现在现实世界中的样子。当然，除非要艺术地去表现。这种情况下的专业术语应该叫作场景参考（scene referred），它表示实际场景的影调范围和颜色被图像传感器以其能够做到的任何程度再现在画面中。①

色彩科学家查尔斯·波因顿这样定义它："在色彩管理技术中，如果成像系统具有从场景中的亮度到图像编码值的直接、确定的链接，则该图像数据被称为场景参考。"相反，当使用最终显示设备（监视器、家庭影院或电影放映机）的成像特性作为参考时，

① 高动态范围（HDR）图像中的信息通常对应于可以在真实世界中观察到的亮度或亮度的物理值。这是不同于传统的数字图像所代表的颜色，因为它们只能出现在监视器或打印纸上。所以，与传统的数字图像相比，HDR 图像格式通常被称为场景参考。

“如果从图像编码值到打算由显示器产生的亮度之间存在直接的确定性链接，则该图像数据被称为显示参考（display referred）”。［查尔斯·波因顿，《数字视频和高清：算法和接口》（*Digital Video and HD: Algorithms and Interfaces*），第 2 版。］这也是 ACES 处理过程的下半部分中的一个关键概念，我们将在“工作流程”一章中进行更广泛的讨论。正如我们将要看到的，ACES 是一种在成像链中的不同点既使用场景参考又使用显示参考来处理图像的方法。

4.2.3 图像中的经典 S 曲线

在进入视频之前让我们再看一看胶片是如何对光线做出反应的，原因是它以非常简单的方式说明了这些概念，而且视频工程师花费了大量的时间试图让视频表现得像胶片一样。图 4.5 显示了典型电影负片的响应曲线，它们总是 S 形的。形成这一形状的原因是因为在胶片上，高光的“向一旁弯下”意味着，经过一定的点之后，图形不再是一条直线。在此部分加入越来越多的光，产生的效果越来越小，这是因为胶片乳剂中的银晶体饱和并停止响应。

一个类似的现象发生在阴影中（图 4.5 的左边部分）。当光子在曝光过程中开始撞击银晶体时，乳剂不会立即做出反应，因此这条线会在一段时间内保持平缓。这是由于银晶体对光的反应延迟造成的：当几个光子落在每个晶体上时，它们不会立即做出反应，而是需要许多光子才能开始化学变化，即使这样，这一变化的发生也是缓慢的。这导致胶片曲线的趾部开始时是平坦的，然后慢慢地向上弯曲，最终成为曲线的直线部分，或中间影调。

想想看，就像试图推开一辆抛锚的汽车。当汽车静止不动时，需要付出很大的努力才能让它动起来。然后，即使它开始缓慢地移动，你仍然必须用力推动，才能使它更快地运行。一旦它开始运转，相当小的努力就会使它持续下去。在亮部，银晶体最终会达到饱和点，而且是逐渐达到饱和点的，随着越来越多的光子涌入，化学反应开始减缓，更慢，然后完全停止，这就形成了胶片曲线的肩部。

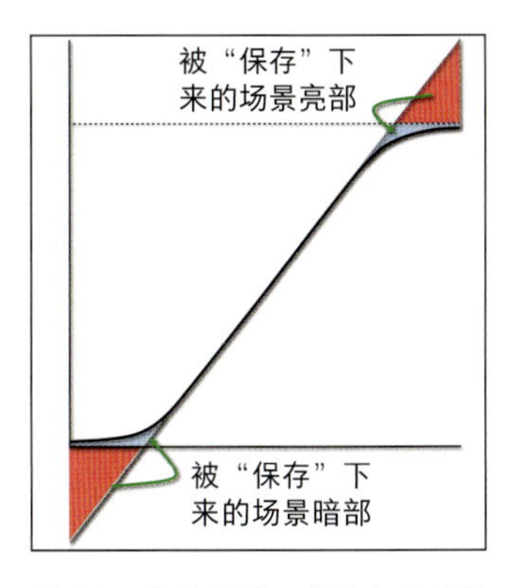

图 4.6 图示说明 S 曲线如何“保存”极端的阴影和高光。

人们会认为，这种在暗部端的迟缓和亮部端的反应下降是一个真正的问题，因为它们使响应非线性。毕竟，“理想”曝光的目标不是要尽可能地再现真实世界的场景吗？非线性响应曲线并不能真正“准确”地再现镜头前的场景。

事实证明，这种S曲线是胶片相对于视频最大的优势之一，而对这一优势的缺乏恰是视频需要克服的最大障碍之一。就像阿特·亚当斯在他的在线文章中提到的那样，“S曲线做的是我们的眼睛自然要做的事情：它拉伸了中间色调，使得它恰好相当于机器能容纳六挡曝光所产生的距离，它还压缩高光和阴影，这是我们的眼睛对影调差异最不敏感的地方。我们可以使一些挡位在高光和阴影处叠和，以使它们的反差不那么大，因为中间影调才是我们最关注的地方”（如图4.6所示）。

你可能会疑惑为什么在一本有关数字电影制作的书中要对胶片进行如此详细的讨论。因为在视频中，曲线是一个绝对有必要去理解的概念。它是你在数字摄像机的菜单、在查找表、在色彩校正以及在后期制作中将要用到的东西。

4.3 胶片伽马和视频伽马

什么是伽马？这是一个重要的概念，在胶片和视频，以及在我们经常要在摄像机、后期和传输中处理的东西中，可以说它是无处不在的。有些人认为伽马只是意味着反差，仅此而已，但这种理解是不对的。当然，改变伽马确实会影响画面的反差，但它影响得比这要更多。另外，其他一些因素也可以改变画面的反差，我们稍后一点再谈这些。我们首先需要快速浏览一下胶片中的伽马——这有点不同（如图4.7所示）。在胶片中，伽马是曲线中间（直线）部分的斜率。很明显，越陡峭的线条对应的影像反差就越大——Y值（像素亮度）对于X值（场景亮度）中的每个变化所产生的变化更快。一个不那么陡峭的斜率意味着画面亮度的变化速度比场景亮度慢，这会导致中间影调的反差降低。因此，通过简单地观看胶片的响应曲线，可以很容易地说出低、中、高反差胶片之间的区别。

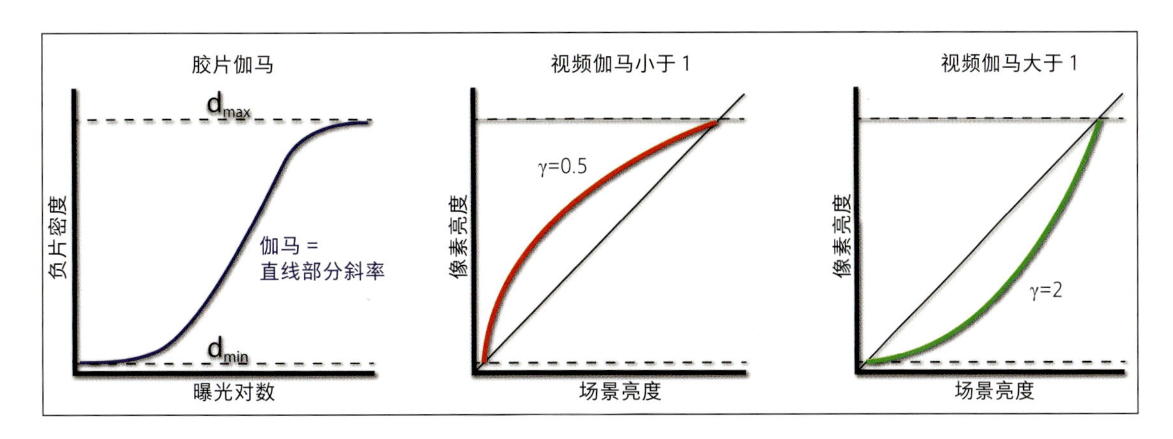

图 4.7（左） 在胶片中，伽马是曲线直线部分（中间影调）的斜率。

图 4.8（中） 视频伽马是一个幂函数曲线中的指数，伽马小于 1 会导致向上弯的曲线。

图 4.9（右） 大于 1 的视频伽马会形成一条向下弯的曲线。

4.3.1 视频伽马

视频伽马是一个幂函数，它以曲线的形式出现。如你在图 4.8 和图 4.9 中所看到的，它可以是向上弯的曲线，也可以是向下弯的曲线，这取决于伽马值是大于还是小于 1(伽马为 1 将是一条直线)。有关伽马的直观说明，请参阅“影像控制和色彩分级”一章。在视频中，它主要取决于由 X 轴输入的电量所产生的像素亮度。如果我们改变伽马，像素就会变得更亮或更暗——对于相同的原始信号，仅仅通过改变传递函数的形状（响应曲线），就可以使像素看起来更亮或更暗。

从很早开始，伽马就一直是视频的一部分。原因是大多数早期的电视是阴极射线管（CRT）显示器，它们本身有一个内在的伽马曲线——这是它们工作的物理原理的一部分。它们显示的红、绿、蓝是非线性的，它被称为光电转换函数（OECF），它的幂函数的平均指数约为 2.4。为各种目的设计和使用的显示器略有不同，伽马从 2.2 到 2.6 不等，除其他原因外，这主要取决于使用它们的典型环境的亮度。本章末尾的“图像渲染”将讨论这一问题的原因。

4.3.2 巧　合

人眼以非线性的方式感受亮度。把这个非线性计算成伽马大约为 0.42，它是一个惊人的巧合，刚好是 2.4 的倒数（1/2.4=0.42）。因此，工程师们在电视的发展过程中早就意识到，摄像机必须要在前端包括一些东西来补偿这种情况，这就是伽马校正（如图 4.10 所示）。回想一下最初几十年的电视，图像直接从摄像机传

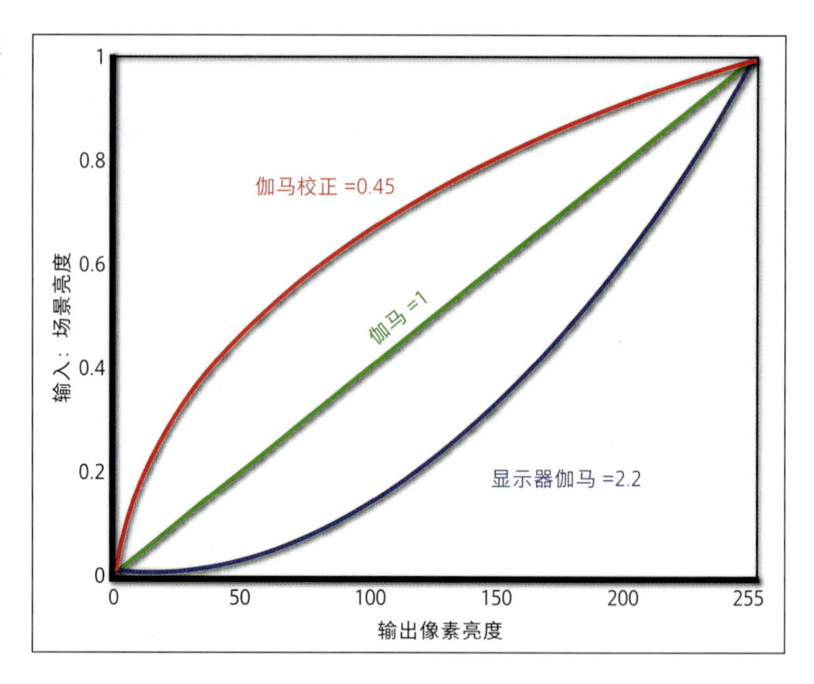

图 4.10 传统视频中的伽马校正——摄像机和监视器的伽马曲线是彼此相反的，所以可以抵消。

到控制室，再到广播塔，再到人们的电视机。简言之，摄像机里的伽马编码与 CRT 显示器的伽马特性相反——两者刚好相互抵消。然而诸如 LED、等离子、LCD、OLED 等现代平板显示器已经不具备这种非线性特性，并且 CRT 也已不再生产，因此似乎不再需要这种伽马校正了。然而，由于有伽马校正的 RGB 视频已经存在了几十年，所以即使是最新的显示器仍然包含着这一校正。

CRT 是由于其自身的物理特性而自然地拥有了伽马，平板显示器们则需要一个查找表（LUT）才能实现正确的伽马校正（见“影像控制和色彩分级”一章，以获得更多关于查找表方面的知识）。在伽马校正方面曾经有过相当大的变化，但有一种趋势，即把 2.2 作为显示器的标准伽马。

4.4 Rec.709

术语 Rec.709（或 BT.709）一直出现在高清视频的讨论中。它出现在这本书的几个不同的地方，因为其不仅仅是一件事：它实际上是一组规范，定义了 1080 的传统高清视频。现代视频，正如我们所知道的，基本上是伴随像 Viper、RedOne、Genesis、爱丽莎和所有其他能拍摄超高清视频的摄像机而出现的。Rec.709 历史性地取代了 NTSC 和 PAL（还记得它们吗？）。Rec.709 规范包括色彩空间、伽马曲线、画幅比、帧频和我们不需要在此深入了解的许多工程细节。

它的官方名称是 ITU-R Recommendation BT.709, 但通常被称为 Rec.709。你也会看到它以 Rec 709、Rec709 和 Rec. 709 出现。ITU 是国际电视联盟，是美国电影电视工程师协会（SMPTE）的联合国版本，此外还有 EBU（欧洲广播联盟）和日本的 ARIB（广播行业协会）。所有这些都是制定标准的组织，使每个人的视频信号都能和其他人的一样表现良好。它已经被正式采纳为一个标准，所以在技术上它不再是一个“推荐”[①]，但使用中的术语一般不太可能在短期内改变。

① “rec”，“推荐”的英文单词“recommendation”的前三个字母。

Rec.709 的特征是 WYSIWYG，即“你看到的就是你得到的”（what you see is what you get）。它被设计为显示参考，这意味着从摄像机传感器出来的反差范围被映射（map）成一种标准化的反差范围，以适合指定的显示设备。为了做到这一点，它将所有颜色值都限制在一个相当有限的范围内：事实上，这个范围可以被当时的监视器和显示器所容纳。Rec.709 是标准化的，尽管在此过程中进行了一些改变和调整。

你将看到 Rec.709 主要以两种方式被讨论：一种是色彩空间，我们将在“数字色彩”一章中查看，在本章中，它被当作一条伽马曲线来讨论（如图 4.11 所示）。几乎每一次描述色彩空间或响应校正曲线时，都包括它们与 Rec.709 的比较，这就是为什么我们需要深入研究它的原因。

4.4.1 Rec.709 传递函数

由于当时主要的视频显示设备是 CRT 显示器，所以 Rec.709 需要对“预备”视频进行校正，以便能在这种显示器上得到正确显示。简单点说，就是图 4.11 中标有幂函数的、指数等于 0.45 的红线部分。因为它是数字成像的技术规范，我们必须额外多走点路，并稍微复杂一些地对它进行描述。下表是实际的规范：

线性（L）到 Rec.709（V）	
情况	表达式
0.000 ≦ L ≦ 0.018	V=L × 4.50
0.018 ≦ L ≦ 1.000	$V=1.009 \times L^{0.45}-0.099$

表 4.1 Rec.709 传递函数的基本公式。

别慌！并不像看上去那么复杂。这表示的无非是，低于 0.018 的响应是线性的，是一条斜率为 4.5 的直线，而在 0.018 以上响应是指数为 0.45 的幂函数。顺便说一下，也许你感到奇怪，但 0.018 与 18% 的中灰并无关系。从技术上讲，Rec.709 只有五挡亮度范围，但是像拐点和黑扩展这样的调整可以使其延长一些。大多数高清摄像机能够生产"合法"信号，这意味着视频信号电平保持在 0 到 100% 的范围内。然而，每一家机器制造商都增加了自己的小改动，试图既能与 Rec.709 相一致，又并不总是产生相同的结果。你会听到"Rec.709 兼容"这个词，意思是"有点、差不多"。在安迪 · 希普赛兹（Andy Shipsides）的文章《在 Rec.709 的面罩下看高清电视标准》（"HDTV Standards: Looking Under The Hood of Rec.709"）中，他写道："换句话说，监视器符合 Rec.709 的伽马标准，但摄像机一般不符合。这就是为什么把两个摄像机都设置到 Rec.709 模式

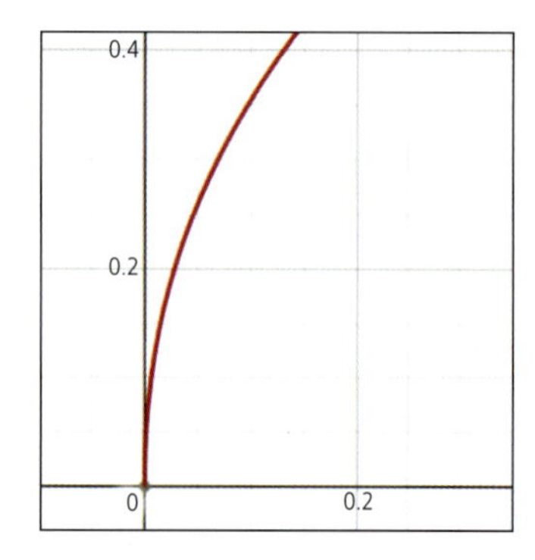

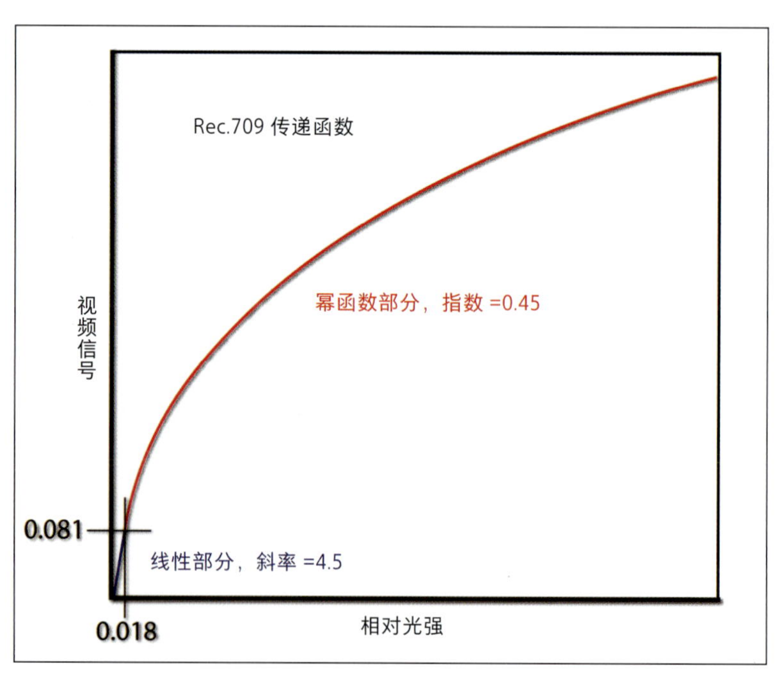

图 4.11（右） Rec.709 传递函数主要是幂函数曲线，但底部有一个很小的线性部分。

图 4.12（左） 正如波因顿所指出的，对于 Rec.709 来说，纯幂函数的问题是当它接近于零时，它是垂直的，这会在场景的黑暗部分造成无限的增益和噪波。这有时是一些数学函数引起的问题——本图是对图 4.11 中近零部分的放大。

并不能保证它们的画面看起来一样的一个重要原因。不同的伽马意味着不同的反差和动态范围。当然，反差只是等式的一半，另一半是色彩。”我们将在“数字色彩”一章中讨论 Rec.709 的这个方面。需要明白的底线是，在拍摄 RAW 格式视频的新型摄像机中，在 Rec.709 模式中观看的画面只是实际画面的近似值。这并不意味着 Rec.709 视频不再在拍摄中占有一席之地。当视频必须快速输出、在很少或没有调色的情况下几乎要立即使用时，它还会被用到。有人可能会问，底部的线性部分是为了什么？波因顿这样解释：“一个真正的幂函数在黑色附近需要无限大的增益，这会在图像的黑暗区域产生大量的噪波。”所谓无限增益，是指幂函数曲线在原点附近变得垂直（如图 4.12 所示）。[①]

① 意思是说，如果让近零点附近也严格按幂函数曲线走，那么其形状就会更为陡峭，这意味着需要无限大增益，从而会产生极大的噪波。

当很少或根本没有后期色彩校正的处理预期时，一些摄像机可以选择 Rec.709 输出用于查看或记录。这些通常不是“真正的” Rec.709，但它被设计成能使在 Rec.709 显示器上显示的画面看起来相当好看。阿莱公司是这样说的：“使用 Rec.709 模式记录的素材有一种特定的显示编码，或者换句话说，它具备‘你看到的就是你得到的’的特性。特定显示编码的目的是，当摄像机所拍摄的材料在特定显示设备上显示时，它能立即提供视觉上正确的表示。这是通过将场景的实际反差范围映射到显示设备可以再现的反差范围来实现的。”阿莱公司还提供了它的 Rec.709 低反差曲线（LCC），并这样解释：“为了使摄像机能够在 Rec.709 色彩空间中拍摄而不牺牲过多的亮部信息，阿莱公司提供了一个特殊的低反差特性（LCC）的阿莱观看文件（Arri Look File），可应用于更改标准 Rec.709 输出。”

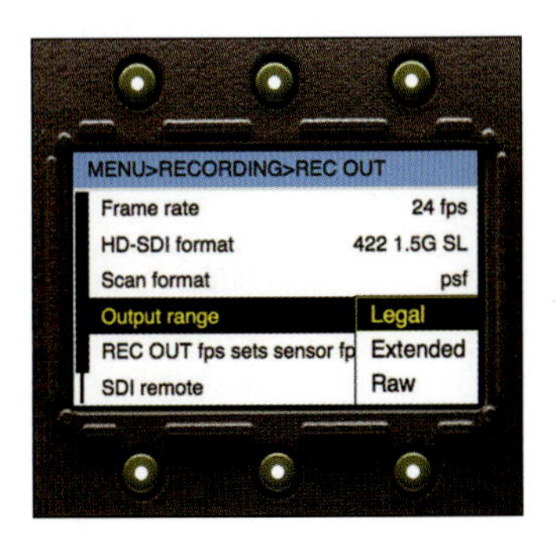

图 4.13　爱丽莎上的输出选择。Legal（意为“合法的”）将所有信号保持在 0—100% 的范围内。Extended（意为“扩展的”）信号范围为 -9% 至 109%。当然，RAW 选项意味着可以输出一切。

4.4.2　工作室摇摆程度、全范围和合法视频

Rec.709 还包含所谓的合法水平（legal level），也称为工作室摇摆或视频范围（video range）。在这个上下文中，范围或摇摆实际上意味着偏移，就像信号电平在参考黑和参考白之间的移动一样。在 8 比特视频中，最小编码值为 0，最大值为 255，你会认为 0 代表纯黑色，而 255 代表纯白色。然而，合法水平、视频范围或工作室摇摆中，黑色对应的编码值是 16，参考白对应的则是 235（10 比特视频中分别为 64 和 940）。0—16 和 236—255 的编码值保留为底部

空间（footroom）和顶部空间（headspace）。当这个系统不被使用，而视频信号使用从 0—255（10 比特时范围为 0—1 023）的所有编码值时，它被称为全摇摆（full swing）或扩展范围（extended range）。图 4.13 显示了阿莱的扩展版本，从 -9%（IRE）到 109%（IRE）。我们很快会再回到顶部空间和底部空间的概念，它们是学习 Cineon、OpenEXR 和 ACES 的基础。

这一普遍想法的一个例子可以在阿莱爱丽莎的菜单中看到，如图 4.13 所示，它提供了三种输出选择：Legal、Extended 和 RAW，Legal 将输出信号设置在 0—100% 之间，Extended 是 -9% 到 109%。然而，Extended 可以把你的视频推到波形图上的非法范围内。另一个例子是，达芬奇（DaVinci）系统中有一个查找表（LUT）被称为合法输出水平。

4.5 编码 100 问题

人类视觉的非线性本质还有另一个后果，它被称为编码 100 问题，我们会发现它对数字视频有着巨大的暗示。感知觉领域的科学家们的研究依赖于对差别感觉阈限值（JND）[①] 的测量，这是一个普通人所能感觉到的输入水平的最小变化量。这些对感知的研究是以许多观察者的平均水平为基础的。人类的大多数感知能力本质上是对数的或指数的：我们感知变化的能力随着它们变得更加极端而变化（如图 4.14 所示）。

① just noticeable difference，刚刚能引起差别感觉的刺激的最小差异量。

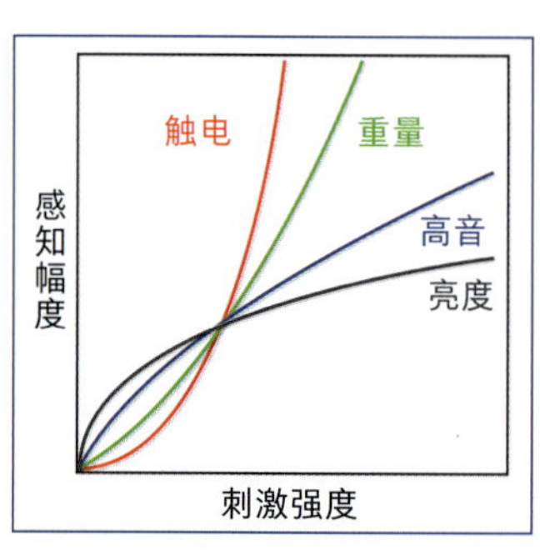

图 4.14 在韦伯和费希纳工作的基础上，心理学家 S. S. 史蒂文斯（S. S. Stevens）提出身体刺激是指数函数。其他研究人员更喜欢把亮度感知看作对数，这是一个实验数据如何被解释的问题。无论是哪种情况，关键是人类对亮度水平的感知是非线性的，这对我们如何处理和显示胶片和视频所呈现的影像有着重要的意义。

这不仅适用于亮度水平，也适用于声音水平、压力、重量、痛苦和其他。让我们举一个简单的例子：重量。任何人都能感觉到一磅重和两磅重之间的区别，但即使让国家级裁判来猜测你的体重，他也无法看出 100 磅和 101 磅体重之间的差别。在这两种情况下，重量的差别都是一样的一磅，但是感知的变化却有巨大的差别：从一磅到两磅的变化是 100%，而从 100 磅到 101 磅的变化只有 1%。

出于我们的目的考虑，人类对亮度的感知是相关的问题。到底人眼对亮度变化的响应是对数的还是指数的，这是视觉科学家们争论的问题，这一切都取决于他们如何解释许多不同研究所得到的数据。在实践中，这中间并没有很大的区别——最关键是我们知道人眼对光的感知不是线性的。

1% 的解决方案

人类的视觉系统可以感觉到亮度的百分之一的变化，这是人眼的亮度差别感觉阈限值（JND）。假设我们正在处理的是 8 比特的数据，所以编码值是从 0 到 255（共计 256 个编码值）。图 4.15 显示了这个问题——在图像最黑暗的部分（较低的编码值），例如编码值 20 和 21 之间的差异是 5%，远远超过最小可识别的差异。这样的情况所引起的结果是，在阴影处，当从一个编码值到另一个编码值变化时，可感知亮度在级数上有很大的跳跃，这导致条带现象（banding），也称为轮廓凸浮（contouring）（可见“数字影像”一章中的图 2.7）。

在亮部的一端，相同数值所造成的差异要小得多，比如编码值 200 和 201 之间只有 0.5% 的差异，这远远小于人眼所能察觉到的变化。这意味着有大量这样的编码是浪费的。如果两个编码值之间所造成的视觉差异是不能被人眼察觉的，那么其中一个编码值就是不必要的，因为它浪费了文件和数据存储中的空间，这在 RAW 格式拍摄时成为一个真正的问题，特别是在 3D、高速、多摄像机或其他需要记录大量视频的情况下。

处理这个问题有两种方法。其中之一是在传感器 / 处理器这个环节上保留大量的比特位，数码相机就是这样处理它的。另一种方法是使两个等级之间的空间不相等——让暗部的光线等级 / 编码等级靠得更近，而让亮部的等级之间拉开得更远。正如我们将要看到的，这些等级被处理得在间隔上不相等，而它们却是感知相等（perceptually equal）的，这意味着眼睛仍然认为它们的间距是平等的。这可以通过伽马编码（幂函数）或对数编码来实现，我们将在下一节中更详细地讨论，因为它已经成为数字视频中的一个主要因素。为了帮助我们为这些伽马和对数编码技术的讨论做准备，让我们来看看传统高清控制，它们实际上与几十年来在摄像机上使用的原理基本相同。

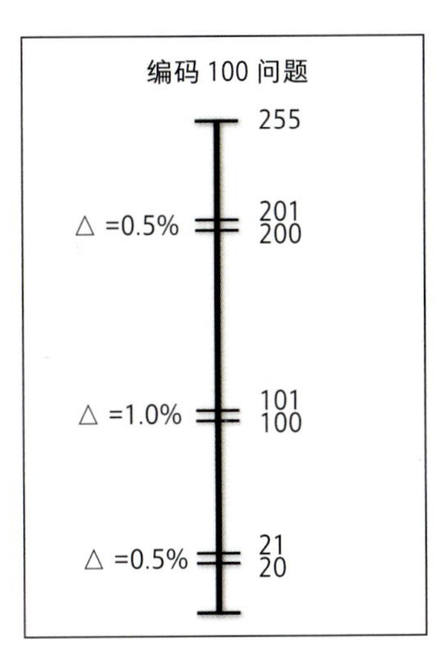

图 4.15 一个 8 比特数字视频中的编码 100 问题。由于人眼的亮度差别感觉阈限（JND）值是比率（百分比），而不是绝对值，因此当我们在亮度等级上上下移动时，有效描绘相同灰度差所需的数字编码差值的大小是不一致的。

图 4.16（上） 视频中的拐点控制功能改变了高光响应的斜率。拐点决定了改变开始的位置。

图 4.17（下） 黑扩展或黑伽马控制会改变阴影区域的斜率，以帮助保留阴影中的一些细节。

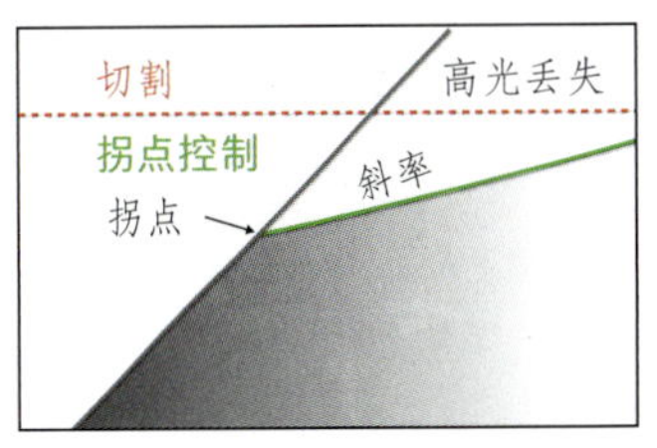

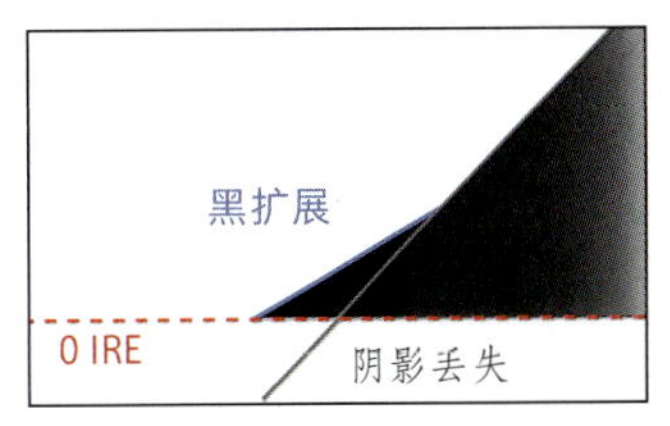

4.6 传统高清中的伽马控制

我们已经讨论了伽马在视频信号中的意义，以及它与胶片伽马的区别。在高清摄像机中，伽马［有时称为总伽马（Coarse

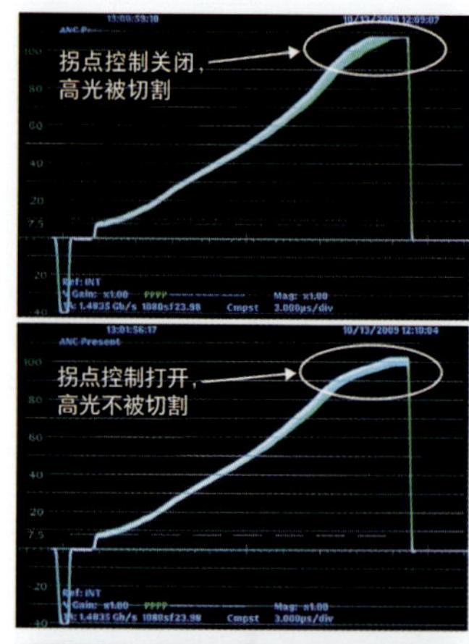

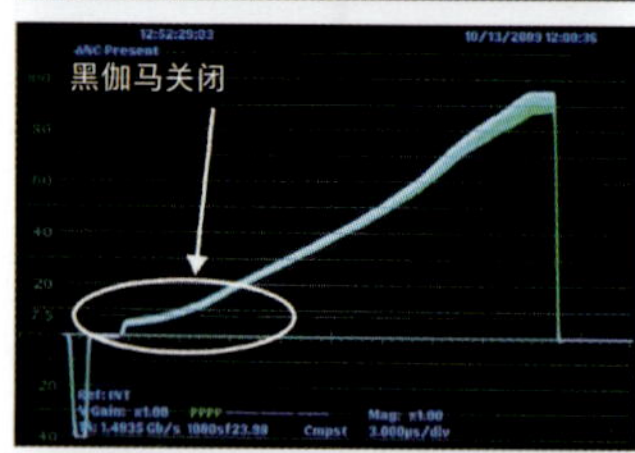

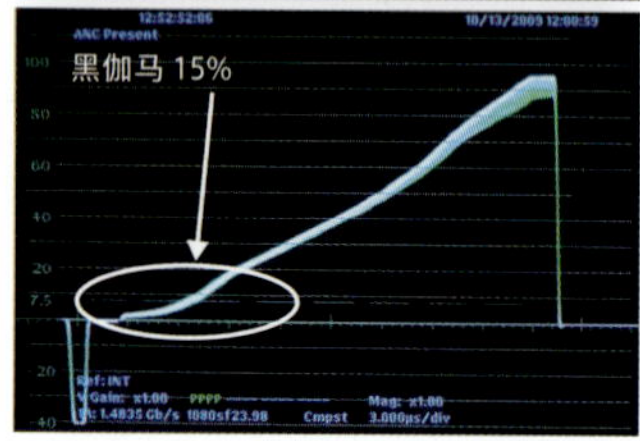

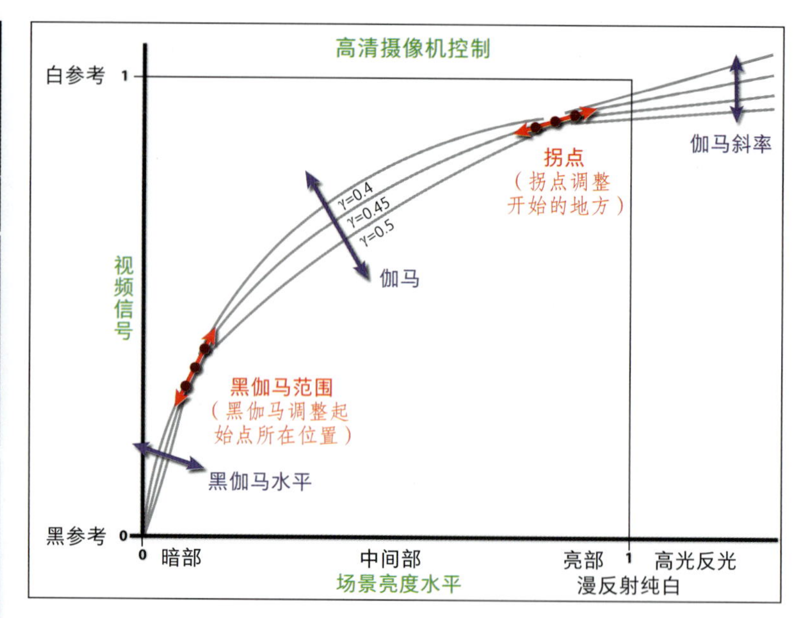

图 4.18（左一） 带有高光切割的画面。

图 4.19（左二） 拐点控制被打开，以保护高光不被切割。

图 4.20（左三） 黑伽马关闭时的信号。

图 4.21（左四） 加有 15% 黑伽马的情况，画面中的黑暗区域变得更加黑暗，某些摄影指导可能会称其为“更粗糙（crunchier）的阴影”。

图 4.22（右） 传统 HD 摄像机上的图像控制（或称为“旋钮”）允许拍摄者单独控制图像的不同部分（在查尔斯·波因顿的图表之后）。

Gamma）] 是拍摄者可以使用的关键调整。通常情况下，伽马值预设为 0.45，根据所需的画面效果，可以从此点向上或向下调整。正如你已经猜测的，把伽马值提高到 0.55 这样的值会给出一个整体上反差较大的画面，而把总伽马降低到 0.35 则会给出一个反差较低的画面。

4.6.1 拐点控制

在大多数摄像机中拐点控制通常由两个分离的调整组成：斜率和拐点（如图 4.16、图 4.17 所示）。斜率是响应曲线在高光或拐点处倾斜的角度，见图 4.18 和图 4.19。显然，较低的角度意味着影像的亮度随着景物亮度的变化缓慢地改变，你可以称其为低反差。比较陡的角度则意味着影像的亮度变化比较快，也就是高反差。大多数情况下，它是用来配合场景中的一些明亮的高光，如一个窗口或灯罩。拐点选择则是让拍摄者选择在曲线上的哪个位置开始出现坡度变化。拐点控制很少在超高清视频中被使用。

4.6.2 黑扩展 / 黑伽马

在趾部（阴影区域）有一个类似的策略被使用。虽然不同的机器制造商使用不同的术语，但黑扩展（black stretch）或黑伽马是对这一功能最常用的表示方法。它改变了底端曲线的斜率，使画面暗部或多或少地改变了反差。这些插图是一种简化的表示，当然，实际的变化曲线是有点复杂的，而且会因机器的不同而不同。图 4.20 和图 4.21 显示了索尼的黑色伽马曲线。所有三种高清伽马控制都以图形显示在图 4.22 中。

4.7 另一种方法

通过弯曲和伸展拐点和阴影区域可以取得很好的效果，但最终这只是一个有限的方法，而且可能会导致有些画面看起来有点不自然。多年来，机器制造商提出了更复杂的方法来扩大摄像机的动态范围。每家公司都有自己的命名和术语，也都有自己的“秘密酱汁”，在某些情况下，甚至比“巨无霸”更神秘。

4.7.1 超伽马 / 电影伽马 / 胶片记录

机器生产厂家已经开发了几种不同版本的伽马编码，它们被称为超伽马（Hypergamma）（如图 4.23 所示）、电影伽马（Cinegamma）、视频记录（Video Rec）、胶片记录（Film Rec）或低反差曲线（名称视机器不同而定），其设计目的就是扩大摄像机的动态范围。这些伽马曲线通常以一个百分比来表示，以 Rec.709 为基数 100%，它们的典型设置为 200%、300%、400% 等。动态范围越大，曲线越平坦，反差越低，这就意味着色彩校正越是必要的，但它同时使得像斑马纹这样的曝光辅助功能的使用变得困难或不可能。松下的胶片记录曲线（如图 4.24 所示）最初是为拍摄视频设计的，这些视频在后期可以被转成胶片。

按照索尼的说法，超伽马是一系列新的传递函数，专门设计用来最大限度地提高机器的宽容度，特别是在高光部分。它的工作原理是将抛物线形曲线应用于伽马校正电路，这样索尼 CCD 的巨大动态范围就可以在最终记录影像时被利用，而不需要摄影师调整机器的任何设置。这种方法也意味着我们不使用任何拐点，因此去除了传递特性中的非线性部分，因为超伽马是一个完全平滑的曲线。这样就可以消除任何因为非线性而引起的传统的问题，特别是对于肤色区域，同时也在一步中提高了动态范围。

图 4.23（上） 索尼的超伽马曲线与它们称为标准曲线的 Rec.709 曲线（黄色线）的对比。此图表使用索尼较旧的命名伽马曲线的方法，可参阅其新系统的文本（索尼供图）。

图 4.24（下） 松下的胶片记录曲线。它们被表示为它们所扩展的动态范围的百分比。

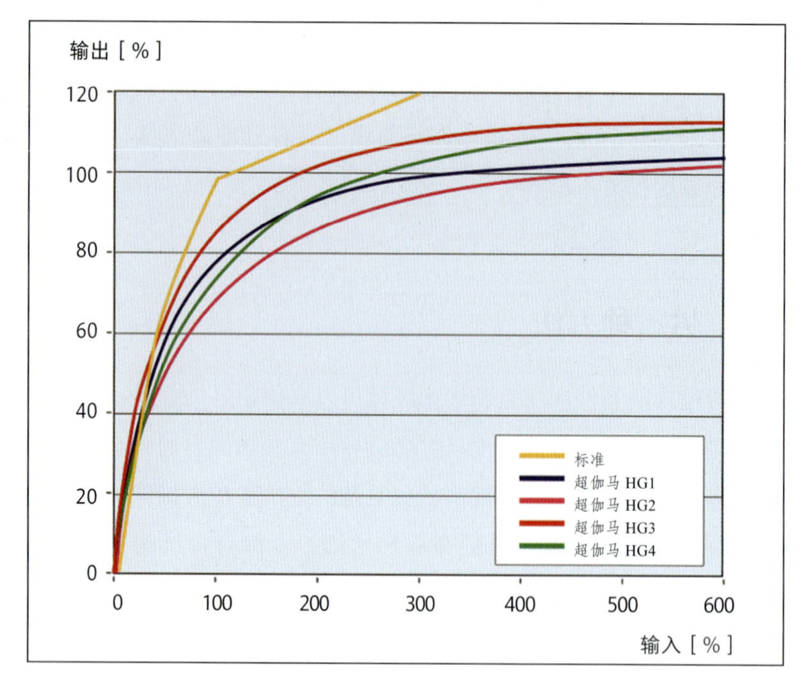

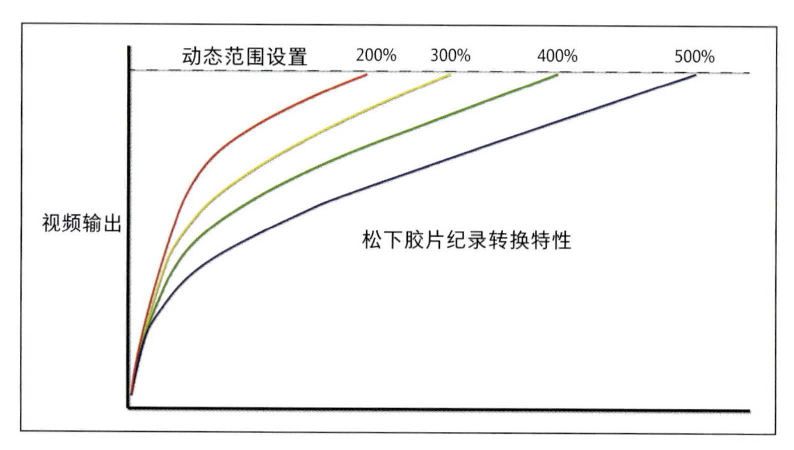

“在索尼的低端摄像机上有四条超伽马曲线作为标配，其中两个（HG1 和 HG2）是为电视工作流程中的 100% 白切割而优化的，另外两个（HG3 和 HG4）是针对传统电影风格工作流程中普遍使用的 109% 白切割而优化的。选择了白切割点后，总有两条曲线可用于优化最大亮度处理（HG2 和 HG4）或低光照条件（HG1 和 HG3）。”［索尼，《使用超伽马的数字电影摄影》（*Digital Cinematography with Hypergamma*）。］索尼高端摄像机则有多达八条超伽马曲线。它们不同于拐点的调整，因为曲线的变化是从中间开始的，因此它们产生了一个对高光部分的更“整体”的压缩，而不是拐点和黑扩展那样的不自然的外观。

值	编码范围	编码值数量
最大白	16 384	
向下 1 挡	8 192—16 383	8 191
向下 2 挡	4 096—8 191	4 095
向下 3 挡	2 048—4 095	2 047
向下 4 挡	1 024—2 047	1 023
向下 5 挡	512—1 023	511
向下 6 挡	256—511	255
向下 7 挡	128—255	127
向下 8 挡	64—127	63
向下 9 挡	32—63	31
向下 10 挡	16—31	15
向下 11 挡	9—15	6
向下 12 挡	5—8	3
向下 13 挡	3—4	1
向下 14 挡	1—2	1

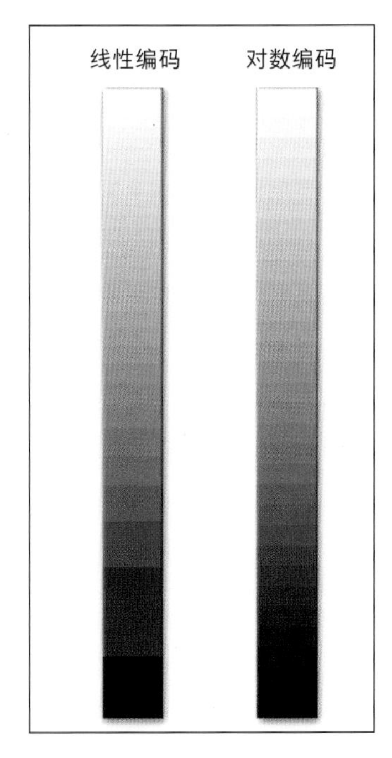

图 4.25（右） 线性编码的灰度分布不均匀（左），对数编码则更均匀地分配影调（右）。在这一案例中，灰阶代表着每一挡内需要的编码值的数量。

表 4.2（左） 基于 14 比特的图像传感器，这个图表显示，从最大白往下的前几个挡位占据了大部分可用的编码值，而图像中最黑暗的部分包含的编码值太少，以至于它们无法准确地描述一种细微的等级，从而导致图像中出现条带现象。实验表明，为了正确地表示图像，每个挡位需要大约 60 到 70 个编码值。出自阿特·亚当斯的计算。

4.7.2 索尼超伽马术语

索尼目前使用的对超伽马的命名格式中包含了动态范围。比如，HG8009G30 拥有 800% 的动态范围，中灰曝光在 30%，白切割在 109%。HG 代表超伽马，800 代表动态范围 800%，9 表示切割在 109%，G30 表示中灰的曝光水平在 30%。

索尼 HG4609G33 拥有一个 460% 的扩展动态范围，白切割在 109%，中灰曝光水平在 33%。这说明超伽马的名称中实际上包括索尼的曝光建议：它们希望你在特定的 IRE 值（在本例中为 33IRE）中曝光中灰，这将为你提供它所指示的百分比的动态范围。

4.7.3 RAW 视频中的伽马

当我们拍摄 RAW 格式时，伽马仅仅是元数据。你根本没有改变影像，直到伽马被“烧入”，而这个“烧入”的过程在某一时刻是必须要做的。RedOne 摄像机如何处理这一点就是一个很好的说明案例。自从第一台 RedOne 摄像机推出以来，它们的颜色科学就一直在发展，并且提供了几种不同选择：RedGamma2、RedGamma3 和一个对数版本 RedLogFilm。有不同的观看文件被用于现场观看和把 RAW 文件输入给剪辑或色彩软件时的转换。对于元数据，你可能没有留意太多，但它们确实为影像的最终外观和后

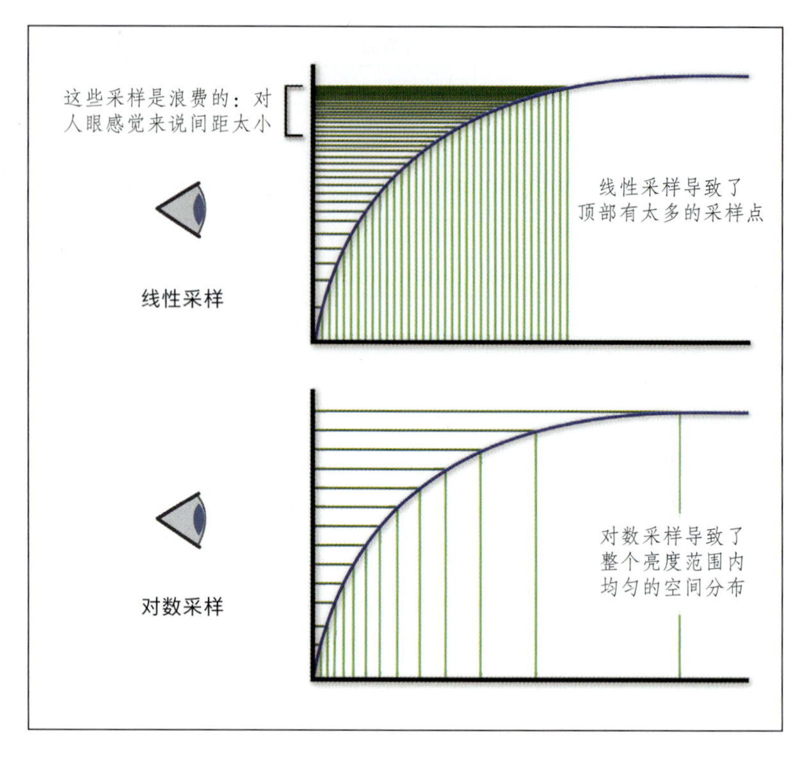

图 4.26 线性采样浪费了编码值，在此它们没有产生更好的作用（上图），而对数编码（下图）使编码更接近于人类的感知方式，从而表现为更均匀的分布。基于光幻象的史蒂夫·肖的设计。

期生产过程的指导提供了一个起点。

4.8 线性编码的低效性

除了在曲线顶部和底部可能丢失数据外，线性视频再现还有另一个问题——它在每个挡位如何使用比特数方面效率极低（如图 4.25 所示）。表 4.2 显示的是阿特·亚当斯是如何计算 14 比特传感器的输出的。每个通道拥有 16 384 个数，表格显示了挡位和编码值的对应关系。回想一下，每个挡位都是较其低一挡的两倍（相反，每个挡位也是比其高一挡的一半）——低效在表中显示得很明显，问题也很清楚——在整个影调范围高端的四个挡位（高光部分）占据了 15 356 个数，是可供使用的数中的绝大部分。

正如亚当斯在其发表在专业视频联盟上的文章《S-Log 和 Log 伽马曲线的不太技术的指南》（“The Not-So-Technical Guide to S-Log and Log Gamma Curves”）中所说：“正如你所看到的，动态范围的前四挡占据了大量的可用编码数，就在我们刚要到达中间灰的时候。这就是拍摄 RAW 格式的数码相机所谓的‘向右曝光’的理论

来源：如果你向直方图的右边曝光，你就能把尽可能多的信息塞到上面几个包含最高亮度等级的地方。当我们靠近动态范围的底部时，记录每一次亮度变化所用的挡位（级数）较少，而且我们离噪波基底也更近了。”（“向右曝光”将在“曝光”一章中进行更详细的讨论。）

还有另一个问题。实验表明，每个挡位大约有 60 到 70 个编码值是理想的。在本例中，底部的许多挡位所拥有的编码值比这个少得多，而顶部的挡位则要多得多。

图 4.26 基于光幻象（Light Illusion）的史蒂夫·肖（Steve Shaw）设计的一个图表，它说明了这个问题。图中的顶部显示出，不仅在高光部分中使用了过多的编码数，而且分割得太小，人的眼睛无法感知（这么小的差别），因此被浪费了。这些例子告诉我们，问题不仅仅是弯曲曲线顶部以保存高光这么简单。

4.9 对数编码

幸运的是，有一个解决这个低效率问题的方法：对数编码。它

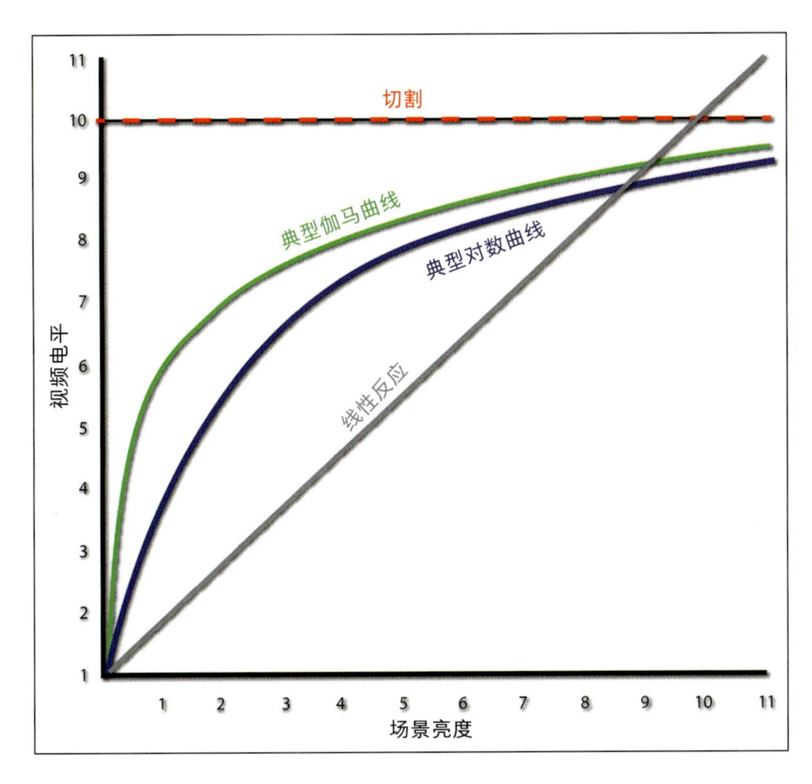

图 4.27 伽马曲线和对数曲线在数学上是不同的，但它们在影像记录中对视频信号电平的影响有些相似。两者都与纯粹的线性反应截然不同。请记住，机器制造商创造的伽马曲线很少是一个简单的指数函数，它们中的大多数都有一个“秘密酱汁”，在某些情况下，非常秘密。

在概念上类似于伽马，因为它减少了响应曲线的斜率，以扩大动态范围，扩展了不需要切割就能捕获和记录的亮度值。两者之间的区别是不言而喻的：它不是对曲线施加幂函数，而是使用对数曲线。图 4.27 用曲线的形状显示了二者的差别。

正如我们在“复习一点数学知识”中学到的那样，对数尺度的一个关键要素是，值的间距不是均匀的，就像我们沿着垂直 Y 轴上看到的那样。正如你所看到的，这就像魔术一样——很多问题都是用这个简单的数学变换来解决的。对数曲线和幂函数曲线在绘制时看起来有些相似，而且它们的确也以类似的方式工作，但它们之间存在着数学和“行为”上的差异，这一差异可供机器和软件设计者利用，而且二者均可被用于特定的目的。

4.9.1 对数的简单历史

那么，对视频采用对数编码（如图 4.28 所示）的想法是从何而来的呢？它的起源是 20 世纪 90 年代柯达公司的一个项目，这个项目是一套把胶片转换成视频的系统。它是一个完整的系统，包含有一个扫描仪、工作站和一个激光胶片记录器，但它更是一种对影像生产产生了持久影响的文件格式。这个系统和文件格式被称为 Cineon。柯达的工程师团队决定，使用一个 10 比特的对数文件可以把一个胶片影像完整地捕获下来。其目的是把这个 10 比特的文件作为一种数字中间（DI）格式，而不是用于放映、电脑特效（CGI）或其他任何地方。由于它源起于胶片影像并最终还要用于印制胶片影像，所以整个系统是以胶片的密度数值（这是理解和转换胶片负片影像的关键所在）来作为参数的。当我们进入“学院色彩编码系统（ACES）”的内容时，我们将更详细地讨论 Cineon。

4.9.2 超级白

胶片和视频有一个至关重要的区别。在 8 比特视频计算机图形中，“纯白色”是所有通道的最大值：255、255、255。但在胶片世界中，我们可以称之为纯白色的，仅仅代表的是一个“漫射白”或一张被照亮的白纸的亮度（约 90% 的反射率）。由于 S 形曲线的肩部，胶片实际上能够再现出比这亮得多的白色值。比如高光反射，像灯泡、蜡烛火焰或汽车保险杠上太阳的强反射都是。

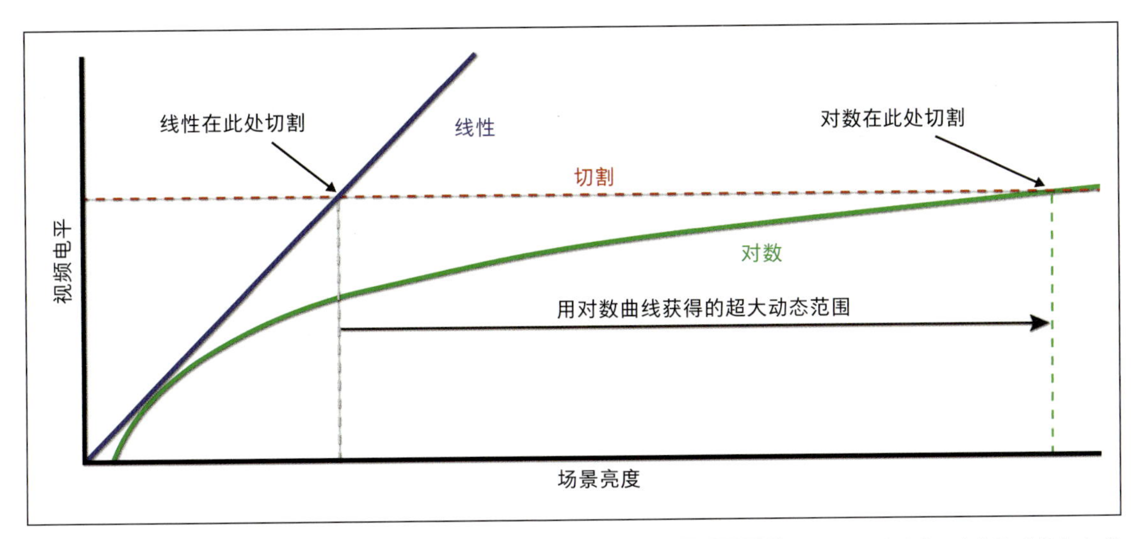

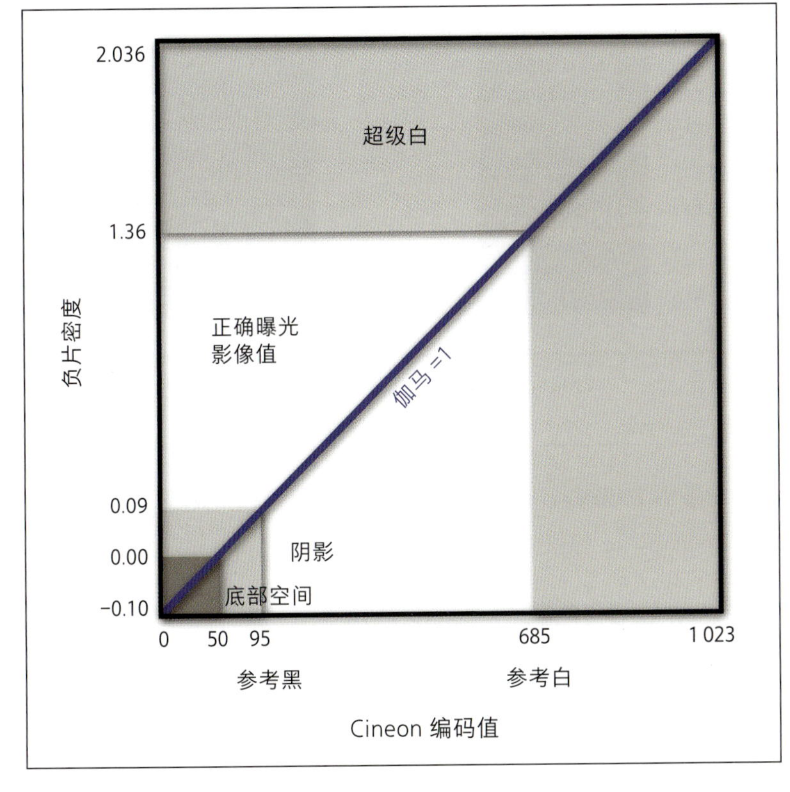

图 4.28（上） 对数编码是如何提供超大动态范围的。

图 4.29（下）“正确曝光”的影像的编码值只占据整个 Cineon 编码值范围的一部分。参考黑位置在编码值 95 处，而参考白在 685 处。这就为超级白留出了顶部空间，为次黑留下了底部空间。

如果我们坚持使用 0 到 255，那么所有的“正常”色调将不得不向下推移，为这些漫射白以上的高光留出空间。柯达的工程师们决定了一个 10 比特系统（编码值从 0 到 1 023），他们将漫射白放置在 685 的位置，而把黑色放置在 95 的位置（如图 4.29 所示）——就像合法视频从 16 到 235（8 比特）以及 64 到 940（10 比特）或–9% 到 109%。因此在数字信号中，比参考白更高的值被允

图 4.30 Rec.709 和 Cineon。通过在较低的编码值处放置参考白，允许在高光和镜面反射方面留有额外的顶部空间。在编码值 64 被视为纯黑的底端也是如此，允许在该值以下设置一些底部空间。

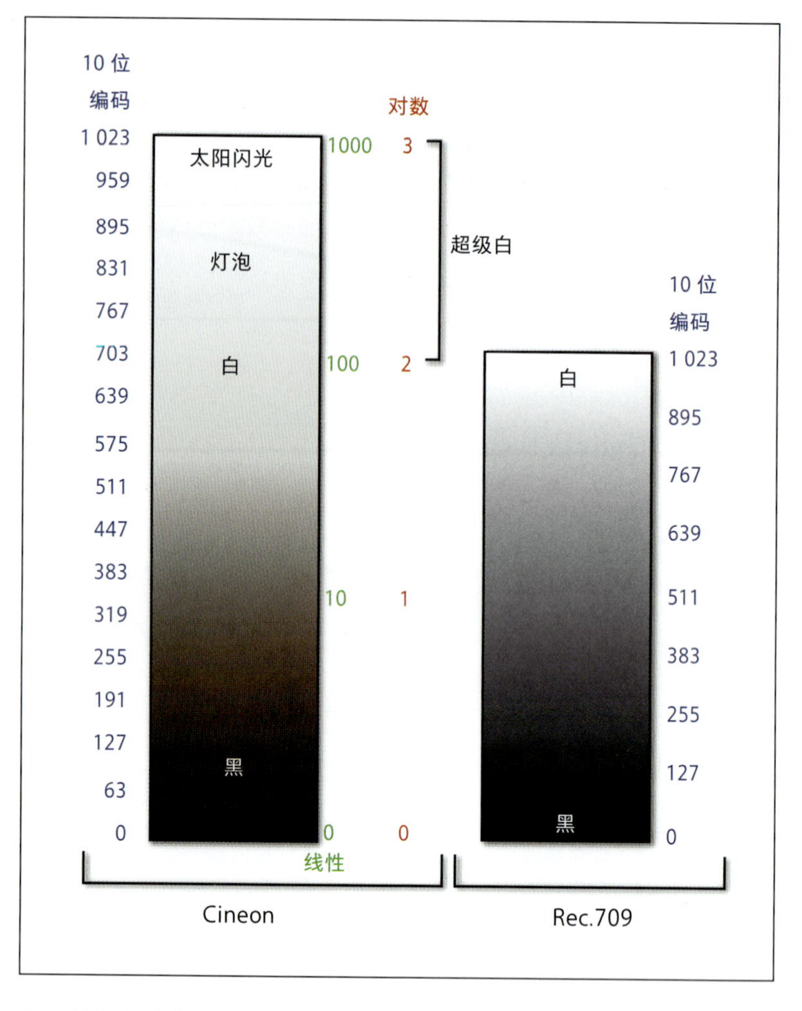

许，并被称为超级白。类似的，参考黑编码值以下的值就为更低的电平留出了空间（如图 4.30 所示）。

4.9.3 你看到的不是你得到的

对数编码视频的一个重要特征是，当在监视器上观看时，它并不能精确地表示原场景——这既是它的优点，也是它的一个限制。因为它本质上是压缩场景值以使它们适合于记录文件结构，采用对数编码的视频在监视器上看起来像被水洗过，苍白而且反差低（如图 4.31 所示）。虽然大多数电影摄影师都能适应这一点，但它往往会使导演和制片人感到反感，而且对其他剧组成员也不太有用。它还会使照明决策更加困难，并影响其他部门，如场景设计、服装和化妆。当然，事实是对数编码的影像的确是没有做好准备，这意味着它必须要在之后的某一环节进行色彩校正，这在最终调色时是必须的（如图 4.32 所示）。同时，为了查看的目的，经常会进行一些临时的修正。

我们有充分的理由要求在拍摄现场的监视器上看到一个准确的画面，或者至少是一个接近这个场景应该被看到的样子的画面。这通常需要有一个查找表（LUT），我们将在“影像控制和色彩分级”中讨论它。Rec.709 属于“你看到的就是你得到的”，因为它基于显示参考，这意味着它被设置为与大多数监视器和投影仪兼容。出于这个原因，只需快速、非永久性地转换到 Rec.709 就可以在拍摄现场输出使用。有些摄像机有一个 Rec.709 监视器观看输出，就是为了这个目的，但它对记录的文件没有影响。除了 Rec.709 之外，还有其他查看模式，其中一些是为放映定制的。还有一件事要特别记

图 4.31（上） Red 摄像机以 RedLogFilm 模式（对数空间）拍摄并显示画面。图像被设计成这种暗淡、低反差的效果。注意上图中部的波形：底部没有达到 0%，顶部也没有到 100%，它们甚至没有接近这两边。这也在左上方的直方图中显示出来了。如图所示，对数画面并不是真正用于观看的，因为它不是场景的准确表示，它不是我们最终想要得到的。

图 4.32（下） 同样的画面使用 RedColor 拍摄，并使用 RedGamma3 查找表观看。这个查找表和 Rec.709 兼容，这意味着它在 Rec.709 显示器上看起来会很好。特别注意与上图在并行波形上的差异。这是一个问题，因为这表示对数图像不仅是暗淡的和低反差的，而且示波器和矢量仪不再是精确地对应于实际的场景值。

图 4.33 索尼 S-Log 曲线和 Rec.709 曲线的对比（索尼供图）。

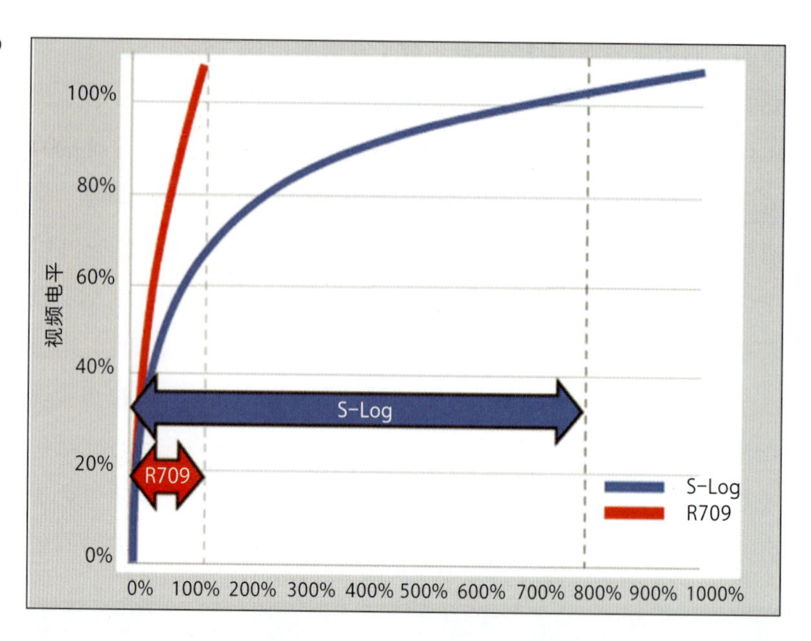

住，在对数模式下查看场景时，你可能无法做出准确的曝光决定，特别是使用诸如斑马或假色之类的工具。有不同的方法来处理这个问题，我们将在“曝光”一章中讨论它们。

4.9.4 对数和 RAW，两件不同的事情

对数和 RAW 是两件不同的事情。然而，许多拍摄 RAW 格式的摄像机记录的是对数编码的数据。在大多数高端摄像机中，传感器产生的数据（更高的位深）比使用现有技术能够记录的数据要多。你仅仅需要记住的是，你可以记录不是对数的 RAW 或者不是 RAW 的对数，但在大多数情况下，它们是并驾齐驱的。

有些摄像机有记录非压缩的 RAW 的能力。然而这可以和使用消防水管喝水类比——记录非压缩 RAW 数据的原因可能是很重要的，但更重要的是要理解将要产生的数据洪流的含义——你最好确定你真的有那么渴。其他录制选项包括 Rec.709 或 P3，P3 是一个宽色域色彩空间，是 DCI（数字电影倡议）的一部分，所以是一个工业级的标准。

4.10 专利对数曲线

机器制造商在记录图像数据时广泛使用对数曲线，每个制

造商都设计了一个或多个对数编码方案，这是它们为寻求制造出更好的机器而精心调制的“秘密酱汁”的一部分。Red 摄像机有 RedLogFilm，阿莱用 LogC，佳能摄像机使用 C-Log，而潘那维申（Panavision）则拥有 Panalog。这里显示了这些制造商的编码方案的图表，其中一些方案的实际结果如图 4.33 至图 4.38 所示。

4.10.1 索尼 S-Log

S-Log 有三个版本，分别是 S-Log1、S-Log2 和 S-Log3。摄影指导阿特・亚当斯这样评价 S-Log：“因为编码值永远达不到黑和白的极值，所以 S-Log 看起来非常平坦，场景中的正常阴影值永远达不到代表黑色的最小编码值。因为这个原因，画面看起来太亮了，或者呈乳白色。S-Log2 似乎通过将阴影存储在曲线的更靠下的位置来纠正这个问题，这样在摄像机所能看到的最黑暗的色调就可以映射到非常接近对数曲线的最小可记录值了。通过再次使黑色变为黑色，实际上对数影像在 Rec.709 监视器上看起来相当正常。这些画面的高光部分仍然是被压平的（crushed），因为为了后期调色的需要它们被对数曲线严重压缩了，但无论如何画面看起来是‘真实的’。当人们走过数字影像工程师（DIT）的显示器时，就不太可能出现太大的恐慌了。”索尼公司说：“S-Log3 是一个动态范围为 1 300% 的对数信号，它接近于 Cineon 对数曲线。但这并不代表它会取代 S-Log2 和 S-Gamut3，它只是被添加的另一种选择。”

正如你将要从接下来的关于各机器制造商如何实施对数方案的简要描述中看到的，它们是从不同的假设开始的：成像中什么是重要的，以及如何更好地实现这一点。重要的是要理解这些对数方案之间的不同，以及如何最好地使用它们，就像你在片场上使用它们一样——这与测试、评估和使用不同的电影胶片并没有什么不同。表 4.3 显示了 S-Log1、S-Log2 和 S-Log3 的 IRE 和编码值（CV）。请记住，在高清和超高清中，IRE 和 % 对波形的测量是相同的，尽管 % 是技术上正确的名称。

索尼 S 色域

S 色域（S-Gamut）是索尼专门设计的用于 S-Log 的色彩空间。

图 4.34（上） S-Log2 和 S-Log3 的对比（索尼供图）。

表 4.3（下） 0% 的黑、18% 中灰和 90% 的白在 S-Log1、S-Log2 和 S-Log3 中所在的位置。

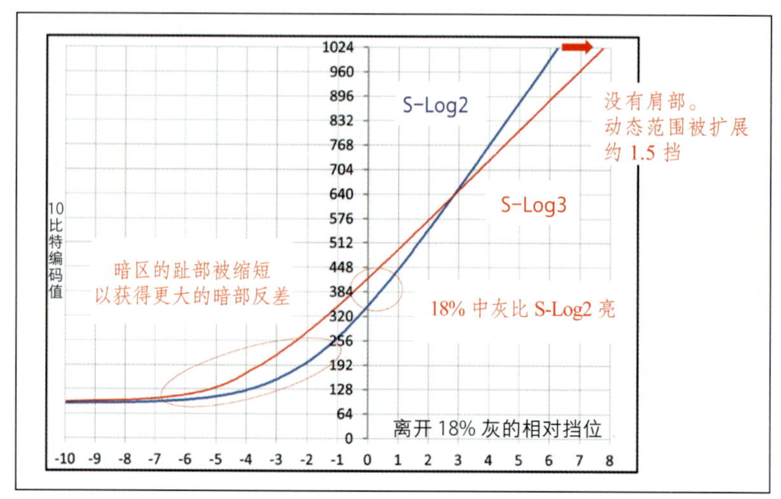

	0% 黑		18% 灰		90% 白	
	IRE	10 比特 CV	IRE	10 比特 CV	IRE	10 比特 CV
S-Log1	3%	90	38%	394	65%	636
S-Log2	3%	90	32%	347	59%	582
S-Log3	3.5%	95	41%	420	61%	598

把 S 色域转换到 Rec.709 可能有些困难，所以索尼提供了几个转换用的查找表（LUT）配合校色软件一起使用，而且把它们放在了其官网上供免费下载。

4.10.2 阿莱 LogC

阿莱的 LogC 是基于 Cineon 印片密度曲线的，意思是要使用基于 Cineon 的查找表来对其进行数据转换（如图 4.35 所示）。根据阿莱所说，“以 Rec.709 或 P3 标准来记录的素材具有特定的显示编码”，换句话说就是这些素材具备“你看到的就是你得到的”的特性，或者说具备显示参考特性。“这些特性能将场景的实际反差范围映射到显示设备能够再现的总反差范围内。这种编码的目的是当所拍摄的素材在高清电视（Rec.709 标准）或数字电影放映机（DCI P3 标准）上放映时，能直接得到正确的视觉表示。因为这一需求，这些为显示所设计的特定编码导致了在调色方面的选择性的降低。LogC 曲线是对场景的对数编码，它意味着在一个很宽的范围内，以挡位来计量的曝光和输出信号之间的关系是恒定的。每一挡曝光所引起的信号改变是相同的数量。LogC 曲线的整体形状和胶片负片的曝光曲线[①]很相似。然而，由于传感器和负片的

① 负片的曝光曲线即负片的感光特性曲线。

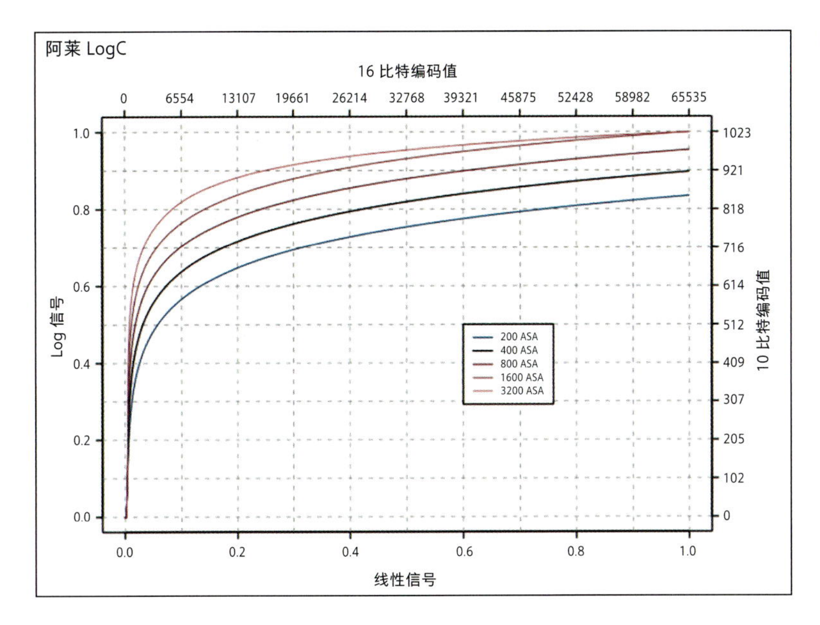

图 4.35 阿莱的 LogC 不是一个单一的函数，实际上它是一组基于不同 ISO 的曲线（阿莱供图）。

本质区别，二者的色彩特性仍然不同。”［阿莱技术团队，《LogC 和 Rec.709 视频》（“LogC and Rec.709 Video”），《阿莱白皮书》（*Arri White Paper*）。］

LogC 不是一个单一的函数，它实际上是一组基于不同 ISO 的曲线。所有这些曲线都把 18% 中灰映射到了 400 的编码值（在 10 比特的标尺上远离 1 023 的位置）。阿莱接着说：“LogC 曲线的最大值取决于 EI（曝光指数，exposure index）值。原因很简单：当镜头缩小光圈时，比如缩小一挡，传感器就会捕捉到多一挡的高光信息。由于 LogC 输出表示场景曝光值，因此最大值会增加。”阿

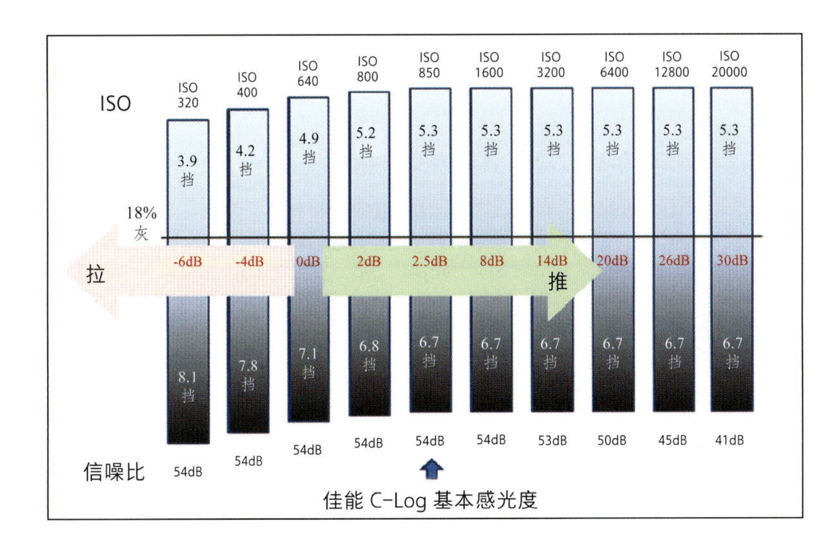

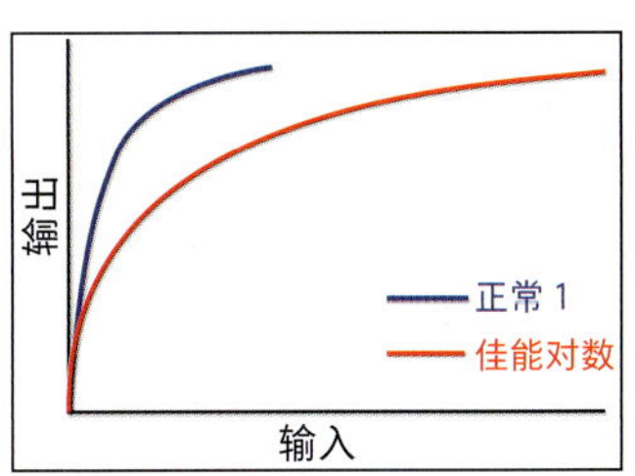

图 4.36（右） 佳能对数曲线和正常输出曲线的对比（佳能供图）。

图 4.37（左） 当设定在不同 ISO 数值时，佳能 C-Log 在动态范围上的变化（佳能供图）。

莱坚持认为，在实施对数编码时，改变曝光指数（EI）不会影响动态范围的大小，但它确实会改变整个动态范围在中灰以上和以下的分布方式。当场景中的亮部或暗部有一些非常重要的细节需要表现时，摄影师可能要调整曝光方案以适应这样的场景拍摄，此时，曝光指数对动态范围分布的这一影响可以成为一个有用的工具。[①]

① 所以有人在拍摄高调画面时采用较高的曝光指数（中灰以上部分可以获得更多的层次），而在拍摄低调画面时使用较低的曝光指数（中灰以下部分可以获得更多的层次）。

在阿莱爱丽莎的问题解答页面上有这样的条目：

问：爱丽莎的曝光宽容度会因为不同的曝光指数设定而变化吗？

答：不，它不会的。

大部分摄像机会在某一特定的曝光指数（通常称为最佳曝光指数）时拥有最大的曝光宽容度。选择高于或低于最佳曝光指数的 EI 设置，有时会导致曝光宽容度的出乎意料的损失。曝光指数由 160 到 3 200，始终保持 14 挡的曝光宽容度，阿莱在此方面是独一无二的。佳能和其他机器制造商对于对数编码的这方面性能采取了不同的方法，这就是为什么为了更好地了解机器，广泛的测试是很重要的。

4.10.3 佳能的 C-Log

通常称为 C-Log（佳能 log），因 ISO 设置的不同，其行为方式略有不同（如图 4.37 所示）。“对于 C-Log，通过提高机器的主增益设置，曝光的宽容度 / 动态范围可以最大扩大到 800%。佳能表示，当信噪比在 54dB 时，仍然是可接受的噪波水平。”［拉里·索普（Larry Thorpe），《佳能的对数传递特性》（*Canon-Log Transfer Characteristics*）。］正如之前提到的，佳能对其 RAW 编码采取了一种不同的处理方法。在编码中它采取了“烧入”部分数据的方式，这意味着为了实现场景的色彩平衡，色彩通道已经被添加了增益，这些增益随后“烧入”了 RAW 数据中。

佳能 C-Log			
画面亮度	8 比特编码值	10 比特编码值	波形
0% —纯黑	32	128	7.3%
2% 黑	42	169	12%
18% 中灰	88	351	39%
90% 2.25 挡中灰往上	153	614	63%
最大亮度	254	1 016	108.67%

表 4.4 佳能 C-Log 的编码和波形值。

4.10.4 Panalog

潘那维申的首席数字技术专家约翰·加尔特（John Galt）在《Panalog 解释》（*Panalog Explained*）的白皮书中总结道：“Panalog 是一种感知均匀的传输特性，它将由 Genesis 摄像机模数转换器输出的每个通道 14 比特的线性信号内部转换为每个通道 10 比特的准对数编码，使得摄像机的 RGB 信号可以被记录在 10 比特的记录器上。”加尔特解释说尽管 Genesis 摄像机的传感器是 14 比特的，但它的记录器只有处理 10 比特数据的能力。许多高端摄像机都有类似的特点。图 4.38 显示了 Panalog 和其他曲线的对比。

4.10.5 Red 编码

Red 摄像机使用 RedCode 编码来记录，它具有文件扩展名 .r3d，如名称所述，它是 RAW 格式，是一种可变比特率的有损（但视觉无损）小波编码[①]，压缩比可在 3 : 1 至 18 : 1 之间选择。其压缩方式属于拥有四个通道（2 个绿、1 个红和 1 个蓝）的帧内（intraframe）压缩[②]。

作为一种封装格式（wrapper format）[③]，它类似于 Adobe 的 CinemaDNG 格式。由于它是小波编码，就像 CineForm RAW 和 JPEG 2000 一样，有损压缩可能导致的缺陷不会像严重的 JPEG 压缩中出现的数据“阻塞”（blocking）那样。我们将在“编码和格式”一章中讨论小波、JPEG 和其他形式的视频文件压缩。

① 小波编码即使用小波变换的编码，而小波变换是不同于傅立叶变换的一种变换形式，它对于分析瞬时时变信号非常有用。它有效地从信号中提取信息，通过伸缩和平移等运算功能对函数或信号进行多尺度细化分析，解决了傅立叶变换不能解决的许多困难问题。

② 帧内压缩也称空间压缩（相较于帧间压缩也称为时间压缩），当压缩一帧图像时，仅考虑本帧的数据而不考虑相邻帧之间的冗余信息，这实际上与静态图像压缩类似。

③ 就是将已经编码压缩好的视频轨按照一定的格式放到一个文件中，或者可理解为是一个放视频轨或音频轨的文件夹。比如 MKV 格式就被称为万能封装器。

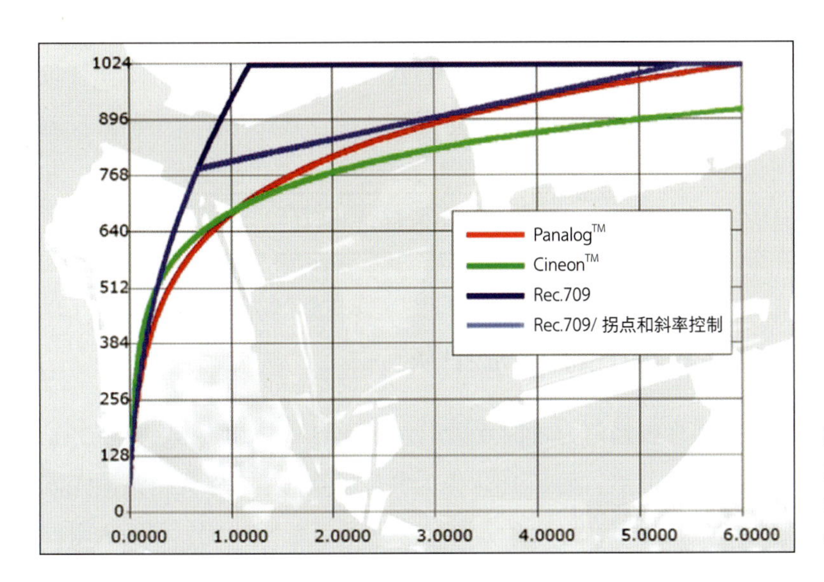

图 4.38 Panalog、Cineon、Rec.709 以及应用了典型拐点和斜率控制的 Rec.709 的曲线对比（潘那维申供图）。

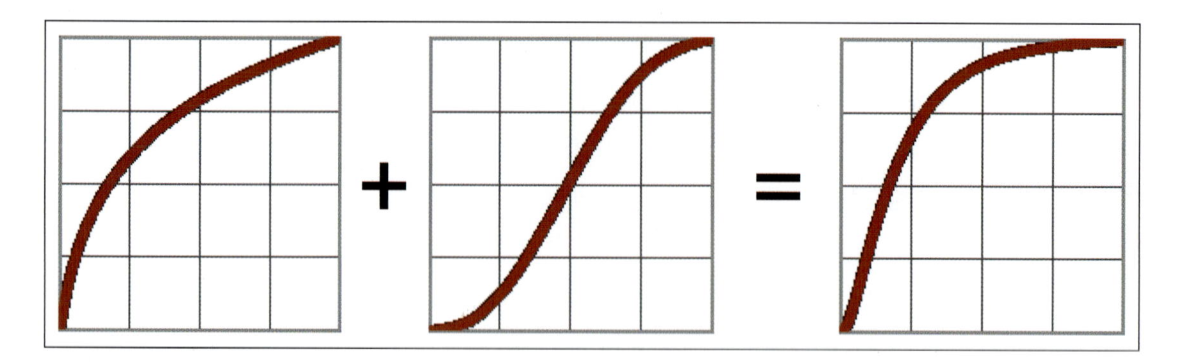

图 4.39 对于 Red 摄像机，其伽马设置可以由其他影调曲线组成。给画面添加胶片影调特性的趾部和肩部，RedGamma3（右）和类似设置是标准对数曲线（左）和反差曲线（中间）相加的最终结果。S 形反差曲线可以使得阴影和亮光部更令人愉快、更柔和地分别到达纯黑和纯白，并且可以在视觉上更重要的中间影调区改善它们的反差和色彩饱和度。

在转换为全色彩图像之前，RedCode RAW 分别存储传感器的每个颜色通道信号，这给后期中的色彩平衡、曝光和调色带来了优势。与其他 RAW 格式一样，这些调整之前被存储为单独的元数据，直到它们在某一时刻被“烧入”信号。这意味着这些调整是无损的，换句话说，是可逆的。

4.10.6 RedLog

像所有的机器制造商一样，Red 公司不断地寻求改善其色彩空间、对数和伽马，且他们已经为 Red 摄像机开发了几代软件 / 固件。这是来自 Red 公司的说法：“RedLog 是一种对数编码，它将原始的 12 比特 R3D 机器数据映射到 10 比特曲线上。暗部和中间部使用了在视频信号中的最低的 8 比特，保持了和原始 12 比特数据相同的精度，而被压缩的亮部部分使用信号中最高的 4 比特。降低亮部细节的精确性所带来的结果是，整个信号的其余部分都有丰富的精确度，这有助于保持最大的宽容度。”

“RedLogFilm 是一种对数编码，其目的是将原始的 12 比特机器数据重新映射到标准 Cineon 曲线。此设置产生非常平的低反差图像数据，以较大的宽容度保留了影像的细节以利于后期调整。并且它和用于胶片输出的对数工作流程是兼容的”（如图 4.39 所示）。

4.11 对数中的 18% 中灰

如果你曾经研究过图片摄影，你可能知道 18% 灰（中灰）是黑和白的中间点，而且 18% 作为典型场景的平均曝光值是测光表定光的依据。那么为什么是 18% 中灰而不是 50% 呢？因为人眼的视觉感知是对数的，不是线性的。在图片和电影拍摄中，柯达的18% 灰卡可能是应用最广泛也是最值得信任的工具之一。因此，我们可以依赖灰卡和测光表，并期望 18% 的灰色刚好落在示波器波形的 50% 的位置上，对吗?

不完全是，除了一部分：18% 的反射率（其实是 17.5%）是感觉上的中等灰度。事实证明，根据美国国家标准协会的规定，照度表是以 12.5%（不同制造商之间有小的变化）来校准的，而亮度表（点测表）则是以大约 17.6% 来校准的（同样因制造商的不同而略有变化）。即使是柯达在它们对灰卡使用的指示说明中也承认了这一点：“测光表对灰卡的读数应按以下方式进行调整：对于正常反射率的物体，应在曝光指示值的基础上增加 1/2 挡。”此后，这些指示被更新为：“把灰卡紧靠被摄物体并放于被摄物体前，方向朝向主光和机器的中间。”由于余弦效应（cosine effect），保持卡的角度在可以降低卡反射率的地方，这实际相当于迫使测光表增加约1/2 挡的曝光。（有关照明中余弦效应的更多信息，请参见本书作者的《影视照明技术》一书。）

至于示波器如何读取中灰则是一个更为复杂的问题，但也是一个有必要去理解的重要课题。尽管有些许精确度上的缺失，18% 中灰始终是一个判断曝光和测试机器的重要工具，而且灰卡在实践中已被普遍且信任地使用着。仅仅因为在准确数字方面存在一些不确定，并不意味着它是无用的——毕竟，当用它进行实际曝光时，还是会产生灰色的阴影的。

在 Rec.709 标准中，传递函数把 18% 中灰置于 40.9%（一般约等于 41%）的位置，它假定“白色”的理论反射率为 100%，并将其置于 100IRE（示波器上的 100%）的位置。但是我们知道，在真实世界中这是不可能的，在那里 90% 的反射率大概就是最高端了。如果你把90% 的反射率（比如柯达的白卡）放在示波器上 100% 的位置，18%的中灰将升至 43.4% 的位置，或者直接叫它 43%。Red 的数值会高一些吗？爱丽莎的会低一些吗？无论 Red 的 709 还是爱丽莎的 709 都不严格跟 Rec.709 传递函数一样。在这两种情况下，当我们设定好了摄影机名义上的正确曝光水平时，我们都不能保证 18% 的灰色达到了41%。对于非 Rec.709 曲线（如图 4.40 所示）的摄像机情况亦是如此。

在 Red 和爱丽莎的情况中，推荐值是那些制造商所说的他们已

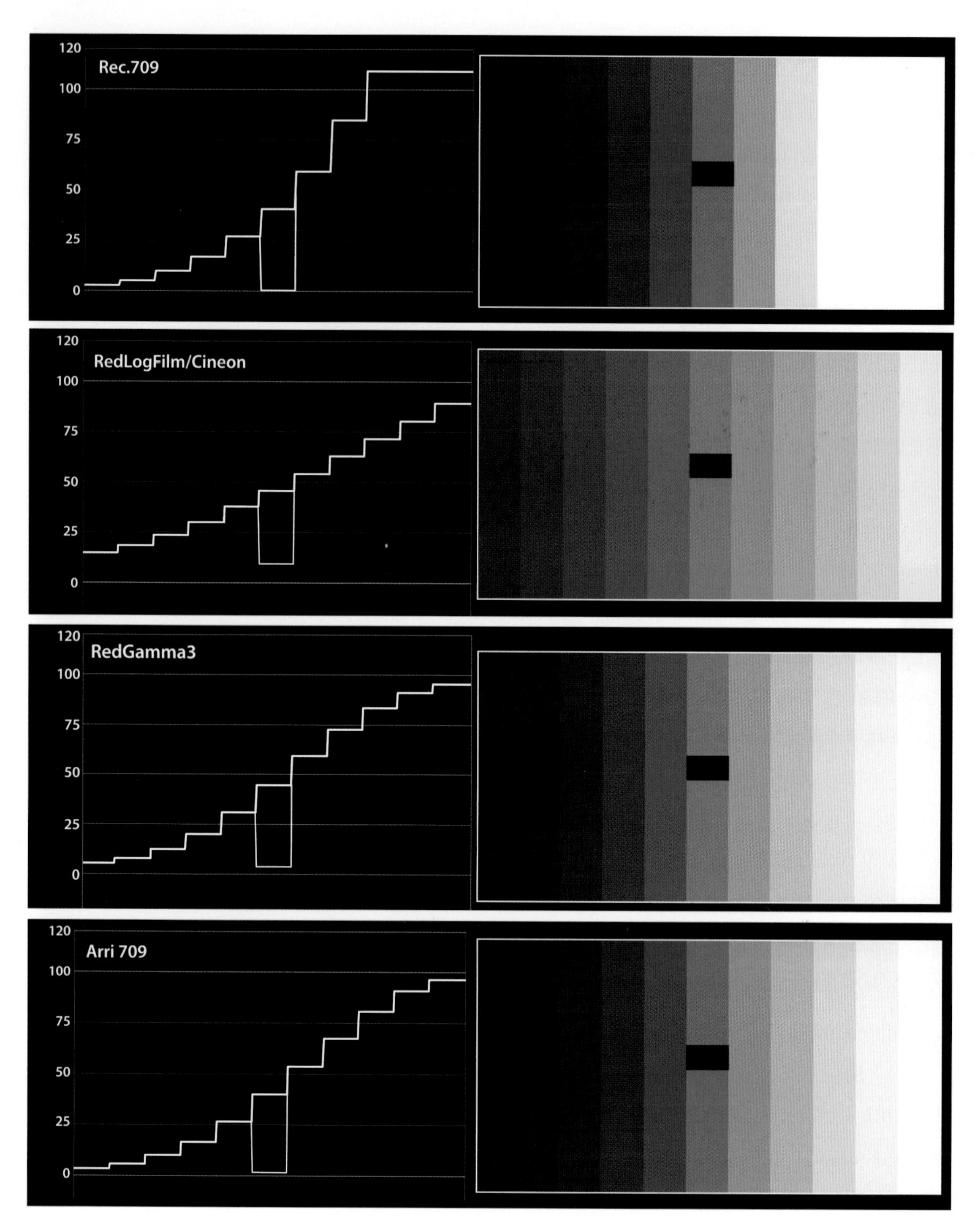

图 4.40（顶） Rec.709 没有足够的动态范围来再现这个灰阶的所有 11 个级，如波形所示。这个由计算机生成的灰阶拥有以 18% 的中间灰色为中点上下各 5 挡的亮度范围（共 11 挡），因此右手白色块要比 90% 的漫射白（实物测试卡上的白）亮。灰阶的版权归属于伦敦安特勒邮局的尼克·肖，并在他的许可下使用。

图 4.41（向下第二） RedLogFilm/Cineon 将黑色水平保持在 0% 以上，而最亮的白色水平保持在 100% 以下，并且这些级的分布是相当均匀的。

图 4.42（向下第三） RedGamma3 显示了所有的级，但按照设计，它们不是均匀分布的。中间影调得到了最大程度的分离，因为它们是人类视觉能感知到最多细节的地方。

图 4.43（底） 在 Arri 709 中，中间影调得到了最大的强调，而两端的黑和白区域中各级之间距离被缩小。黑色在波形上非常接近 0%。

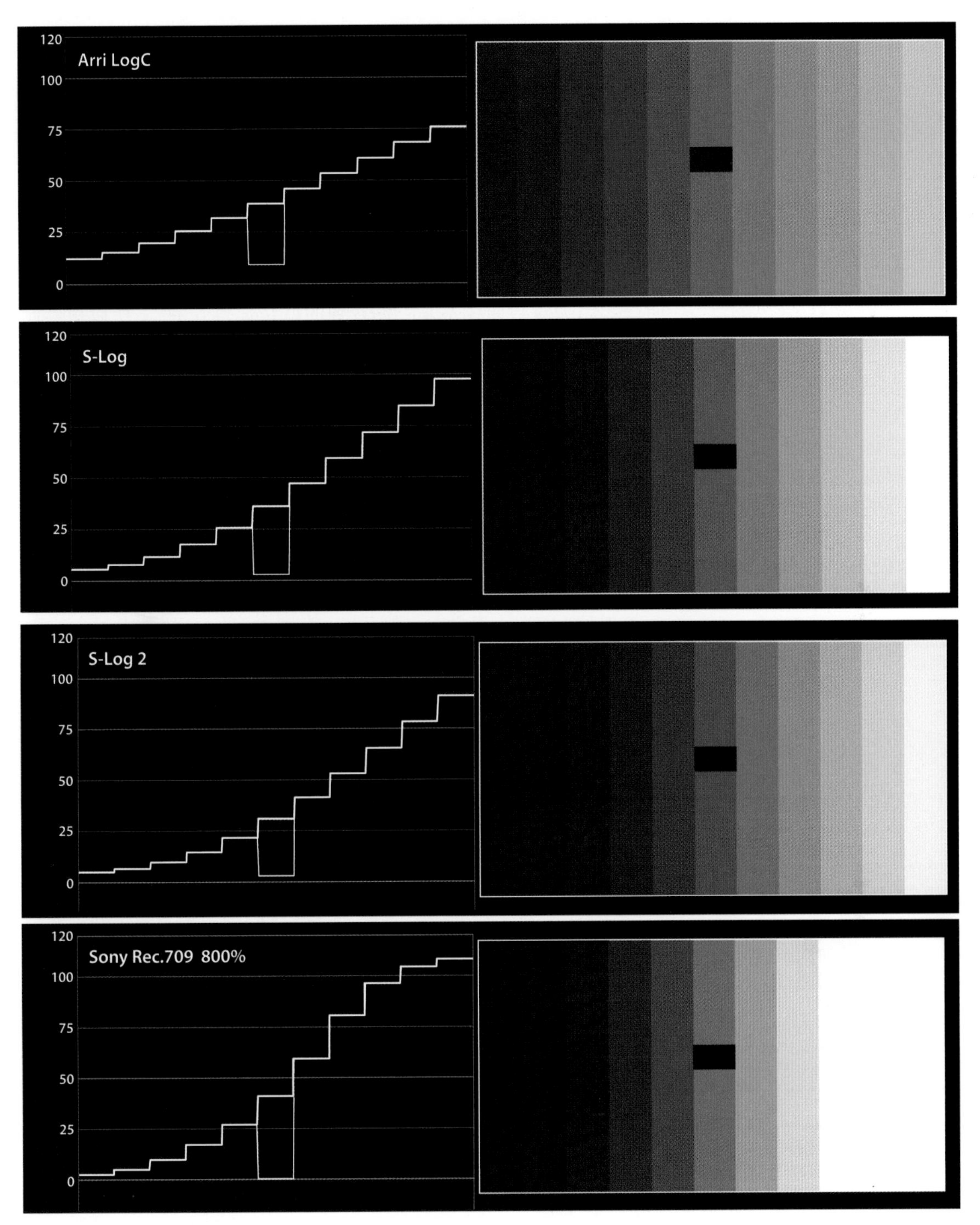

图 4.44（顶） 阿莱的 LogC 是一条更平坦的曲线，最亮的级（18% 以上 5 挡的位置）下降到 75%，18% 的中灰远低于 50%（所有这些曲线都是这样的）。

图 4.45（向下第二） 来自索尼的 S-Log 显示了一些与 Cineon 相似的分布，但是在更多压缩暗调的同时在高光部分保持了更多的分离。最亮的白色块非常接近 100%。

图 4.46（向下第三） S-Log2 对黑色压缩得更多，但仍然不让纯黑色达到 0%，并将最亮的白色块保持在 100% 以下。

图 4.47（底） 800% 的索尼 Rec.709 实际上把最亮的白块放在了波形中 100% 以上的位置，但层次分离不明显。中间影调得到了最大的分离，而最暗的部分则被某种程度地压碎了。与“常规”709 不同，这里的高端仍有分离，但与 Rec.709 一样，纯黑非常接近 0%。

经设计好其机器可以据此得到合适曝光的数值。Red 的 FLUT（浮点查找表）添加了重要的 S 形曲线，拥有了像胶片一样的趾部和肩部，而且在中间影调区域做了有趣的和看似合适的事情，严格的 709 标准则不是这样的。同样的，爱丽莎也是从 709 曲线上变化来的，它给出了令人愉快的影调比例再现，但它又不是真的 Rec.709 曲线。因为对数曲线不是“你看到的就是你得到的”，所以机器制造商可以把 18% 灰放在他们认为可以获得最大宽容度的任何位置。通常情况下，他们把它放在曲线更靠下的位置，以增加保留更多的高光，但情况并不总是如此。

底线是，除非有艺术上的考虑，无论制造商把中间灰色放在哪里，它总是要朝向 41% 移动，因为中灰所处的这个位置是画面在 Rec.709 显示器上看起来很好的地方。

4.11.1 对数曲线的变化

然而，当涉及对数编码视频时，所有的赌注都无外乎是白点和中灰点——机器制造商的工程师们早已做了经过深思熟虑的决定，即什么对他们的传感器最有效，以及什么是要记录的“最好”的图像数据。对数的目的是将高光值推到可以安全记录的地方，为高光留出空间，并将最黑的值置于噪波之上，这自然也会对中间影调产生影响。在示波上把 18% 的值降下来，但其编码值会因机器制造商的不同而变化，因为他们各自都有自己的哲学，知道什么最适合他们的机器。图 4.40 至图 4.47 显示了几种对数编码方案的波形以及中间灰和 90% 白的编码值。他们没有一个将 18% 放在了接近 50% 的

图 4.48　90% 的漫反射白和 18% 中灰在 Rec.709、Cineon、LogC、C-Log 和 S-Log1 以及 S-Log2 曲线上的相对位置。90% 白对应的编码值和 18% 灰对应的编码值一样都有很大的变化。图中的数值的单位包含了 IRE 和编码值（CV）。

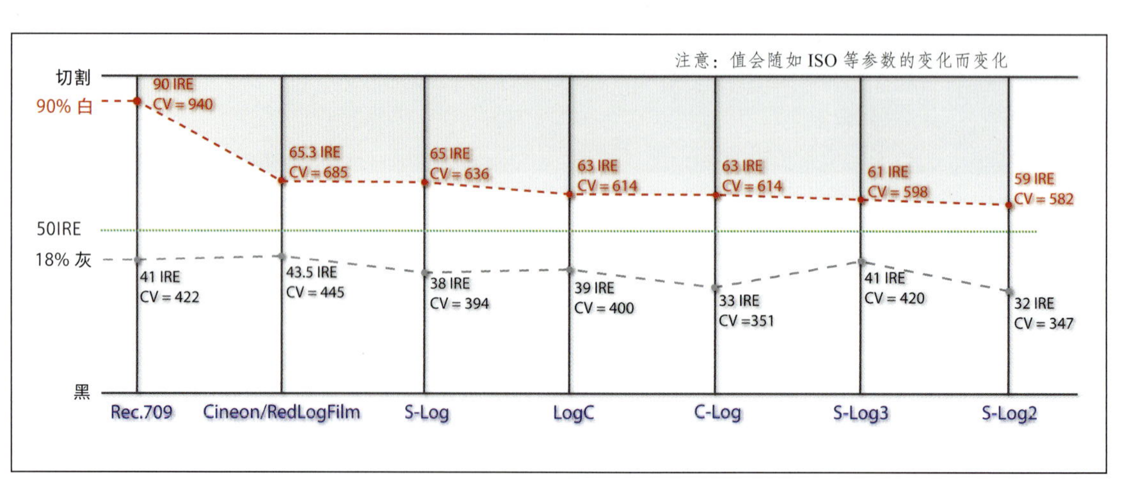

位置。这毫不奇怪，白点远低于 Rec.709 中的白点，因为这是对数编码的目标——保留高光，并为高光 / 超级白提供空间。

图 4.40 至图 4.47 显示了不同摄像机的对数和 Rec.709 曲线。请注意，Arri 709 和索尼 709 在 800% 时的工作方式与“原始配方” Rec.709 不同，这是 Rec.709 标准多年来如何被调整和更新的例证。

当然，每个机器的对数曲线在如何再现灰阶上都有很大的不同（如图 4.48 所示）。但它们没有一个会把最亮放在 100% 或者把纯黑放在 0%。由伦敦安特勒邮局（Antler Post）的尼克 · 肖（Nick Shaw）制作的灰阶样本，在中灰上下各包含 5 个等级，并且在正中间有一个纯黑的方块，每两个相邻的等级之间亮度差刚好为一整挡。他说他制作这种灰阶样本是因为“许多人并不知道在波形图上相同的亮度水平可能意味着并不同的东西，这取决于使用的是什么摄像机，以及加载了什么样的观看查找表”。他还加了以下的补充注释：

（1）每个机器的对数曲线都是独一无二的；

（2）每个机器的视频（Rec.709）曲线也是独一无二的；

（3）索尼的 Rec.709（800%）是唯一到达 0% 的曲线。

4.12 图像渲染

查尔斯 · 波因顿在他的极具开创性的《数字视频和高清：算法和接口》（第 2 版）一书中提出了另一个影响因素——人类对“彩度”（色彩饱和度）、灰阶和反差的感知因观看环境的亮度水平不同而不同（如图 4.49 所示）。我们在极低光照水平的环境中和在较高光照水平的环境中对亮度和色彩的感觉是不同的——这是所谓的图像渲染（picture rendering）的一个关键因素，它对我们该如何准备在监视器或投影仪上观看的视频有实质性的影响。

波因顿提出了这样的实验想法：想象一下中午的郁金香田地——颜色是强烈的和高度饱和的。现在再想象一下，在昏暗的黄昏中，同样的郁金香田地——颜色饱和度低了，反差也明显地减小了。同样的花，同样的场景，只是我们对它们外观的感觉发生了变化。从技术上讲，人眼在低光照水平下感知的差异称为亨特效应（Hunt Effect），它是由色彩科学家 R. W. G. 亨特（R. W.

表 4.5 图像渲染

显示	伽马
办公室计算机	2.2
家庭影院	2.4
影院放映机	2.6

图 4.49 模拟人类对反差和饱和度的感知在不同亮度水平上的变化。上图是一个阳光充足的场景，色彩明亮而强烈。下图是同样的场景在光线较低的情况下，比如黄昏，被看到的情况——物体看上去失去了色彩。这只是一种模拟，因为摄像机对光线的变化所做出的反应和人类视觉是不一样的。

G. Hunt）提出的，亨特在其著作《色再现》（*The Reproduction of Color*）一书中首次提到它。

如果我们一直待在那里直到光照降到了比月光更低的水平，花就会在我们对其外观的感知中失去几乎所有的颜色。这是因为在非常昏暗的光线下，我们的视力将从我们眼睛中的锥状体（明视觉）转变为柱状体（暗视），而暗视觉几乎是黑白的。造成这种情况的主要原因很简单：有三种锥状体，每种对不同波长的光敏感。但只有一种柱状体，本质上它们是天然单色的。

除了因现场本身的光线水平不同之外，我们对外观的感知也随着观看环境和显示设备的光线水平而变化。例如，当我们拍摄一个正午场景时，其亮度可能会高达 30 000 烛光每平方米（30 000 尼特），但其影像可能会被投射在一家黑暗的电影院的银幕上，而银幕上的最白只能达到 30 尼特，这样二者的比例就是 1 000 : 1。很显然，有必要对影像进行一些调整，以使我们对其外观的感知与原始场景相匹配。这是通过改变图像的伽马值来实现的，伽马值改变了彩度（饱和度）和灰阶的外观。另一方面，如果一个照明场景中的烛光被照射成为 30 尼特的亮度，其影像可以在电影院中被放映为 30 尼特，那么它本身不需要做任何改变。其结果是，计算机显示器（通常在相当明亮的环境中使用）、家庭电视机（通常在相当暗的或中等的光线水平下观看）需要具有和非常暗的观看环境下的电影院银幕不一样的伽马值（见表 4.5）。显然，环境越暗，要实现正确的图像渲染所需要的伽马值就越高。

这特别影响到剧院显示器的首选伽马，因为剧院是一个非常黑暗的环境。波因顿是这样认为的，“两难的是：我们要么可以实现数学上的线性，要么可以获得正确的外观，但我们不能同时做到这两个！成功的商业成像系统牺牲了数学来获得正确的知觉结果。”

图像渲染的另一个方面是我们对什么是白色的感知。事实证明，我们在图像中所看到的纯白色可能有很大差异，在这方面，眼睛和大脑是很容易被欺骗的。这也适用于我们对灰阶和反差的感知。胶片乳剂有自己的根植于化学的图像渲染的版本，在高清视频中，Rec.709 规范也需要处理这个问题。ACES 工作流程中考虑了图像渲染问题，我们将在“工作流程“一章中对此进行讨论。

第 5 章

曝　光

exposure

5.1 曝光理论

坦率地说，曝光可以变得相当有技术性，所以在我们为了技术和艺术目的深入到曝光控制的世界之前，首先掌握一下基本概念是很重要的。让我们来看看曝光，简单的方法，只是为了轻松地进入它。作为一个摄影人或者是数字影像工程师，你可能会认为自己真的理解曝光（而且你很可能是理解的），但曝光也很有可能比你想象的要复杂得多。

这一介绍有点简化，但它将提供一个对曝光的工作上的理解，这种理解是有用的，而且不是太技术性的。首先，有一种观念现在必须要放弃：有些人认为曝光无非就是对画面“太暗”或“太亮”的控制——这其实只是故事的一部分，曝光还有其他许多非常重要的方面需要去了解。

5.1.1 我们想要曝光为我们做什么？

我们想从曝光中得到什么？更准确地说，什么是“好的”曝光，什么是“差的”曝光？让我们来看一个典型的且具有普遍性的场景。画面中也许有一些非常暗的，甚至几乎完全是黑色的东西。而且也许还有一些几乎完全是白色的东西，比如一个白色的花边桌布，太阳落在上面。在二者之间，画面中包含了从黑到白的所有影调范围，包括中间调、一些很暗的影调和一些很亮的影调。

从技术的角度看，我们希望画面能再现真实生活中出现的场景——黑色的区域在最终画面中被再现为黑色，白色区域被再现为白色，中间调被再现为中间调。这是一种理想状态。

当然，有时你会为了艺术创作的目的而故意地曝光不足或曝光过度，这是很好的。在这个讨论中，我们只谈理论上的理想曝光，而且这正是我们在绝大多数情况下所要做到的。那么我们应该怎么做呢？我们如何准确地再现眼前的场景？让我们看看其中所涉及的因素。

水　桶

让我们来谈谈记录介质本身。在胶片拍摄中，它是未曝光的“生胶片”；在视频中，它是图像传感器芯片，它接收照射在它上面的光线，并将其转换成电子信号。就我们在此谈论的目的而言，它们都是一样的：曝光原则同样适用于胶片和视频，但也有一些例外。它们都做同样的工作：记录和存储由镜头汇聚在它们身上的由光和阴影组成的影像。为此，我们先只提胶片曝光，用它来说明一般的曝光理论。

可以把传感器 / 记录介质想象成一个需要装满水的水桶，它能容纳一定量的水，不能多，也不能少。如果你没有投入足够的水，它就不会被填满（曝光不足）；水太多了，水溅到一边，就会弄得乱七八糟（曝光过度）。我们要做的是给水桶正确的水量，不太多，也不太少——这就是理想的曝光。那么，我们如何控制到达传感器的光线的数量呢？在这方面，视频传感器与胶片乳剂没有什么不同。

5.1.2　曝光控制

我们有几种方法来调节让多少光线到达胶片 / 传感器。第一种是光孔或光圈，它只不过是镜头内的一个光线控制阀。显然，当光孔被关闭到一个较小的开口时，它所透过的光线比打开到一个更大的开口时要少。光孔的开启或关闭是以光圈值 / 挡位来衡量的（稍后我们会更详细地讨论这个问题）。记住，胶片或传感器只需要这么多光，不能多也不能少（在这方面它们有点笨）。如果我们所拍摄的现实场景是在明亮的太阳照射下的，我们可以关闭光孔到一个较小的开口，让更少的光线通过。如果我们所拍摄的场景较暗，我们可以朝更大的开口打开光孔，让所有我们可以得到的光能更多地进入镜头——但有时这种控制是不够的，还有其他的方面控制着会有多少数量的光线能够到达成像平面，我们将讨论这个问题。

改变水桶

还有另一种更基本的方法来改变曝光：使用不同的水桶。每个视频传感器对光都有一定的敏感性，这是它们被设计时所形成的特性的一部分。这意味着有些传感器对光更敏感，有些则不那么敏感，它是以 ISO 来量化的，ISO 是国际标准化组织（International Standards Organization）的缩写（在胶片中，感光度之前被标定为 ASA，即美国标准化组织 American Standards Association）。虽然这个缩略词在摄像机的世界里还有很多其他用途（因为组织还发布了各种东西的标准），但它意味着摄像机 / 传感器的灵敏度的“等级”。摄像机和传感器必须作为一个整体来考虑，因为 ISO 的某些方面实际上是在数字信号处理器和摄像机电路中的其他地方被处理的，不仅仅是在传感器中。在某些情况下，术语 EI（曝光指数）用来表示记录介质的灵敏度。不同之处在于，ISO 源自一个特定的公式，而 EI 是一个建议的评级，是基于制造商认为的它能提供到的最好的结果。

一个低灵敏度的传感器需要更多的光来填充它，才能产生一个“好”的影像。高速胶片就像用一个更小的水桶——你不需要那么多水来填满它。低速传感器就像一个更大的水桶，需要更多的水才能装满它，大水桶被水装满，使我们拥有了更多的水。在胶片和视频影像中，“有更多的水”意味着我们有更多的画面信息，这最终导致了一个更好的影像。这是我们稍后将要看到的，在胶片和高清摄像机以及在大多数使用 RAW 格式拍摄的摄像机的工作方式之间的一个最大区别。

5.1.3 曝光的元素

在曝光方面，我们有几个因素需要去应对：

- 照射在场景上的光量以及场景中物体的反射率；
- 光孔：允许进入镜头的光量的多少；
- 快门速度：快门打开的时间越长，就会有越多的光到达胶片 / 传感器。帧频也会影响快门速度；

- 叶子板开口角：角度越小，越少的光到达传感器；
- ISO（感光度），对于不充足的曝光使用较高ISO的胶片更容易获得“正确”的影像，对于视频而言，它所带来的惩罚是更多的视频噪波以及最终的影像没有那么好；
- 中灰滤镜也可以用来减光，当光圈或其他方法没办法处理时。

5.1.4 光 线

光的强度是以英尺－烛光（在美国）或者是勒克斯（使用公制的国家）为单位来测量的。1英尺－烛光（fc）等于10.76勒克斯（lux）。1英尺－烛光的光是来自于1英尺距离的一个标准蜡烛的光（它就像一匹标准的马）。1勒克斯是由一根标准蜡烛在1米处产生的照明。一个传感器相距一个标准蜡烛1米远，它就会接收到1勒克斯的曝光。表5.1显示了一些常见环境的典型照明水平。当然，这些只是平均水平，个别环境的照明水平可能有很大变化，特别是内景。一些典型的参考值包括：

勒克斯	照明情况
100 000+	直射阳光
10 000+	间接阳光
10 000	阴天
500	清澈的日出
200—500	办公室照明
80	走廊、过道
10	黄昏
5	路灯
1	蜡烛在1米处
1	深邃的暮色

表5.1 不同环境下典型的照明水平。显然，它的变化范围很大。

- 平常的阳光的变化范围为3 175到10 000英尺－烛光（或说是32 000到100 000勒克斯以上）；
- 一间明亮的办公室大约有40英尺－烛光或400勒克斯的照明水平；
- 月光（满月）大约有1勒克斯（约为十分之一的英尺－烛光）的照明水平。

正如你从表5.1中所能看到的，人类遇到的最黑暗的情况和最明亮的情况之间的亮度范围是1到100 000以上——这对眼睛来说是相当惊人的范围。

5.1.5 光圈系数

大多数镜头都有一种方法可以控制透过它到达胶片或视频传感器的光量，这就是所谓的光圈或光孔，它的设置是以光圈系数来度量的。光圈系数是镜头的整体尺寸与光孔大小之间的数学关系。

“挡”是对光圈系数的简单称呼，镜头的光圈系数是其焦距与

① 物理光圈通过它之前的透镜组所成的虚像。

入瞳（entrance pupil）[①] 直径之比。每一挡光圈系数都是前面挡光圈系数的 2 的平方根倍，开一挡光圈意味着穿过光孔的光量是之前的两倍，减一挡光圈则表示透过的光量变为之前的一半。

确切地说，入瞳与透镜前元件的大小不完全相同，但它们是相关的。光圈系数是由一个很简单的数学公式导出的：

$$f=F/D$$

光圈系数 = 焦距 / 入瞳直径

光圈系数不仅被用在镜头上，还被频繁用于照明中。在照明中最基本的概念是，光圈开大一挡意味着光量变为 2 倍，光圈减小一挡则表示光量变为一半。

如果场景中最亮点的亮度是最暗点的亮度的 128 倍（7 挡），我们会说这个场景拥有 7 挡的场景亮度比（scene brightness ratio）。我们将看到，这在理解摄像机或其他记录手段的动态范围方面充当了重要角色。

你有时应该会听到关于 T 光圈（透光率光圈）的叫法，它其实是相同的概念，只不过计算的方式不同罢了。F 光圈仅仅是由上面公式的计算决定的，其缺点是有些镜头透过的光比公式算出的要少。T 光圈则是由在光学工作台上对镜头的透光率做实际测量来确定的。T 光圈对那些由于光学设计而导致的镜头透光率减少的镜头而言最有用，比如变焦镜头，它可能由一片或更多的镜片组成。标注有 T 光圈的镜头往往会在镜头另一侧以不同颜色标注上 F 光圈。

5.1.6 快门速度 / 帧频 / 开口角

这三者共同决定曝光。胶片摄影机（和少数视频摄像机）拥有旋转的叶子板快门，它可以允许光线通过也可以挡住光线。帧频或每秒的帧数（fps）既用于胶片也用于视频。很显然，如果摄像机以很低的帧频工作（比如每秒 4 帧），那每个画面能得到更多的曝光时间。对于较高的帧频，比如每秒 100 帧，每个画面就会得到更短的曝光时间。如果摄像机拥有物理快门，其开口角可能是 180 度（一半时间开一半时间关）或者角度是可变的。结合帧频，

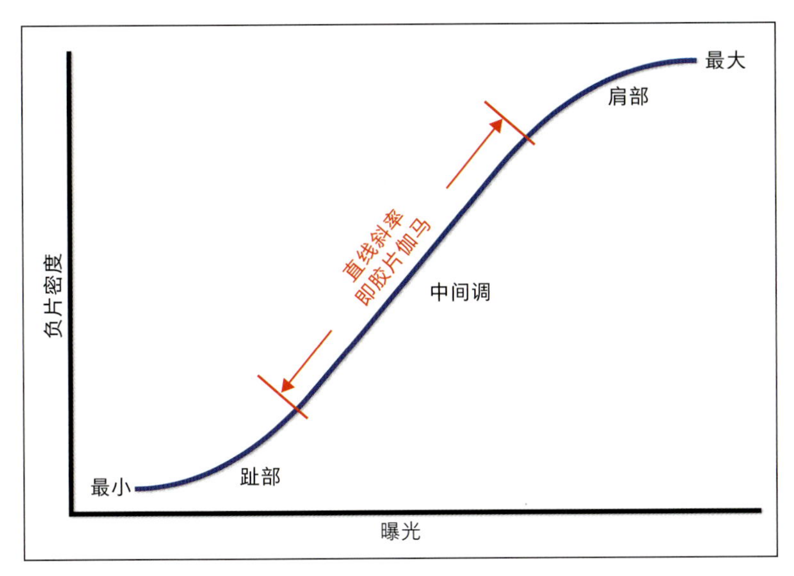

图 5.1 赫特和德里菲尔德特性曲线（H&D 曲线）显示了一般类型胶片的曝光响应——经典的 S 形曲线。趾部是阴影区，肩部是场景中的高光区。曲线的直线（线性）部分代表着中间调的响应。直线部分的斜率被描述为胶片的伽马（反差系数）——它和在视频中的概念是不一样的。正如我们稍后将看到的，尽管视频传感器的输出往往是线性的（而不是像这样的 S 形曲线），但是在工作流程的某个阶段向视频中添加 S 曲线是很常见的。

它也会影响到快门速度。

5.2 响应曲线

十九世纪九十年代，费迪南德·赫特（Ferdinand Hurter）和维罗·德里菲尔德（Vero Driffield）发明了一种测量曝光如何影响电影负片的方法。H&D 图表至今仍在被使用。图 5.1 显示的是一条典型的电影负片的 H&D 响应曲线。X 轴表示的是曝光量的增加，Y 轴是负片密度的增加，我们可以把它当作影像的亮度——更多的曝光意味着更亮的影像。X 轴的左边是场景中较暗的区域，通常称为暗部（shadows），在图表中它被称为趾部（toe）。X 轴的右边代表场景中较亮的区域——高光部分，在图表中称为肩部（shoulder）。在视频中，这个区域称为拐点（knee）。中间部分是线性的，代表中间调。

5.2.1 为什么谈论胶片？

为什么我们要在一本谈论数字影像的书中提到胶片？有两个原因：第一，二者的基本原理是相同的；第二，有些概念，如 S 形曲线，仍然在视频成像中扮演着重要的角色。另外，胶片可以提供更容易理解的解释，对成像历史的一点了解是很有价值的，不管你是以哪种介质在进行工作。

5.2.2 曝光不足

图 5.2 显示了曝光不足的情况。原始场景的所有亮度值被推向了左边，这意味着场景中的高光仅被记录为亮或中间调。阴影被推到没有细节记录或无差别记录的地方，因为在这一位置上的响应曲线基本上是平的——此处曝光的减少导致图像亮度的变化很小或没有变化。

5.2.3 曝光过度

图 5.3 显示的是曝光过度的情况——场景的亮度值被推到了右边，场景的暗部区域被记录为灰色，而不是有变化的黑色。在右边，场景的亮部无差别或无细节——它们位于曲线的平坦部分。在曲线的平坦部分，曝光的增加不会导致影像的任何变化。

5.2.4 曝光正常

在图 5.4 中，我们看到从理论上讲，正确曝光是如何放置所有场景亮度值的，以便它们很好地匹配在曲线上的不同位置：高光部上升到曲线刚刚要开始平展的地方，而场景中的阴影只是下降到了它们仍然能被记录为亮度上有轻微变化的地方。

5.2.5 场景中的高亮度范围

如果我们考虑一个场景具有超过传感器或胶片容纳能力的亮度范围，那么这个问题就更难解决了。没有这样的光孔设置，可以将所有的值都放在曲线有用的部分。如果我们为暗部曝光（开光圈），就可以很好地再现深灰色和黑色的区域，但场景中较亮的区域就无可救药了。如果我们“为高光曝光”（缩小到一个较小的光圈挡），就能记录所有的亮部影调变化，但暗部将被完全从底部边缘推开，根本不做记录，这使得底片上的这一部分没有任何信息和可被提取的细节。

5.2.6 两种类型的曝光

可以有两种方式来考虑曝光：整体曝光和画面内平衡。到目前为止，我们一直在讨论整个画面的整体曝光，这是你可以用光孔、

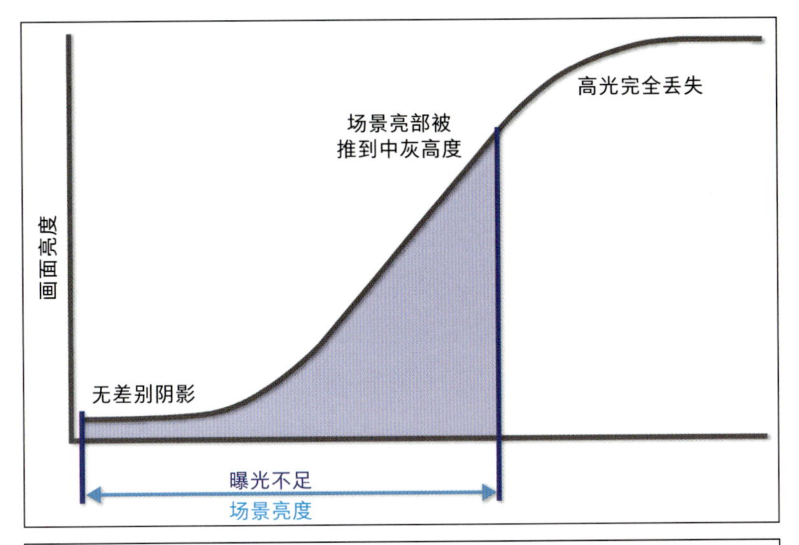

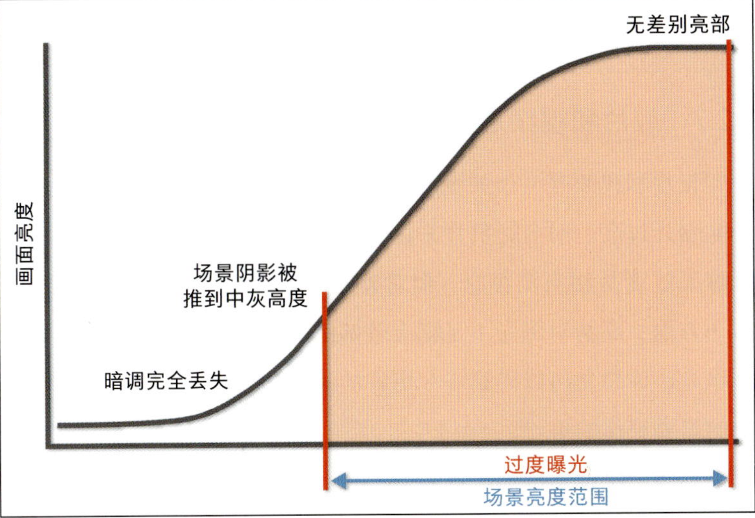

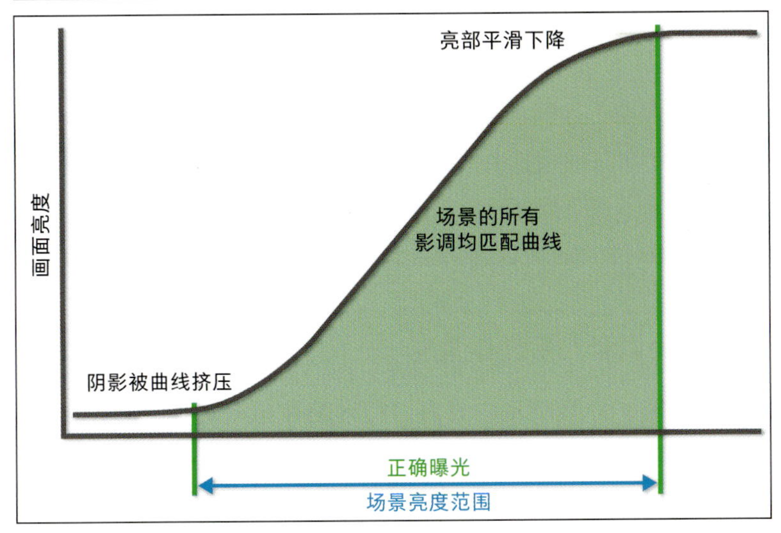

图 5.2（上） 虽然曲线的形状在视频中可能是不同的，但基本原理仍然与这里显示的胶片相同。曝光不足把所有的东西都推到曲线的左边，所以场景的亮部只能达到曲线的中灰部分的高度。同时场景中的黑暗区域被左推到曲线的平坦部分，这意味着它们将消失在无差别和无细节的黑暗中。

图 5.3（中） 在曝光过度的情况下，整个场景被推到右边，这意味着场景中最黑暗的部分将被渲染成水洗灰色。

图 5.4（下） 正确的曝光将把场景的各个区域完美地安置在曲线相应的位置。

快门速度和其他一些工具控制的，比如中灰滤色镜，它可以减少总光量。

你也必须考虑画面内的曝光平衡问题。如果有一个场景，在取景范围内有一些非常明亮的东西，也有一些非常黑暗的东西，你可以为它们中的一个或另一个的正确曝光做出选择，但这一选择不能两者都照顾到。这不是你可以通过改变光孔、ISO或任何其他与摄像机或镜头有关的设定就能解决的。这是一个只有通过照明和相关辅助设备才能解决的问题。换句话说，就是你必须要改变场景。在外景拍摄中，处理它的另一种方法是选择在一天中的不同时间拍摄，改变角度或将场景移动到另一个地方，例如进入建筑物的阴影区。有关照明的更多信息，请参见本书作者的著作《影视照明技术》和《电影摄影：理论与实践》。

5.2.7 胶片和视频是如何不同的

胶片和视频有一个关键的不同之处。对于高清，绝对重要的是不能曝光过度。对电影负片来说，这就不那么重要了。电影负片对于曝光过度是相当宽容的，但对曝光不足的宽容力就不那么好了。另一方面，高清对曝光不足则有较好的容纳能力。请记住，通过控制曝光，你总是可以得到一个更好的画面：对于曝光，这是非常重要的需要记住的事。

然而，应该要特别注意的是，我们这里所说的胶片只适用于电影负片（这是我们在广告、音乐视频、故事片和短片的拍摄时总要用到的）。还有另外一种类型的胶片叫作反转片（reversal film，有时也被称为透明片或正片），它就像图片中的幻灯片或透明片，其同样由摄影机（或相机）拍摄完成，由冲洗室出来后直接得到正确的色彩，而不像负片那样是相反的色彩。传统的高清摄像机经常被比作反转片，因为它们都非常不能容忍曝光过度。

5.2.8 我们会在后期修复它

有时候，你会听到一件事，特别是在拍摄现场，有人会说："别担心，我们会在后期修复它。"在后期制作中使画面更好没有什么不对的：有许多令人难以置信的工具可以用来改善你的画面的外观。但因为"一切都可以在后期修复好"的观点而令你在拍摄现场

图 5.5 在拍摄现场，示波器往往是对曝光水平最直接的测量手段。本图中所示是在弗兰德斯监视器上波形的并行显示状态。

采取马马虎虎的态度是不可取的。这种观点根本就是不对的，当涉及曝光时，持有通过后期修正一切的观点通常意味着你会匆忙地拍摄出一个仅仅是可以接受的画面。

改善和微调一幅画面，确保曝光和色彩的一致性，并在后期寻找一个特定的“外观”一直是影像处理过程中的一个重要组成部分，并且一直都是这样。然而，这不应与“修正”错误相混淆，因为仅仅是为了“修正”错误几乎不会创作出更好的影像。

5.2.9 底 线

关键是：曝光不仅仅是“太暗”或“太亮”的问题。曝光会影响到许多事情：它也是关于一幅画面是否会有噪波或颗粒，也是关于画面的整体反差，以及关于我们能否在阴影和高光中看到细节和微妙之处的问题。它还是关于色彩饱和度和反差的问题——只有当曝光正确时，场景中的色彩才会被充分、全面和准确地再现。曝光过度和曝光不足都将使场景中色彩的饱和度降低，这在绿屏和蓝屏拍摄时尤其重要。在这些情况下，我们希望背景尽可能绿（或蓝），以获得一个良好的抠像（matte），这是我们在拍摄绿屏或蓝屏时必须如此小心的主要原因。在拍摄任何形式的色度键抠像（chroma key，

图 5.6（顶） 这是拍摄 11 级灰阶时严重曝光过度的情况，图示可见在较亮的级处有切割，最暗的级比正常情况显得灰得多。

图 5.7（向下第二） 这里试图在后期制作中通过降低亮度来“保住”这个镜头。它没有找回被切割的“级”的任何差别，也没有减少混在一起的较暗的“级”。只有中间灰处在了它应该在的地方，而这只是因为我们通过后期把它放在了那里。

图 5.8（向下第三） 严重曝光不足的灰阶画面。高光在这里不仅成了灰暗的灰色，而且较暗的影调被压碎了。在灰阶中，各级之间区别的程度要小得多。最暗的级也深深地陷入了视频噪波中。

图 5.9（底） 试图通过提亮中间灰来挽救这一镜头，并没有带来灰阶各级之间的分离。它只会使最黑暗的级变得灰蒙蒙的，当然，视频噪波仍然存在。

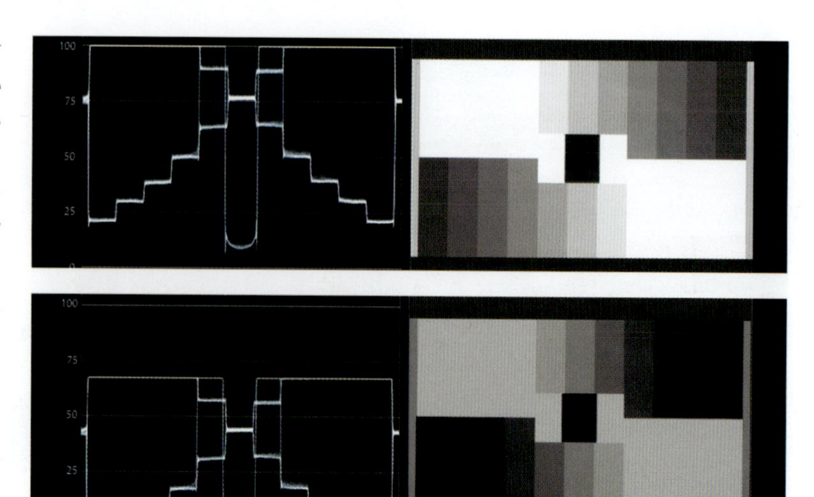

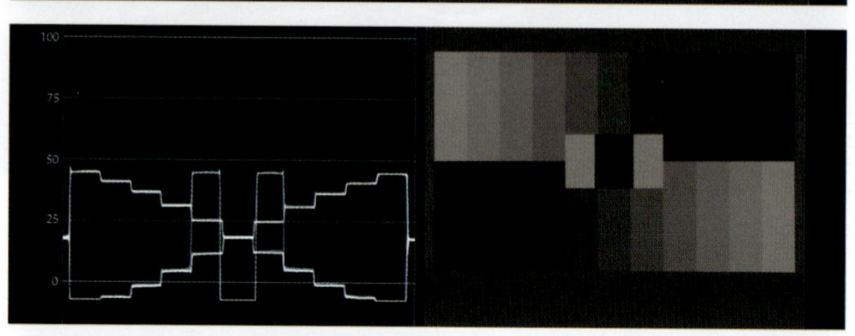

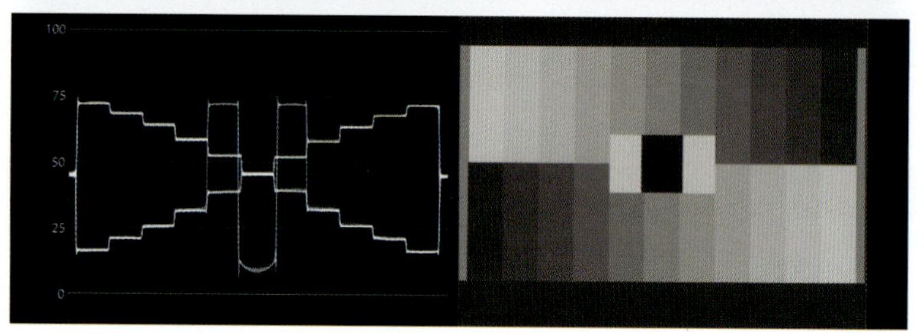

此过程的通用名称）时，检查背景曝光是至关重要的。

底线是这样的：只有当曝光正确时，你才可能得到最好的影像。这对于胶片图片、胶片电影、数码摄影当然还有视频，都是适用的。

5.2.10 拍摄 RAW 格式视频时的曝光

有些人错误地认为，在拍摄 RAW 格式视频时曝光并不重要——“RAW 可以捕获一切，这样就可以在后期修复任何东西了。”这只是一个神话。你仍然有可能像拍摄其他任何类型的影像一样，把画面弄得曝光不佳。曝光不足会导致画面噪波，曝光过度会导致

还会配置一个透镜玻璃板，将其转换为受角较大的反射式测光表，可读取整个场景的反射光。透镜就像玻璃珠。这种测光表在大多数场合几乎没有什么用处，因为它的受角太过宽广，所以很难排除额外的光源。在大多数情况下，入射式测光表是为拍摄时所使用的胶片的感光度和机器的快门速度设置的，测光时直接以光圈值显示读数。

5.4.2　反射式测光表

反射式测光表（最经常被称为点测表）读取的是物体的亮度，而物体的亮度是由两个因素来决定的：照射在场景中的光的强度和物体的反射率。这就是为什么它被称为反射式测光表。

从表面上看，这似乎是最合乎逻辑的测量场景的方法，但也存在着一个陷阱。简单地说，点测表会告诉我们一个物体反射了多少光，但这就留下了一个很大的问题：你希望它反射多少光？换句话说，入射式测光表提供的是绝对读数（光圈值），而点测表提供的是需要解释的相对读数。

想想看：你正在用这样的测光表，在夕阳前拍摄一个皮肤白皙的拿着一盒洗涤剂的女孩。你测了女孩儿的脸是 f/5.6，洗涤剂盒子是 f/4，天空是 f/22。那你应该把光圈放在哪里？我们不仅不知道应该设置多大的光圈，甚至还不知道情况是好是坏。使用点测表来设置曝光需要对曝光理论有很深的理解。在大多数情况下，点测表实际上是用来检查场景中潜在的问题区域，比如灯罩或窗户，如果太亮的话，这些区域可能会“毛掉”（blow out）并被切割。

5.5　不同的曝光世界

对于拍摄 RAW 格式的摄像机而言，许多摄影指导所使用的曝光控制的程序随着时间的推移而改变，我们将在本章后面的“曝光哲学与策略”一节进行讨论。调整光圈是调整曝光的最常用的方法，但不是唯一方法。中灰滤镜、帧频、叶子板开角（如果是可调的），或者改变感光度或增益都可以被用于调整曝光。但是当然，最主要的因素往往是调整拍摄现场的照明。

你可以调整场景的亮度水平，通过增加或减少灯、调光器（dimmer）、减光纱（net）、旗（flag）、纱网（scrim）、高架框（overhead，安装蝴蝶布）或其他照明安装设备。即使是在拍摄日外时，仍然可以有许多选择。你还可以通过改变构图以排除违规物体来应付曝光问题。不要低估说服导演改变摄像机角度或背景以获得更好的照明效果的说服力。因为拍摄地点和拍摄时间的选择当然是场景照明的重要因素。有关特定照明技术的更多信息，请参阅本书作者所著的《影视照明技术》以及《电影摄影：理论与实践》。

5.6 使用示波器设置曝光

正如我们在“测量”一章中所看到的，示波器对于判断曝光水平是一个非常准确的工具。它可以被内置于摄像机或监视器，也可以是独立的设备。使用高清摄像机进行拍摄时，摄影指导会观察波形，并设置任何他们认为重要的信号亮度值。“测量”一章中包含了你需要了解的关于示波器的大部分内容。在本章中，我们将更多地讨论它在判断场景、设置曝光和曝光控制的一般理论中的具体用途。使用示波器时，真正的诀窍是画面中要有一些你可以使用的参考。你需要在场景中选择一些物体。对于这些物体，你知道你想让它们落在波形上的哪些位置。首先来一点背景知识。

5.6.1 示波器上的光圈挡

如果一挡的曝光变化能在示波器上引起等间距的可预知的改变那就太完美了。不幸的是，它不是如此工作的。如果你直接拍摄 Rec.709，没有伽马或其他调整，一挡的曝光变化将在波形上引起大约 20% 的信号电平改变（如图 5.12、图 5.13 所示）。这实际上只适用于曲线的中间部分，但用它作为参考是一条普遍的经验法则。对于高光部和暗部，一挡的曝光变化在波形上引起的信号改变要小一些。数字技术顾问亚当・威尔特（Adam Wilt）这样说：“如果你使用较宽的动态范围拍摄，并且在没有经过查找表或其他输出转换的情况下监视信号，那么挡位变化所引起的信号改变将取决于摄像机以及整个信号可能所处的波形的位置。比如对于爱丽莎或者索尼的超伽马，你的信号越亮，你在示波器波形上看到一挡的变化引起的信号改变越少。另一方面，当使用黑魔电影摄影机的‘胶片模式’拍摄时，你会看到在低信号端整挡曝光改变大约引起 10% 的信号变化，而在高信号端整挡曝光改变能引起 13% 的信号变化。”（我们将在“数字色彩”一章更详细地介绍查找表的知识，现在你只需知道在众多用途中，它可以用来设置监视器使其呈现的画面能反映摄影指导想达到的创作意图。）

5.6.2 18% 解决方案

一个被广泛使用的参考值是 18% 中灰（反射率为 18%）。如果你正在使用灰卡或 DSC 测试卡，那你应该明确地知道哪里是 18% 中灰。这是最简单的情况，所以现在让我们来处理一下这种情况。你的第一反应可能是把 18% 的灰色放置在波形上信号水平的 50% 的位置——黑白之间一半的位置，因为它毕竟是中间灰。

不幸的是，事实比这个更复杂一些，其中包含两个因素。主要原因之一是，大多数情况下，你传输给示波器的是一个对数编码的影像，这将在下一章详细讨论。对数编码通过降低高光来改变信号，至少在记录期间暂时是如此，这些信号将在调色时再被调整回来。整个影像的信号由于受到对数编码、超伽马、查找表或其他方式的调整，就不可避免地也会对中间影调产生一定的影响，它意味着在现场拍摄所得到的中间灰和它经过后期调整后的样子是不同的。当然，你可以在拍摄现场的摄像机取景时使用观看用查找表，这些查找表同样可以应用于摄影指导和导演的监视器。这个查找表是否被用在了传输到示波器的信号中是另一个问题——但很明显，关键是你要准确地知道它是否被使用了。你必须始终很清醒地知道信号是对数编码还是 Rec.709，是否应用了查找表或伽马校正曲线等等，因为这将影响到信号在示波器上如何显示。

幸运的是，机器制造商发布了 18% 灰应该落在波形图上的位置，参见“线性、伽马、对数”一章的图 4.40 至图 4.47。有趣的是，所有这些的 18% 灰都没有落在 50IRE 的位置，这个位置才是合乎逻辑的、被预估会落在波形图上的所在。许多年来，电影摄影师的口袋里都会装着一张包裹着塑料膜的卡片，上面写有

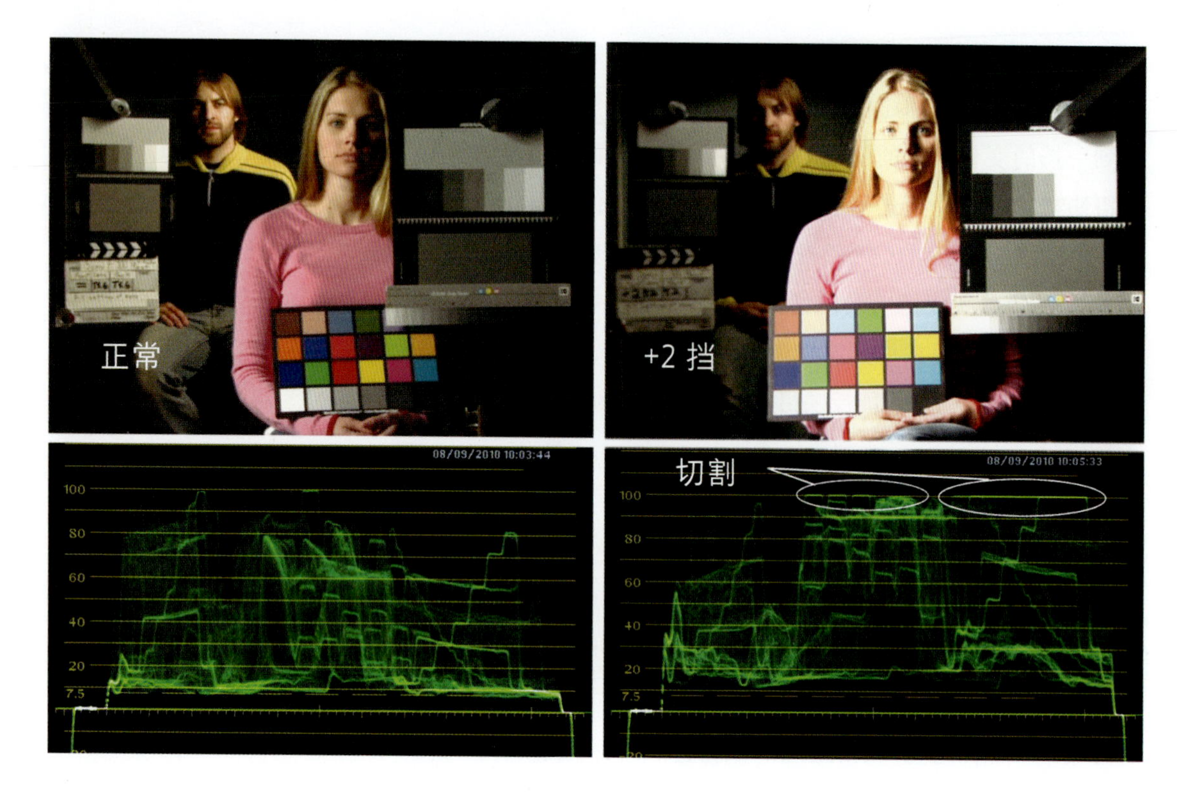

图 5.12（左） 高清摄像机上的正确曝光。注意正常的肤色还原和测试卡的正常的色饱和度，以及灰阶上的各个级是如何显示的。这些图像来自高清摄像机的宽容度测试。

图 5.13（右） 仅仅两挡的曝光过度，肤色就已经“毛掉”了，色饱和度严重降低，而且灰阶的亮调部分几乎没有区别了。高光切割在示波器上显示为信号顶部的水平线。这仅仅是在曝光过度两挡的情况下，并且它已经超出了高清摄像机的宽容度（动态范围）。这是一个较旧的摄像机，大部分当下的摄像机有更大的动态范围。

“安全”的拍摄帧频和当使用镝灯时的“安全”的叶子板开口角。也许目前已经到了这样一个时代，他们将不得不携带一张卡，上面列出各种摄像机的中间灰对应的 IRE 或百分比值，这些值是摄像机在使用了针对某些特殊场景的特定伽马或对数编码的情况下的中灰信号值。

5.7 摄像机的曝光指示

因为当影像的伽马或其他方面（比如拐点或趾部）被改变时，测光表不能给出正确的读数参考，所以还需要一些其他的曝光指导。幸运的是，专业的摄像机拥有几种曝光参考工具，正如我们将要在“曝光哲学与策略”一节中看到的，随着新一代摄像机的出现，情况已经发生了改变。

5.7.1 斑马纹

出现在寻像器或操机员监视器上，斑马纹（zebra）作为一种判断曝光的有效工具已经存在很久了。不像直方图或球门柱（goal post）[①]，斑马纹特别显示在画面内有过度曝光或曝光在你所设定的某一特定水平（比如肤色）的地方。

斑马纹指示了场景中的一个特定的 IRE 值。但是，除非你知道斑马纹被设置在了用以指示什么样的信号水平值，否则它是无用的。除了用于判断曝光中的特定影调，斑马纹还擅长显示曝光过高的区域。

专业的摄像机都提供对斑马纹所指示的信号水平的选择，而且还提供两组斑马以不同的样子出现。一种更普遍的用法是让其中一组斑马指示在中间调（如典型的肤色），而另一组斑马用来指示出有曝光过度的危险，如 90、100 甚至是 108IRE。摄像机使用不同的方法来区分这两组斑马纹（通常可以选择关闭其中一组或两组）。有些摄像机，一组斑马纹是对角线，另一组则是相反的对角线。有的是水平的，有的是“爬行的蚂蚁”，等等。图 5.14 和图 5.15 显示的是索尼使用的一种方法——两组斑马纹分别是向相反方向倾斜的对角线。重要的是你要知道自己所使用的摄像机采取的协议（protocol）[②] 是什么，并确保你知道斑马纹设定在了用以指示什么样的信号电平。如果你正在使用斑马纹，检查它们被设定在用以指示什么样的信号水平，将是你对摄像机进行整备和安装的一个非常重要的程序。

① Red 摄像机特有的曝光指示工具。

② 这里所说的协议指对数编码、伽马校正或其他的曲线调整。

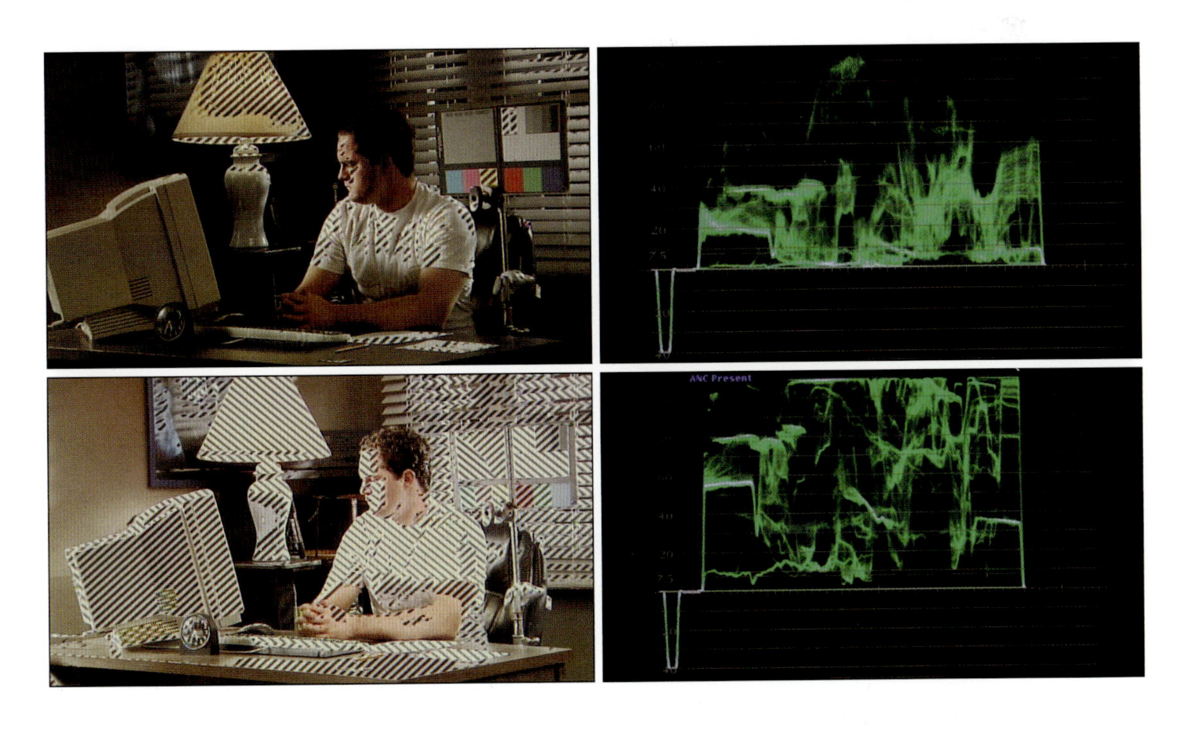

图 5.14（上） 使用斑马纹正常曝光的情况（本例中斑马纹指示分别在 70% 和 100%）以及图像信号在波形图上的显示。

图 5.15（下） 同样的场景曝光严重过度时斑马纹的显示以及波形情况。在这台索尼摄像机上，两种斑马纹分别是方向相反的对角线。

5.7.2 直方图

直方图可能是分析图像的最简单工具。虽然略显低级，但它可以是非常有效的，尤其是需要快速检查一个镜头的整体曝光水平时。它也几乎是无处不在的：即使是最简单的消费级数码相机也可以拥有直方图显示。它基本上是我们所拍摄的场景的影调的分布图：左边是暗调，右边是亮调（如图 5.16 至图 5.18 所示）。

对于一个正常的场景，曝光合适的画面所拥有的直方图将是一个或多或少均匀的从黑到亮的影调分布图，影调不会太多地被推到左边或右边。中间部分的影调分布依赖于场景的变化，而如果当暗部或亮部被推到两端的极限位置时，你就应该当心了。

5.7.3 交通灯和球门柱

这是 Red 摄像机自己特殊的曝光指示工具，它提供了非常普遍且非常有用的信息。它们基本上是警告系统，提醒拍摄者注意画面被切割处或在底端噪波处（意思是曝光不足）的信号的百分比。它们可能看起来很简单，但实际上非常适合于拍摄 RAW 和对数编码格式的新的曝光需求。尽管使用 RAW 或对数编码的拍摄方法允许更多的错误空间，但这并不意味着它在曝光方面能允许的错误比传统的高清记录方式更多。

球门柱

Red 对他们的球门柱（如图 5.19 所示）的解释是这样的："为了快速平衡噪波和高光保护之间的竞争，Red 摄像机在其直方图的最左边和最右边也设置了指示器。与直方图不同，它们不受感光度或画面外观设置的影响，而是代表 RAW 格式的影像数据。该指示器的形状是直方图两边的两个垂直条，通常被称为'球门柱'，因为其目的是实现一个没有击中两边门柱的直方图。[①]"

① 如果击中则说明曝光有危险。

"每个门柱上红色的高度反映了特定像素的比例，这些像素要么是被切割了（在右边的门柱），要么是接近摄像机能够从噪波中识别真实纹理的能力（在左边的门柱）。每个门柱的完整比例代表了整个画面所有像素的四分之一。一般情况下，左门柱可以被推到 50% 左右的高度，并且所产生的噪波仍然是可接受的。但在右门柱

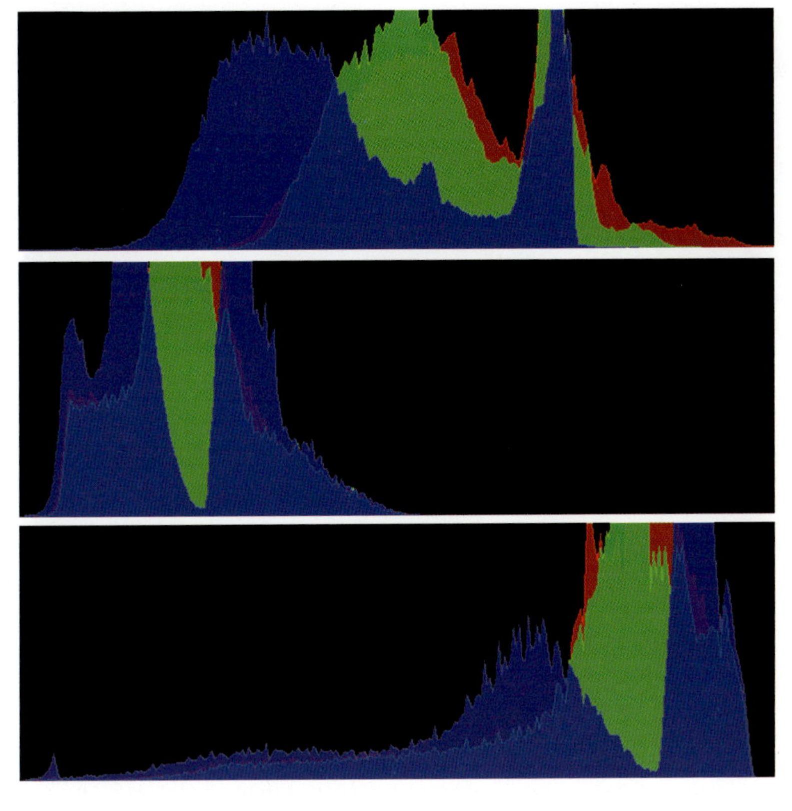

图 5.16（上） 直方图对判断曝光可以是一个非常有效的工具。顶部的图显示了一个非常正常的高光、中间调、暗部的影调分布。

图 5.17（中） 一个曝光不足的镜头，所有的影调被远远地推到了左边。

图 5.18（下） 一个曝光过度的镜头，所有的影调被远远地推到了右边。

上即使有少量红色也是不可接受的，这还取决于在画面中开始出现切割的位置。”

交通灯

除了球门柱，Red 摄像机还提供了另一个专门用来指示高光切割的工具——所谓的交通灯，见图 5.20。这个指示器会指示出哪个色彩通道（红、绿、蓝）会有一些区域的信号被切割了。有些人看到这个指示器会猜测它的意思是走、注意和停。根本不是这样，不幸的是，称它们为交通灯强化了这种误解。

请注意第三种颜色不是黄色，而是蓝色。它们真正的意义是，当某个色彩通道中约有 2% 的像素达到被切割的程度时，相应颜色的灯就会亮起来。这虽是一种非常精确的科学术语，但仍然需要大量的人为解释才能被正确使用。好消息是，我们将机器对世界的接管推迟了至少几个月。睡个好觉，莎拉・康纳！[1]

根据 Red 公司的说法：“当某一色彩通道的大约 2% 的像素被切割时，代表该通道的灯就会亮起。例如，在只有肤色的红色通道

① 莎拉・康纳是电影《终结者》（*The Terminator*，1984）中人类英雄康纳的母亲，终结者机器人受命回到过去杀死她，以阻止康纳的出生，从而实现机器人对世界的完全占有。——编者注

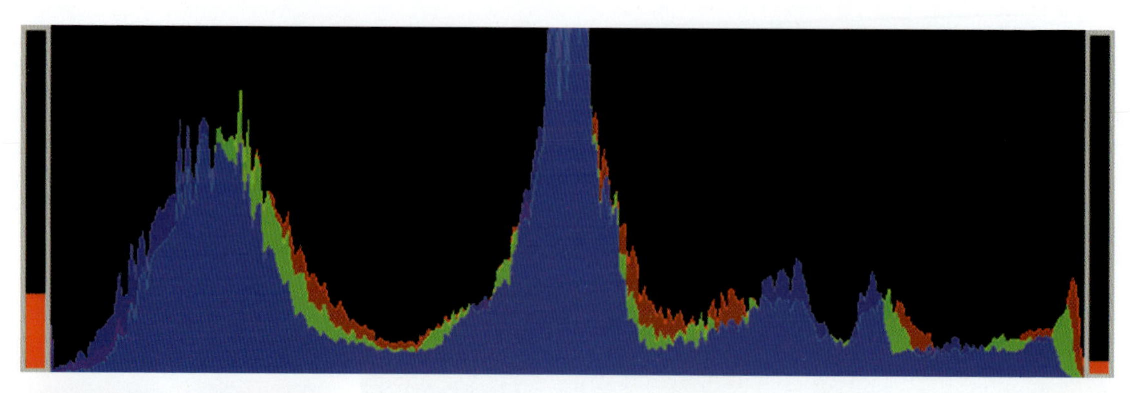

图 5.19（上） Red 摄像机上的球门柱对判断曝光也非常有用，它们是直方图两端的两个垂直条。右边条的高度表示有某个百分比的像素被切割了，左边条的高度则表示有多少像素处在了噪波位置。每个条的最大高度仅代表全像素的 25%，不是你可能期望的那样是全部的像素。

图 5.20（下） Red 摄像机上的交通灯的两种视图。值得注意的是，它们不是你所猜测的实际交通灯里的红黄绿，它们不是走、注意和停。它的实际意义是，当某一色彩通道有 2% 的像素达到被切割的水平时，代表该通道的灯就会亮起。

被切割的情况下，这可能会有所帮助。在这种情况下，右边的门柱会比你认为的要低得多，因为所有三个通道的总和并没有被切割。”

亚当·威尔特对这一工具有这样的看法，“交通灯似乎很有趣，但最后，知道‘2% 的像素在那个通道’有什么真正的价值？在我的 Red 经验中，我发现它像‘傻瓜灯’（idiot light）一样有用：我一眼就能看出我是否有可能惹上麻烦。它不能取代对直方图的仔细研究，它会说，‘嘿，伙计，你可能想仔细看看这里……’当我不能专注于直方图时，这样的提醒会非常有用，因为我正忙着专注于运动和构图。”

“球门柱同样如此，它介于交通灯的‘傻瓜灯’和需要进行深入研究的直方图之间。它向我展示：（a）在灰阶的某一端或者同时在两端，场景中有一些东西超出了能被系统捕获的范围；（b）通过比较两边门柱的相对高度，我可以很快看出我是否丢失了更多的暗部细节，或者是更多的亮部细节，或者我是否已经平衡了两边的损失（当然，假设这就是我想要的）。”

“我都使用它们：交通灯作为一个快速而粗略的警告，球门柱作为高光 / 暗部平衡指示器，而直方图或外接示波器用来查看信号的细节。交通灯和球门柱并不能显示从直方图或示波器中无法获得的信息。但它们能很快地向我发出提示，这使我对结果的解释所付出的注意力和精力都是最低限度的。很高兴有这些选择。”

5.7.4 假色曝光指示

目前许多专业摄像机和现场监视器可以提供假色选择，它显示以各种“假”色彩编码的不同影调范围（如图 5.21 所示）。就像任何色彩编码系统一样，除非你知道钥匙，否则它是毫无价值的。虽然不同的机器制造商使用自己的色彩，但他们通常有一些共同点。

图 5.21 在亚当·威尔特的 iPhone 手机应用程序 Cine Meter II 上的假色显示。与大多数摄像机不同的是，色彩编码是用户可调的——可以为每种色彩选择影调范围。

假色显示通常可以在菜单中打开或关闭，或者在摄像机外部有可分配功能的按钮。摄像机可以把许多功能分配给这些按钮，每个按钮可以根据每个拍摄者的意愿分配其中一种功能。一旦你了解了它们，它们可以成为有用的曝光指示工具，但如果在机器正在拍摄时使用它们，可能干扰对拍摄现场的观看。出于它可能会让拍摄者分心的原因，许多摄影师选择在机器不拍摄时，且只是在打光过程中或者需要决定正确的曝光时才使用它们。

Red 摄像机上的假色

Red 摄像机有两种假色选择：视频假色模式（video mode）和曝光假色模式（exposure mode）[①]。视频假色模式的显示如图 5.22 所示，曝光假色模式是一种用于 RAW 图像查看的更简单的方法。在曝光假色模式下，画面的大部分将显示为灰阶，但紫色将叠加在画面中的任何曝光不足的区域，而红色将叠加在画面中任何曝光过度的区域。既然它是应用于 RAW 数据的，因此它在指示画面中曝光过度和曝光不足的区域时并不考虑当前的感光度或观看设置。因为它更简单，所以可以不像看视频假色模式的假色那么让人困惑。选择使用哪一种模式用于观看，取决于它是否仅用于

① 可参阅：http://www.red.com/learn/red-101/exposure-false-color-zebra-tools。

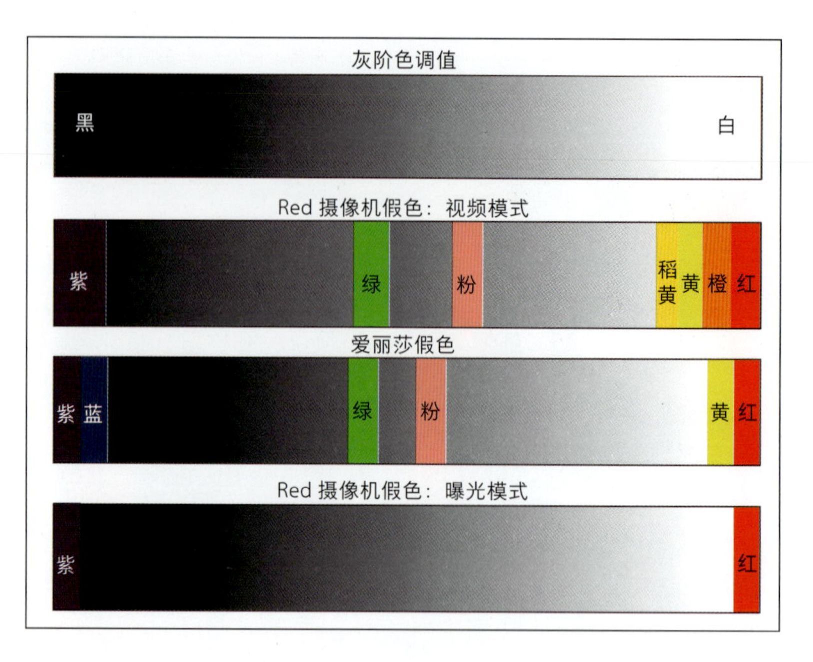

图 5.22 假色可以给出画面中各个不同部位的更准确的曝光信息，但仅仅当你知道它们对应的编码值时才能如此。图的顶部是一个包含了超级黑和超级白的灰阶，下面是 Red 摄像机假色的色彩编码值（视频假色模式），然后是爱丽莎的，最底部是 Red 摄像机的曝光假色模式。

拍摄准备（正在打光），或者是否在实际拍摄时使用了某种曝光模式或焦点辅助（峰值）。

5.7.5 Red 摄像机几种曝光模式的比较

表 5.2 是对 Red 摄像机三种曝光模式（视频假色模式、斑马纹模式、曝光假色模式）的说明。斑马纹模式和视频假色模式是基于 IRE 或 RGB 值的，而 IRE 或 RGB 值是基于发送到监视器的输出信号的相对比例，而不一定是所记录场景的实际值。Red 公司说："当评估由 HD-SDI 直接输出的信号时，或者判断当前的感光度设定和观看效果是否是后期处理的好的起点时，它非常有用。"

Red 公司这样说："像其他基于 IRE 的模式一样，斑马纹模式仅应用于当前的感光度和观看设置（例如 HD-SDI 输出）——它不是针对 RAW 数据的。如果后期调色中有任何变化，这种指示将不能代表最终的输出影调。因此，在这种情况下，斑马纹模式更像是预览和亮度输出工具，而不是曝光工具。"尽管如此，在某些情况下，它们仍然是有用的。一般来说，大多数曝光工具测量的都是已经应用了外观设置以及其他一些图像的调整手段的画面。

在这种情况下，RAW 是一个基于传感器输出的绝对数值，它不必与用以观看的图像的亮度值有关。Red 公司说："这是最有用的，当试图优化曝光和展望后期调色时。"当然这也就是拍摄 RAW

Red 曝光模式	基础	电平	是否可调
曝光模式	RAW	2	否
视频模式	IRE	9	否
斑马纹模式	IRE	1—3	是

表 5.2 Red 摄像机的曝光模式和规格。请注意，仅有视频假色模式和斑马纹模式以 IRE 为单位（因为它们是 Rec.709，非 RAW）。

和拍摄视频的基本概念比较，而拍摄视频只是或多或少地“做好了准备”。拍摄你想要的已经经过了粗略调整的影像可以被当成是“高清风格”的拍摄，在此，伽马、拐点和黑电平相当于通过“旋钮”得到了调整。

正如我们之前已经讨论过的，拍摄 RAW/ 对数格式，不是朝向要产生最终画面，而更多是为了产生一个“数字负片”，它在后期将具有巨大的细微调整和深入调整的潜力。我们将会看到，这也是 ACES 工作流程的一个基本理念。正如我们在其他地方讨论过的那样，这样做的缺点是图像不能直接查看，这使得使用斑马和直方图这样的曝光工具变得几乎毫无用处——它们仍然可以用作近似值，但它们并不是真正准确的。

使用 Red 摄像机，您选择的曝光模式将决定你会在寻像器中看到哪种类型的假色方案。Red 总结了它们对使用这些工具的总体建议：“首先，使用曝光假色模式，用紫色和红色来调整你的照明和镜头的光圈（如图 5.23、图 5.24 所示）。该策略通常可以在曝光过度导致的切割和曝光不足导致的图像噪波之间达到最佳的平衡。对于大多数场景，在过多的红色或紫色指示出现之前，可能会有一个惊人的曝光宽容度范围。”

“然后如果需要，再使用斑马纹模式或视频假色模式，利用其他的影调指示去细调经过 HD-SDI 的场景的画面将显示为什么样子，或者当要把素材发送给后期时，调整为你建议的外观。斑马纹和视频假色模式也是在不同环境光下评估 LCD 预览亮度的一种客观方法。”

阿莱爱丽莎的假色

阿莱爱丽莎有类似的假色编码，但它们比较简单（如图 5.22 和图 5.25 所示）。阿莱的假色编码的级数比较少，有些人发现，这使得在取景器或监视器中更容易阅读。绿色是中灰（38% 到 42%），品红色是高加索人种（白种人）的平均肤色（52% 到 56%）。红色

图 5.23（上） 标准状态下 Red 摄像机拍摄的一帧画面（Red 数字电影摄影机公司供图）。

图 5.24（下） 相同的画面以曝光假色模式显示的样子：红色指示了切割（曝光过度），紫色指示了画面中有些地方出现噪波（低于正常曝光）（Red 数字电影摄影机公司供图）。

（被称为白切割）是 99% 到 100%，他们称紫色为黑切割，对应 0% 到 2.5%。

5.7.6 浮点查找表

FLUT 或 F-LUT 是 Red 摄像机特有的，它代表浮点查找表（Floating Point Look Up Table）。按照 Red 公司的说法："FLUT ™ 是一种新的控件（用于非常精细的感光度 / 中间灰调整，而不会导致切割）和一种支撑技术，它可以促进上述所有这些功能，并且确实是使用新的色彩和新的伽马曲线工作所必需的。"它是由格雷

图 5.25 阿莱爱丽莎假色系统的信号编码值和假色中的各色彩的对应关系。

名称	信号电平	颜色
白切割	100%—99%	红
略低于白切割	99%—97%	黄
比中灰高 1 挡（白人肤色）	56%—52%	粉
18% 中灰	42%—38%	绿
略高于黑切割	4.0%—2.5%	蓝
黑切割	2.5%—0.0%	紫

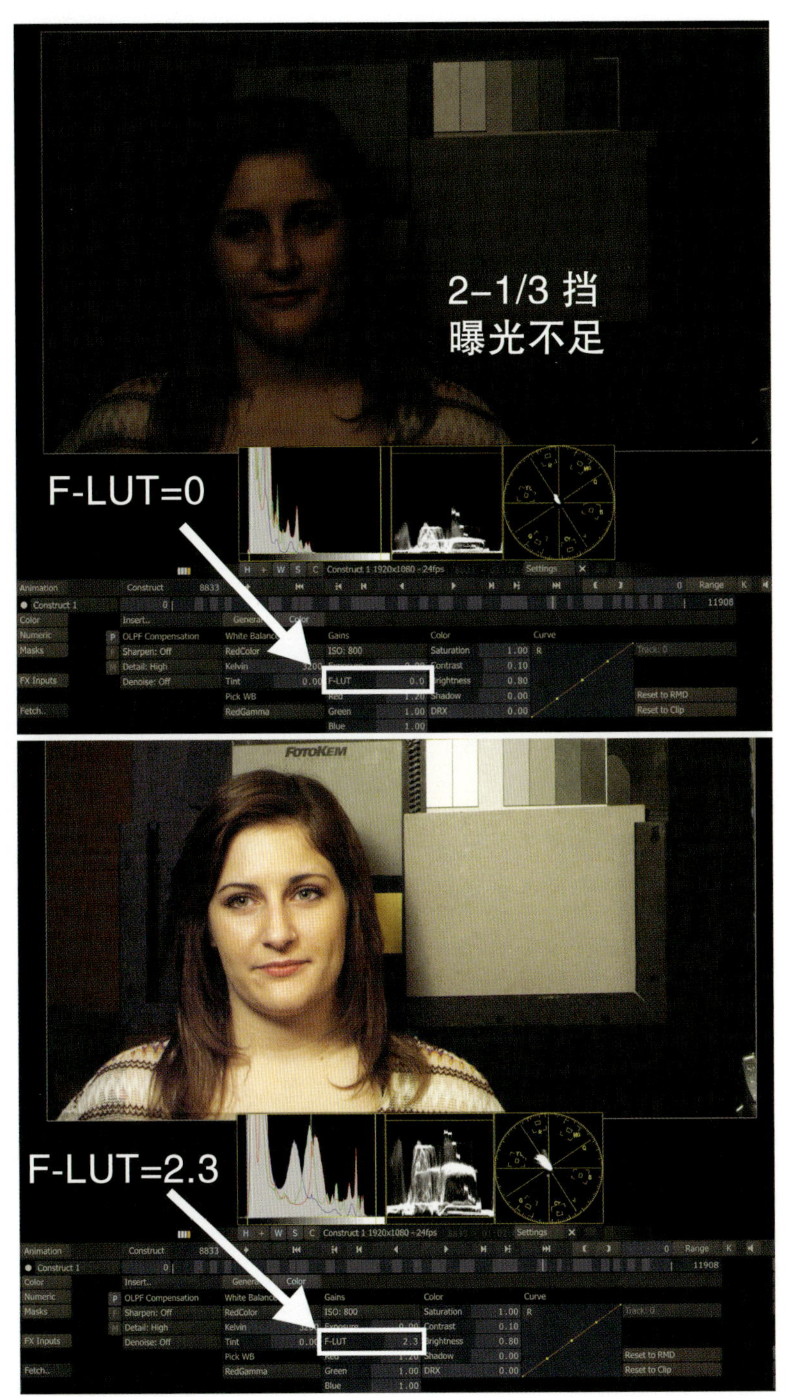

图 5.26（上） 上方的图是 Red 摄像机以曝光不足 2 又 1/3 挡拍摄的画面。

图 5.27（下） 使用了 Red 的浮点查找表后的画面。参数为 2.3 的浮点查找表被应用于画面，使画面恢复到了相当正常的水平。本例中，浮点查找表是在 Assimilate Scratch 软件中被使用的。

姆·纳特雷斯设计的。他是一位数学家，是图像处理软件领域的多产革新者。他建议："FLUT 是对 ISO 的精细控制，因此 ISO 320+1 和 ISO 640 相同，同样，ISO 800-1 与 ISO 400 相同。通常的做法是，使用 ISO 设定渲染意图，然后如果需要的话，在浮点查找表上做细微调整。”图 5.26 和图 5.27 显示的是在一个曝光不足的画面上使用浮点查找表的情况。浮点查找表是以曝光挡位来量化的，所以一个 1.0 的浮点查找表相当于开大镜头上的一挡光圈，但这是一个更精细的增加或减少曝光的调整，因为它不是平均地影响所有区域的曝光。

一个 0.3 的浮点查找表也就相当于 1/3 挡的曝光，感光度也通常都是以最小 1/3 挡来计量的。浮点查找表不允许任何其实没达到切割点（比如 12 比特的最大值是 4 095）的内容被实际切割掉。它们会被压到 4 095，实际上可能会达到 4 094，在极端情况下可能会被量化到 4 095，但仅此而已。

5.8　曝光哲学与策略

我们已经看过许多可以用来判断曝光的工具。但是关于曝光的基本哲学是什么呢？——这不是一个纯粹机械的、可以按照书中所介绍的程序进行的工作——每一个经验丰富的摄影师有其独特的工作方式、日常偏爱的工具和日积月累的技巧。就像电影制作中的每件事一样，它不是关于正确的方式或错误的方式的问题，而是关于是否能实现所期望的最终产品，它总是离最终的调色结果有几步之遥。最终，这一切都取决于呈现在电影银幕或家庭电视机上的画面。

个别摄像机还有针对艺术喜好等的调整。我们知道自己的根本目标，是要在最后得到一个效果最好的画面。每个电影摄影师都将根据自己的经验、测试和从观看样片或观看片场镜头中得到的反馈，来开发出适合自身的方法。

5.8.1　不要让它被切割掉，但要避免噪波

荷马（不是荷马·辛普森，是另一个人）写了在墨西拿海峡两岸的两个神秘海怪，海峡的一边有一个危险的岩石浅滩，而另一边有一个致命的漩涡。两个海怪被称为“锡拉”（Scylla）和“卡律布狄斯”（Charybdis），是“在岩石与困境之间”和“处于两难境地的角落”这两个术语的起源。在视频拍摄中，我们的“锡拉”和“卡律布狄斯”正是拍摄场景中最明亮的被切割的区域和场景中较暗的

噪波区域。从技术上讲，切割是传感器的饱和问题。机器制造商称其为势阱溢出，势阱指的是代表感光点的水井。它是指感光点吸收了它所能处理的所有光子，任何额外的光子都不会影响传感器的输出，而会进入溢流排水沟。

正如我们在第 1 章中所看到的，噪波基底和黑色下限是不一样的。噪波基底是传感器在镜头被盖住时的输出水平——没有光子击中传感器的任何地方。在这种情况下，之所以仍然会有一些电量输出，是因为所有的电气系统都有一定程度的自由电子。这就是在传感器的所有地方都存在噪波，但通常在图像最黑暗的区域它表现得最明显。

Red 摄像机公司是这样总结的，“最佳曝光始于一种欺骗性的简单策略：尽管多地去记录光线，但光线不能多到让重要的高光部分失去所有纹理。这是基于数字图像捕获的两个基本特性：

噪波。当接收到的光越少，画面的噪波就会越大，就像我们在‘图像传感器和摄像机’一章中讨论的那样。这种情况在曝光较少的图像中发生，但对于给定的曝光，也发生在同一图像的较暗区域内。

高光切割。如果接收到的光太多，则连续影调会撞上数字墙，变成纯白。或者，这可能发生在某一个单独的色彩通道内，从而可能导致不准确的色彩再现。图像噪波在光线较少的情况下逐渐增大，与此不同的是，一旦信号超出了切割起点，高光切割会变得非常突然。”

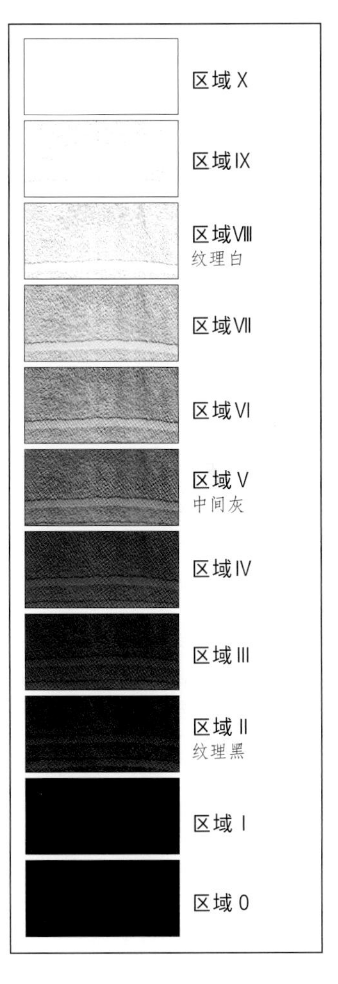

图 5.28 在阳光下拍摄毛巾所显示的区域。这里重要的是纹理和细节的概念。

5.8.2 纹理和细节

在讨论曝光时，你会经常听到的一些术语是纹理（texture）、细节（detail）和差别（separation）。例如，纹理白色、纹理黑色，高光细节或者阴影中的差别（如图 5.28 所示）。这些都是本质上相同的东西，是曝光的重要参考。这些概念起源于安塞尔·亚当斯，他需要用术语来描述曝光（负片密度）在到达纯黑或纯白之前可以走多远。他有时称它们为烟灰和粉笔。纹理白被定义为画面中最亮的影调，在那里你仍然可以看到一些纹理，一些细节，一些微妙的影调的差别。

漫射白（diffuse white）是被照亮的白色物体的反射率。由于真实世界中不存在反射率为百分之百的物体，所以漫射白的反射率约为 90%。一张普通白纸的反射率大致是这样，ColorChecker 或 DSC 测试图上的白色方块的反射率就是 90%。某些实验室测试对象的反射率较高，可以高达 99.9%，但在现实世界中，90% 是我们在视频测量中使用的标准。它被称为漫射白，因为它不同于最大白。漫射意味着它是一个粗糙的表面（这里所说的纸张也是拥有粗糙表面的），它把所有波长的光反射到所有方向，而不像镜子只朝某个单一的方向反射光束。[①]

① 向所有方向反射光即漫反射，只朝一个方向反射光即镜面反射。

镜面高光（specular highlight）是反射率超过 90% 的物体，其中可能包括蜡烛的火焰或汽车铬保险杠的反光。正如我们稍后将看到的那样，能否容纳这些强烈的亮光是过去的 Rec.709 高清视频与现代摄像机和文件格式（如 OpenEXR）之间的巨大区别。

纹理黑是仍有一些差别和细节的最黑暗的影调。从波形上看，它是最黑暗的黑色不可分辨地混入噪波之上的一步。

5.8.3 两难困境

使用这些现代摄像机拍摄是一个巨大的飞跃，但其中也有一个不利的因素——记录对数编码的视频在动态范围上给我们带来了巨大的好处，但它也意味着机器输出和记录的影像不是“所见即所得”的。事实是，在显示器上，它们看起来很糟糕——反差和饱和度都很低。更糟糕的是，这意味着示波器和矢量仪并没有向我们展示场景最终应该是的那种真实的情况。常用的方法是在监视器上设置图像的 Rec.709 转换，这使得场景是可看的（我们可能认为是达到了人眼的可读性），但它们只是真实记录的内容的粗略近似，甚至离图像最终的样子也很远。这也就是说，在使用 Rec.709 查找表的场景观看中，示波器并没有告诉我们故事的全部。不只是因为它们并不总是拥有能对色彩进行细微校正的好处，而且——使用 RAW 数据相当于电影负片的比喻——也没有向我们展示图像在“显影”后会是什么样子。

这里所说的“显影”并不是一种光化学的处理过程，而是将发生在摄像机之外的去拜耳和对数－线性转换过程。如果你见过原始照相负片（OCN），你应该知道它是一种几乎不能被理解的视觉，不仅因为负片与原景物的影调是相反的，而且因为它们的色彩是互补的甚至还带有一个很重的橙色色罩[1]。电影摄影师们已经培养出了观看负片的技巧，能够感知到什么是厚的（曝光过度的）或薄的（曝光不足的）画面，但是对颜色的任何解读都是不可能的。一个摄像机无论用内部还是外部记录器记录对数编码影像，当我们考虑它的曝光问题时，这些概念都会发挥作用。有些摄影指导和数字影像工程师倾向于将对数编码的图像应用于示波器，而在监视器上使用观看用查找表。

[1] 胶片负片上的色罩是为防止成像染料的有害吸收而故意设计的。

但是，如何才能实现拥有一个理想的数字负片的目标呢？有什么方法能让你快速可靠地到达那里？——因为速度一直是电影制作中的一个重要因素。有三位电影摄影师不仅因为其艺术创作，而且因为其对技术问题的深入掌握而受到高度尊重。他们在 CML（Cinematographer's Mailing List）网站上谈到了这个话题。他们是杰夫·博伊尔（Geoff Boyle，CML 创始人）、大卫·马伦和阿特·亚当斯。

5.8.4 使用测光表

许多摄影指导重新使用他们的测光表，包括入射表和反射表（如图 5.29 所示）。若干年以来，他们几乎很少使用测光表了，因为在拍摄高清视频时，其中的因素，如伽马、拐点、黑伽马等改变图像的设置，使测光表的读数已经不那么相关，甚至会产生误导性。在拍摄 RAW/ 对数编码时，波形突然变得不准确，因为图像显示的反差很低。而一个纯粹的 RAW 拜耳影像，很显然，对所有实用的目的而言都是不可见的。好消息是，当拍摄 RAW/ 对数编码时，对图像的任何调整都是纯粹的元数据，这反倒使得测光表的读数更加精确。阿特·亚当斯是这样说的："我发现自己现在更经常使用入射测光表了。我粗略地进行打光，然后在监视器和示波器上检测它，而当演员在场景内移动时，我用入射表检查其受光的前后一致性。我偶尔也会拿出我的点测表用一下，但我越来越不依赖它了。入射表帮助我正确掌握我的中间影调，并保持它们的前后一致性，监视器和波形告诉我其他的一切。"

5.8.5 测量主光

这是胶片曝光的古老程序：使用入射式测光表（通过测光表

上面的转盘和按钮设置了适当的ISO、帧频、滤镜补偿和叶子板开口角）读取主光（通常位于演员所在的位置），并以该读数设置光圈值（如图5.11所示）。它提供了一个现场总体照明水平的平均值——按它来进行曝光通常是非常成功的。阿特·亚当斯说："如果我有选择，我严格按测光表工作。如果没有，我也会关闭示波器，用我的测光表来设置适当的中间调，波形只是告诉我是否在高光或阴影处失去了细节。"

英国摄影指导杰夫·博伊尔用同样的口气说："我已经完全回到使用我的入射测光表和我的经过区域系统校准的旧宾得（Pentax）数字点测表。我决定肤色在哪里，并把它保持在那里。总体上用入射表测量，用点测表检查高光、阴影和皮肤，坚持！我以前就是这样拍胶片的。我已经扩大了区域系统的范围，在两端各多出一挡，即我知道在哪里会得到纯白或纯黑，我知道哪里将有细节。我确定摄像机的一个ISO，并根据我自己的工作方式建立了一套测试的方法，这方法听起来也很熟悉。是的，我会在一些拍摄中使用示波器，它是一个很好的工具，还有菱形（菱形显示），但除此之外，我不太常用到它。对我来说，这是一个动态范围的问题，一旦它达到12挡或者更多，我就可以放松地专注于画面本身，而不是技术。"

图5.29 由亚当·威尔特研发的使用于iPhone应用程序中的Cine Meter II测光表提供了各种各样的曝光工具，在本例中既有一个叠加的波形还有假色显示。黄框代表可以移动的点测光，允许用户选择场景的哪个部分来进行测光（亚当·威尔特供图）。

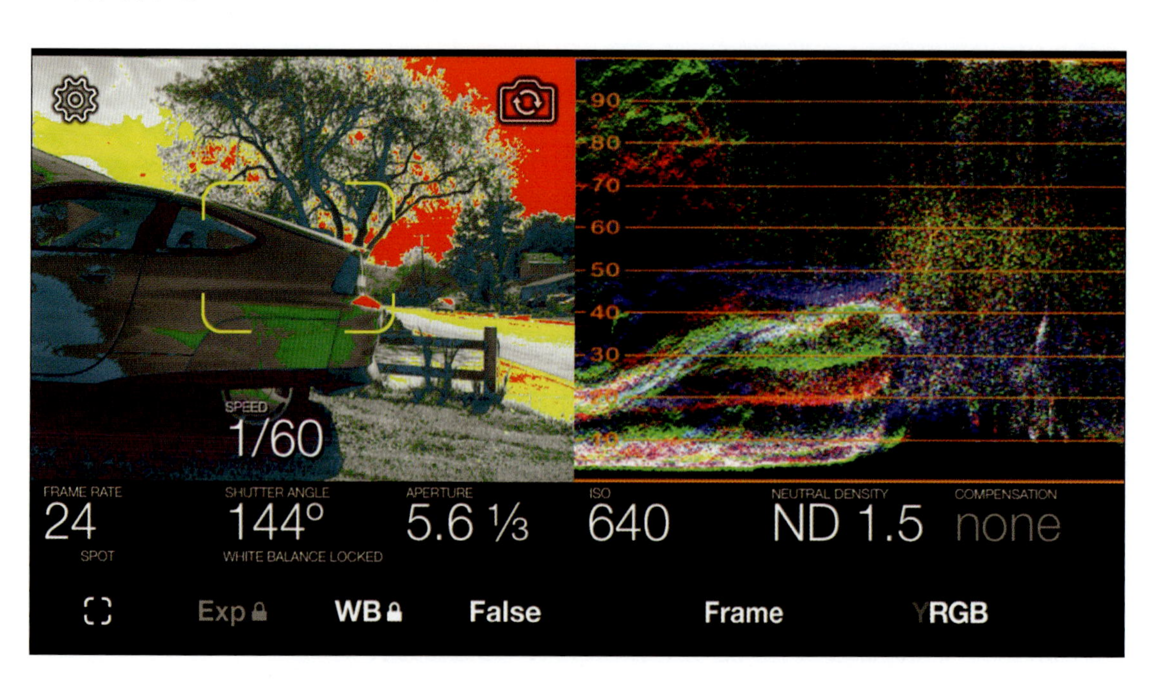

这是阿特·亚当斯对拍摄高清的说法：“对我来说，最大的变化是，我过去只使用点测表（在拍摄胶片时），但视频的伽马曲线变化很大，试图根据反射读数来确定曝光真是相当于面对移动靶射击。我可以用一个点测表找出一扇窗户在监视器上曝光有多远，但是在高清拍摄中我很难像拍胶片那样只使用点测表来打灯。胶片有不同的伽马，但我们只需要知道它们中的一对即可。每个高清摄像机至少有 7 或 8 个基本伽马变化，加上还有许多其他的画面改变也在发挥作用。”

5.8.6 示波器

在拍摄高清（Rec.709）时，示波器一直是进行曝光决策的重要工具（如图 5.30 所示）。斑马纹和直方图可以作为补充，但它们充其量也只是比较粗糙的指示。波形是准确的、精确的，并且可以给你场景中每一部分的信息。当然，它的问题是，如果摄像机输出给它的是对数编码 /RAW 格式信息，波形显示将不能反映正在被记录下来并将在后期进行处理的实际画面（如图 5.31 所示）。这一输出很难被判断并且对导演而言，相当于在现场是不可见的。要理解这一点，需要大量的经验和脑力计算。因此，拍摄现场的监视器通常是经过显示转换后的图像。最常见的情况是，对数图像被查找表转换为 Rec.709，这个查找表或者是来自摄像机内部，或者来自外部的查找表盒（LUT box），或者有的监视器里直接安装了查找表。虽然这样做使画面更容易理解，但监视器并没有显示真实的未来影像，特别是高光和阴影部的表现。亚当斯说：“查找表可能不能显示真实的图像，但是它们几乎总是显示图像的子集，该子集通过应用伽马等方式丢弃信息。这种通过 Rec.709 把对数编码输送给监视器或示波器的工作方式对我而言没有问题，因为我知道如果它在拍摄现场看起来很好，我总是可以让它将来在调色阶段看起来更漂亮。例如，如果 Rec.709 图像没有被切割，那么我知道对数图像实际上也一定不会有切割。我把画面调整得很好看，然后再拍摄。偶尔我会检查对数图像，但不经常。”

电影摄影师大卫·马伦说：“在监看 Rec.709 图像时，最好能看到对数信号的波形显示，以确切了解被切割的程度……但是大多数摄像机设置似乎都涉及将 Rec.709 从摄像机发送到监视器，因

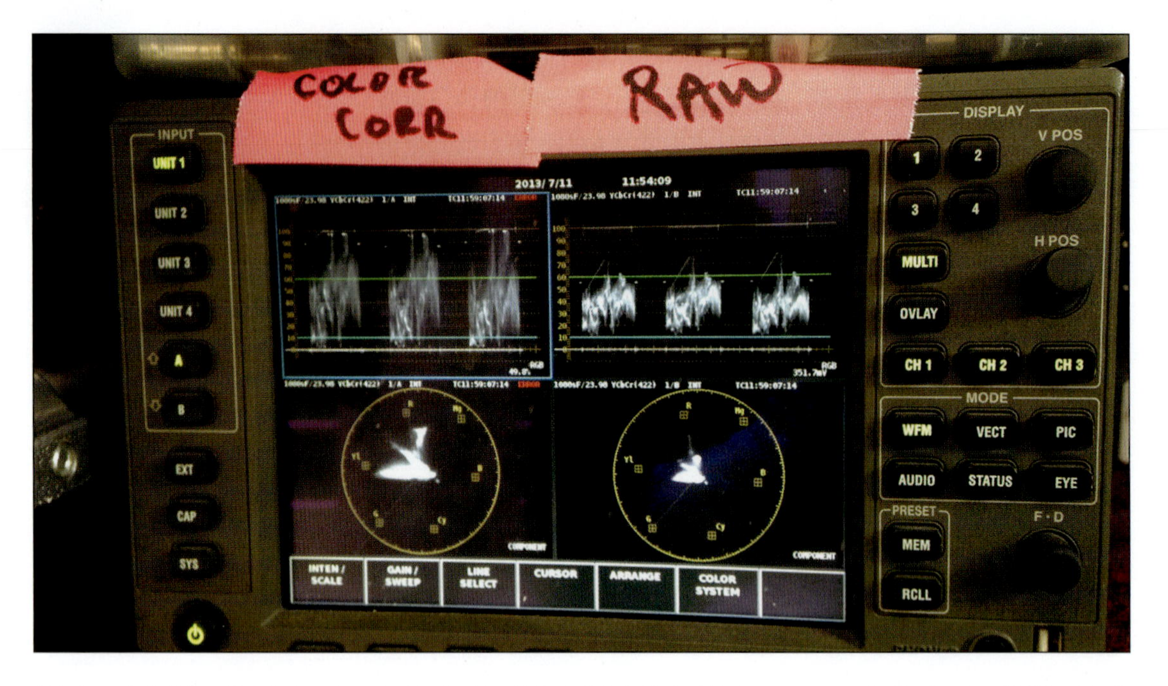

图 5.30 数字影像工程师埃文·奈斯比特（Evan Nesbit）使用了一个四屏显示的波形 / 矢量图，可以同时查看来自摄像机的 RAW 视频以及经过色彩校正的视频（埃文·奈斯比特供图）。

此拍摄现场的任何波形都会显示 Rec.709。如果我正在拍摄对数或 RAW 格式，我认为查看 Rec.709 监视器信号的波形没有多大价值。我可以在 Rec.709 中看到切割，我自己的眼睛会在监视器上看到这些，所以 Rec.709 的波形只会告诉我已经看到了什么。我宁愿看到对数信号的波形。”

5.8.7 放置中灰

在拍摄电影负片时，普遍的做法是使用入射表来确定镜头的曝光光圈而使用点测表来检查诸如窗户、灯罩等高光。用入射表测光得到的读数就相当于放置 18% 灰的位置。一些电影摄影师在拍摄对数编码视频和 RAW 视频中也使用类似的方法——把中灰放在机器制造商推荐的数值位置。例如，S-Log1 为 38%，C-Log 为 32%，当然，摄影师也会根据自己的偏好做适当调整。

阿特·亚当斯使用这样的方法：“我去找准确的中间灰，或者把中间灰放在我想要的地方，看看其余的物体会落在哪里。中间调是我们眼睛最敏感的地方。我们的感觉会自然地在极端的阴影和高光处压缩，就像摄像机设计的那样。所以我认为把对场景的曝光建立在我们大脑的感觉会自然压缩的部分几乎是没有意义的。我通常会使用测光表基本上围绕着中灰来对 RAW 和对数编码视频进行曝

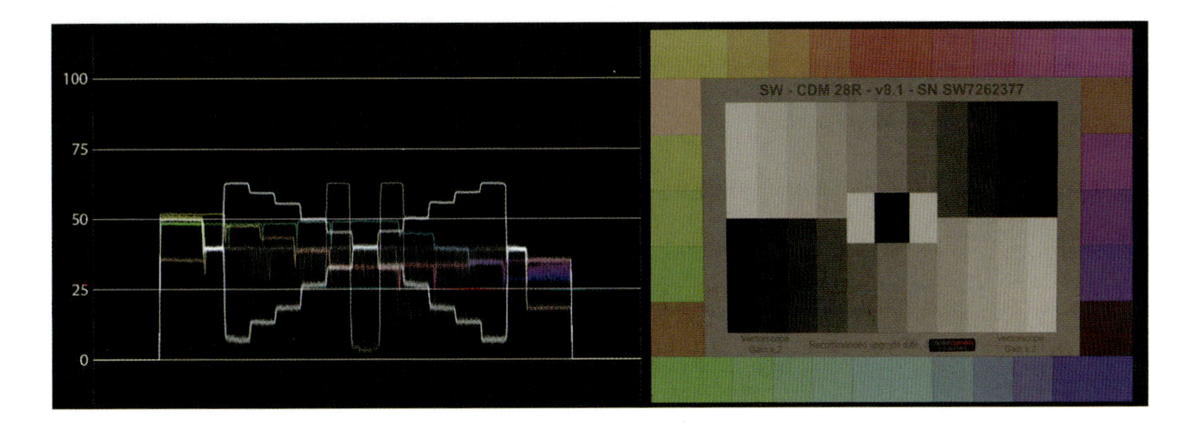

图 5.31 通过将中灰放置在机器制造商推荐的水平上，对 DSC 实验室的 ChromaDuMonde™ 测试卡的对数编码影像进行波形显示。高光远低于 100%，但拍摄 RAW/ 对数视频的重要方面是，你不一定要为场景创建一个最终的外观，它是一个数字负片，而不是期望的最终结果。

光，除非我拍摄的是纪录片或快速风格的片子。在这种情况下，我倾向于在波形图上把中灰和高光连在一起观看。在某些摄像机中，就像佳能 C 系列中的任何一个，把摄像机调至 CineLock 模式（电影拍摄模式），同时也用波形观看那个模式的信号。”

“我知道，在 C500 中，即使打开观看辅助，波形仍然只查看原始信号的对数表示。佳能的对数编码方案把黑推到了相当高的程度，以至于我一点也不担心它们。在我用于工作的示波器上，我发现了一种中灰的曝光方法，同时这种方法不会让高光被切割。用我的直觉判断波形就如同用我的眼睛判断是否是值得信任的影像。”

他还指出，根据所使用的摄像机的不同和使用的对数编码的不同（如图 4.40 至图 4.47 所示），中间灰有不同的值，在设置曝光以实现这些值时必须记住这一点。CineLock 是一些佳能专业电影级摄像机中的功能选项，它可以锁定画面控制，以便记录的图像最大程度地不受机内操作的影响。更重要的是，它把摄像机设置为 C-Log 模式和电影模式的默认矩阵。

针对爱丽莎亚当斯补充道：“在 LogC 和 Rec.709 之间切换时，中间灰的值几乎是相同的，其结果是，在 Rec.709 监视器上看到的 LogC 图像（该图像被设计为不适合在任何类型的高清监视器上观看）看起来仍然不错。底线是，在 LogC 和 Rec.709 之间切换时，中间灰变化很小，这似乎使 LogC 看起来比其他对数曲线更加‘对监视器友好’。”我们将在下一章对阿莱的 LogC、佳能的 C-Log 和其他机器制造商的对数编码进行深入研究。

5.8.8 在底部开始或是在顶部开始

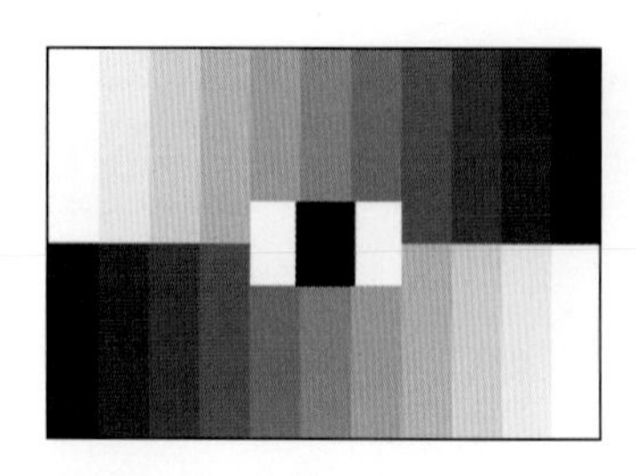

图 5.32 卡维黑色是 ChromaDu Monde™ 测试卡的一个关键特征。它是在测试卡的中央打开的一个洞，后面衬着一个有黑丝绒内衬的折叠盒。这完全是一个光阱，并且提供了一个可靠的纯黑色参考，对于机器测试和设置是一个宝贵的工具。

把场景中某些纯黑色的物体放置在波形中 0% 的位置似乎很诱人，但问题是要能找到真正的黑色物体。乍一看，这似乎比试图在画面中选择白色物体以 100% 白来放置安全多了。正如我们已经讨论过的，真正的白是主观的和高度可变的。特别是如果你正在拍摄 RAW/ 对数格式并在 Rec.709 中查看，这甚至很难确定切割发生的实际位置。更令人困惑的是，你选择的白色对象是 90% 的漫射白、是 100% 的白色，还是其他什么？

当使用 DSC 实验室 ChromaDuMonde™ 测试卡（在“测量”一章中提到过）时，卡维黑色（如图 5.32 所示）是纯黑色的，但是正如我们所看到的，使用了大量的创新才使它成为真正的黑。但它在典型场景中是不可能出现的，包括在一个普通的对摄像机进行测试或设置的情况下。阿特・亚当斯这样说：“把一些黑色的东西放在黑点上也是没有意义的，因为外景中没有很多真正的黑色，除非它是一个黑影。另外，如果摄像机显示出很宽的动态范围，但它在亮部和暗部之间并不是平均分配的，那么你总会在暗部拥有更多的挡位，这意味着把一些黑色的物体放置在暗部会导致曝光的降低。另外，如果一个画面中的黑和另一个画面中的黑不同，则最终会出现和‘向右曝光’原则导致的一样的问题，即不一致的噪波和整体曝光。①”

① 这样就会出现同一场景的不同镜头间的不衔接。

即使把纯黑的物体放置在波形上 0% 的位置也不见得是一种有用的方法，但它在测试、校准和比较摄像机方面仍然非常有用。因为在测试的情况下，你更容易做到把一些你知道是纯黑色的物体放置在画面中，例如卡维黑色，并且在调整曝光和在示波器上观看时，很容易知道将它放置在波形的哪个位置是合适的。

阿特・亚当斯的 45 度原则

对于如何放置漫射白，亚当斯提出了一个可能有用的“伎俩”。在对数曲线上找出倾角为 45° 的点——这通常是机器制造商放置 90% 漫射白的地方。通常，中灰将是其中的一半。当然，这仅适用于对数格式。他这样描述，“设置‘白’的位置：典型的黑和中间灰停留在大致相同的 IRE 范围内，白和超级白是移动的目标。我的经验是，把最亮的‘纹理白’放在曲线经过45度倾角要进入高光的地方。超出此点以后，挡位间的编码值差明显减小，这适合高光的渲染但不能保留任何真正重要的细节。纹理白是安塞尔·亚当斯所说的在照片上仍然能看到细节的最亮的白区域（如图5.28所示）。当曲线趋于水平时，高光实际上已经失去了细节，不能显示更多的亮度层次。曲线水平部分的位置越高，它所能容纳的亮部层次就越少，所以除去最亮的区域外尽量不要把其他部分推至边缘。”（参见阿特·亚当斯发表于专业视频联盟上的《S-Log和Log伽马曲线的不太技术的指南》。）

5.8.9 向右曝光

向右曝光（ETTR，expose to the right）是数码图片摄影的一种流行做法，在数字电影摄影的曝光问题上，它也会被偶尔提及。这种曝光理念很简单——因为图像的黑暗区域是噪波最大的地方，所以在亮部没有发生切割的前提下，把曝光推得越高越好。在直方图上，右侧代表着高光区，所以这种曝光方法就是使影像尽量朝直方图的右侧移动（如图5.33至图5.35所示）。

然而这一曝光方法并不是没有受到批判，其中大多数断言，由于相机的噪波水平正在被稳步改善，所以没有必要如此。阿特·亚当斯表示，“向右曝光会导致从一个镜头到另一个镜头的不一致的噪波，这可能会引起跳跃感，而且往往导致曝光的一致性降低，以至于每一个镜头都需要被单独调色”。他补充道，“向右或向左曝光对于一个独立的影像来说是很棒的……但这样的情况几乎是不会发生的，即当你的影像与其他影像相邻时，你为什么要把它们的曝光建立在它们之间差异最大的情况上呢？”杰夫·博伊尔评论道，“我理解那些持有向右曝光观念的人们，而且我也曾经这样做过，但我不再如此了”。他补充道，“对于我们的工作而言，向右曝光并非一种实用的方法，每一个镜头都需要被单独调色，而且还要付出巨大的配套措施去匹配它们。这就相当于在胶片拍摄中，冲洗时你可以降冲（pull）和迫冲（push），但不能逐个镜头使用。通常，向右曝光更适合于图片摄影或像广告拍摄那样仅包含极少镜头的特殊情况”。实践中，电影摄影师很少在电影拍摄或长时节目制作中采用向右曝光。作为一种曝光方法，它可能仍然适用于孤立的拍摄，例如风景或产品拍摄，以及商业广告，这些广告在白天可能只有几个镜头，因此调色过程中的一致性和效率问题并不大。

5.8.10 斑马纹

正如我们之前讨论过的，斑马纹可以被选择出现在许多摄像机的取景器和一些监视器上，而且是一个方便的、可以总是存在的（只要你选择）用来检查高光值和切割的工具。问题是，它们基于测量 IRE（亮度）值，因此在拍摄对数格式时使用起来有点困难。在你拍摄高清格式（基本上是在 Rec.709 模式或所见即所得）的情况下，它是非常有用的。阿特·亚当斯说："如果我跑来跑去拍摄时，我会看着斑马纹，用眼睛判断取景器中的中间调。这并不理想，但我是老手，所以我能把它做好。"

5.8.11 监视器

在高清的年代里，你会经常听到"不要相信显示器！"的说法。一些技术进步改变了这一点。需要注意的是，在摄像机附近的某些高端监视器很可能是摄影指导的主要监视器，而且在数字影像工程师的手推车上，已经大大提高了色彩和影调范围的准确性。此外，经常会有更多的注意力去校准监视器以让它达到最佳显示状态。

大卫·马伦这样说："我主要依靠的是监视器，偶尔使用各种设备进行二次检查——测光表、波形图、直方图，只是不是每个镜头都如此。重要的是，这是一个伴随时间的反馈循环过程（如果这是一个长时间的拍摄项目）。你可以在工作样片、剪辑室等阶段重新检查这些镜头，看看你的曝光技术是否能给你带来好的效果，有时你发现你白天的镜头拍得有点过曝，或者晚上的画面有点太暗，等等。我之前也会做拍摄测试，以了解在拍摄现场的观看效果和在后期数字中间片调色影院里观看效果的差异。"

在讨论监视器时必须考虑的一个问题是观看环境。一个监视器，即使是一个非常好的监视器，当被放置在室外一个明亮的照射区域或者甚至在拍摄现场，也不会给你准确的信息。问题不在监视器本身，而是从四面八方照射来的光线所形成的眩光。此外，由于你的眼睛要适应明亮的照明条件，它们自然不能很好地适应监视器上所显示的内容。这就是为什么你会看到屏幕四周的黑遮罩，或者

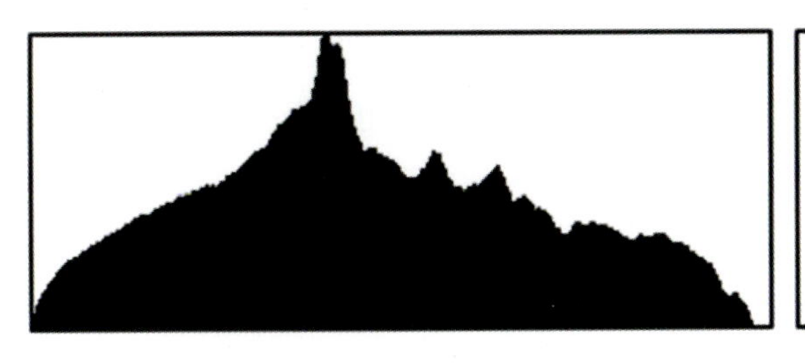
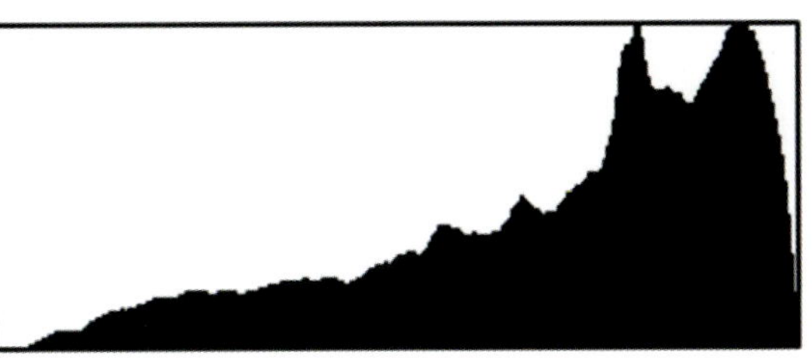

图 5.33 左图，直方图上的一个非常正常的、典型的影调分布。右图，一个向右曝光的例子，影调被推向了更高的曝光，但没有切割。

设备安装部门至少会设置 4×4 旗板（floppy）或其他遮光设备来防止监视器上的眩光。正如我们将要在“数字影像工程师手推车”一章中看到的，当在室外拍摄时，数字影像工程师通常会在安装在室外的帐篷里工作。

5.8.12 了解你自己并且了解你的机器

就像你要了解特定摄像机的特性和它们的反应一样，你也需要了解你自己的倾向。正如大卫·马伦所说：“最后，那句老话‘了解你自己’可以应用于曝光技术。我们知道我们是否有过度曝光或曝光不足的倾向，据此我们可以开发一种技术来把这一点考虑进去。”当你使用测光表、波形图、斑马纹或者你所用到的任何工具，通过了反馈循环之后，你设置曝光并在工作样片中观察结果，你需要了解什么在起作用，什么不起作用。你有让夜景曝光过度的倾向吗？或者是让日景曝光不足的倾向？无论你有什么倾向，都要从中吸取教训，下次拍摄的时候，带着你的自知之明回到片场。也许你总是以一种特定的方式来解释你的入射表读数，并且倾向于以一种稍微不同的方式通过波形来设置曝光。尽管有工具的准确性和数字技术的精确性（也许是虚幻的），确定曝光的过程从来不是一个简单、机械的过程，它总有人的判断的元素存在。有时“跟着感觉走”是一个很大的构成部分，尤其在一些非常规的曝光环境下。

5.9 黑魔摄像机的曝光建议

黑魔设计是达芬奇 Resolve 软件和几种摄像机的制造商，他们提供了以下针对其黑魔电影级摄像机和 4K 摄像机的曝光的看法。“为什么我的 RAW 格式拍摄看上去过曝了？回答：显示设置中的

100% 斑马纹水平可以帮助你调整曝光，以确保不使传感器过载并发生高光切割。它是基于全动态范围的黑魔电影级摄像机，而不是基于视频水平。为确保传感器不对图像中的任何部分进行切割，一个快速的做法是，把斑马纹水平设置为 100%，开大镜头光孔直到斑马纹刚刚开始出现，然后收小光孔，使斑马纹刚好消失。如果你的摄像机上安装的镜头有自动光圈设置，摁下自动光圈钮，摄像机会自动设置镜头的曝光光圈使得白峰值刚好处于传感器的切割点之下。”

“如果你是基于把 18% 的灰放置在 40IRE 的视频信号水平来对镜头进行正常曝光，那么你的对数图像在导入达芬奇 Resolve 软件时将看起来是正确的。但是，如果你想要获得摄像机传感器的最大的信噪比，你需要把曝光设定在让画面中的白峰值刚好在传感器的切割点之下。当一个视频曲线被用于预览时，这会导致你的对数影像看起来是曝光过度的，而且你认为安全的高光区域看起来就像被切割了一样。这是正常的，而且，所有的细节仍然被保留在文件中。如果在拍摄中场景有很大的反差范围，对数影像可能看起来很好，而且不会显得曝光过度。”

“拍摄 RAW/ 对数格式可以获得很大的动态范围，但是，当你使用兼容的应用程序打开 CinemaDNG 文件时，你可能只能以更有限的视频范围来观看影像。如果摄像机没有基于 18% 的曝光原则或按其他与视频相关的曝光指南来曝光，则根据场景本身的动态范围 RAW 文件可能看起来会曝光不足，但好消息是你的镜头并没有丢失任何信息。根据你所拍摄的场景的反差范围，你可以创造性地调整 DNG 文件的曝光设置，以满足你想要的外观，例如使用达芬奇 Resolve、Adobe Photoshop 或 Adobe Lightroom 等软件。若要恢复未在软件中显示出的高光信息，请使用 RAW 图像的设置并调整曝光值，以便使你需要的细节适合在视频范围之内。将你的镜头曝光在传感器的切割点之前，确保你获得最佳的信噪比，以使你在后期制作过程中获得最大的灵活性。”

“或者，你也可以通过 LCD 使用视频的动态范围预览的方式来作为你曝光的基础，这样即使没有灰卡你也不必为曝光担心了。以这种方式曝光的镜头在导入到后期软件中时看起来将是一样的，并且只需要很少的曝光校正。”

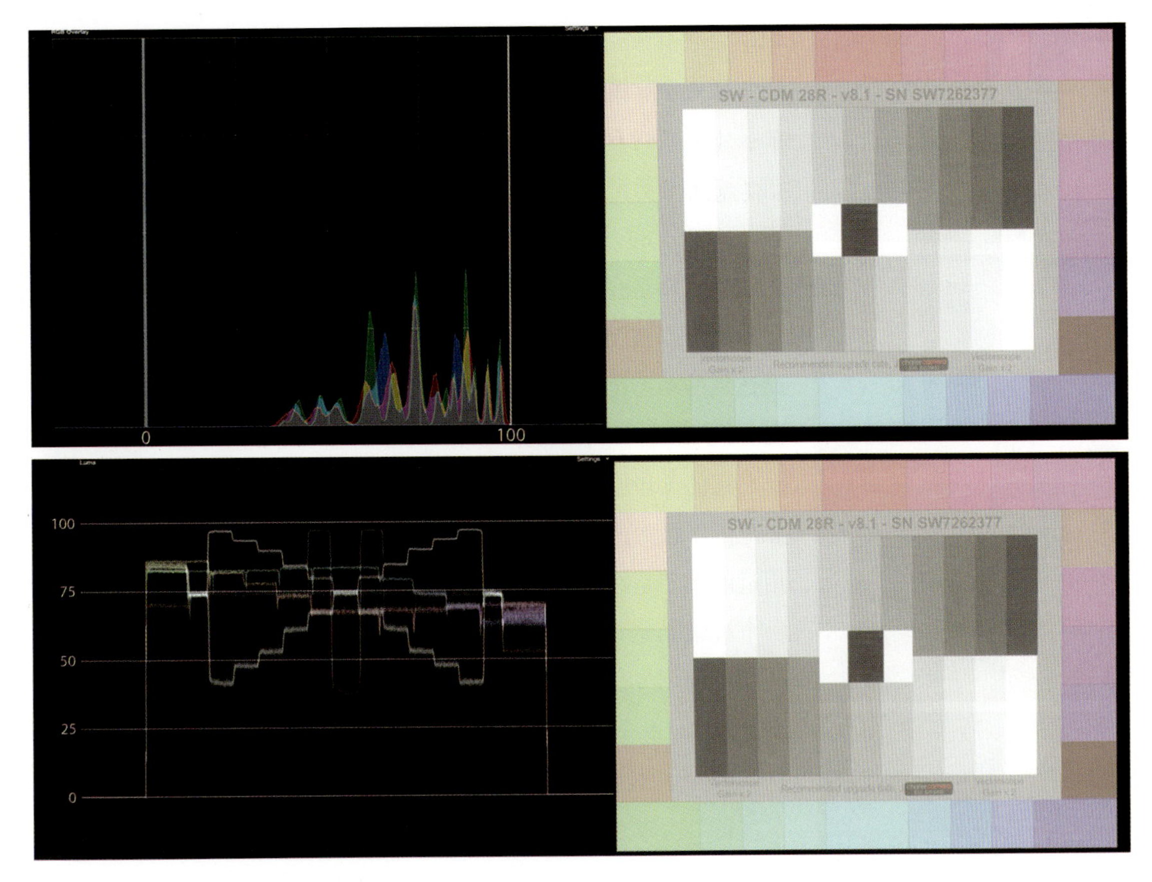

图 5.34（上） 一个“向右曝光”的例子在直方图上的显示。测试卡看起来像是“毛掉”了而且饱和度很低，但实际上没有物体被切割，所以后期校色阶段可以找回正常的亮度值。当然危险也是很明显的，轻微的曝光增加就会导致有物体被切割。

图 5.35（下） 同样的“向右曝光”的画面显示在示波器上。在高光部分很危险地靠近切割点的同时，所有暗部值都被提高了，这样就远离了噪波。

色彩校正中的量程处理

多年来，后期制作专业人员开发了许多不同类型的技术和硬件以处理图像，特别是调整颜色和曝光。随着图像制作进入数字领域，我们获得了一些更快捷甚至更强大的用以调整曝光和颜色的工具。这些数字技术仍在继续增长和扩展着。使用这些方法控制影像将在本书后面的章节“影像控制和色彩分级”中介绍。正如我们将要看到的，这不仅是为了让单个的镜头看起来很好，还在于建立同一场景之内以及跨越整个影片的曝光和色彩的一致性。无论摄影指导在曝光和色彩控制方面多么小心，都不可避免地需要在后期进行一些调整。电影摄影师们非常重视将这种调整的需要保持在最低限度，这样就可以将宝贵的色彩校正时间更多地用于该项目的艺术和叙事目的。

5.10 高动态范围 HDR

在户外拍摄时，可能经常遇到反差很大的情况，特别是如果画

图 5.36（顶） 一个正常的“正确曝光”的画面在深影中或高光中留下的细节很少，这对于亮度的两端是一个不公平的平均值。

图 5.37（向下第二） 曝光过度的画面能看到阴影。

图 5.38（向下第三） 曝光不足的画面保留了高光的细节。

图 5.39（底） 当把它们结合为一张高动态范围影像时，产生了一个具有充足动态范围的、能与原始场景相匹配的画面。

面中包含有天空或非常明亮的区域时，比如积雪覆盖的山。在黑白图片摄影中，安塞尔·亚当斯发展了一种通过改变负片的化学显影的技术来对付这种情况。但是当拍摄彩色胶片时有些技术就不再适用了。随着数码相机的出现，图片摄影师开发了一种叫作高动态范围（HDR）的方法。摄影师们发现，如果针对一个场景不是只拍一张照片，而是在不同的曝光下拍摄同一场景的几张照片，那么它们之后就可以被结合在一起，生成一张动态范围远远超过一张照片所能达到的动态范围的照片，即使对最好的图像传感器也是如此（如图 5.36 至图 5.39 所示）。

它的工作原理其实非常简单。假设我们面对的是一个反差（动态范围）极大的场景：从非常黑暗的物体到非常明亮的物体。一个用过的例子是在同一个场景内，在一个洞穴口有一只黑豹，附近是一个被阳光充分照射着的白色大理石雕像。使用点测表测量其亮度范围是非常巨大的。为方便起见，我们假设其范围是从 f /1.4 到 f /128——这是一个难以置信的大范围。任何视频传感器，甚至任何胶片都不可能装得下这么大的亮度范围。但是你可以在 f /1.4 下进行一次曝光，这样可以得到一张使豹子在深阴影下暴露出来的画面——这张画面上的大理石雕像当然是严重曝光过度的。接下来，你可以尝试一张使用 f /128（实际上，你可能需要改变曝光时间，因为接近 f /128 的镜头是非常罕见的）曝光的画面——这张画面当然对大理石雕像是曝光正确的，但豹子则会变成没有任何细节的纯黑。

在照片软件中，结合这两张照片几乎是微不足道的工作。结合拍摄，两个极端都有很好曝光，因此，你就得到了一张拥有极大动态范围的照片。然而，这也同时产生了一个麻烦，显然，你必须处理中间的物体：中间调，这两个为极端而曝光的画面都不能正确地再现场景中处于曝光范围中间的部分。没问题：它是很容易通过采取额外曝光来填补的。拍摄日落的风光摄影师面对天空（天空中的亮度很高）和前景中的黑暗景观（通常是非常低的亮度值）通常需要四次、五次或更多的曝光才能覆盖整个范围。在本例中我使用光圈曝光来举例子是为了说明的方便，实际上，更好的方法是改变快门速度，因为光圈会改变景深。

这种方法的其他方面的局限性对于电影拍摄而言不需要太多的

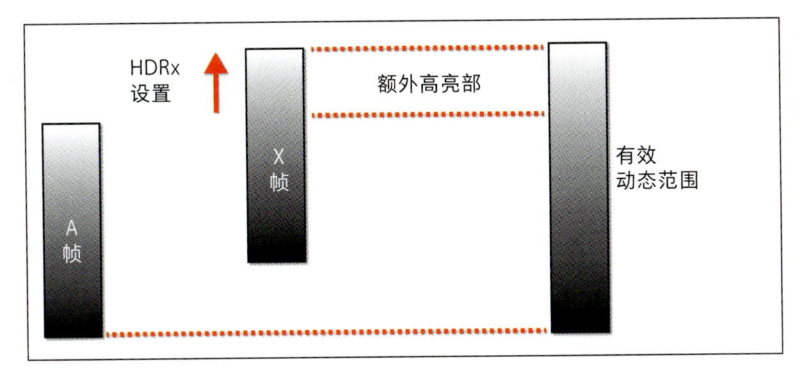

思考就能揭示出来：如果主体是移动的（例如物体或动作中的人），那么对同一场景进行多次曝光是不实际的。在两次曝光之间的短短的几分之一秒钟内，它们会稍微移动，甚至是明显地移动，从而导致图像的模糊。

5.10.1 HDRx

Red 公司的 HDRx（如图 5.40 至图 5.43 所示）不是一种单独的文件格式，它的每帧画面集成了两幅图像：一次正常曝光和一次曝光不足的同一构图的捕捉，以保留更多高部细节。它们在诸如 RedCine-X Pro 之类的软件中被处理在一起。第一个正常曝光的画面被称为 A 帧，第二个曝光不足的画面被称为 X 帧。按照 Red 公司的说法，“它的工作方式是，标准的、运动着的摄像机只能记录一次画面的时间间隔内，它记录两次曝光：第一次曝光是正常的，使用标准的光圈和快门速度（A 帧），第二次曝光是典型的针对高光的保护，使用一个可调的、跨度在 2 至 6 挡的更快的快门速度（X 帧）。比如，如果 A 帧是以每秒 24 格且快门速度为 1/50 秒曝的光，那么 2 挡的 HDRx 参数会导致 X 帧是以 1/200 的快门速度曝光。”然后这两个画面需要合并，每一个画面在最后镜头中使用的百分比也需要是可变的。因为由于所使用的快门速度不同，两个画面之间的运动模糊程度会有不同，所以有必要调整镜头中明显的模糊。这项功能可由 Red 公司的软件 RedCine-X 来提供，被称为 Magic Motion。其允许用户查看这两个帧的混合，并调整它们之间的比例，从而适应不同的情况。图 5.43 显示了该项功能所能获得的菜单选择。

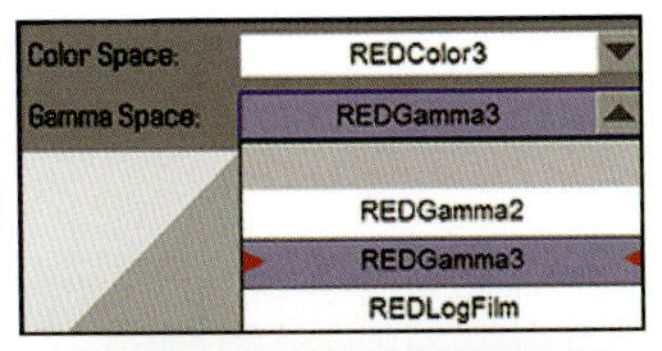

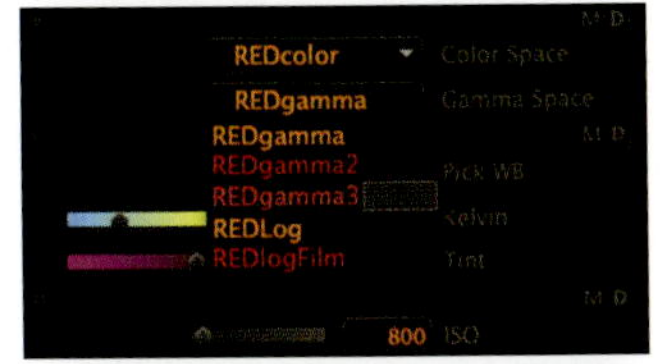

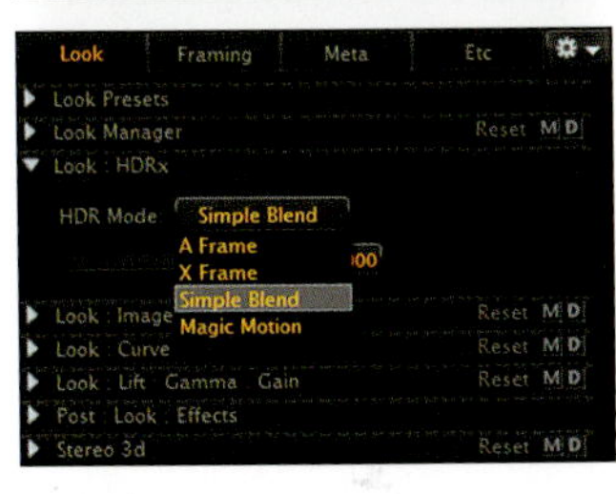

图 5.40（左） 一个关于 Red 公司的 HDRx 如何工作的图示。

图 5.41（右上） Red 摄像机针对伽马和对数曲线的菜单选项。

图 5.42（右中） RedCine-X Pro 软件中相同的伽马和对数选项。

图 5.43（右下） RedCine-X Pro 软件包含的针对使用 HDRx 时的菜单选项，包括 Magic Motion。它用来控制 A 帧和 X 帧的混合。

第 6 章

数字色彩

digital color

色彩既是一个强大的艺术和叙事工具，也是一个复杂的技术学科。和大多数艺术工具一样，你对它的技术方面的理解越好，你就能更好地利用它为你的创作目的服务。尽管我们将深入研究颜色的科学和技术，但重要的是不要忽视这样一个事实，即这一切都归结于人类的感知——眼睛 / 大脑的组合以及其如何解释进入人眼的光波，这是我们在这一领域所做的一切的基础。至于技术，千万不要忘记，当涉及实现你的艺术和工艺目标时，任何事情都会发生。你永远不会受到某些"技术人员"的要求的限制，当然，除非忽略这个技术方面会干扰你最终想要达到的目标。

图 6.1（上） 人眼中三种锥体细胞的灵敏度曲线。黑线是柱状细胞的响应曲线。

图 6.2（下） 锥体细胞灵敏度曲线的色彩混合显示：红绿混合形成了黄的感知，蓝绿混合形成了青的感知。

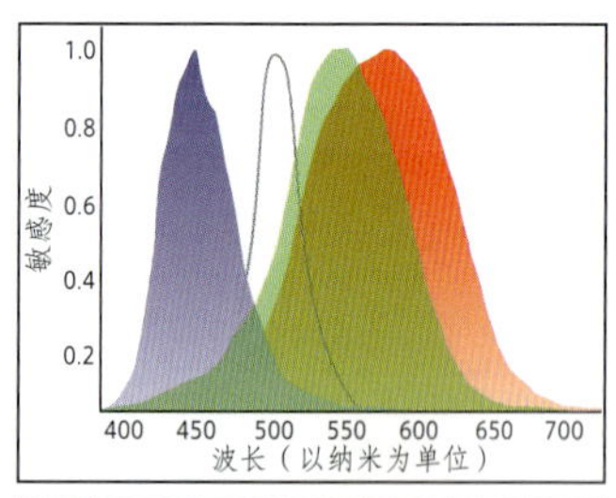

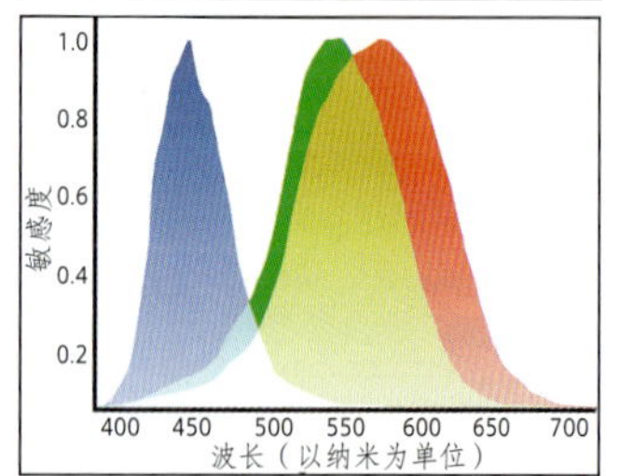

6.1 视觉界面

眼睛和大脑在视觉感知方面是一起工作的，但让我们从眼睛的生理开始——了解它本身是很重要的，而且它也会给我们一些关于成像系统是如何工作的线索。眼睛有作为受体的细胞，其作用方式与视频传感器的工作方式非常相似。首先了解一些基本术语。我们用以描述光的主要特性是波长，它以纳米（十亿分之一米或 10^{-9} 米）来计量。

人眼有两种基本类型的受体细胞：柱状细胞（rod）和锥体细胞（cone）（如图 6.1 所示），它们服务于两种类型的视觉，暗视觉（scotopic）和明视觉（photopic）。暗视觉（柱状细胞）适合于弱光环境。这些细胞在以 498 纳米（绿色－蓝色）为中心的波长范围内最敏感，这意味着暗视觉在颜色感知上非常差。

视网膜中的明视觉细胞做大部分的色彩感知工作，它们的功能发挥大部分在正常的光照条件下进行。就像视频传感器一样，它们有三种类型，每一种对不同波长的光敏感。从技术上讲，它们对长、中、短波长（LMS）的光敏感，通常分别被称为红、绿和蓝的受体。因为我们的人眼有在不同的光线水平下工作的两个视觉系统，加上我们还有一个虹膜（瞳孔），它的功能和摄像机镜头的光圈完全一样，所以人类的视觉感知可以拥有一个在亮度水平上非常大的动态范围，就像我们在“线性、伽马、对数”章节中所说的那样。

艾萨克·牛顿爵士（Sir Isaac Newton）是色彩理论的开创性人物。他在剑桥大学的房间的窗户上开了一个小洞，放了一个棱镜，这样阳光就被拦截了。投射到白色目标物上的图案是熟悉的“彩虹”色系：红色、橙色、黄色、绿色、蓝色、靛蓝和紫罗兰，这很容易被助记符罗伊·G. 比夫（Roy G. Biv）[①] 记住。然而，就像冥王星（前行星，不是卡通狗）一样，靛蓝不再是官方认可的色彩，所以现在是 Roy G. BV。[②]

正如图 6.2 中所暗示的，色彩最有趣的事情之一是当我们混合它们时会发生什么。我们可以选择三种“原色”，这些色彩恰好与锥体细胞的敏感度基本一致，通过混合就可以产生任何其他色彩。在光的语境中，这被称为加色原理（减色原理应用于颜料，如绘画、印刷和色彩滤镜），加色原理中的原色是红色、绿色和蓝色。

① “Roy G. Biv”的每一个字母依次是红、橙、黄、绿、蓝、靛、紫英文单词的首字母。彩虹掠夺者（Roy G. Bivolo）是美国漫画书中出现的一个虚构的超级反派人物。详见：https://en.wikipedia.org/wiki/Rainbow_Raider 以及 https://en.wikipedia.org/wiki/ROYGBIV。

② 冥王星（Pluto）以前被视为行星，后被划出行星范围，归入矮行星。迪士尼经典卡通狗角色以“Pluto”命名，国内通常译为“布鲁托”。

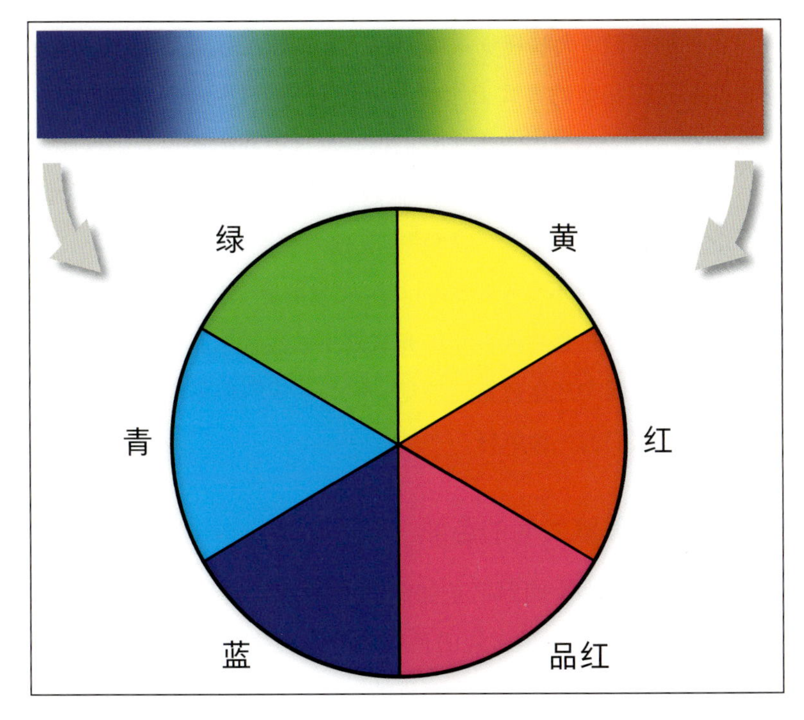

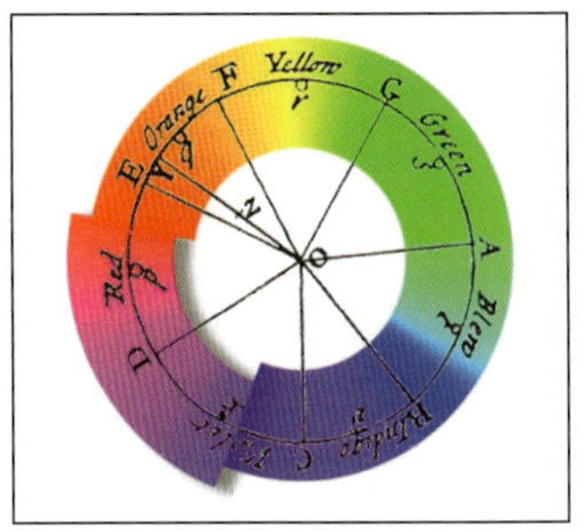

图 6.3（右） 牛顿的原始图（加上了颜色）。请注意，他是如何区分于其他颜色来显示品红色的。

图 6.4（左） 牛顿的创新之处在于把光谱转换成一个圆。请注意，色环有品红色，即使它没有出现在光谱上。二级色青色和黄色是它们两边的光谱原色的混合物，而品红色是光谱两端的红色和蓝色的混合物。

图 6.2 显示了长波（红色）、中波（绿色）和短波（蓝色）的混合。红色和蓝色的混合会产生品红色，蓝色和绿色的混合会给我们带来青色（也称为蓝绿色）——这是显而易见的。这些是我们混合纯原色时得到的二级色。根本就不明显和直观的是，当我们把绿色和红色加在一起时，结果是黄色的。显然，有各种各样的红色不是“纯”红色——在 620 到 680 纳米之间这个区域里有许多色彩级别。

6.1.1　牛顿色环

牛顿在色彩科学上的另一贡献是他发明了色环（如图 6.3 所示）。光谱是线性的，大约从 380nm 到 780nm。1666 年左右，牛顿提出了把光谱弯曲成一个圆的想法。这种色环使原色和二级色的关系更加清晰，而且它还有另一个有趣的特征：为了让这个色环工作，有两种颜色并不真正“属于”在一起：蓝色和红色在线性光谱上彼此相距很远，在色环这里它们是邻近的。在它们中间是它们的混合色，品红色，而你应该注意到了品红色并没出现在线性光谱中。在色彩术语中，线性光谱上的色彩称为光谱色。在图 6.4 中，你可以看到，它指出了这些非光谱的颜色，品红色在某种程度上不同于其他颜色。

6.1.2　是什么导致了“色彩”

我们的眼睛 / 大脑视觉系统、胶片乳剂和视频摄像机在形成色彩方面都是以相似的方式工作的：它们仅仅通过混合三个原始的输入就创造了全部的光谱范围。我们很容易理解我们如何看到这些原色：蓝光进入眼睛，感蓝锥体细胞做出反应并向大脑发出电脉冲，这个电脉冲被大脑解释为“蓝色”，其他两种原色也是如此。然而，称其为“蓝光”并不是很准确的。组成光的光子本身并没有颜色，它们只有波长。正是不同波长的光碰到了人眼视网膜上的受体细胞时，从而在人脑中产生色彩的感觉。混合生成的色彩也是如此——这是大脑对它们的一种解释。

6.1.3　一种大脑发明的色彩

但是这里有一个问题：正如我们所看到的，品红色根本没有出现在光谱上，它不是彩虹的色彩之一。在牛顿色环上，我们可以看到它是由红色和蓝色混合而成的，这很容易通过混合红光和蓝

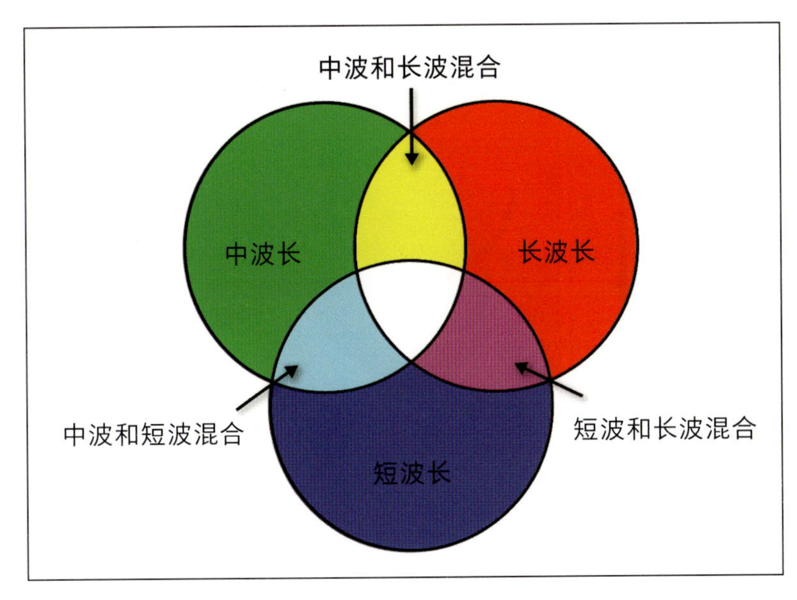

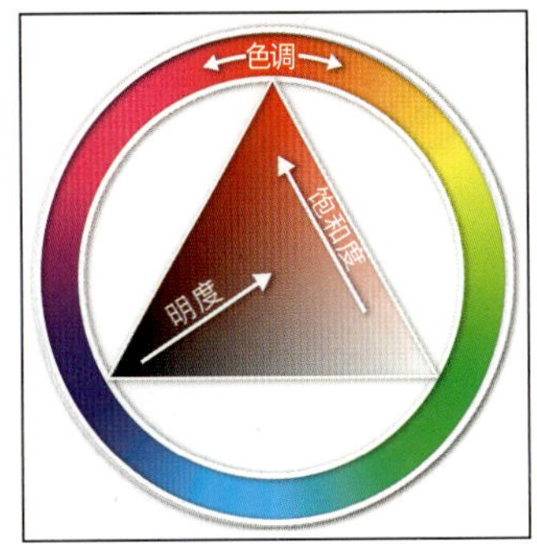

图 6.5（右） 色调，大多数人认为的“色彩”是以色环的圆周来度量的。明度，从暗到亮（这里以红色为例），饱和度是“彩度”——高饱和度是非常浓的颜色，低饱和度是淡色。

图 6.6（左） 基本色环显示原色：长波长（红色）、中波长（绿色）和短波长（蓝色），以及二级色，它们由两种原色等比例混合而成。

光来证明。然而在光谱上，红色和蓝色处于相反的两端：红色是长波，蓝色是短波，两者之间是绿色。那么我们在哪里得到品红色，也就是人们通常所说的紫色？答案是大脑发明了它。当受光的感红和感蓝锥体细胞的数量大致相等时，它们发送给大脑的信号就会被解释为品红色。从白光中去除绿色也会出于同样的原因而产生品红色。

这是否意味着品红/紫色是一种“想象的”色彩，因为它是由我们的大脑“发明”的？正如一位精神病学家曾对他的病人说：“这一切都在你的脑子里。”答案是否定的，为此，我们需要理解什么是色彩的定义。如果人类看不见，那它就不是色彩。有些东西我

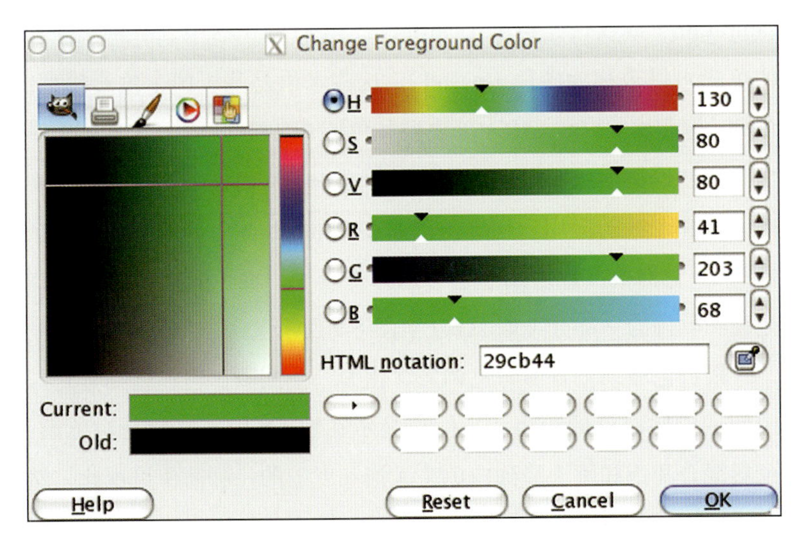

图 6.7 图形软件中典型的色彩选择工具——色彩可以通过色调/饱和度/明度的组合来选择，或者通过混合不同数量的红色/绿色/蓝色来选择。

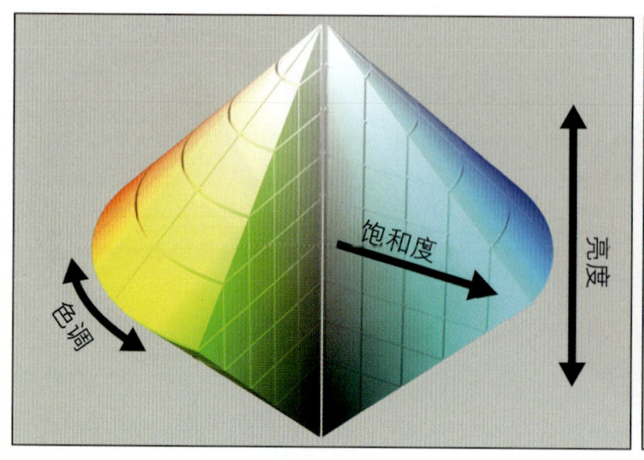

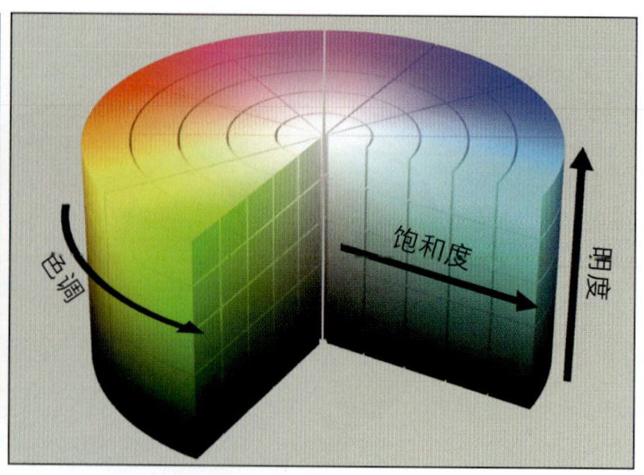

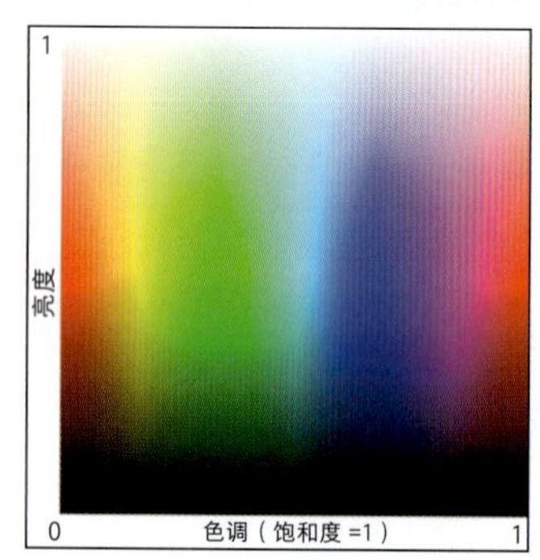

图 6.8（上） 两个略有不同的色彩模型。右边是色调 / 饱和度 / 明度模型，左边是色调 / 饱和度 / 亮度模型。

图 6.9（下） 色调 / 饱和度 / 亮度模型的二维表示。

们称呼它们的名字听起来像色彩，但不是，比如紫外线和红外线。在色彩科学的术语中，紫外线和红外线不是色彩，因为人类看不到它们。也许一只蝴蝶可以看到它们（蝴蝶在动物界有着最广泛的色彩感知能力），但我们并不会为蝴蝶制作电影。色彩之所以是色彩，是因为我们看得到它们。

在理解视频中的色彩的过程中，我们将利用图解的方法来看它们如何表演，并分析光谱色和品红色（人们也称之为紫色）这样的非光谱色。在这种上下文关系中，紫色和品红色的变化是一样的。

6.1.4 色彩术语

正如我们在“测量”一章中所提及的，我们通常所说的色彩一词的更合适的术语是色调（hue），明度（value）是指一个色彩的亮暗程度，饱和度（saturation）则指色彩的浓淡程度（如图 6.5、图 6.6 所示）。在视频中，我们通常称后者为色度饱和度（chroma saturation）或仅仅是色度（chroma）。在日常生活中，一种不饱和的色彩可以被称为淡色（pastel）。这些术语是基于两个色彩模型：色调 / 饱和度 / 明度（HSV）模型和色调 / 饱和度 / 亮度（HSL）模型。这些模型广泛应用于计算机图形学中，有时还会出现在处理视频流或单个帧的应用软件中（例如在 Photoshop 中调整一个或多个帧时）。它们被广泛应用于色彩选择工具中，而色彩选择工具始终是视图软件的一部分（如图 6.7 至图 6.9 所示）。

根据色环，很容易将色调概念化为一个圆圈，饱和度则是它与中间的中性白色的距离。它们被显示在图 6.8 中，这只是对色调、色彩混合和饱和度下降到白色（无饱和度）的一种简单可视化，然而它并没有显示出明度 / 亮度下降到黑色。这对于说明和图示色彩模型是一个普遍的问题，因为它们应该有三个重要的轴，这在纸张的二维空间上是很难呈现的。所有三个维度都显示在 HSV 的圆柱体和 HSL 的双锥体中，但这些只是快照视图——我们只能从一侧看它，这意味着图的重要部分被隐藏了。

6.1.5 白色在哪里?

色环向我们展示了颜色的大部分重要属性（如图 6.6 所示）。我们知道白色是所有色彩的等比例混合，那么白色的精确的科学定义是什么呢? 嗯，令人惊讶的是，至少在视频方面，真的没有。白色是一个有点需要回避的概念。你可能已经遇到这个问题很多次了，可能没有太多的考虑——为何每次你要对摄像机进行白平衡调整。比方说，你正在拍摄一些我们知道是白色的东西，比如柯达中性灰卡的背面，它是被精心制作成真正的中性白色的。我们明明知道它是什么意思，为什么我们必须要摆弄摄像机才能把它拍摄出像我们在现实生活中看到的那样呢?

因为白色在视频上的外观在很大程度上取决于场景的照明——这只是“我们给了灰卡以什么样的照明”的一个花哨的术语。我们遇到的照明情况可能是千变万化的，但最常见的是我们都知道的三种情况：日光、钨丝灯或荧光灯。除了钨丝灯有明确的定义和大部分的常量，其他的灯光照射下所形成的颜色都只是近似值。毕竟通过简单的观察就可以知道，“日光”一整天都在改变颜色：晨曦时更多的是品红色，中午的光线根据你所在的城市或国家变化很大，在日落时，太阳的光实际上是钨丝灯的颜色。这就是为什么在拍摄胶片时，针对魔幻时刻的拍摄，我们往往会选择“丢弃 85”（lose the 85），85 即雷登 85 校色滤镜，当使用灯光型胶片在室外拍摄时使用它可以得到正确的色彩平衡（如图 6.10 所示）。因此，让我们定义其中的一些术语，并试图更好地对付白色的概念，以及我们如何在拍摄和后期制作中处理它。

6.1.6 色温：平衡

让我们更深入地提一个问题——什么是日光? 它不是太阳光，因为在地球上看到的太阳往往会偏暖[①]，它也不是天光，天光是非

① 在外太空看到的太阳光是白色的，这也是它真正的颜色，之所以我们在地球上看到的太阳偏黄，是由于地球的大气层不容易散射掉像红色、橙色和黄色这样的长波光，所以我们更多地看到了太阳所发出的长波光，导致在地球上看到的太阳偏暖。

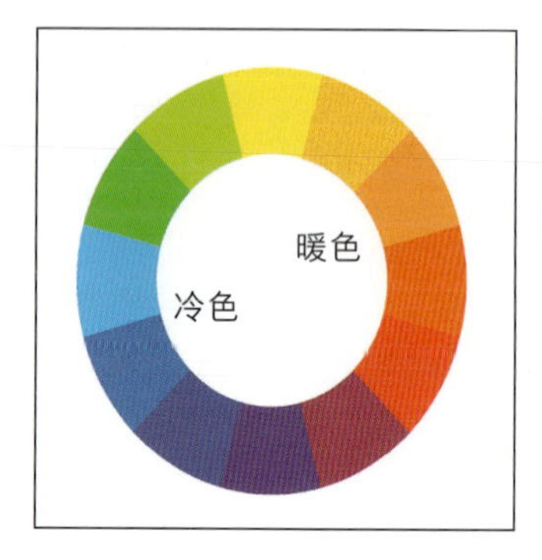

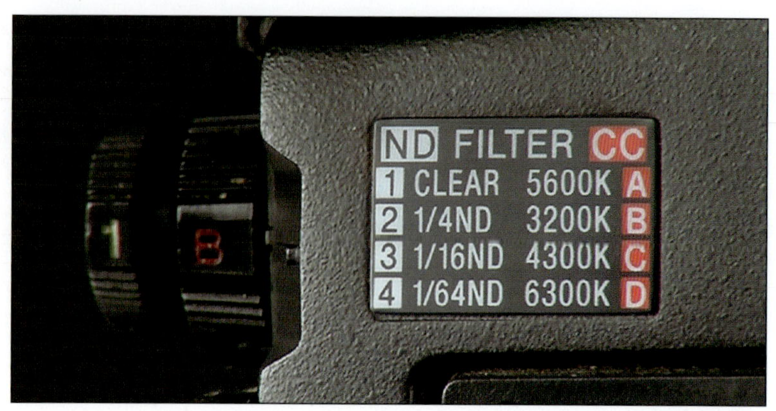

图 6.10（右） 索尼 CineAlta 摄像机上的滤镜拨轮。共有两个拨轮——以 1 至 4 标记的灰镜轮和预置标记为 A、B、C、D 的校色轮。在这种特定的摄像机上，两组滤镜都是实际的玻璃滤镜，并且可以通过旋转交替放置在传感器前面。在许多其他类型的摄像机上这些功能是通过电子手段来完成的。

图 6.11（左） 暖色和冷色。这是一种心理学现象。就物理学而言，蓝色的色温比红色“热”（开尔文数值更高），但这与我们对颜色的知觉反应没有什么关系。

常蓝的，它是两者的结合。对日光的定义是一种有点人为化的标准。20 世纪 50 年代，有人在中午时分拿着色温表走到华盛顿国家标准局（Bureau of National Standards）门前的草坪上，确立了这一标准。他们确定日光的色温是 5 600K。单位是 K，代表开尔文（Kelvin），而摄氏温度的符号“°”不与开氏温度的“K”一起使用。

许多人认为这个量化标准是由开尔文勋爵发明的，但实际上只是以他的名字来命名的。开尔文刻度使用与摄氏刻度相同的单位，不同之处在于摄氏刻度把水在冰点处的温度定义为 0 度，而在开尔文刻度上，0 点是绝对零度，相当于-273℃或华氏-459℉。好吧，但为什么在我们讨论的主题是色彩时我们要谈论温度？一位名叫马克斯·普朗克（Max Planck）的人发现黑体①（black body，可认为是黑色的金属片）的颜色会随其温度的变化而改变，他因此而获得了诺贝尔奖。如果你把一个黑体散热器加热到 3 200K，它的颜色将变成和我们在电影制作中使用的灯泡一样的橙色。换句话说，开尔文标度是对我们平时所使用的感性术语如“红热”“白热”等的量化应用。有趣的是：较低的温度会使颜色“变暖”，而逻辑上的感觉应该是让它更热才会使颜色“变暖”（如图 6.11 所示）。在这个度量系统中，日光的平均色温是 5 600K（如图 6.12 所示）。消费级摄像机（和大多数数码相机）除了日光和钨丝灯外，还有其他预置的白平衡选项（如图 6.16 所示）。这些通常包括开阔的阴影处（open shade），由于主要是更蓝的天光照射所以会偏冷调，这同样适用于阴天，在阴天偏暖的太阳光不是影响因素。

① 是一个理想化了的物体，它能够吸收发射到它身上的所有电磁辐射，而不会有任何反射和透射。

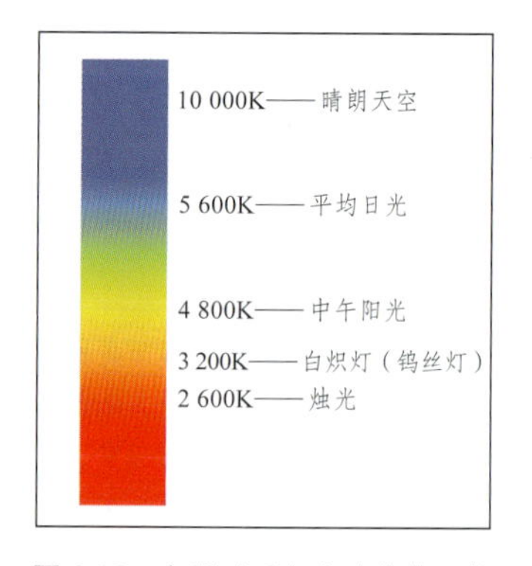

图 6.12 色温以开尔文为单位。较低的色温是红 / 橙色，较高的色温是偏蓝的色彩。

图 6.13　这个镜头完全是被蓝色的天光照明的。左图是摄像机把白平衡设定在对钨丝灯平衡，导致了画面严重偏蓝，所以看起来是不自然的。右图是同样的镜头但摄像机按照现场照明进行了白平衡调整的结果。

6.1.7　暖和冷

色温标尺的暖光的一端是一些类似家用灯泡、蜡烛和其他较小的光源。它们的色温大都在 2 000K 到 3 000K 的范围。所有这些都把我们带入了一个问题：当我们说“暖”或“冷”的色彩时是指什

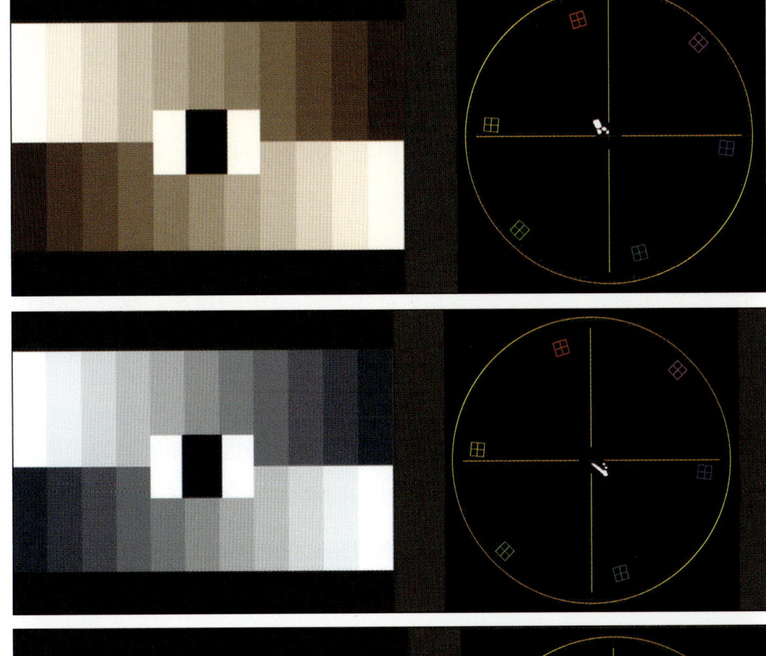

图 6.14　（上）一个中性的灰阶，色平衡向暖光倾斜。注意矢量图上的踪迹是如何被拖向红色 / 橙色方向的。（中）相同的测试卡但色平衡向蓝光倾斜，矢量图上的踪迹被拖向了蓝色方向。（下）灰阶呈现为消色平衡——在矢量图上呈现为中心的小圆点，这意味着根本没有色彩，即饱和度为零。

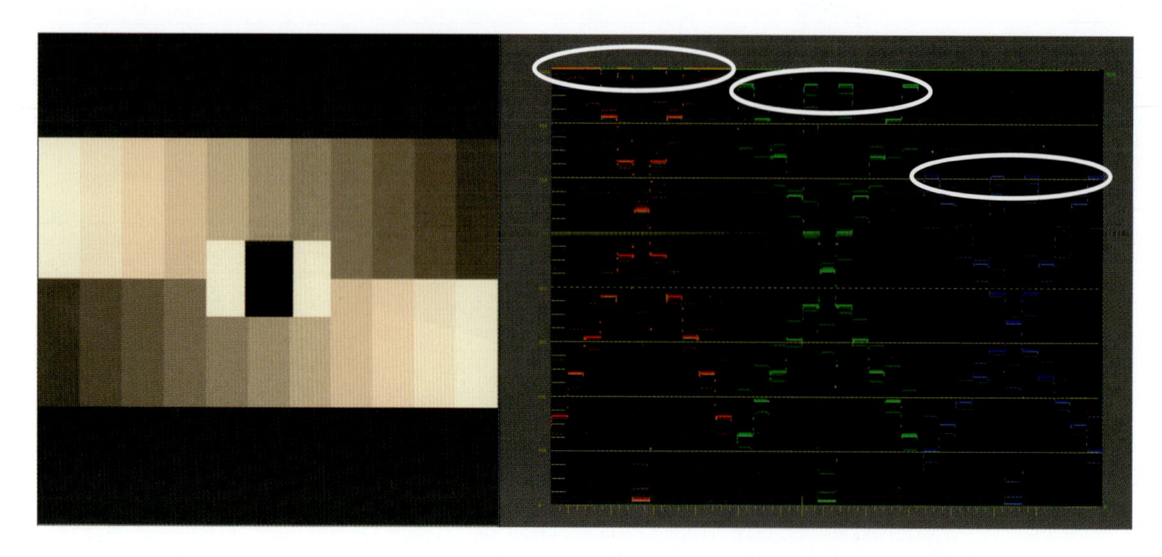

图 6.15 示波器上的并行视图清晰地显示出了对于中性灰测试卡的不正确的白平衡调整会导致它看起来是什么样子的。在波形上，红信号最高，绿信号略低于红信号，而蓝信号非常低（每个通道的信号顶端都用圆圈做了标注）。这就是为什么许多色彩专家和数字影像工程师都说“生与死都决定于并行视图”。

么意思（如图 6.13 至图 6.15 所示）？很明显，它与色温无关，而且事实上，它反倒是朝向相反的方向的。色温超过 5 000K 的色彩通常被称为冷色（蓝色的），而较低色温（大约 2 700K 到 3 500K）的色彩被称为暖色（从黄色到红色）。它们在色环上的关系如图 6.10 所示。黑体散热器的色温也在图 6.23 中进行了显示，它被称为黑体轨迹（black body locus）[1]，这意味着它是一个点的集合，而不是单一的个例。

色温是一个很有用的工具，但它不能告诉我们光源色彩的所有信息，尤其是它不能告诉我们光辐射中有多少绿色或品红色。这其中存在一个问题，因为许多现代光源的光谱中含有很多绿色，尤其对于肤色而言，它通常是一个非常令人不愉快的数量。这些光源包括荧光灯管、紧凑型荧光灯（CFL），甚至一些镝灯，所有这些都是通过电激发气体而发光的。

因为色温和绿色含量（以及它的补色品红色的含量）是光的两个不同的、彼此独立的属性，所以它们必须分开测量。由于这个原因，色温表都有两种单位的输出测量：一个是以开尔文为单位的色温值，另一个是以微倒度为单位的色温补偿（CC）。摄像机也会有类似的控制（如图 6.16、图 6.17 所示）。

正如你所看到的，什么是“白色”涉及很多方面，但我们的日

① 黑体随着其色温的变化，在色度图上的位置也会发生改变，这些不同点的组合形成了一条轨迹，称为黑体轨迹。连接这条轨迹的线称为黑体轨迹线。

阴影	日光	荧光灯	白炽灯
预置到 9 000K	预置到 5 600K	预置到 4 500K	预置到 2 800K
阴天	闪光灯	钨丝灯	
预置到 7 500K	预置到 5 500K	预置到 3 200K	

图 6.16 以开尔文（K）为单位的典型摄像机的预置色温值。

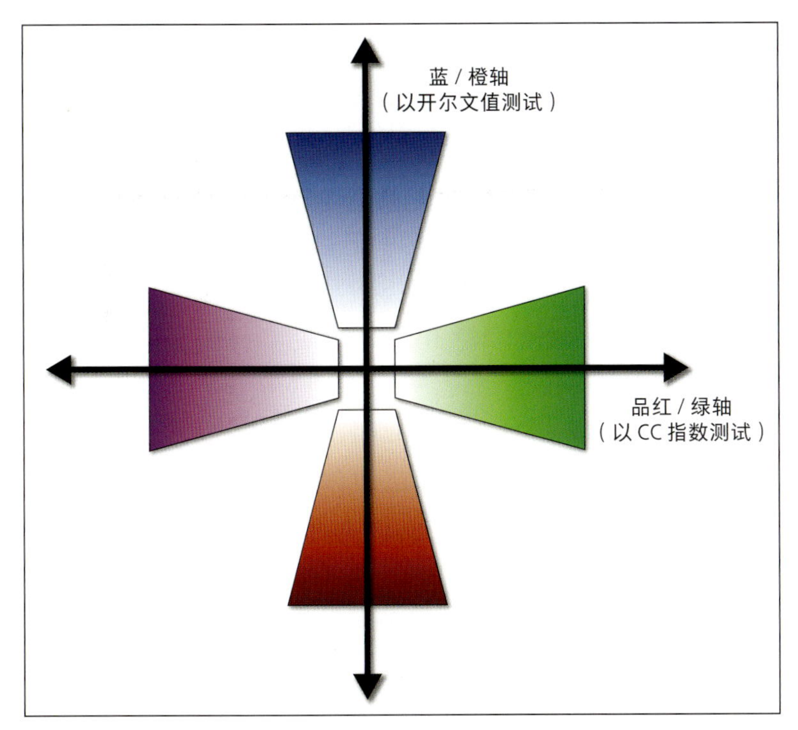

图 6.17　色彩的两个轴：红 / 橙－蓝和品红－绿。它们是完全分开的，必须单独测量，这就是为什么所有的色度表都有两种不同的测量：开尔文值和 CC（色彩校正）指数。

常经验是，在各种情况下，白色的东西都是白色的。在我们看来，一张白色的纸无论是在荧光灯照明的办公室里，在钨丝灯照亮的客厅里，还是在中午的阳光下，都会呈现出白色。这是因为我们的大脑知道它是白色的，所以是大脑把它解释成了白色。这一规律可适用于范围很广的有色彩的光源。当然，在单色光源的极端情况下，

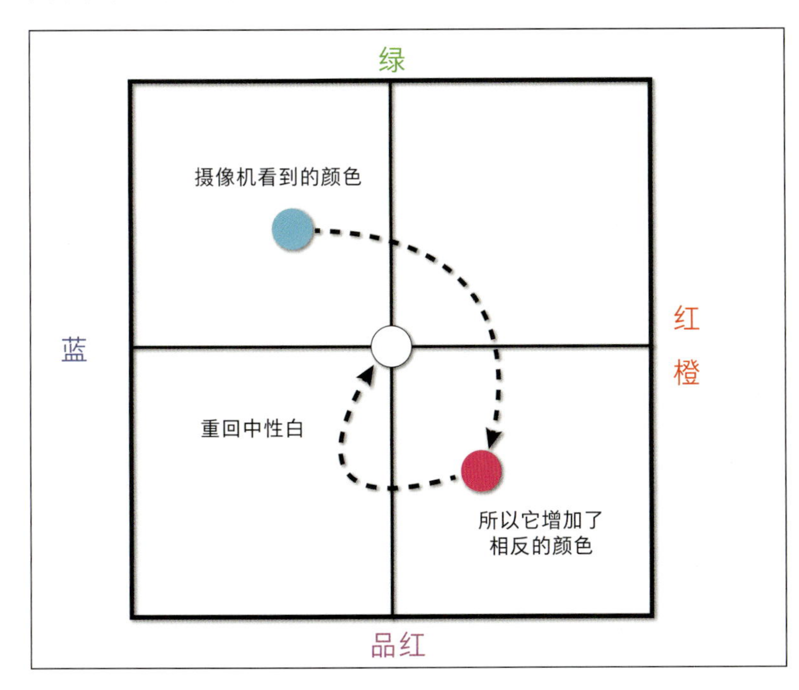

图 6.18　摄像机是如何实现自动白平衡的。注意，它在两个色彩轴上操作：绿－品红和蓝－红。在本例子中，摄像机“看到”场景被蓝 / 绿（青色）光所照明，这可能是一些典型的日光型荧光灯管。这就是为什么在白平衡调整时使用真正中性的白或摄影用的灰卡作为调白目标是很重要的——你希望摄像机只分析照明场景的灯光色彩，而不是场景中物体的色彩。

它也会被打破，比如纯粹的红光或纯粹的蓝光，在这种情况下我们看到的白纸就是光源的颜色。摄像机却没有人脑这样的适应能力：光照射在白纸上，它向摄像机反射什么光摄像机就记录什么光，仅此而已。因此，我们需要对摄像机进行白平衡调整。在过去的高清摄像机中，这种白平衡调整是要被“烧入”信号的。对于那些拍摄RAW格式的摄像机而言，白平衡则被存储在元数据中。图6.13分别显示了错误的和正确的白平衡调整。

许多摄像机都有预置色平衡值（如图6.16所示），但在拍摄现场使用手动白平衡通常更准确。视觉特效（VFX）人员会非常喜欢这种做法，因为他们经常不得不在拍摄现场人工重建照明环境。了解摄像机是如何做到这一点的是很有帮助的（如图6.18所示）。这是一个信号处理过程，传感器感觉到了照射过来的光的组成并通过“增加”（通过调整色彩通道的增益）其中占比少的光以使得白色重回中性白。传统的高清摄像机（甚至少量的拍摄RAW格式的摄像机）是通过调整三个色彩通道的增益来完成这项工作的。正如我们在“图像传感器和摄像机”一章中提到的，传感器有一个“原始”白平衡——它是这样一种白平衡状态，在这种白平衡下，信号有最小的增益（也就是有最小的噪波）。在拍摄RAW格式的摄像机中，摄像机内各个色彩通道的增益并没有改变（有些佳能摄像机除外），色平衡的调整被记录在摄像机中，但真正的改变发生在后期制作阶段或者在数字影像工程师手推车的调色阶段。

6.1.8 品红和绿的对比

我们更倾向于把色平衡的处理过程简化为钨丝灯和日光的对比，这可能是因为在拍摄电影胶片的时代，胶片制造商只制造了两种类型的胶片：灯光片和日光片。当在一个含有较多绿光的照明环境（比

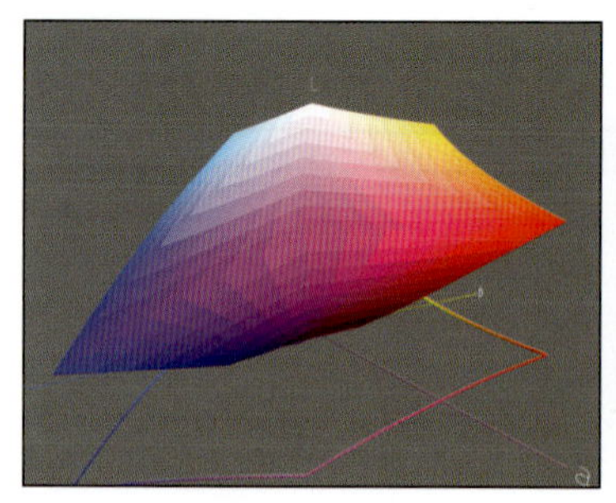

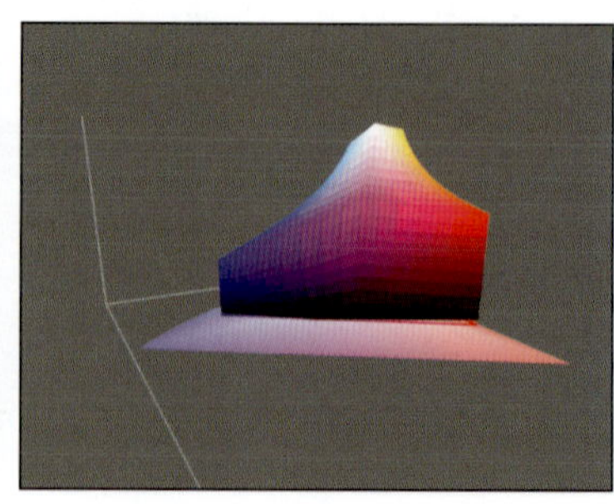

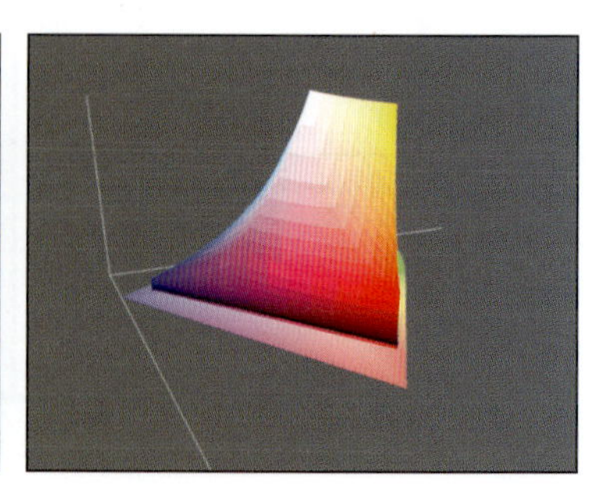

图6.19（左） L*a*b*色彩模型中的sRGB色域。

图6.20（中） CIELUV色彩模型中的sRGB色域。

图6.21（右） CIExyY色彩模型中的sRGB色域，CIExyY色彩模型是视频中最常用到的色彩模型之一。

如被荧光灯照明的办公室）中拍摄胶片时，我们只有几种选择：

- 关闭荧光灯，使用自己的灯重新照明。
- 在灯前加减绿（品红色）色纸。
- 在镜头前加减绿（品红色）滤镜。
- 拍摄灰卡作为参考并在后期配光中校正它。

你可以猜到，对于摄像机来说，这并不总是必要的。因为摄像机上的白平衡功能，更恰当地称为色彩中性平衡（尽管在许多情况下，改变照明仍然是最好的选择）能够消除图像中整体中性的白色外观的任何色彩偏移，而这显然不适用于有关色彩色调的创造性选择。这包括绿色/品红色的不平衡，以及红/蓝（日光/钨丝灯）的色彩偏移。然而，请记住，改变照明仍然是最好的选择，无论是创造性地改变还是要保持画面中要控制的元素。改变照明环境，尤其涉及由不同光源混合照明的情况，很少是仅仅为了获得机械的“好”的中性的外观。这个轴被称为色调、品红/绿轴或“CC”（意思是色彩校正）。

6.2 色彩模型

试图描述色彩，特别是使用一个图表来描述色彩，已经拥有很长的历史了。最早可以追溯到作家歌德，他是第一个试图构建一个完整的色彩体系的人。这并不是一件简单的事情，这就是为什么除了几十个已不再被使用的历史模型外仍有许多不同的色彩模型的原因。我们已经研究了 HSV 和 HSL 色彩模型，但还有其他与视觉和影像制作相关的模型（如图 6.19 至图 6.21 所示）。其中包括 L*a*b*、CIELUV、YUV 和 YCbCr，后者是我们在“数字影像”一章中提到的有关分量视频信号的。CIELUV 和 CMYK 一般与视频工作无关。CMYK（青、品红、黄和黑色 K）仅用于打印领域。还有一些其他的，比如孟赛尔（Munsel）颜色系统。

6.2.1 Lab 色彩

其技术上称为 L*a*b*（L 星，a 星，b 星），也被称为 CIELab，但

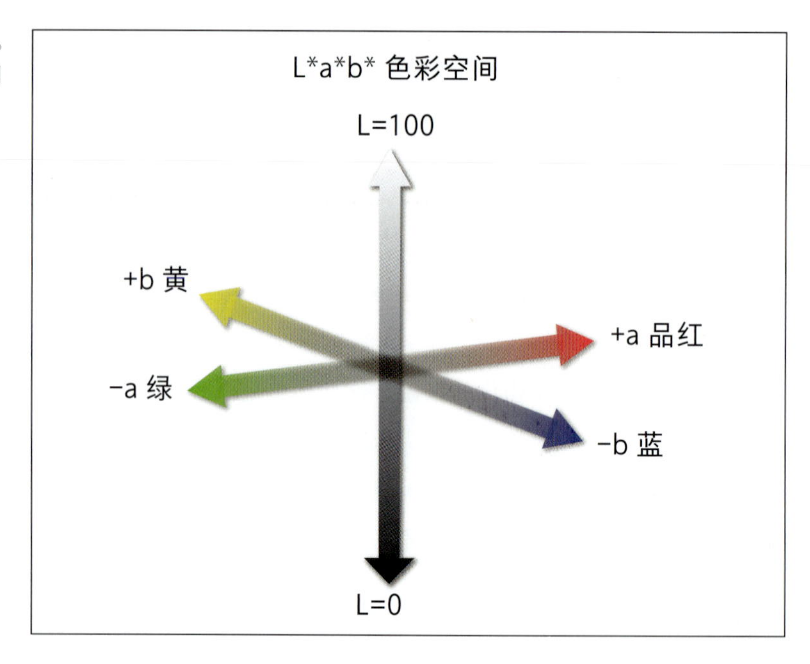

图 6.22 L*a*b* 色彩空间的图示。垂直轴（L）是亮度，a 轴是绿到品红，b 轴是黄到蓝。

通常只被称为 Lab 色彩。Lab 色彩空间有三个维度：L* 代表亮度，a* 和 b* 分别代表两个色彩分量维度。它是基于 CIEXYZ 色彩空间坐标的非线性压缩。它只能用三维视图来精确地表示（如图 6.22 所示）。

6.3 CIE 色度图

几乎所有的视频都是在 RGB（红色、绿色、蓝色）中获取和处理的。图 6.19 中使用了三个分别标有 X、Y 和 Z 的轴来代表 RGB，它是一个非常好的色彩模型，但它是纯粹理论上的。我们需要的是一个基于人类视觉感知的色彩模型。

这就是为什么在 1913 年成立了国际照明委员会（CIE，International Commission on Illumination 或法语的 Commission Internationale de l’Eclairage）。他们努力利用色彩科学的最新科学研究来制定色度学的国际标准。1931 年，他们公布了 X、Y、Z 色彩空间的正式定义，以及标准光源 A、B 和 C。D6500 光源是在之后的 1964 年添加的。

光谱轨迹

今天，在有关视频中色彩的讨论中，CIE 色度图随处可见（如

图 6.23、图 6.24 所示）。它是如此重要，以至于我们有必要对它进行详细的了解。首先是由各种色调组成的“马蹄”形状。这张图的曲线轮廓实际上是弯曲成马蹄形状的光谱。这个外边界称为光谱轨迹（spectral locus），它是纯光谱色在最大饱和度时的色调线。还需注意的是，不是所有色调都在同一水平达到最大饱和度。

在光谱轨迹所包围的区域内，是人眼能感知到的所有颜色。回想一下，色彩科学的一个原则是，如果人类的眼睛看不见它，它就不是真正的颜色。正如我们将要看到的，有时色彩科学会偏离这个边界，进入所谓的假想颜色或不可实现的颜色，但这些都是出于纯粹的数学和工程原因的考虑。

白　点

马蹄形的中间是一个白点（white point），所有的颜色混合在一起形成白色。这不是一个点，而是许多点，CIE 包括的几个白点称为标准光源（illuminant）。在图 6.23 所示的例子中，白点显示是 D65，这与和日光相平衡的光源照明的场景大致相同（理论上）。在美国，我们认为日光的平衡色温是 5 600K，然而北欧 / 西欧的天空往往略显蓝，所以他们的标准是 6 500K。事实上，每个城市和地区都有自己典型的环境色彩（ambient color）。如果你看到大师卡纳莱托[①]的关于威尼斯（意大利的威尼斯，不是加利福尼亚的威尼斯）的画作，然后参观这座城市，你会发现他画中典型的淡蓝色调实际上准确地代表了那里的色彩气氛。其他的 CIE 标准光源包括 A 光源（钨丝灯）、F2 光源（冷白色荧光灯）和 D55 光源（5 500K）以及其他几个光源。虽然没有统一的官方标准，但 D65 光源作为显示器白点的光源是使用最广泛的。

① 乔瓦尼·安东尼奥·卡纳莱托（Giovanni Antonio Canaletto，1697—1768），意大利风景画家，尤以准确描绘威尼斯风光而闻名。

黑体轨迹

靠近 CIE 色度图中心位置有一条曲线（如图 6.23 所示）被称为黑体轨迹，有时也称为普朗克轨迹（Planckian locus）。就在几页之前，我们讨论了用开尔文（K）来度量色温的方法。它源于理论上把黑体加热到越来越高的温度。当温度达到某一程度，它开始发红，然后变为橙色，黄白色，然后到达白热化，最后变为蓝色。黑体轨迹的曲线就是在色度图上画出的这一进程轨迹。

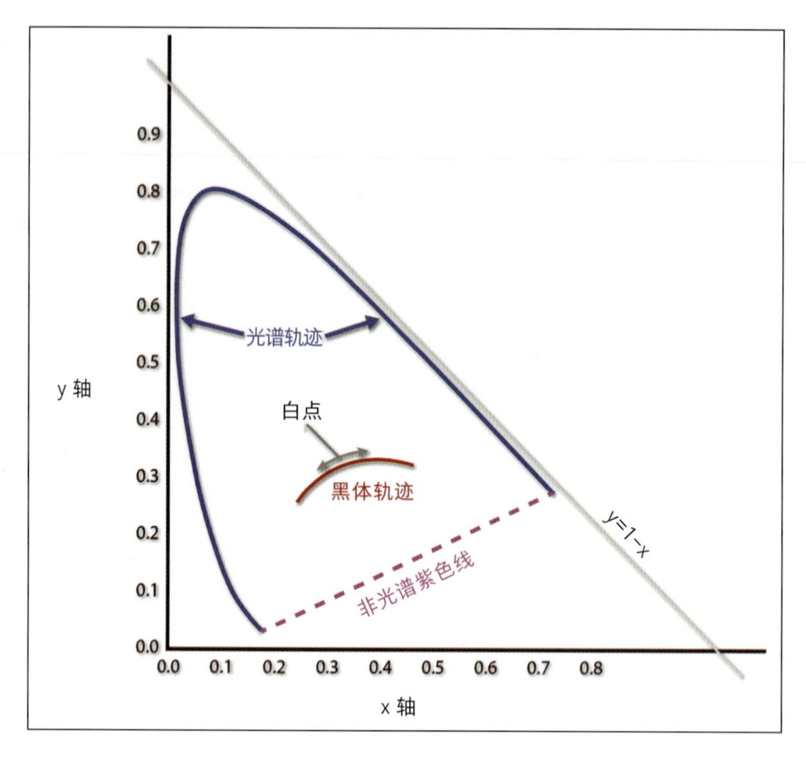

图 6.23 CIE 色度图中的骨架元素：马蹄形光谱轨迹、白点和黑体轨迹、非光谱紫色线和小 x、小 y 轴。请记住，因为这是一个二维纸面图，第三个轴不能显示：它是代表亮度的大 Y 轴。有关包含大 Y 轴的三维视图，请参见图 6.21，它也有许多基于场景照明的白点。

非光谱紫色线

沿着色度图底部的直线边界是图中一个特别有趣的部分：非光谱紫色线（line of non-spectral purples），通常称为紫色线。回想一下牛顿色环，它弯下身来连接起光谱的短波端（蓝色）和长波端（红色），从而形成了品红色及其变体——所有的紫色。这些色彩只有通过混合才能实现。图 6.23 还显示了 CIE 色度图的其他一些关键因素，包括 x 和 y 轴。大小写在色彩科学中很重要，所以许多实践者使用“大 Y”（亮度）或“小 y”（y 轴）来区分它们。

CIE 使用 XYZ 三刺激值，该值与人类视觉的光谱灵敏度相关，并在数学上把它们转换为 CIE 色度图中的 xyY。至于为何不使用 X、Y、Z 是数学上的原因，要想弄得很清楚需要比我们讨论本书内容拥有更多的技术知识（可参阅查尔斯·波因顿的专著《数字视频和高清：算法和接口》，第 2 版）。xyY 的数值也称为三刺激值。图 6.31 显示了其中的一个典型集合，它是从标准且被广泛使用的麦克贝斯色板（尽管它现在实际上称作爱色丽色彩测试标板，但业内通常还叫它的原名麦克贝斯色板）中测量出来的。

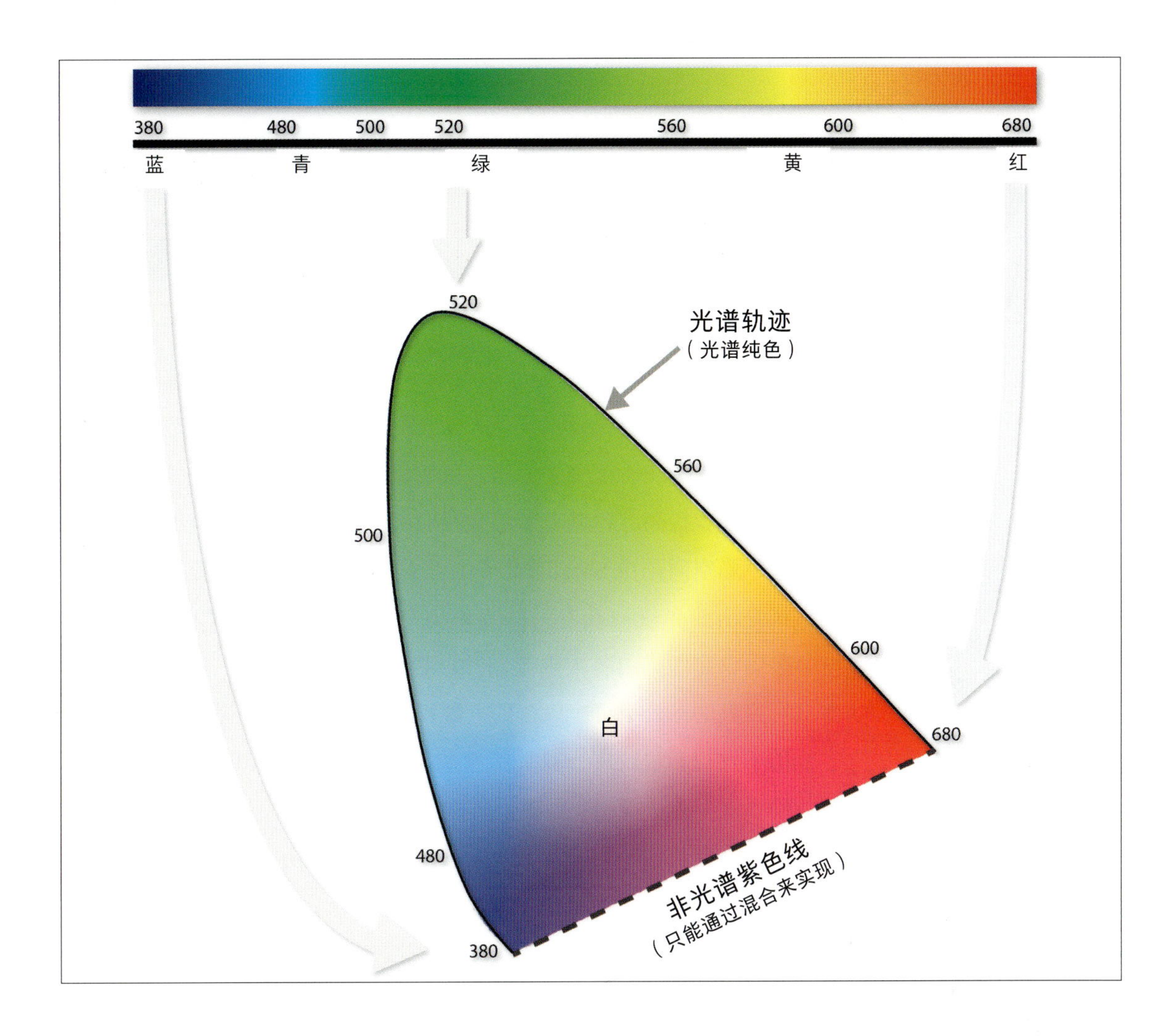

图 6.24 解剖 CIE 色度图。不像色环，它从光谱开始。光谱轨迹（马蹄形）代表最大饱和度的光谱色，当向中心移动时，饱和度下降。中心位置是所有的颜色混合生成白色的位置。底部是非光谱紫色（品红色）线，它不是纯光谱的，因为它们只能通过混合来实现——它们不出现在原始光谱中，就像彩虹中没有品红色一样。

使用这个系统，任何色调都可以用 x 和 y 两个数字定义。明显缺少的是大 Y 轴，即亮度轴。这是因为 CIE 色度图实际上是三维的，不能在二维纸张上完全描绘。要查看 Y 轴，我们需要三维地查看它（如图 6.25 所示）。我们又回到了我们之前遇到的同一个问题：三维视图只能部分地以二维图表的形式来查看。

6.4 色　域

CIE 色度图显示了人类视觉所能感知到的所有色彩，但目前还没有发明出任何电子（或光化学）方法可以表示所有这些色彩。也许有一天会出现在全像甲板（Holodeck）[①] 技术上，但现在还没有。因此，在马蹄形内，我们可以放置摄像机、监视器、投影仪或软件

① 这是一个模拟现实（simulated reality）系统。与虚拟现实系统不同的是，这个系统存在于实体世界，人不需要眼镜、触觉模拟器之类就可以与此系统中的物体互动。其主要有光影系统，负责远景，和物质生成系统，负责生成人接触和看到的东西。

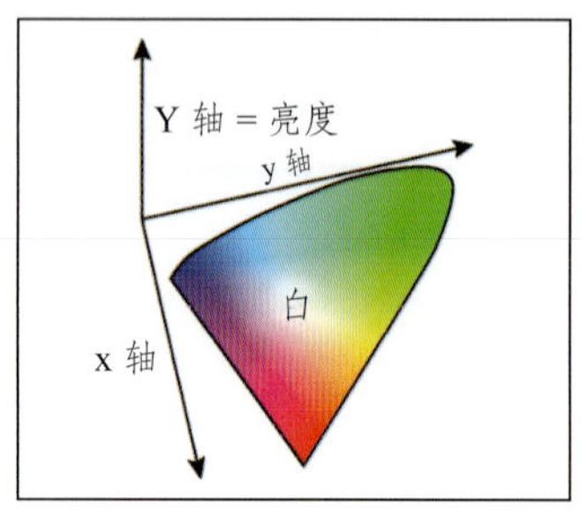

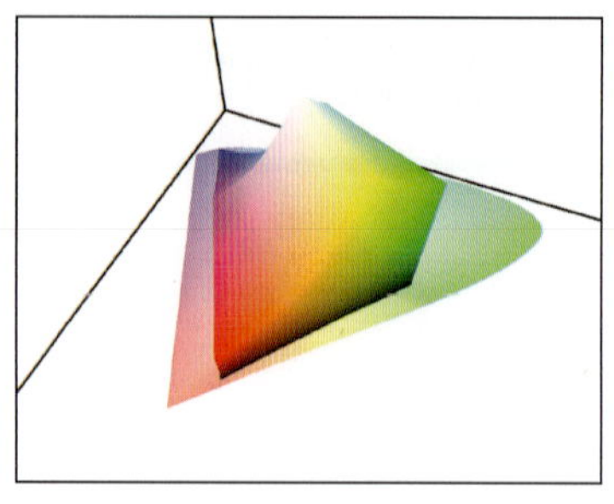

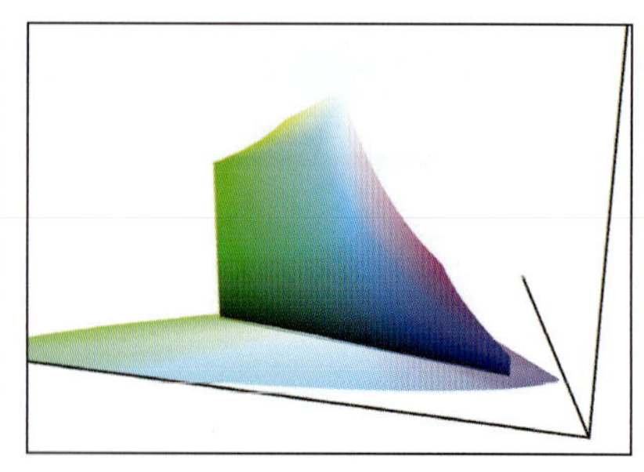

图 6.25 （左）CIE 色度图的三个坐标轴。因为我们通常是在二维平面纸张上看到它的，所以很容易忘记它有第三个轴：大 Y 或亮度。

（中和右）同一色彩空间从不同的角度观看的两个不同的视图：在 CIE 色度图上显示的 Rec.709 的三维色域。色彩在 Y 轴上走得越低，得到的值就越深，最终达到纯黑色。并不是所有的色彩在亮度上都能达到相同的高度，因为有些色彩比其他色彩“更亮”。例如，请注意，黄色的亮度与白色的亮度几乎相同，这就是为什么救生衣是黄色的。

可以达到的不同程度的色彩表示——这就是所谓的色域。色域的极限是衡量特定摄像机或色彩系统的重要指标。与动态范围（我们通常认为是灰阶范围）一样，摄像机、监视器和投影仪的色域范围也在稳步提高。色域对于定义我们所使用的色彩空间也很重要，这些色彩空间是由 SMPTE 组织标准化和形式化的，尽管它们可能最初是由业界领袖或专门的工作委员会设计的［如 DCI——数字电影倡议组织（由各大电影制片厂合力促成），这是一个由各大电影厂召集的专家小组，以帮助电影行业从照相化学胶片向数字过渡］，用于发行和放映媒介以及图像采集。最近还有 ACES（学院色彩编码系统）委员会，我们稍后将讨论。

色域最容易在 CIE 色度图上表示，它是由它的原色来定义的，通常是红色、绿色和蓝色所在的区域以及白点（如表 6.1 至表 6.3 所示）。图 6.26 显示了 Rec.709 的色域，它还标注了 CIE 定义的 D65 标准光源，或记为 6 500K。一旦你定义了一个色域，它就很容易分辨，无论是图形上还是数学上，当某种色彩处在色域之外，也就意味着它落在了三角形之外。由于色彩会从一个设备传递到另一个设备或者从一个色彩空间被转换到另一个色彩空间，所以代表色彩的点很可能会落到色域之外。这个问题可以通过多种方式来处理：色彩可以很容易地被切割（我们已经看到了亮度方面所存在的诸多问题——无法预测它是否会产生可接受的结果），但可以通过矩阵转换（matrix transform）这样的数学运算或者通过如查找表这样的色域映射（gamut mapping）把它找回来。我们稍后再看这些。

表 6.1 BT.709（Rec.709）色彩空间的红绿蓝三原色以及白点在 CIE 色度图上的位置。

BT.709	白	红	绿	蓝
x	0.312	0.64	0.3	0.15
Y	0.329	0.33	0.6	0.06
y	0.358	0.03	0.1	0.79

6.5 视频色彩空间

现在我们有了一些基本的概念和术语，让我们来看看在视频生产、后期制作和发行中使用到的一些色彩空间。对不同的色彩空间、它们的潜力及其局限性有一个扎实的理解，对于电影摄影师、色彩专家、剪辑师、特效人员以及那些与母版制作和发行有关的人来说都是非常重要的。以下是一些在高清和超高清视频工作中使用最广泛的色彩空间。

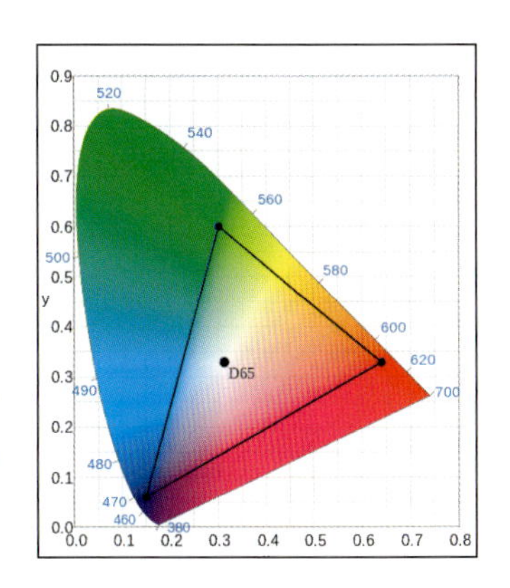

图 6.26 Rec.709 高清色彩空间的三原色在 CIExyY 坐标系上的位置。

6.5.1 Rec.709 和 Rec.2020

高清制作使用 Rec.709 标准已经有许多年了，它是高清视频的官方标准。从技术上讲，它被称为 ITU-R Recommendation BT.709。重要的是要记住，Rec.709 是服务于高清世界的，在此摄像机的动态范围和色域都是很有限的。更多现代的超高清摄像机拥有更大的动态范围和更宽的色域。Rec.709 仍然是绝大多数监视器的标准，因为在许多情况下还有必要使用它们。幸运的是，大多数摄像机提供了将 Rec.709 视频输出给监视器的选项。如果没有，则可以通过其他方式实现 Rec.709 观看，例如，通过观看用查找表，这一查找表可以借助于一个单独的查找表盒，通过使用应用于摄像机监视器输出的查找表或通过其他方式得到应用。我们将在后面“工作流程”一章中对此进行更多的讨论。

使用 Rec.709 来观看用 RAW 或对数格式拍摄的素材其实并非一个好的选择，但它通常至少可以作为一个服务向导，使观看更加舒适和易于理解，尤其是对导演和摄影部门以外的人员。尽管 Rec.709 是和那些很可能已经不再生产的监视器的显示状态联系在一起的，但它在保持标准方面也显示出了一些弹性，而且很可能会在一段时间内保持这种状态。ITU Rec.2020 是针对 4K（3840 × 2160）和 8K（7680 × 4320）超高清的一个标准。如图 6.27 所示，它的色域范围比 Rec.709 要宽得多，而且它们拥有相同的 D65 白点。有许多新的监视器和投影仪，其色域比 Rec.709 宽得多。

6.5.2 sRGB

sRGB 最初是为计算机图形学开发的，与 Rec.709 共享相同的

表 6.2（上） ITU Rec.2020 三原色及白点的 CIExyY 坐标。

表 6.3（下） DCI P3 三原色及白点的 CIExyY 坐标。

ITU 2020	白	红	绿	蓝
x	0.312	0.708	0.170	0.131
Y	0.329	0.262	0.678	0.059
y	0.358	0.292	0.797	0.046

DCI P3	白	红	绿	蓝
x	0.314	0.680	0.265	0.150
Y	0.351	0.320	0.690	0.060
y	0.340	0	0.050	0.790

原色和白点。幸运的是，大部分视频处理都是在计算机领域完成的，通常使用现成的显示器。然而，重要的是你要知道你正在什么类型的显示器上观看影像。

6.5.3 DCI P3

数字电影倡议组段是由几大主要电影厂于 2002 年联合成立的，其主要目标是服务于电影工业的电影发行和影院放映的标准化。其已经发布的标准包括 P3 色彩空间（如图 6.27 所示）以及数字电影包（DCP）和数字电影发行母版（DCDM），这是用于影院发行的标准文件和格式。DCI 工作组为其色彩空间制定了一个很宽的色域范围，因为他们认识到了近年来在图像传感器、摄像机和投影仪方面已经取得了惊人的进步。他们希望将来能尽可能多地证明这一点。

6.6 AMPAS ACES 色彩空间

如果在色域方面人们认为 DCI 很伟大的话，那么电影艺术与科学学院（AMPAS，Academy of Motion Picture Arts and Sciences）的科学技术委员会（Science and Technology Council）则决定要大放异彩了！其制定的学院色彩编码系统（ACES，全称为 Academy Color Encoding System），实际上超出了人类视觉所包含的色彩范围。这是一个超宽的范围，是由数学和技术的原因造成的，其结果是原色中的绿色和蓝色是虚构的、无法实现的色彩。实际上有两种叫作 ACES 的东西——图 6.28 是 ACES 的色彩空间，稍后我们要讨论的是 ACES 工作流程。

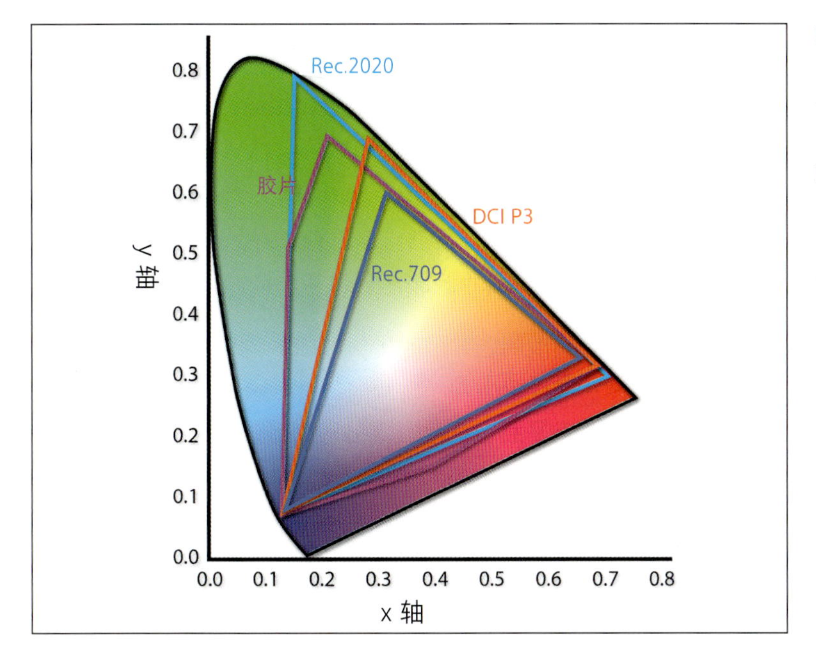

图 6.27 胶片、DCI P3 和 Rec.709 的色域对比。清楚地显示了 CIE 色度图在比较不同影像色彩空间的相对色域（极限）方面的价值。Rec.2020 是超高清视频的色域。

OCES 色彩空间

ACES 工作流程的另一个方面是 OCES：色彩输出编码规范（Output Color Encoding Specification）。与 ACES 色彩空间是基于

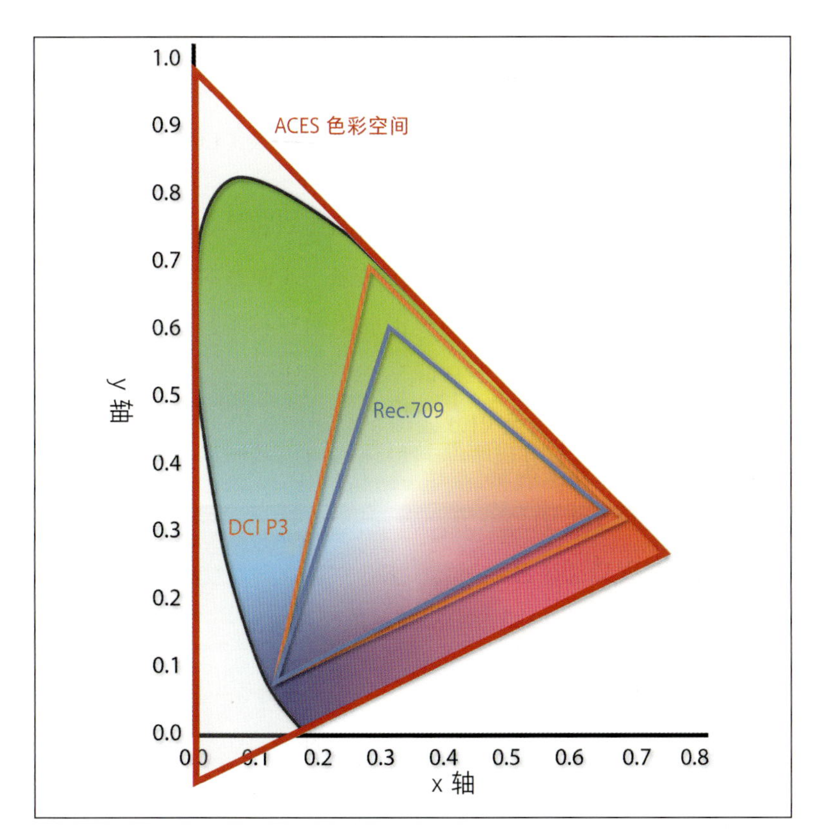

图 6.28 AMPAS ACES 色彩空间实际上比人眼的色域还要大。由于数学上的原因，ACES 色彩空间不仅包括眼睛能感知到的每一种色彩，而且还包括光谱轨迹之外的色彩。这些被称为不可实现的或想象的色彩。它们的存在仅仅是为了使公式正确地表达出来。

图 6.29　一个色彩转换矩阵。本例中是将 X、Y、Z 色彩空间转换为 Rec.709 色彩空间的标准转换。

$$\begin{bmatrix} X \\ Y \\ Z \end{bmatrix} \cdot \begin{bmatrix} 3.240479 & -1.53715 & -0.498535 \\ -0.969256 & 1.875991 & 0.041556 \\ 0.055648 & 0.204043 & 1.057311 \end{bmatrix} = \begin{bmatrix} R\,709 \\ G\,709 \\ B\,709 \end{bmatrix}$$

场景参考（与场景的原始值线性对应）不同，OCES 是基于显示参考的，这意味着它仅限于与理想显示设备的色域匹配。OCES 并不是用户将会遇到的典型问题，但是了解 OCES 这个术语以及它在整个系统中的位置是很有用的。

6.7　色彩转换

所以我们不得不应对几种不同的色彩空间，因此也便产生了一种将所拍摄的素材由一种色彩空间转换为另一种色彩空间的需要。在实践中这是由软件来处理的，但是拥有“引擎盖下到底正在进行着什么”的想法[①]是非常有益的。其基本概念是色彩转换，通常是通过矩阵乘法的过程来完成的。这就是为什么在“数字影像”一章中的“复习一点数学知识”一节我们对矩阵数学有一个快速回顾的原因。它实际上比看起来简单得多。类似的操作用于来回转换其他 RGB 空间（如图 6.29 所示）。稍后，我们将讨论查找表（LUT）的使用。

① 即弄清其中的原理的意思。

6.8　矩　阵

不，你不必在红色药丸或蓝色药丸（稍后出现）之间进行选择（如图 6.30 所示）[①]——在这一语境中，矩阵指的是一种数学 / 电子功能，它控制色彩由传感器到摄像机输出之间如何转换。简言

① 电影《黑客帝国》的英文片名“The Matrix”可直译为“矩阵”，片中主人公尼奥（Neo）需在红药丸和蓝药丸之间做出选择。

图 6.30　在电影里很简单，你所要做的就是在红药丸和蓝药丸之间做出选择。在摄像机矩阵中，你有更多的选择：R-G、R-B、G-R、B-G 等。我们并不是说你必须做尼奥才能搞清楚，但这会有帮助的。

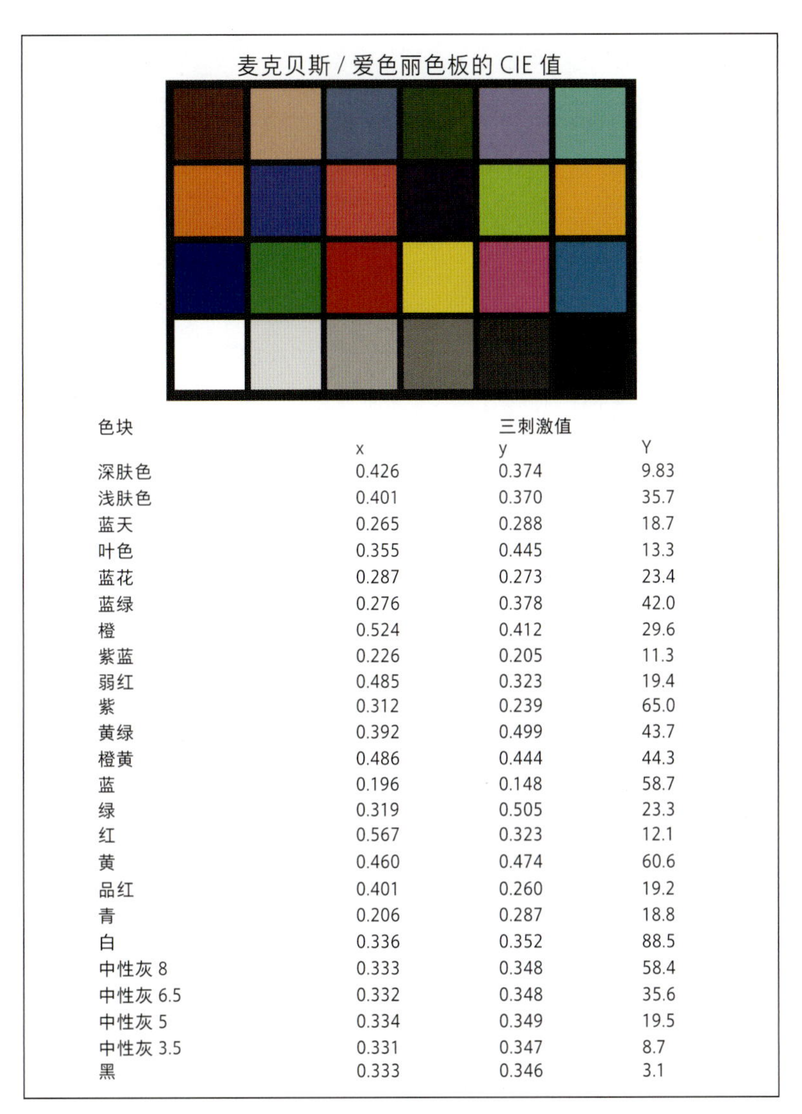
麦克贝斯 / 爱色丽色板的 CIE 值

色块	x	三刺激值 y	Y
深肤色	0.426	0.374	9.83
浅肤色	0.401	0.370	35.7
蓝天	0.265	0.288	18.7
叶色	0.355	0.445	13.3
蓝花	0.287	0.273	23.4
蓝绿	0.276	0.378	42.0
橙	0.524	0.412	29.6
紫蓝	0.226	0.205	11.3
弱红	0.485	0.323	19.4
紫	0.312	0.239	65.0
黄绿	0.392	0.499	43.7
橙黄	0.486	0.444	44.3
蓝	0.196	0.148	58.7
绿	0.319	0.505	23.3
红	0.567	0.323	12.1
黄	0.460	0.474	60.6
品红	0.401	0.260	19.2
青	0.206	0.287	18.8
白	0.336	0.352	88.5
中性灰 8	0.333	0.348	58.4
中性灰 6.5	0.332	0.348	35.6
中性灰 5	0.334	0.349	19.5
中性灰 3.5	0.331	0.347	8.7
黑	0.333	0.346	3.1

图 6.31 麦克贝斯 / 爱色丽色板的 CIE 值。这些数字指的是 x 和 y 轴上的数值，以及在 CIE 色度图的正常二维表示中看不到的 Y 轴（亮度）的数值。

之，摄像机中的矩阵控制着来自传感器的红、绿、蓝信号的组合方式。这是一个可以改变的数学公式，以适应你的拍摄和你想要的外观需要。它不应与白平衡相混淆，白平衡是改变了场景的整体色

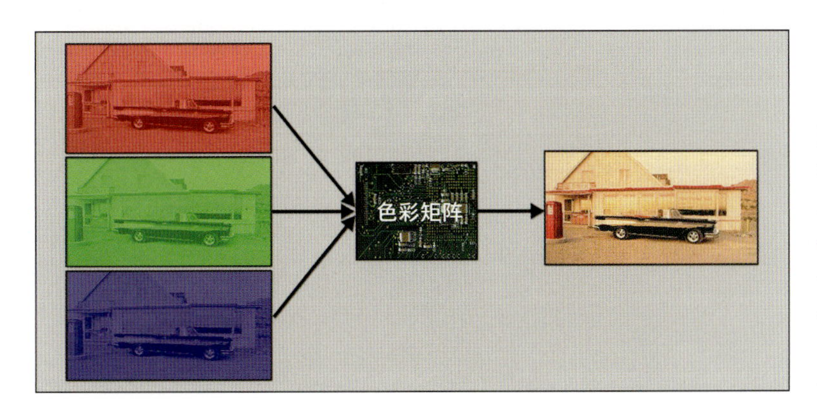

图 6.32 矩阵概念的图解。在摄像机中，它结合了来自红色、绿色和蓝色通道的输入，使用了我们之前看到的 3×3 矩阵的数学模型。这不应与白平衡混为一谈，白平衡使所有颜色都朝一个或另一个方向移动。在矩阵中，对色彩偏移可以有更多更精细的控制。

图 6.33 一个控制摄像机矩阵的典型的菜单面板。

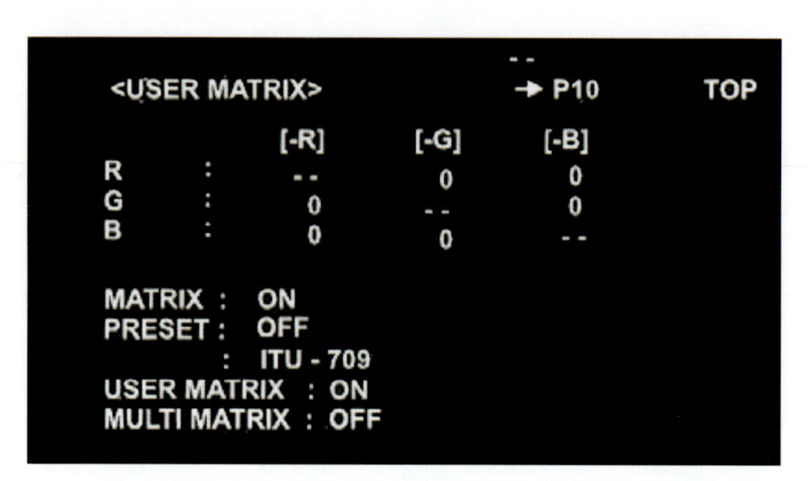

彩，以适应不同颜色的光源（有时也是一种创造性的选择）。白平衡是指所有色彩在一个或另一个方向上的整体变化——通常朝向蓝色（日光平衡）或红/橙色（钨丝灯平衡），但也可能包括针对荧

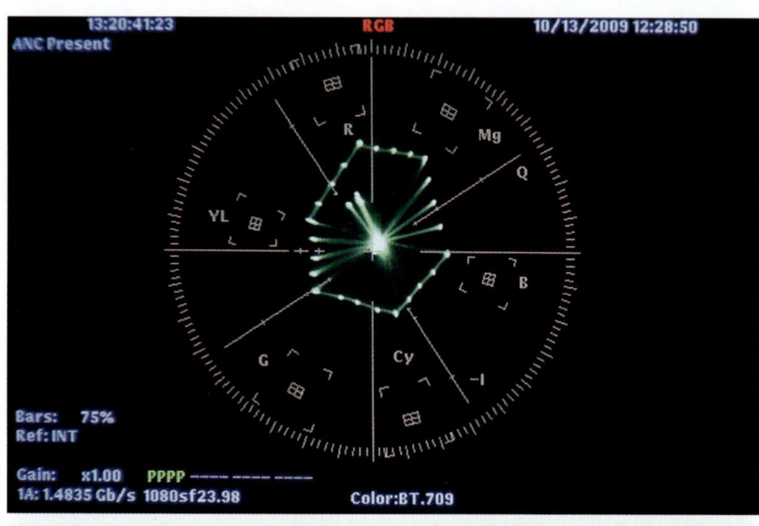

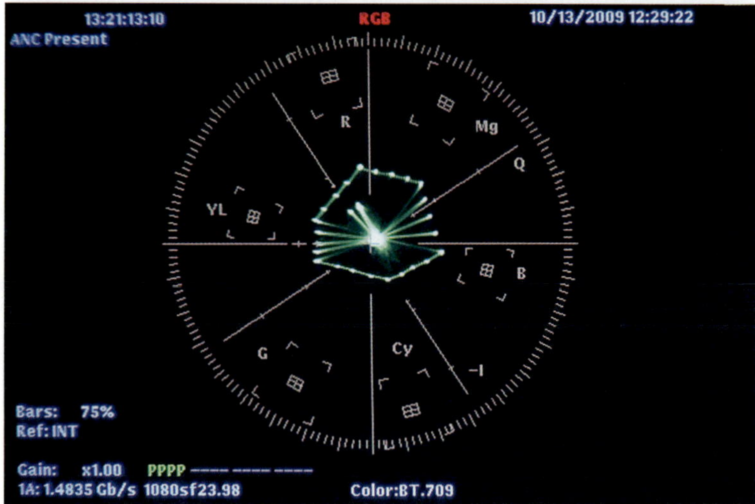

图 6.34（上） Rec.709 色彩空间中的 ChromaDuMonde™ 测试卡在矢量仪上的显示。

图 6.35（下） 相同的测试卡呈现在不同的色彩空间中——本例中，是 NTSC 色彩空间。正如你所看到的，改变色彩空间可以在色彩再现方面产生很大的不同。

光灯里的绿色调整。矩阵调整通常对白色和其他中性色（如灰卡）的外观影响不大（如图 6.31 至图 6.35 所示）。

阿特·亚当斯这样说："我把矩阵描述为色彩通道的互相加减。不是色彩，而是通道——这其中的区别很大。通道只有明和暗，就像来自特艺色染印法的三条黑白负片。传感器感光点上的染料滤镜需要有一些重叠，这样它们才能复制出中间色彩。获得纯色的方法是将一个色彩通道从另一个色彩通道中减去，以消除它的影响。或者，如果一个色彩太饱和，你可以添加另一个通道的一些色彩去降低它的饱和度。如果感蓝光的感光点对绿光的反应有点过了，就会在任何绿色的东西上都增加了一点蓝色对吧？那就从绿色的通道中减去一些蓝色的通道，你就可以把它清除掉（如图 6.36 所示）。虽然其中的原理并不像我说的这么简单，但是可以这么去想它。"

作为一个例子，索尼 F3（它虽然拍摄的不是 RAW，但它有许多其他的控制图像的选项）在其影像外观菜单中有几个预置矩阵（如图 6.37 所示）。这款摄像机还提供了几种预置矩阵的组合：除了一个标准矩阵设置外，还有一个能提高色彩饱和度的高饱和度（HighSat）矩阵，以及一个更接近于胶片的色调再现并拥有其他几

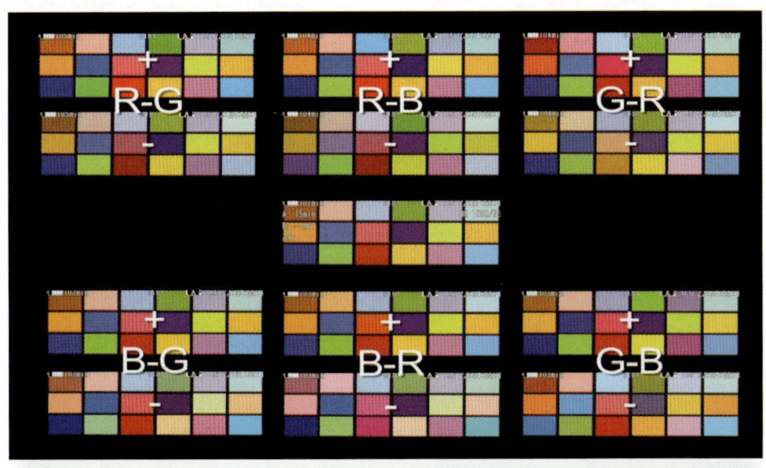

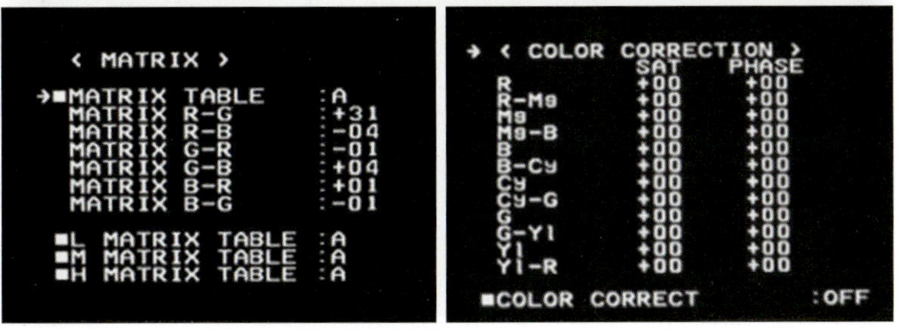

图 6.36（上） 改变矩阵的各个方面而引起的色彩效果变化。

图 6.37（下） 索尼摄像机上的矩阵菜单。菜单和选项在"摄像机状态"和"出厂状态"之间切换。大多数摄像机允许将矩阵设置记录在内存中或闪存中，由操作员保存或转移给其他摄像机：这对于多机拍摄是非常有用的。

个选项的影院模式设置，最后还有一个用于荧光灯拍摄的 FL 灯光设置。在这里，重要的是要记住，荧光灯所涉及的不只是一个白平衡设置问题，这就是为什么没有针对钨丝灯和日光的预置矩阵的原因。白平衡调整可以通过使用白平衡预置或在场景照明条件下拍摄一张灰卡或中性白色物体来充分处理。许多摄像机都有存储用户设置的矩阵调整的能力。

通常，摄像机的矩阵控件包括：

- R-G：红仅有饱和度的改变，而绿既有饱和度又有色调的改变；

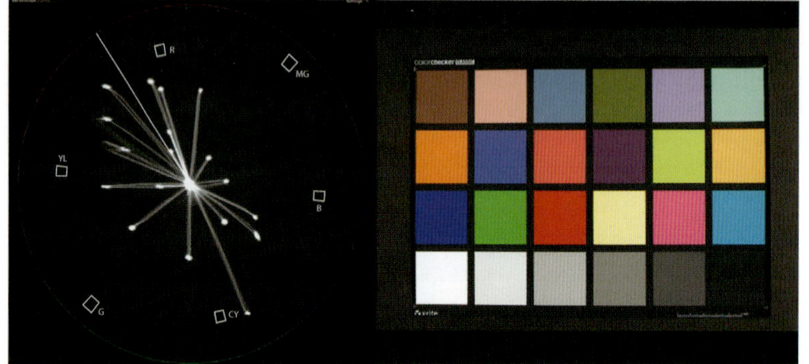

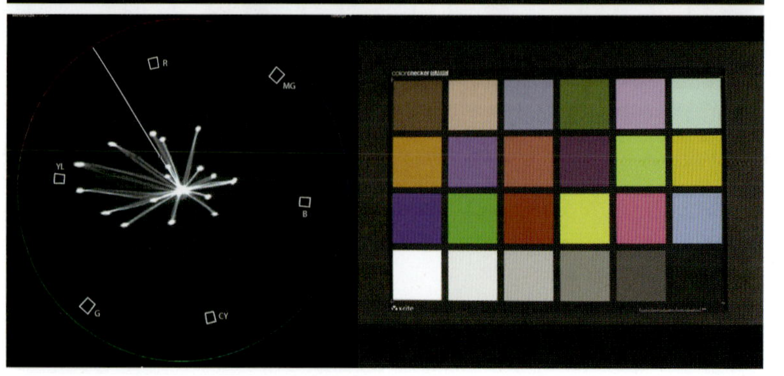

图 6.38（上） 索尼 F3 上所有的矩阵设置都放置在 0 点，这是摄像机的默认状态。麦克贝斯色板和它在示波器上的踪迹。

图 6.39（中） 矩阵控制的 R-B 选项设置在 +99。

图 6.40（下） 矩阵控制的 R-B 选项设置在 -99。当然，有很多不同的选择，这些只是一些极端情况下的例子。它们也说明了矢量仪在评估摄像机上的色彩或后期制作中的色彩方面的威力，包括拥有一个正确的校准过的测试卡的重要性——如果没有这些，你真的只是在猜测。有很多被雇用去拍摄的人，他们只是猜测——但你不想成为他们中的一员。

- R-B：红保持色调不变但饱和度有改变，但蓝既有色调变化也有饱和度变化；
- G-R：绿仅改变饱和度，但红既改变色调也改变饱和度；
- G-B、B-R、B-G 的原理依次类推。

大多数传统的高清摄像机对色调、对比度和饱和度都有一些形式的矩阵调整。矩阵调整的例子如图 6.38 至图 6.40 所示。有些摄像机拥有对饱和度的全面控制（索尼宣称其 F3 就是如此）和对相位（这会改变整个画面的色调）的全面控制。更先进的摄像机也可能有更精细的调整，可以聚焦于色彩光谱的更小范围。这在有些摄像机（如索尼 CineAlta 系列摄像机）和矢量仪等设备上称为多路矩阵（multi matrix）。它像是后期的二级调色。对于摄像机上的这些调整，有可能选择色环上的一小部分并对其进行调整。选择可以由相位（如 0° 到 13° ）或颜色（如蓝色、蓝 – 品红等）来定义。这项功能使得对影像进行非常特别的更改成为可能：例如，如果场景中只有一个红色物体（如苹果），只改变苹果的色调和饱和度而不影响场景的其他部分是可能的。

6.9 同色异谱

同色异谱（metamerism）现象是指两种颜色被测量时是不同的，但眼睛看它们是完全相同的。换句话说，两个光谱上不同的物体产生相同的三刺激值。它是人类视觉系统的一种反常现象。

第 7 章

编码和格式

codecs & formats

7.1 视频文件格式

视频可以被其压缩格式、分辨率、画幅比、色深度、“封装”的类型或其他标准所定义。比如，我们可以把一段素材称为“4K视频”或“ProRes 格式”或“一个 10 比特文件”。最终，所有这些都很重要，但人们倾向于用和他们正在做的事情的关系最紧密的术语来谈论这段视频。例如，电影摄影师或数字影像工程师可能会将视频文件称为“24p”、“变形”、.r3d 格式或“RAW”视频——尽管所有这些都是指的同一段素材。数字影像工程师可能会把它称为 4∶4∶4，而剪辑师可能会把相同的素材说成是 ProRes 视频，调色师则可能将其称为“12 比特”。每个人谈论的都是相同的一段视频。他们只是谈到了相同素材的不同属性。对于在晚上观看工作样片的导演来说，重要的可能是它是不是 QuickTime 的 .mov 文件或 MKV 文件——原因可能只是关于他们的设备（电脑、iPad 等）是否可以播放这些文件。

另外，当进入工作流程后，文件类型也许会有改变。比如 Red 摄像机文件通常几乎立即被转换成其他格式进行编辑。对数文件和 RAW 文件为了在“所见即所得”的状态下被观看也不得不转换格式。在高清视频的早期，这往往取决于何种设备和软件能够处理非常大的视频文件。但这种情况正在发生变化，因为即使是非常大的视频文件也可以在计算机上进行编辑和处理，而且软件可以随时提供给所有专业人员（甚至是学生或普通消费者），而不仅仅是高端编辑机构。几年前还需要一个 5 万或 10 万美元的系统才能查看的视频格式，现在可以在笔记本电脑上编辑了！可以在普通的计算机系统上编辑高端视频是近年来最大的进步之一。

7.1.1 什么是文件格式？

一个文件格式就是一种结构，通过这个结构，信号被编码（存储）进一个数字文件中。在处理视频时，需要大量的数据来准确地记录视频信号，这些信息往往被压缩并写入一个容器文件中。本节将概括出数字视频文件格式：它们是什么、它们之间有何不同以及如何更好地使用它们。保存视频有很多不同的格式。有些格式是视频捕获的最佳格式，有些格式更适合编辑工作流程，并且还有许多不同的格式用于视频的传输和发行。

视频文件比图像文件要复杂得多。它们不仅有更多的不同类型的信息，而且视频文件的结构更多地需要“混合和匹配”。你可以通过文件扩展名（例如 .jpg）说出大多数静态图像文件的信息，但是对于视频则不适用。文件类型有时只是一个容器，可以填充非常低质量的网络视频，或者它可能包含 3D 视频和 8 个影院质量的音频频道。此外，还会有时码和其他数据，例如封闭字幕和许多其他类型的信息。

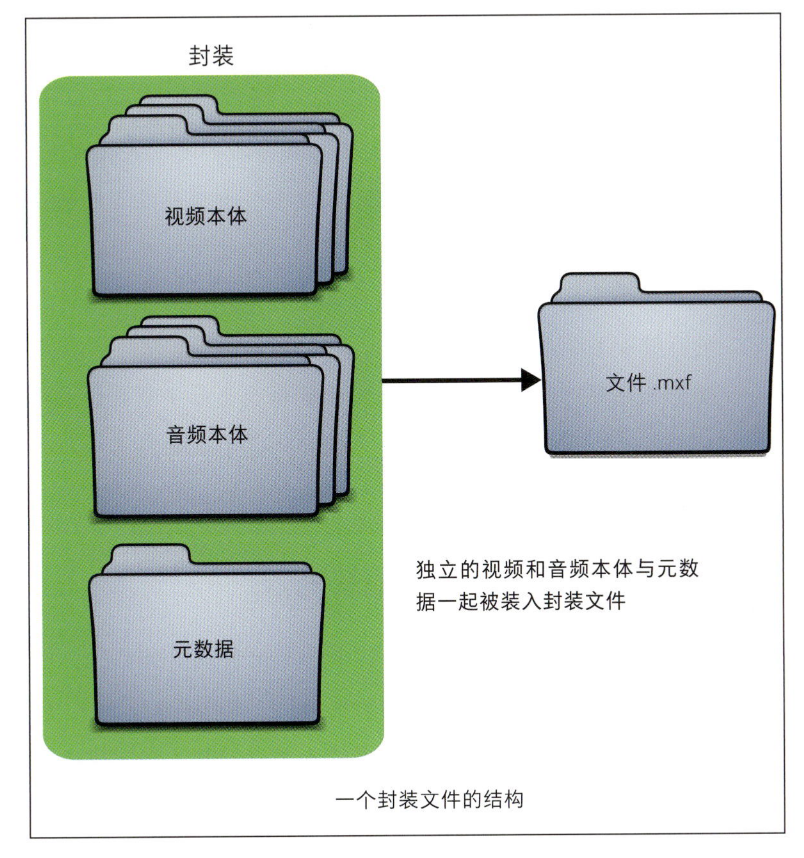

图 7.1 一个封装 / 容器文件是如何工作的。本例中是一个 .mxf 文件，但同样的原则也适用于其他类型的封装文件。

7.1.2 视频文件的结构

虽然有各种各样的视频格式，但一般来说，每种格式都有以下特点：

- 信号（既有视频也有音频）：这是实际的视频和音频数据，它的特征将会在下一节描述。在这种情况下，音频和视频常被称为本体。
- 容器：用以容纳信号的结构化文件格式。
- 编解码器：代表压缩和解压缩。它指的是用以编码或解码的软件或硬件。视频应用程序使用编解码器来编写文件并读取它。它可以内置于程序中，也可以单独安装。

7.1.3 视频影像的特征

每个视频文件都有一些属性来描述构成视频信号的内容。这些属性包括：

- 画面尺寸：这是对帧的像素度量。
- 画幅比：画面的宽高比。
- 帧频：这是捕获或回放帧数的速率，用每秒的帧数来表示。
- 比特率：比特率或数据率是用以描述文件中视频或音频部分的数据量。以每秒为单位测量，可以每秒兆字节或千兆字节表示。通常，比特率越高则信号质量越好，但同时需要更大的存储空间和电量供应。
- 音频采样率：其是指将音频由模拟量转换为数字量时的采样频率。

7.2 封装、堆栈、容器、编解码器

有一些常用的文件格式种类，其中一些被称为封装格式，或者叫作元文件格式（metafile format）更合适（如图 7.1 所示）。它们只是存放视频和音频的容器。你可能熟悉计算机上的如 Zip 或 RAR 的压缩文件。正如你所知道的，仅仅是说有些数据在 Zip 文

件中，绝对不会告诉你实际在里面的是什么：可能是照片、数据库或旧邮件。视频的容器格式就像这样，它们仅仅是用一种结构的方式去保存数据——换言之，容器是你所使用的软件能够识别的东西。QuickTime 是一个典型的容器格式，且有一个 .mov 的文件扩展名。QuickTime 能够容纳上百种不同类型的编解码器。出于同样的原因，QuickTime 文件可能包含高清视频、标清视频、音频、字幕、第二音频程序和许多其他类型的数据，无论是压缩的还是未压缩的。有些文件类型是交叉的，例如 MPEG-2 是一个编解码器，但当包含音频时，它也可以是一个容器。

7.2.1 堆　栈

有些格式使用堆栈来代替封装文件。堆栈是一个文件夹，每个图像（帧）都是一个单独的文件。例如，一台佳能摄像机在 RAW 格式下输出扩展名为 .rmf 的堆栈文件。其他摄像机则输出后缀为 .dpx 的堆栈文件。尽管它们是各自独立的文件，但大多数软件可以自动将它们按正确的顺序排列。阿莱的爱丽莎创建的是 .ari 的堆栈文件，仅在拍摄 ArriRAW 格式时使用。

7.2.2 视频容器格式

许多人认为 QuickTime 视频文件、AVI 或 MKV 是特定类型的视频和压缩，因为它们是元文件格式，包含数据（例如视频数据流，称为本体）以及与该数据流相关联的元数据。所有数字化的事物都是在不断进化的，例如，TIFF 被专门设计为静止照片格式，但现在它也是被用于高清视频的文件类型，在这种文件类型中，每一帧画面被编码为单独的文件。

- AVI——标准微软 Windows 容器格式；
- DVR-MS——微软数字视频记录格式；
- Flash Video（FLV，F4V）——Adobe 系统；
- IFFA 平台——独立的容器格式；
- 马托斯卡（Matroska，MKV）——一种标准开放 / 资源开放的容器格式，对于任何特定的编解码器或系统都不受限；

- MJ2——Motion JPEG 2000 文件格式；
- MXF——可以容纳几乎任何类型的数据流。它是一个“不可知论”的平台，并支持时间编码和元数据；
- QuickTime——由苹果公司开发的应用广泛的封装 / 容器格式，能够容纳各种各样的视频 / 音频流，有一个 .mov 的后缀；
- MPEG 程序流；
- MPEG-2 传输流——DVD 或蓝光（BD）光盘上的传输数据流；
- MP4——基于 MPEG-4，而 MPEG-4 又基于 QuickTime 文件格式；
- Ogg——视频格式 Theora 的容器；
- RM——采用 RealMedia 压缩规范，是用以盛放 RealVideo 的容器；
- ASF——针对 .asf 文件、.wma 文件和 .wmv 文件的微软高级系统格式，有特别的专利保护。

音频的容器格式包括 AIFF（苹果的音频交换文件格式）、WAV（微软的波形音频格式）和 XMF（可扩展音乐格式）。有些视频 / 音频格式值得更深入地讨论，因为它们是视频制作中使用最广泛的格式。

图 7.2 柯达的数字 LAD 测试影像。美女玛茜（Marcie）被称为数字影像测试中的“蒙娜丽莎”。其是一幅在许多数字成像主题中常见的图像。LAD 代表的是洗印目标密度。这是对数空间影像的一个很好的例子——它看起来很平，反差很低。在它的最终用途中，它不打算被这样看待，所以需要色彩校正。

注意图中的灰块不是 18% 的中灰，对于 Cineon 文件，柯达选择了一个不同的中间灰，它的编码值为 445、445、445——这比标准的 18% 的灰略深一些。这是出于与印片密度有关的技术原因。

7.2.3 MXF

MXF 是一种容器 / 封装器格式，支持许多不同的“本体”数据流。数据流可用各种编解码器中的任何一种进行编码。该格式还包括用来描述 MXF 文件中所包含的材料的元数据封装器。

MXF 旨在解决其他格式存在的一些问题。MXF 有完整的时间编码和元数据支持，并打算作为一个与平台无关的标准，为未来的专业视频和音频应用程序服务。

7.2.4 DPX 和 Cineon

DPX 和 Cineon 格式有着悠久而有趣的历史。20 世纪 90 年代，柯达认识到存在着一种需求，把胶片影像和计算机生成的图像、数字视效以及数字中间片为形式的数字世界结合起来——胶片被扫描成数字，以允许所有的图像处理可以在计算机上完成。为此，其开发了一套完整的扫描仪、记录器和配套软件系统（如图 7.2 所示）。尽管该系统在 1997 年被废弃，但为其开发的文件格式 Cineon 仍然存在，只是它现在的使用方式略有不同。它是基于 TIFF 图片文件的（标记图像文件格式）。

随着其发展，Cineon（文件扩展名为 .cin）是非常面向电影的。它不单是电影中一帧的数字画面，文件格式本身考虑到了独特的电影属性，如层间的交叉互访。它是以洗印密度为基础的，就像胶片的加工过程一样。

7.3 数字压缩编解码器

数字摄像机能够产生极大量的每秒高达几百兆字节的数据。随着分辨率、位深和通道的增加，文件大小继续变得越来越大。为了帮助管理这个巨大的数据流，几乎所有的摄像机和与它们一起使用的记录硬件都在使用某种形式的压缩技术。为方便记录和存储，消费级摄像机通常使用更高的压缩，以使视频文件变得更加紧凑。这样，即使在功能不太强大的电脑上也可以处理视频，但带来方便的代价是图像质量的降低。

7.3.1 有损压缩和无损压缩

无损压缩系统是一种能够减少数字数据大小的压缩系统，允许原始数据按字节完全恢复。这是通过删除冗余信息来完成的，这些过程受益于这样一个事实：大多数真实世界的数据（包括视频）具有可统计的冗余。例如，如果图像的一个区域都是纯白色的，通常数字编码是一个长长的零列表，压缩算法可能会编写一段编码，意思是“有一行 2 000 个零”，它只使用几位数据而不是数千个数据。这种压缩可能是数学无损（mathematically lossless）的或视觉无损（visually lossless）的，后者当然在于观看者的眼睛。

通过有损压缩可以实现更高的压缩比。使用有损压缩，信息被丢弃以创建更简单的信号。这些方法考虑到了人类感知的局限性：它们只试图失去眼睛不会错过的信息。有损压缩可能是眼睛看不到的，但会对后面的影像复制过程产生负面影响。YouTube 价值 10 亿美元的发现是，如果视频显示一只猫在弹钢琴，人们会忍受大量的压缩缺陷和可怕的图像质量。话虽如此，如果你还记得数年前这类视频分享网站上的视频和它们现在所播出的高清质量相比有多差，你可以很容易欣赏到在视频压缩、储存和传输（甚至是无线传输）方面所做出的改善。

7.3.2 视觉无损

如前所述，有些编解码器是有损的，但可以被归类为视觉无损。这超越了作为大多数压缩程序基础的纯数学，也涉及了人眼变化的无常和眼睛 / 大脑组合的感知特性，例如人类的感知对亮度的微妙变化比对颜色的变化更敏感这一事实。压缩方案可以是感知无损的，在这种情况下，普通的观看者无法区分原始图像和压缩图像。大多数有损的图像和视频压缩都含有某种质量因素。如果质量足够好，那么图像就会在感知上无损。是否能在感知上无损也取决于回放的模式：在 iPhone 上无法察觉的错误在 IMAX 屏幕上可能是显而易见的。

7.4 压缩的种类

压缩有多种类型，有些是发生在摄像机内的，可能因不同的摄像机连接而有不同的输出。有些主要用于摄像机之后（既指在数字影像工程师 / 输入工作站阶段，也指在后期制作阶段），还有一些主要用于发行 / 电视传播 / 网络传播。

7.4.1 多种形式的 RAW

我们在“数字影像”一章中谈到 RAW 是未经处理的（而不是去拜耳的）感光点数据，但是还有更多的内容需要讨论。RAW 实际上是使用相同名字的若干种东西：

（1）它是摄像机的一种操作方式；

（2）它是视频记录的一种类型；

（3）它是一种拍摄的方法，也是一种工作流程。

仅仅因为它是 RAW 并不意味着它没有被压缩

我们首先必须处理一个常见的误解：RAW 视频是未被压缩的视频。严格来说，这是不对的。RAW 文件既可以由数码相机产生，也可由大多数专业的数字电影摄影机产生。在大多数情况下（并非所有），它们都涉及某种形式的无损或视觉无损压缩。这种压缩可能是最小的或是大量的，依赖于摄像机内部的软件 / 固件的能力。RAW 意味着红、绿和蓝感光点的曝光值被记录下来时没有经过任何去拜耳（去马赛克）处理。有些系统甚至可以做到以实时速度播放 RAW 文件，特别是那些以低压缩速率记录的文件。

RAW 的不同类型

来自阿莱公司的 ArriRAW 是未压缩的 RAW 数据（尽管摄像机也可以输出其他类型的文件）。Red 摄像机的文件是 RAW 格式的，但是经过了小波压缩。黑魔电影摄影机输出的是 CinemaDNG 格式。由苹果公司研发，作为基于 TIFF 格式的一种开放格式，DNG 代表数字负片，并且可以作为视频本体被存储在一个 MXF 文件中。

佳能版本的 RAW

佳能的 RAW 记录采用了一种不同的方式，Abel CineTech 的安迪・希普塞斯总结道："佳能 RAW 是以一种文件堆栈的方式来存储的，像 ArriRAW 或 CinemaDNG 格式一样，每一帧画面就是一个 .rmf（RAW 媒体文件）文件。任何给定的拍摄都将存储在包含这些文件堆栈的文件夹中。每一帧的大小约为 11MB，比任何独立的 RAW 图像格式都要大。计算一下，大约每分钟 16GB 或者每小时 950GB。记住，这是一种未压缩的 RAW 数据，其他类似 RedRAW 和 F65 RAW（F5 和 F55 也一样）这样的 RAW 格式是有某种程度压缩的，这是一个有趣的区别，但这是真正的刺激。"

"佳能 RAW 是一种'烧入'感光度和白平衡的 10 比特的 RAW 格式。是这样的，与其他 RAW 格式不同，佳能在输出 RAW 数据之前'烧入'了增益调整（感光度 / 白平衡）。你可能在琢磨为什么要这样做，这里需要讲明一点逻辑。在传感器阶段加入增益调整可以产生一致的以中灰为中间点的向上和以下的挡位范围——即使在高感光度时，并且减少了图像中的整体噪波。其他摄像机把这项工作放在后期来完成，这意味着随着感光度的改变，中灰以上和以下的挡位范围会发生变化。佳能以比较高的位深在传感器阶段实施这些调整而后输出结果，这些调整还将佳能对数曲线应用于影像，这将最大限度地扩大最终 10 比特文件的动态范围。（'线性、伽马、对数'一章中的图 4.37 显示了不同感光度下动态范围的变化。）

"所以佳能 RAW 是真正的 RAW 吗？它是，因为在你得到它之前，影像没有被去拜耳——这个步骤仍然是在后期完成的。你可以认为使用佳能 RAW 就像订购半熟的牛排。"

7.4.2 色度采样

在"数字影像"一章中，我们谈到了色度采样问题。从技术上讲，它不是一种压缩的形式，而是一种数据的减少。工程术语是"有点残酷的色度抽取"，但出于我们的目的，它具有与压缩相同的效果：这不仅决定了你需要购买多少硬盘，而且还决定了摄像机电路的数据处理以及传输和录制的速度。它是作为 RGB 输出的替代品而开发的，RGB 输出产生的数据比通过模拟信号通道传输以及由 20 世纪存在的技术处理的数据要多。

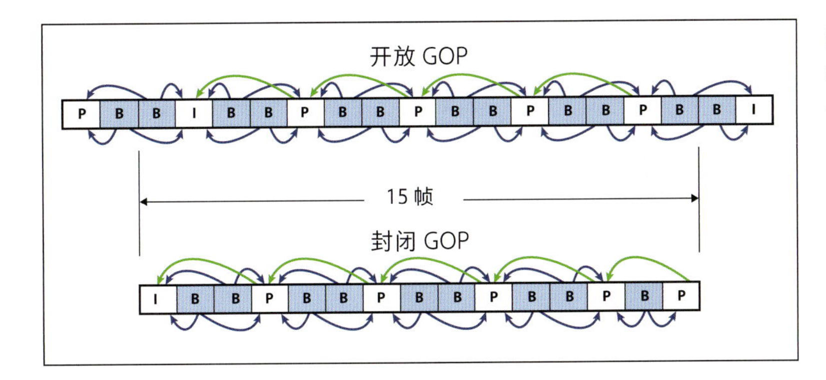

图 7.3 MPEG-2 中帧间压缩的两种实施方式，既显示了开放 GOP，也显示了封闭 GOP。开放意味着可以对 GOP 之外的帧进行参考，封闭则意味着它只参考自己内部的帧。

7.4.3 帧内压缩对比帧间压缩

压缩方案分为两大类：帧内压缩和帧间压缩。帧内压缩单独处理每一帧，而不参考其他帧（想象成内部的运动比赛，其中所有的队伍都来自同一所学校）。另一种选择是帧间压缩（就像国际比赛），它比较不同的帧并分组处理，这些分组称为图片组（GOP，全称为 group of pictures）。

帧间压缩的优点是，并不是每个帧都需要作为一个完整的图像进行完全编码和解码。只有当后续帧组与关键帧不同时，它们才代替关键帧被识别并进行编码。例如，对于一个人在平面墙前移动的固定镜头，后续帧将只处理移动的人，因为墙在每一帧中都是相同的。当然如果是手持拍摄情况就不同了，因为墙在每一个帧画面中都将是不同的。一些编解码器将帧内压缩和帧间压缩结合起来，采用帧间压缩的编解码器确实需要大量的处理能力，因为在回放中，它们必须同时处理几个帧，而不仅仅是一次解释一个帧。

在帧间压缩方式中界定了 I 帧，它作为参考并且被完全编码（因此被解码时它可以不需要附加信息）；P 帧是从 I 帧“预测”出来的；B 帧是“双向预测”的，这意味着它既可以参照前面的帧，也可以参照后面的帧进行编码。

使用 GOP 结构的压缩格式对于剪辑来说并不理想，因为它们往往对计算机处理器提出了很高的要求，因为并不是每一帧都是“完整的”。这种类型的摄像视频通常在编辑之前被转换成另一种格式。它们可能是开放 GOP（open GOP）或封闭 GOP（closed GOP）（如图 7.3 所示）。一个开放 GOP 意味着会参考在它之外的某一个帧，一个封闭 GOP 则指仅参考它自己内部的帧。

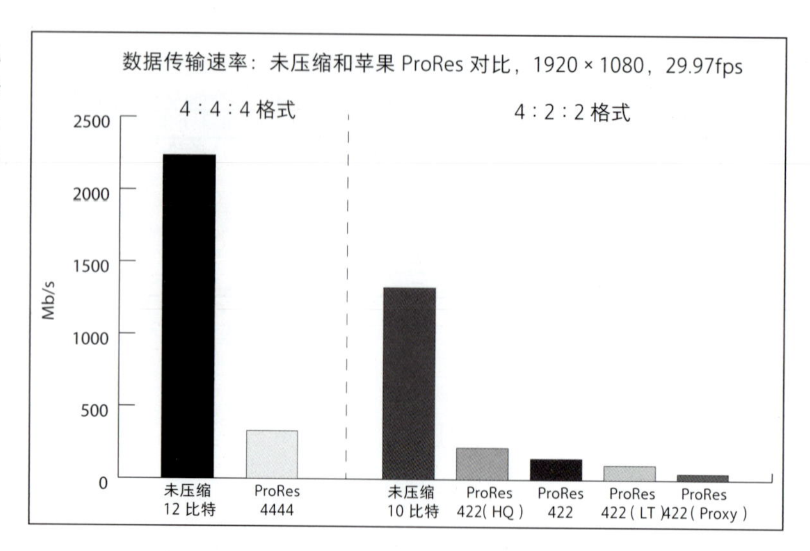

图 7.4 不同版本苹果 ProRes 格式的典型目标数据传输速率。数据传输速率由编解码器本身、帧大小、帧速率和图像细节数量等因素决定。

存在长 GOP 和短 GOP 两种格式，长和短只是指每个组的帧数。由于它们主要应用于剪辑和其他方面的后期工作，从而超出了这本书的范围，但是对于那些在拍摄现场工作的人来说，熟悉术语并理解它们的含义是有用的。

7.5 编解码器

正如我们前面提到的，编解码器有两个部分：压缩和解压缩。它提醒我们，一旦压缩了某些内容，您通常需要通过取消压缩或将其更改为另一种类型的压缩（即转码）来逆转该过程。

MPEG 和 JPEG

MPEG 代表运动图像专家组，JPEG 是联合摄影专家组的缩写。各种形式的 MPEG 既用于视频，也用于音频。MPEG-2 和 MPEG-4 是被广泛使用的视频压缩格式，其中有 MPEG-4 Part 2、MPEG-4 Part 10 和 MPEG-4 AVC 等。图 7.3 显示的是 MPEG-2 压缩中的 GOP 结构的一个例子。

TIFF/EP

最初是静态图片文件格式，TIFF（tagged image file format，标记图像文件格式）或 EP（electronic photography，电子摄影）。它可以未经压缩存储，也可以用有损压缩或无损压缩存储，例如使用

LZW。RAW 视频有时被转换成一系列 8 比特或 16 比特的 TIFF 文件（每帧一个），用于编辑或查看。在通过编辑软件系统读取 RAW 文件之前，这是一个通常的过程。未压缩的 TIFF 文件往往非常大。

JPEG 2000

像它的前身 JPEG 一样，这个编解码器也是由联合摄影专家组研发的，但与先前使用离散余弦变换（DCT，全称为 discrete cosine transform）的标准不同，JPEG 2000 是一种基于小波的压缩方案。它既可以是有损的，也可以是无损的，文件扩展名为 .jp2。尽管在质量上确实比 JPEG 具备一些优势，但它与 JPEG 的主要区别在于编码信号的多功能性。由于它是基于小波的，压缩缺陷表现为在图像边缘的模糊（blurring）和振铃（ringing），而不是常见的 JPEG 块（blockiness）。

H.264/MPEG-4/AVC

MPEG-4 是为极低比特率的编码设计的。它诞生于 1998 年，是 MPEG-1 和 MPEG-2（至今仍用于 DVD）的更新版。H.264/AVC 是一种帧间压缩编解码器，也称为 MPEG-4 Part 10 或 AVC(高级视频编码，advanced video coding)。它是蓝光光盘（BD）的编码标准，广泛应用于网络流媒体视频和高清晰度电视（ATSC）。在拍摄现场，它通常用于为工作样片编码压缩的视频文件，因为导演随后可以在各种设备上查看这些文件。H.264 有几个变体，并不是所有的都是可互换的。这意味着特定的解码器 / 回放设备可以播放某种 H.264，而不能播放其他的。这是专利和需要得到许可的技术。

AVC-Intra

AVC-Intra 是 H.264 的一个实现——最初是由松下公司研发的一个 10 比特 4 : 2 : 2 的帧内压缩格式。它主要是为他们的 I（ENG 电子新闻采集）设备设计的，因为帧内压缩的记录方式比帧间压缩的视频更容易编辑，时间在新闻视频中尤为重要，因此避免转码是非常必要的。它也在松下的 P2 系统中使用。AVCHD 也是 H.264 的一种变化，且更多是面向消费者的。

7.5.1 ProRes

正如《苹果 ProRes 白皮书》上解释的那样，苹果的 ProRes 编解码共有五种形式：

- ProRes 4444，最高质量的版本，既可使用 4∶4∶4 RGB 色彩空间，也可使用 4∶4∶4 YCbCr 色彩空间。即使是使用了 12 位像素深度，相比于未压缩的 4∶4∶4 HD，它也提供了一个合理的低数据传输速率。第四个“4”代表阿尔法通道（透明度数据）。由于它拥有很高的色彩保真度，所以常被应用于调色过程。
- ProRes 422（HQ）是针对高清的视觉无损编解码。它支持 10 比特像素深度的全宽 4∶2∶2 视频源。它通常被用作高效工作流程的中间环节编解码，因为通过几代编码和解码，它在视觉上是无损的。
- ProRes 422 在大大降低数据传输速度的情况下能提供几乎所有 422（HQ）的优势。它支持相同的 10 比特 4∶2∶2，但可能更适合多流实时编辑。
- ProRes 422（LT）也支持 10 比特 4∶2∶2，但其传输速度更低：100 Mb/s 或者更低，依赖于所使用的视频格式。
- ProRes 422（Proxy）是家庭中传输速度最低的，低于 36 Mb/s 但始终支持 10 比特 4∶2∶2，尽管顾名思义，它严格来说是一种低分辨率代理（proxy）或草稿模式格式，用于诸如在笔记本等功能较弱的计算机上或数据存储非常有限的计算机上进行脱机编辑。即使作为代理，它仍然支持完整的 1920×1080 和 1280×720 HD 基础帧大小。

虽然 ProRes 名义上是一种可变比特率编解码，但实际的数据速率一般不会发生太大的变化（如图 7.4 所示）。它有时可能超过目标比特率，但被限制在目标速率以上不超过 10%。ProRes 是内容感知的，不会向任何帧添加位，除非能在视觉上从额外的数据中受益。苹果公司指出，尽管特定编解码的数学在纸面上看起来不错，但编解码的真正目标是保持原始视频的视觉保真度，并保持最高的图像质量。编解码在整个工作流程中是否为工作提供了好的服

格式	Avid DNxHD 36	Avid DNxHD 100	Avid DNxHD 145	Avid DNxHD 220	Avid DNxHD 444	DVCPro HD	HDCam	HDCam SR
位深	8 比特	8 比特	8 比特	8 比特 10 比特	10 比特	8 比特	8 比特	10 比特
采样	4 : 2 : 2	4 : 2 : 2	4 : 2 : 2	4 : 2 : 2	4 : 4 : 4	1280Y 样本 4 : 2 : 2	1440Y 样本 3 : 1 : 1	4 : 2 : 2
频宽	36Mb/s	100Mb/s	145Mb/s	220Mb/s	440Mb/s	100Mb/s	135Mb/s	440Mb/s

表 7.1 DNxHD 的不同种类以及其他一些格式的对比。

务最终要由用户来评估。

全幅对比半幅

苹果公司在 ProRes 规范中对全幅和半幅视频做了说明。以下是他们对这种差别的解释：“许多视频摄录机编码和存储视频帧时是以少于全高清宽度来进行的，全高清宽度是指 1920 像素或 1280 像素，它们分别对应于 1080 线或 720 线高清格式。当这些格式被显示时，它们在水平方向‘上采样’[①] 到全高清宽度，但它们不能携带全宽度高清格式可能具备的细节量。所有苹果 ProRes 家族成员都可以编码全宽高清视频源（有时称为‘全光栅’视频源），以便保持高清信号可以携带最大的可能细节。如果需要的话，苹果 ProRes 编解码也可以编码部分宽度的高清源，从而避免在编码之前升级部分宽度格式可能导致的质量和性能下降。”（《苹果 ProRes 白皮书》。）

① 通常说的采样指的是下采样，也就是对信号的抽取。上采样是下采样的逆过程，也称增取样或内插。

7.5.2 DNxHD

DNxHD 是由 Avid 公司研发的一种有损的高清编解码格式（如表 7.1 所示）。它代表的是数字非线性可扩展的高清晰度（digital nonlinear extensible high definition，感谢首字母缩写！），并且在功能上类似于 JPEG，每个帧是独立的，但它是一个 DCT（离散余弦变换）编解码。它既可用作编辑的中间文件，也可用作演示 / 分发的格式。它具有可选择的比特率和位深（8 比特或 10 比特）。显然，它与各种 Avid 编辑系统兼容，但它可以作为一个独立的 QuickTime 编解码器来创建和播放 DNxHD 视频流。它的设计是为了减少存储需求，具有最佳的图像质量和多代复制中最小的质量退化。按 Avid 公司的说法：“高清摄像压缩格式是有效的，但在复杂的后期效果处理过程中，技术上保持影像质量并不是简单的事。未压缩的高清提供了更好的图像质量，但是数据速率和文件大小可以阻止其轨道上的工作流程使其停止不前。”它分为五个“家庭成员”，每一个都有不同的数据速率，从 DNxHD 444（完全分辨率，10 比特 4∶4∶4 RGB 和高数据速率）依次下降到 DNxHD 36，后者是旨在作为代理格式的。

来自《Avid DNxHD 白皮书》的介绍是这样的：“许多流行的压缩高清格式本身并不支持全高清光栅。水平光栅‘下采样’使高清图像更容易压缩，但重要的是它减少了图像中的高频细节信息。因此，‘下采样’使高清图像看起来更加柔和，降低了处理过程中的水平分辨率。摄像机原始高清光栅的 1920 像素水平分辨率比 1440 像素的‘下采样’图像高 33%，比 1280 像素的‘下采样’图像高 50%。”

7.6 压缩技术

压缩技术涉及一些深度的数学和信息理论。幸运的是，作为影像专业人士，我们不需要深入技术层面来使用它们，但是对正在发生的事情的一些了解会让我们更好地评估和使用各种编解码格式。在压缩技术及其应用中，更好的数学理论和改进算法是近年来在高清和超高清视频中取得的令人难以置信的进步的一个重要部分。而且，使用这些技术的软件和硬件对它们的适应的有效性越来越好。其中，图像处理正在从计算机的 CPU（中央处理单元）转移到 GPU（图形处理单元）。

7.6.1 DCT

离散余弦变换（DCT）被应用于 JPEG、MPEG 和其他几种编解码方式。它是一种有损压缩，与傅里叶变换密切相关。它工作在 8 × 8 的像素块上，并应用量化来减小文件大小。DCT 是计算密集型的，可能导致压缩缺陷，以及在锐利的影像边缘产生振铃或模糊现象。使用 DCT 的编解码格式有：

- Motion JPEG
- MPEG-1

图 7.5 有时使用诸如小波压缩之类的编解码，你越仔细地检查某样东西，你所掌握的信息就越少，就像在电影《放大》(*Blow-Up*，1966）里的这个标志性场景中一样。

- MPEG-2
- MPEG-4
- H.261
- H.263

7.6.2 小波压缩

小波压缩（wavelet compression）是视频压缩的一个相对较新的领域，虽然它的数学根源可以追溯到 20 世纪初。它最早的应用之一是皮克斯（Pixar）[①] 出品的电影《虫虫特工队》(*A Bug's Life*，

① 皮克斯动画工作室，是一家专门制作电脑动画的公司，该公司位于美国加州的埃默里维尔市。

1998)，对于该片，许多评论家评论说有丰富的细节在场。小波压缩采用了一种与 DCT（在像素或像素块的基础上处理图像）非常不同的方法，它处理整个图像（在我们的例子中即视频的整个帧），并在多分辨率的基础上这样做。换言之，它可以对图像的不同部分应用不同程度的压缩。小波压缩应用于 JPEG 2000、RedCode、CineForm 和其他一些编解码格式。一个细节是，尽管出于实际目的，它被称为小波压缩，其实小波变换本身并不压缩图像，它只是为压缩做准备，而压缩是在一个被称为量化（quantization）的过程的不同阶段来处理的。

还值得注意的是，“小波”与波无关，我们通常在冲浪或视频中都会想到后者，比如我们可以用波形监视器来测量它们。更确切地说，小波指的是这样一个事实：（对于我们中那些对很久以前的微积分课程仍有模糊记忆的人来说）它们积分为零，这意味着它们在 X 轴之上和之下产生小波。

森林与树木：小波压缩

在讨论小波压缩时经常使用的一个类比是对森林的看法。如果你飞越一片森林，它看起来就像一大片稍显不同的绿色。如果你开车穿过同一片森林，它会分解成个别的树木和植物。如果你步行穿过森林，你会看到每一棵树和每一朵花的更详细的细节，直到你通过放大镜看到一片单独的叶子。这都是同一片森林，只是你观察到的结果发生了变化。

“小波图像处理使计算机能够以多种分辨率存储图像，从而将图像分解为不同层次和不同类型的细节，并以不同的分辨率进行近似。因此，它可以放大，以获得更多的树木、树叶，甚至一只猴子在树上的细节。小波允许使用较少的存储空间对图像进行压缩，同时具有更多的图像细节。”[宋明新（Myung-Sin Song）博士，《小波图像压缩》（“Wavelete Image Compression”），《当代数学》（*Contemporary Mathematics*）杂志，2006 年。] 它可以被认为有点像大卫·海明斯（David Hemmings）在电影《放大》中扮演的角色（如图 7.5 所示）。影片导演安东尼奥尼传达的存在主义信息很简单：你看得越近，你看到的就越少，或者可能是正好相反的[①]。

① 意为你看得越远，可能反倒看到的越多。

7.7 专有编解码格式

专有编解码格式是由软件或设备制造商开发和使用的，特别是制造摄像机、剪辑应用软件和其他类型的后期制作设备的公司。虽然这些编解码格式通常是公司保密的“秘密酱汁”的一部分，但越来越多的公司倾向于将它们作为公开资源发布，这意味着任何人都可以自由使用它们。

RedCode RAW

RedCode RAW 是 Red 公司的摄像机输出的一种文件格式，它是一种使用专有编解码格式的 RAW 视频编码。尽管输出总是 RAW，但根据记录介质的限制，它在被记录时使用了不同的压缩级别。采用的压缩方案称为 RedCode，编写为 RedCode 28、RedCode 36、RedCode 42（数字表示数据传输速率），或者也可以用压缩比 10∶1、8∶1、5∶1 等来表示。压缩比越低，数据传输率越高。这已经被一个新的系统所取代，它只列出了实际的压缩程度。它把 3∶1 作为最低的压缩比，以此为起点，压缩比可以更高。Red 不再使用 RedCode 28 和其他名称，而是只使用压缩比。RedCode RAW 是一种有损压缩，尽管 Red 称它是视觉无损的。数据压缩可以从 3∶1 到 18∶1 不等。它是一种基于小波的 JPEG 2000 编解码格式。许多人认为 5∶1 或 6∶1 是最佳压缩比——这个压缩比在文件大小和图像质量之间取得了很好的平衡。

对于所有数据，选择使用什么样的压缩比取决于图像质量、图像的最终用途（如果它是 YouTube 视频，压缩的重要性要远小于它作为 IMAX 放映文件）、场景的类型、数据存储的合理限制以及您正在使用的设备的处理能力，特别是在拍摄现场的数字影像工程师的手推车上，对后期处理的第一阶段也是如此。

CineForm

CineForm 以前是一家独立的公司，但现在是 GoPro 的一个部门，同时也是一个编解码器和一个集成系统。CineForm 声明其格式的优点是：

- 用于高影像完整性的全幅（无块）小波压缩；
- 无限制空间分辨率（4K 或者更高）；
- 高达 12 比特的算术精度；
- RGBA、RGB、YUV 和 RAW 色度格式；
- 标准封装接口，包括 AVI 和 MOV，以实现最广泛的兼容性；
- CineForm 产品可以有效地使工作流程从摄像机，经后期制作，进入中期或长期存档。对于混合后期环境，可实现跨平台（Windows/Mac）工作流程和文件的兼容性；
- 兼容大多数与 AVI 或 MOV 兼容的应用软件，包括 Final Cut Pro、Premiere Pro、After Effects 等；
- 视觉质量相当于未压缩的工作流程，但成本低得多；
- 性能优化压缩消除了对专用硬件的需求。

一些专业人士称 CineForm 可能是现有的最高质量的压缩编解码格式，其质量相当于或优于受到高度尊重的 HDCam SR 格式。CineForm 软件提供了优化的剪辑工作流程，以便更好地和行业标准工具一起使用。

7.7.1 AVC-Intra

这是一种松下格式，存储 I 帧，这意味着它没有 GOP 结构。它是基于 H.264/MPEG-4 AVC 标准的。正如他们提到的："压缩已经成为新出现的工作流程的关键环节，但是不能孤立于整个工作流程去单独地考虑压缩。AVC/H.264 已经成为既具有帧内压缩又具有帧间压缩实施方案的新一代艺术状态编解码格式。帧间压缩（长 GOP）通常用于内容传送和打包媒体，在这种模式下，其效率是无与伦比的。然而，任何图像操作或处理都会严重降低长 GOP 压缩方案的图像质量。相反，帧内压缩在每个视频字段或帧的边界内处理整个图像。相邻帧之间的交互作用是零，所以它的图像质量很好地适应于运动和编辑。帧内压缩最常用于广播和制作应用程序，在此这种图像处理是正常的。"

7.7.2 ArriRAW

ArriRAW 是阿莱公司为其 D-20 和爱丽莎摄像机研发的。它是 12 比特对数未压缩的 RAW 拜耳数据，有 2880 × 1620 像素或 2880 × 2160 像素。像大多数摄像机公司一样，阿莱为其摄像机输出文件提供免费的解码软件，它就是用以查看和信号处理的 ArriRAW 转换器（ARC），执行去拜耳和色彩计算。该公司还提供了 Arri Meta Extract，这是一个用于处理元数据的免费工具。

ArriRAW 既支持自动元数据也支持人为可读的元数据，这些元数据的设计目的是支持所有阶段的制作。除了正常的曝光、感光度、伽马、白平衡、帧频、日期 / 时间数据等，它还可以记录镜头数据和针对一些爱丽莎机型的倾斜和转动信息。这些元数据被存储在 ArriRAW 的头文件中。

7.7.3 爱丽莎的合法与扩展

在阿莱的常见问题解答中，他们是这样描述的："一个以 10 比特来编码的影像，其编码值的合法范围是从 64 到 940（共 876 个编码值）；而其扩展范围则是从 4 到 1 019（共 1 015 个编码值）。与通常的看法相反，扩展范围编码不提供更高的动态范围，而合法范围也不限制可捕获的动态范围。它仅仅是一种量化方式（从最暗到最亮部分的亮度等级的数字），而且它的增量是非常微小的（大约 0.2 比特）。"

"合法 / 扩展范围的概念也可应用于 8 比特、10 比特和 12 比特的数据。所有由爱丽莎摄像机拍摄的 ProRes/DNxHD 素材都是在合法范围之内的，这意味着其最小编码值是 64（10 比特）或 256（12 比特），对应的最大编码值分别是 940（10 比特）和 3 760（12 比特）。然而，大多数系统将自动地把数据重新定向到计算机图形学中较为惯用的数值范围，即从零到系统中使用的位数所允许的最大值（例如 255、1 023 或 4 095）。FCP 将显示超出合法范围的值（'超级黑' 和 '超级白'），但一旦使用 RGB 滤镜，这些值就会被切割。这就是为什么爱丽莎摄像机不允许在 ProRes 中记录扩展范围的原因。"

7.7.4 索尼 RAW

索尼的 RAW 文件存储为 MXF 文件（如图 7.1 所示）。索尼提供一个免费的插件，用于将 F65 拍摄的素材输入到几个编辑应用软件中。而且，越来越多的后期制作软件天然地支持这些文件。

7.7.5 XAVC

索尼为他们的某些摄像机研发了新的格式。XAVC 是 H.264/MPEG-4 AVC 的一种变体。它支持每秒高达 60 帧的 4K 分辨率。XAVC 支持 8 比特、10 比特和 12 比特的色彩深度，色度亚采样可以是

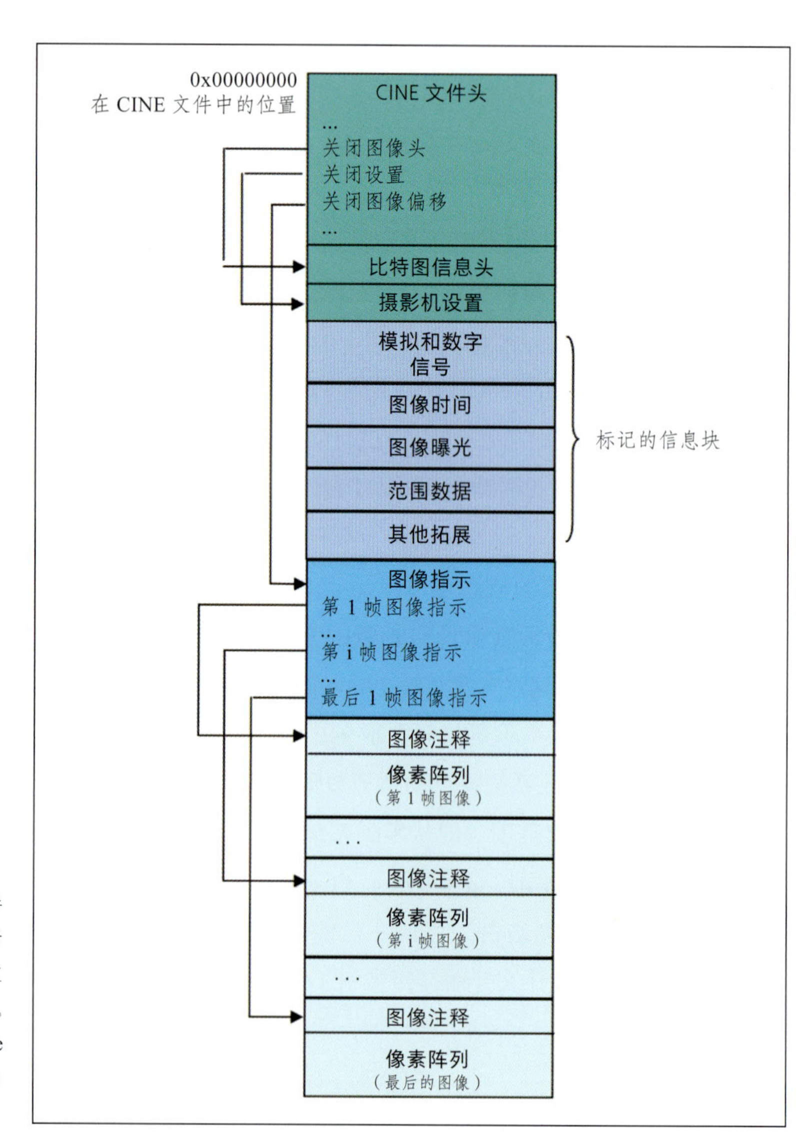

图 7.6 Phantom .CINE 文件的文件结构。虽然希望大多数电影制作者永远不需要在这个级别上去检查文件，但了解它如何工作是有用的。［来源：《Cine 文件格式》（"The Cine Format"），Vision Research 白皮书］

4 : 2 : 0、4 : 2 : 2 或 4 : 4 : 4。MXF 可用于数字容器格式。XAVC 允许帧内压缩记录和长 GOP 记录。这是一种可以得到其他摄像机公司许可的开放的格式。索尼已经在 F5 和 F55 摄像机中安装了这些编解码格式——XAVC HD/2K（F5/F55）和 XAVC 4K（QFHD）（仅限于 F55）——它们是效率和质量的结合，专门用于这些摄像机。两者均为 10 比特 4 : 2 : 2 的高清变体，比特率为 100Mb/s，4K 版本为 300Mb/s。

7.7.6　佳能 RMF

佳能的高端摄像机输出 .rmf 文件，它代表 RAW 媒体格式（如图 7.7 所示）。正如在其他地方曾指出的，佳能对待 RAW 文件的方式有点不同，因为感光度和白平衡是被“烧入”RAW 文件的，而不是纯粹作为元数据的。佳能对数曲线也适用于这些 10 比特文件，它获得了最大的动态范围。其逻辑是，通过对摄像机进行一些处理，中灰以上和以下的挡位范围不会随感光度的变化而变化。对此更为详细的讨论见“线性、伽马、对数”一章。

7.7.7　Phantom CINE

来自 Vision Research 公司的高速 Phantom 摄像机记录的 RAW 文件是 .CINE 文件。像大多数的 RAW 格式一样，它需要在后期进行类似去拜耳这样的处理。.CINE 的文件结构如图 7.6 所示。大多数电影制作者从来不需要在这个层次上检查一个文件，但是为了更好地理解如何使用它，了解一下这个结构是非常有用的。

7.7.8　CinemaDNG

一段时间以来，Adobe 公司一直在游说其他软件和摄像机公司尝试一些针对 RAW 视频和静止图像的标准化和开放格式。从长远来看，标准化似乎已经不太可能。CinemaDNG（数字负片）是 Adobe 用于数字电影文件的 RAW 无损文件格式。它以 TIFF/EP 格式为基础，大量使用元数据。它支持立体（为 3D 制作）和多声道。DNG 文件既可以是一种以帧为基础的 MXF 容器文件，也可以是堆栈状态的 DNG 图像文件序列。这两种类型可以互换，除了有其他好处外，这使视频图像更容易转换为静止图片，这可能适用于制作

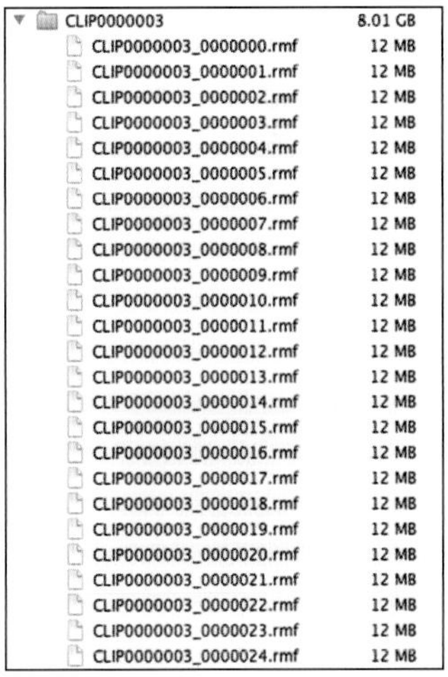

CLIP0000003	8.01 GB
CLIP0000003_0000000.rmf	12 MB
CLIP0000003_0000001.rmf	12 MB
CLIP0000003_0000002.rmf	12 MB
CLIP0000003_0000003.rmf	12 MB
CLIP0000003_0000004.rmf	12 MB
CLIP0000003_0000005.rmf	12 MB
CLIP0000003_0000006.rmf	12 MB
CLIP0000003_0000007.rmf	12 MB
CLIP0000003_0000008.rmf	12 MB
CLIP0000003_0000009.rmf	12 MB
CLIP0000003_0000010.rmf	12 MB
CLIP0000003_0000011.rmf	12 MB
CLIP0000003_0000012.rmf	12 MB
CLIP0000003_0000013.rmf	12 MB
CLIP0000003_0000014.rmf	12 MB
CLIP0000003_0000015.rmf	12 MB
CLIP0000003_0000016.rmf	12 MB
CLIP0000003_0000017.rmf	12 MB
CLIP0000003_0000018.rmf	12 MB
CLIP0000003_0000019.rmf	12 MB
CLIP0000003_0000020.rmf	12 MB
CLIP0000003_0000021.rmf	12 MB
CLIP0000003_0000022.rmf	12 MB
CLIP0000003_0000023.rmf	12 MB
CLIP0000003_0000024.rmf	12 MB

图 7.7　此文件夹中的内容是佳能 C500 拍摄的素材。与许多 RAW 格式一样，每个 RMF（RAW 媒体格式）帧是一个单独的文件，在本例中每个文件大小为 12MB，这提醒我们为什么说拍摄 RAW 就像从消防水管中喝水一样！

宣传剧照，或可能把摄像机当作非常高分辨率的数码相机来进行运动抓拍，这是一种常用的做法。由于它是一种开放的格式，因此它的使用没有专利或许可要求。

7.7.9 索尼的 HDCam 和 SR

HDCam 是索尼的专有格式，最初是为基于磁带的高清摄像机开发的。它是采用 3 ∶ 1 ∶ 1 色度亚采样的 8 比特 DCT（离散余弦变换）压缩。SR 采用 4 ∶ 2 ∶ 2 或 4 ∶ 4 ∶ 4 RGB 或 YCbCr 的 12 比特或 10 比特格式记录，比特率为 440Mb/s，SR Lite 为 220Mb/s。还可以将两个 SR 视频流合并成两倍的比特率，另外它还有 12 个音频频道。

7.7.10 XDCam

XDCam 是索尼发明的另一种格式，其系列高清摄像机主要针对现场节目制作和新闻采集。它有四个家庭成员：XDCam SD、XDCam HD、XDCam EX 和 XDCam HD422。索尼率先使用基于光盘的记录，这条生产线上的一些早期摄像机将视频直接写入类似蓝光的光盘进行随机存取回放，但现在它们已经被类似 SxS 卡（如图 7.8 所示）这样被广泛使用的固态存储器所取代。IMX（也称为 D10 或 MPEG IMX）允许使用 MPEG-2 和可选择比特率的标清记录。

图 7.8 索尼的 SxS 卡，本例中其容量大小为 64GB。

7.7.11 DVCPro

作为索尼 HDCam 的主要竞争对手，DVCPro 格式是由松下公司研发的，并且使用了相同的压缩方案。它有一系列的分辨率，包括 DV、DVCPro、DVCPro 25、DVCPro 50 和 DVCProHD。一些松下专业摄像机可以录制 DVCPro 或者较新的 AVC-Intra。

7.7.12 其他的文件组件

除了通常被称为视频本体的实际视频数据，视频文件通常还有其他一些组件。其中一些组件与后期制作有关，有些用于广播目的（如字幕），另一些则用于视觉特效工作。

元数据

元数据只是“关于数据的数据”。因为它已经成为拍摄、编辑和处理视频的一个核心问题和关键工具（见“元数据和时间码”一章），所以我们将多次讨论这个问题。在光化学电影胶片的冲印和剪辑过程中，必须保存有关于摄影机报告、洗印报告、曝光数据和片边码等的单独的纸质列表。现在可以将所有这些必要的信息（甚至更多的信息）与视频 / 音频文件一起打包了。

文件头

所有视频文件都含有文件头（header）。这是文件开头的数据，它定义了某些基本参数，并通知软件如何处理数据。它可以指定诸如帧速率、画幅比和其他数据等信息。

扩展名

扩展名（extension）是文件名“点”之后的部分。它对于软件能够“阅读”视频也是必不可少的。例如：.mov（QuickTime）、.r3d（Red 摄像机）、.mpg（MPEG 压缩）、.mkv（Matroska 视频）等。一些应用程序使用的是文件头而不是扩展名。在少数情况下，您可以通过更改文件扩展名来使软件接受通常无法识别的文件格式。例如，Adobe After Effects 通常不会识别 .vob 或 .mod 格式的 MPEG 文件，但是如果文件扩展名被更改，则可能会接受它们。

7.8 浮 点

当视频或静止图像进入信号处理阶段（除了后期制作之外，还包括在传感器之后的摄像机内以及数字影像工程师工作站中所做的事情），它们就进入了数学世界。每当我们以某种方式改变影像，不管是反差、色彩、曝光还是其他什么，我们基本上都在对像素进行某种数学运算。幸运的是，这几乎是完全自动的，但在某些情况下，我们实际上还是要应对一些数字。浮点（floating point）就是一个例子。它在计算机操作中几乎无处不在，例如，超级计算机通常根据它们能执行多少次 FLOP 来进行评级，在此，FLOP 是指每秒浮动操作的次数。

在这种情况下，8 比特视频将是整数格式的例子：色彩值只能用 0、1、2、3 等整数来表示。另一方面，浮点可以处理小数数值，允许对色彩 / 灰度值进行更精细的分级。

7.8.1 这个可以到十一

胶片一直以来都有一些只有高端摄像机才能实现的东西：能够记录画面中“超出纯白”的部分。它们能做到这一点是因为内置了一种类似胶片肩部的压缩。有些文件格式能够捕获范围之下和范围之上的数据。为了跟上这些新型传感器的动态范围，文件格式也需要跟进。

色彩值可以写成十进制，范围从 0.0000 到 1.0000。在所有系统中，黑色为 0.0000，纯白色为 1.0000，正常范围内的中间值为 0.5000。浮点数意味着小数点的位置在需要时可以改变。这意味着潜在的最大和最小数量是巨大的。这样做的结果是，你可以有比零更暗的值和比白更亮的值，这些值是范围以下和范围以上的值。它们可以被认为是“后备的”，以便在你需要的时候使用。实际上，它给了你无限的空间。换句话说，你可以有一个到十一的旋钮！[1]

这种色彩通常被称为“32 比特浮点”。它提供了非常高的色彩精度和更灵活的信号处理。其中 8 比特可以显示 255 级，16 比特可以显示 32 768 个级别，从纯黑到纯饱和色。

① 源自美国电影《摇滚万万岁》（*This Is Spinal Tap*，1984），影片中吉他手奈杰尔·塔夫内尔（Nigel Tufnel）自豪地演示了一个扩音器，其音量旋钮从 0 到 11，而不是通常的 0 到 10。在此引申为被利用到超出了极限。可参阅网址：https://en.wikipedia.org/wiki/Up_to_eleven。

7.8.2 半浮点

浮点 32 比特是伟大的，但文件非常大，并且需要大量的带宽。为此，设计了半精度浮点数，它也被称为半浮点数，具有比 8 比特或 16 比特整数格式更大的动态范围，但比全浮点（它是 16 比特或两个字节，尽管代价是一些精度）占用更少的计算空间。OpenEXR 格式支持半浮点数。

7.8.3 OpenEXR

OpenEXR（extended range）是由工业光魔公司（ILM，Industrial Light and Magic）设计的一种格式，用于数字视觉效果制作文件。OpenEXR 的特点是 16 比特（如图 7.9 所示）和 32 比特浮点。.exr 文件具有比 8 比特文件格式更高的动态范围。8 比特文件的特征是每个曝光挡位具有 20 到 70 个等级，而 EXR 文件可以扩展到每个曝光挡位有 1 024个等级。EXR 文件通常使用无损方法进行压缩，但可以使用有损压缩。

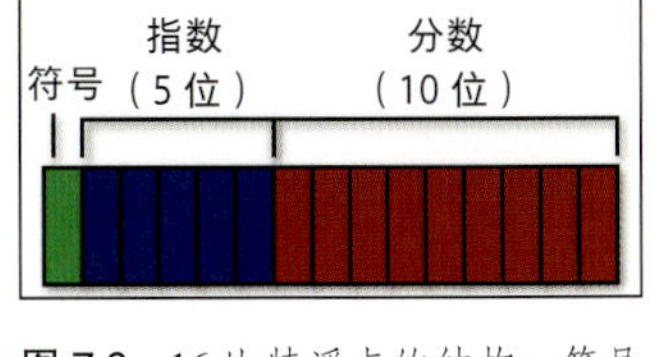

图 7.9 16 比特浮点的结构：符号（加或减）1 位，指数为 5 位，分数为 10 位（尾数）。

工业光魔公司针对视觉效果行业对色彩保真度的更高要求，开发了这种格式。当该项目于 2000 年开始时，公司评估了现有的文件格式，但出于各种原因拒绝了这些格式。按照工业光魔的说法，它们包括：

- 8 和 10 比特文件格式缺少必要的动态范围用来存储由高动态范围（HDR）设备捕获的高反差影像；
- 16 比特的基于整数的格式通常使用 0（黑色）到 1（白色）来表示色彩分量值，但并没有考虑可以被胶片、负片或其他高动态范围（HDR）设备捕获的超限值（例如铬高光）。对于仅以显示或打印为再现目的的影像，在“白”处控制住可能就足够了，但是对于在视觉特效工作室中被处理的影像而言，往往需要在图像数据中保留高光。比如，保存源图像中的超限值可以让创作者以最小的数据损失来改变图像的表面曝光；
- 32 位浮点 TIFF 对于视觉效果的工作来说往往是过分的。32 位 FP TIFF 为在视觉特效中处理的图像提供了足够的精度和动态范围，但它以磁盘和内存的存储成本为代价。当为视觉特效工作创建背景板时，胶片一般是以 2K 像素宽来进行扫描，但实践中往往以更高的分辨率（如 4K）来扫描，因此背景板已经相对较大了；
- OpenEXR 支持几种无损压缩方法，其中一些方法对于带有胶片颗粒的图像可以达到大约 2 : 1 的压缩比。OpenEXR 是可扩展的，因此开发人员可以轻松地添加新的压缩方法（无损的或有损的）；
- OpenEXR 图像可以用任意数量的属性进行注释，例如摄像机的色彩平衡信息。

现在，为了避免你太兴奋地谈论范围之上、范围之下和扩展范围，请记住，这主要适用于图像已经被记录下来以后的信号处理阶段。传感器可以再现的和摄像机可以记录的仍然存在着很大局限，然而，机器制造商在传感器的动态范围方面真正是取得了一些惊人的进步，还有高动态范围（HDR）摄影技术，这不过是数字影像再现的一场革命。

来自 OpenEXR 的简介：“随着线性关系的建立，问题仍然存在，白是多少？ OpenEXR 采用的惯例是确定一个中灰物体，并为其分配摄影上的 18% 的灰度值，或浮点方案中的 0.18。依此，其他像素值就很容易被确定了（亮一挡是 0.36，再亮一挡是 0.72）。值 1.0 不再有特别的意义（在此它不是如在其他格式中那样是一种控制极限），它粗略地代表来自 100% 反射物的光线（比白纸略亮）。然而，有许多更亮的像素值可以用来表示像火和高光这样的物体。正常的 16 比特浮点数的范围可以表示 30 个曝光挡位的信息，每个曝光挡位又具有 1 024 个等级。中灰以上有 18 挡半，中灰以下有 11 挡半。”那些超过 1.0 的数值，用以表示高光反光以及我们前面讨论过的自己能发光的物体（蜡烛、灯等）。

7.9　压缩缺陷

有些压缩方案是无损的，有些则是有损的。它们的目标，至少在理论上，是为了在视觉上是无损的——换句话说，即使它们在技术上是有损失的，但结果也是为了让人的眼睛无法区分。任何观看过低质量、高压缩的互联网视频的人都会熟悉过度压缩的结果——造成的缺陷（伪像）是某些区域的失真和像素化——在这些区域，图片的某些部分被渲染成大像素块，而不是单个像素。

一般来说，这种问题是由这样一个事实造成的，即离散余弦变换（DCT）将每幅图像视为 8 × 8 像素块的集合，每个块包含 64 个像素。将单个像素与其相邻像素进行比较——如果两个像素“几乎”相同，则呈现相同的色彩值。这意味着经过几轮压缩 / 解压缩和再压缩后，以前在颜色和亮度上有细微区分的图像区域现在被呈现为一个均匀块，从而产生恼人的外观。小波压缩方案虽然不产生相同形式的块，但它们大多是有损编解码，因此如果压缩过度，它们会以其他方式使影像退化。

第 8 章

影像控制和色彩分级

image control & grading

到目前为止，我们一直从纯技术的角度来观察数字影像，这是很重要的——如果你不掌握影像制作的技术知识，创作拍摄有力而有意义的画面的概率是微乎其微的。现在是时候从创造的角度开始思考了，但首先要从技术方面来看一下我们可以用来控制影像的工具。

摄像机之前：

- 照明
- 镜头选择
- 滤镜
- 机械效应（烟、雾、雨等）
- 一天中时间的选择、拍摄的方向、天气等

摄像机上：

- 曝光
- 帧频
- 快门速度
- 快门开角
- 伽马
- 白平衡
- 色彩空间
- 拐点控制
- 黑扩展
- 矩阵

当然，在拍摄胶片时，你可以选择胶片的种类并且可能还可以改变冲洗方式以及在印片过程中通过配光来改变画面外观。在拍摄高清或超高清视频时，我们不仅可以获得这些选项，而且现在比从前实际上有更多的控制可供选择。

像往常一样，我们可以在影像离开摄像机之后戏剧性地改变它的性质。这在早期的胶片时代就已经如此了，对于数字影像，控制的程度可以更大。正如一位电影摄影师所说的那样，“他们可以在后期处理中把你的画面搞砸的程度真的已经成倍增长了”。但请注意，这一段的第一句话并没有说“在后期”，原因是现在有了一个制作的中间环节，即数字中间片阶段。

8.1 在数字影像工程师的手推车上

在电影摄制组中一个真正新的岗位是 DIT——数字影像工程师（如图 8.1 所示）。我们将在接下来的章节中大量讨论这一问题。DIT 手推车并不是真正的后期制作，但也不是“摄像机内”操作，而是一个中间阶段，可以有各种各样的选择。在有些制作中，DIT 在某些情况下可能只关心下载媒体文件，也许还会设置监视器和运行电缆。在其他制作中，DIT 手推车可能是创意过程的中心枢纽，在这个过程中，外观被创造、控制和修改。摄像机曝光和光线平衡被不断监控，甚至直接控制。导演、摄影指导、数字影像工程师都参与了有关视觉故事讲述各个方面的激烈对话和创造性交流。

视觉影像的这些方面是我们在本章中所关注的：它们既是摄像机的问题，也是后期制作 / 色彩校正的问题。在数字成像的世界里，什么是“前期拍摄”，什么是“后期制作”的分界线已经变得不那么确定了。

8.1.1 在手推车上发生的事情并不停留在手推车上

在某些情况下，由摄像机输出的影像在经过 DIT 阶段时根本没有任何处理，这个过程更像是文秘性的和事务性的，这是一个下载、备份和制作摆渡驱动以传送到后期制作或制作公司并进行归档等的问题。在其他情况下，数字影像工程师将花费大量时间制作供导演使用的每日样片，不同的版本服务于剪辑师，第三组版本用于

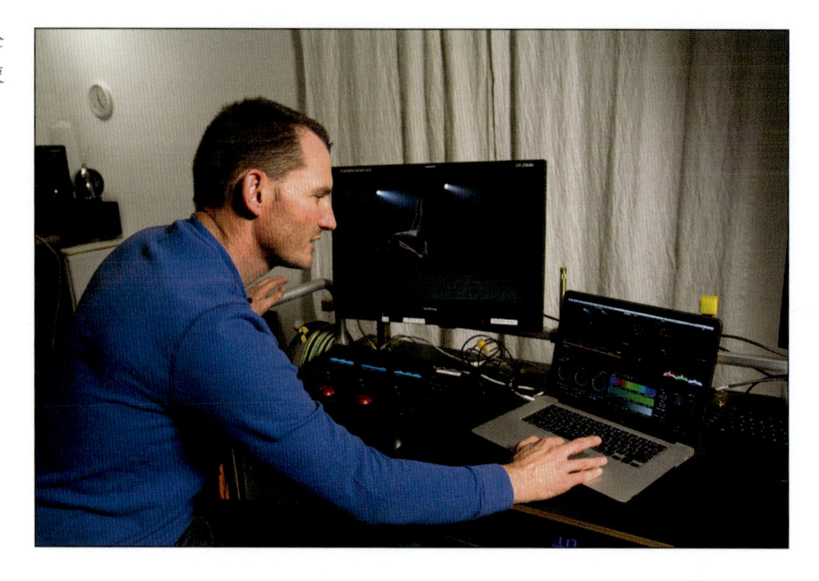

图 8.1 数字影像工程师本·霍普金斯（Ben Hopkins）正在拍摄现场使用达芬奇 Resolve 进行色彩校正。

数字特效过程。如前所述，在某些情况下，影像的外观会有很大的变化，甚至涉及通过色彩校正创建一种外观。简言之，在 DIT 手推车中有一个范围很宽的功能选择（如图 8.2、图 8.3 所示），我们将在“工作流程”一章中更多地讨论这些功能。在这一章中，我们将只讨论影响影像外观的过程：在某些情况下，仅仅是让影像可见，而在另一些情况下，会使用作为视觉叙事一部分的创造性选择。

因此，让我们在影像控制选项列表中添加一些我们将在这里讨论的主题：

- 改变“提升”（lift）、伽马和增益
- 色彩校正
- 创建查找表和观看用文件
- 对摄像机应用查找表和设置监视器
- 创建色彩决策表（CDL，color decision list）

显然，这些过程中的一些与我们在摄像机中的控制是一样的。基于文件的数字工作流程的优点在于，电影制作者不仅在影像改变的类型方面有相当多的选择，而且在选择何时将它们应用到影像方面也有很大的灵活性。决定一个外观什么时候被“烧入”是一件需要仔细考虑的事情，并且应该得到所有相关方面的许可。另一个考虑因素是判断做出某些决定的适当时机和条件：有时在拍摄现场的情况不适合做出这些类型的创造性决定，有时则是适合的；对于第

一次通过色彩校正甚至剪辑过程的素材来说，情况也是如此——拥有做出创造性选择的自由而不被永远困住是一件伟大的事情，这意味着创作过程可以是一种想法的潮起潮落，而不是一个没完没了的、无情的、高压的最后期限。

8.2 色彩校正和色彩分级

虽然大多数人交替使用这两个术语，但一些专业人士确实区分了什么是色彩校正和什么是色彩分级。

色彩校正（color correction）是针对每一个镜头所进行的“正确的”曝光、色再现和伽马处理过程。这是一个直截了当的过程，但也是一种独特的艺术形式。示波器、矢量仪、直方图和其他的评估工具对于这一步骤很重要，大多数剪辑和色彩校正软件都有内置它们。这个阶段的影像控制很可能发生在数字影像工程师的手推车上，为了每天的工作样片——在拍摄现场既没有时间也没有适当的环境来对拍摄画面的外观做出需要细微调整的最终决策，但是数字影像工程师拥有查找表或者来自摄影指导的画面指南，他将对影像做出近似的处理，所以从监视器上看到的画面和每天的工作样片就不仅仅是“从摄像机里出来的任何东西”。即使在摄影师和照明人员最谨慎的控制下，曝光和色彩平衡也肯定会需要一些调整；虽然这些问题不能完全在拍摄过程中处理，但最好能最大程度地消除

图 8.2（右） 在 RedCine-X Pro 软件中的滑块提供对图像的每一个方面的控制。因为 Red 摄像机拍摄 RAW 格式，其控制选项包括感光度、白平衡以及色彩空间和伽马空间的选择，在本例中，它们是 RedColor2 和 RedGamma2。

图 8.3（左） 完整的达芬奇 Resolve 控制装备（黑魔设计公司供图）。

这些变化，使创作者在观看每天的工作样片时不至于被分散太多的注意力。

色彩分级（color grading）是一个更具创造性的过程，在这个过程中，我们决定增强项目的视觉基调或为其建立一个新的视觉基调，包括引入新的色彩主题、新的胶片乳剂类型和色彩梯度以及一系列其他选择——换言之，就是改变项目的最终外观。因为它纯粹是创造性的，所以没有对错之分，只取决于摄影指导、导演和色彩专家对适不适合这个故事的感觉。本质上的区别是，前者或多或少是暂时的，后者则更有艺术性、创造性和最终性，这里的“最终”是指经过“烧入”的结果，它会被用于发送和放映。

8.3 控制器和控制界面

视频控制从最早的电视时代就已经出现了。我们今天使用的控制类型可以追溯到电影到视频的转换，它最初被称为电影链（film chain，用于在电视上显示电影片段和整个电影），但后来被胶转磁（telecine）取代了，胶转磁将胶片转为视频，通常是经过色彩校正的。视频到视频一直被称为色彩校正。20 世纪 80 年代，这些系统的前端变得有些标准化，有些元素是所有这些系统的共同元素，特别是三个带环的轨迹球的排列（如图 8.4 至图 8.6 所示）。

8.4 控制参数

所有的视频分级软件都有一些基本的特点，其中最突出的是控件。它们最终可分属于某些基本群组：

- “提升”/暗部
- 伽马 / 中间调
- 增益 / 高光部
- 偏移量

这似乎是一些令人困惑的术语，事实上，的确没有一个全行业

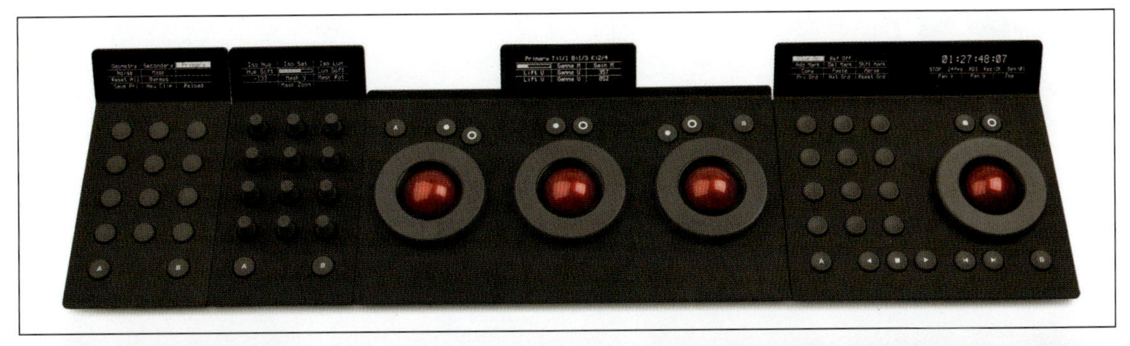

图 8.4（上） Tangent Design Element 调色台用于色彩校正的控制界面。它分为三个单独的部分，许多数字影像工程师只从中间部分开始工作。

图 8.5（下） 调色软件 Assimilate Scratch 中的“提升”、伽马和增益控制。它们可以用鼠标调整或通过连接到控制界面来调整。

范围的标准。虽然不同的软件包在控件实现方式上有一些细微的差异，但实际上它们的功能基本上是相同的，只是具有不同的名称而已（如图 8.7、图 8.8 所示）。请记住，这些控件分别适用于每个色彩通道（在大多数情况下）。

重要的是要记住，所有这些控件在某种程度上是相互作用的——它们中没有一个是“纯粹”的只影响影像的一个特定部分，除了在对数模式下，我们稍后将讨论。有一些功能，如 power windows、secondary correction、qualifiers 和其他的功能，它们的

图 8.6 色调偏移轮的操作原则。这个轮子是用来控制“提升”的，所以旋转外圈可以增加或降低“提升”，移动中间的轨迹球会改变色调。向绿色移动，在降低红色和蓝色的同时，提升绿色。向黄色移动，同时提升红色和绿色而降低蓝色。向红色移动，提升红色，同时降低蓝色和绿色，等等。色彩就像在矢量图上一样排列。现在你明白为什么理解色环如此重要了。

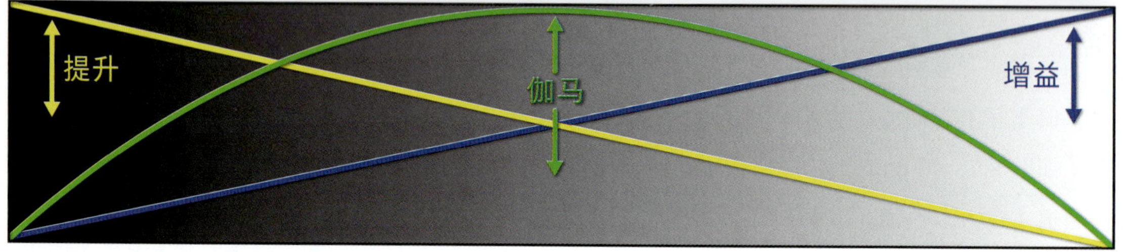

图 8.7（上） 达芬奇 Resolve 软件中三法色页面里的“提升”、伽马和增益控制。

图 8.8（下） “提升”、伽马和增益控制的效果。虽然它们影响影像的不同方面，但总会有一些重叠。注意“提升”和增益的类似“门”的效果——一端保持锚定，而另一端则可以自由地通过整个范围。

目标是图像的特定部分或特定的色彩或影调范围，但这些功能超出了本书讨论的范围，因为它们最常用于后期制作中——这里我们只介绍一些基本概念，因为它们可以在拍摄现场的数字影像工程师的手推车上使用。

8.4.1 “提升” / 暗部

这一操作影响场景中最暗的区域，它可以使暗部在每个色彩通道变暗或变亮。正如你能在图 8.9、图 8.10 和图 8.11 中看到的，“提升”在锚定纯白端的同时，提高或降低了最暗的区域。这意味着它有能力把阴影完全地提升或降低。虽然它总是会对中间调产生一些影响，但是它对亮部的影响是很小的。

把它想象成从上面看到的一扇摆动的门：与铰链连在一起的那部分几乎不动，而离铰链最远的那部分则有完整的运动范围。同样的概念也适用于其他方面的影像控制，除了在对数分级中，我们稍后将看到。

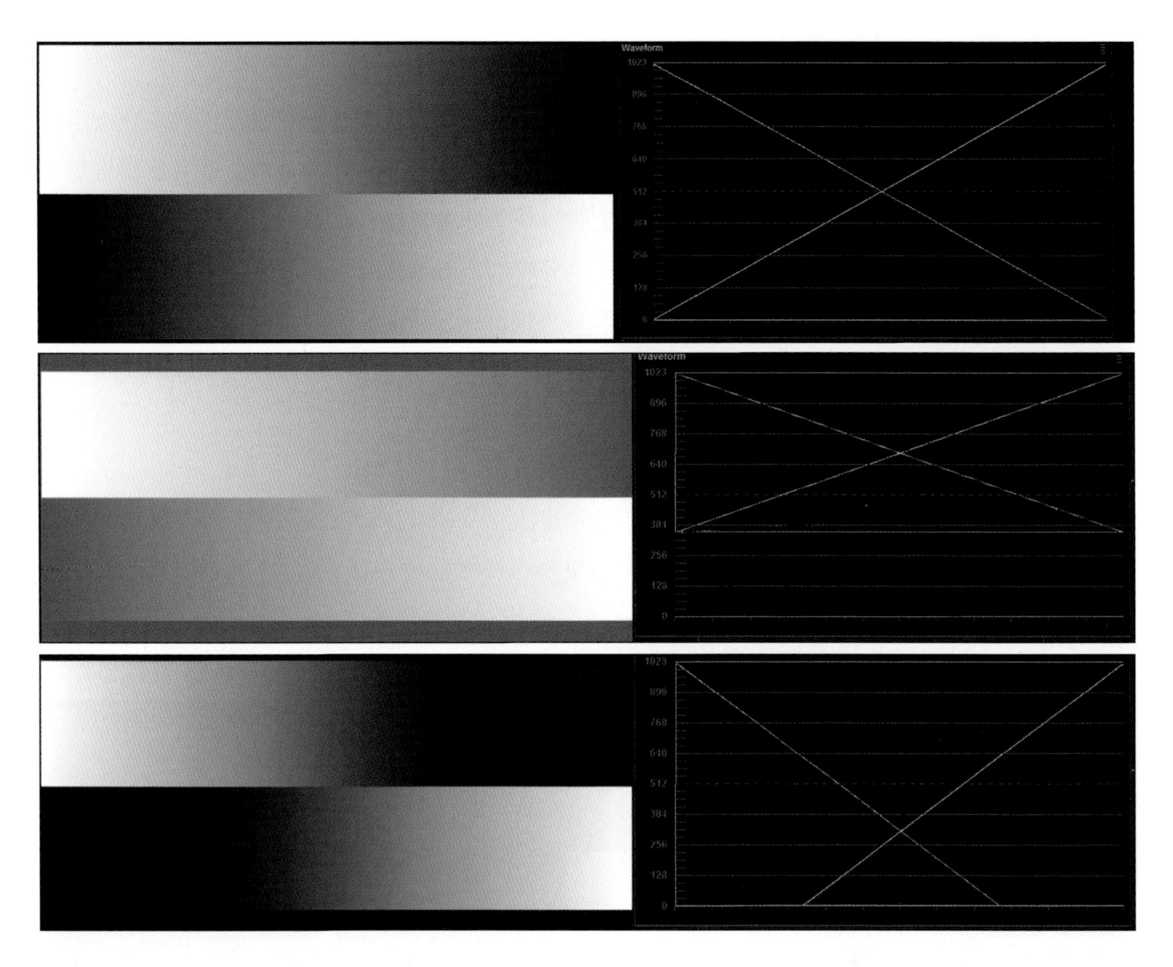

图 8.9（上） “提升”在正常状态，没有对交叉灰阶做调整——所有事情都是正常的。

图 8.10（中） 增加“提升”使暗部变亮，除了对高光部有较小的影响外，对中间调也有一些影响——中灰有显著的提高。

图 8.11（下） 降低“提升”压缩暗调，对低于中间调的区域有一些影响，对高光影响很小，中灰被降低了。

8.4.2 伽马 / 中间调

这一操作会影响画面的中间调（如图 8.12 所示）。在实践中，它们可以被看作反差调整。我们已经熟悉了伽马或幂函数的概念，这是在“线性、伽马、对数”一章中讨论过的。正如我们曾指出的，伽马这个词在视频世界中使用得有点随意，在这里基本上也是一样的。

在图 8.13 和 8.14 中，你可以看到伽马 / 中间调会影响到灰度的中间范围，它可以使中间调向上或向下，而纯黑和纯白则保持锚定，这使得曲线具有弯曲的形状。

8.4.3 增益 / 高光部

增益（有时称为高光）对高光的影响最大（如图 8.15、图 8.16 所示）。类似于“提升”，它把暗部端锚定，所以它对暗部的影响很小，同时让高光端有一个自由的提升或降低范围。

8.4.4 曲　线

除了针对灰阶的每一部分的单独的控制器之外，大多数应用软件还允许为图像绘制曲线——单独操作响应曲线，通常使用贝塞尔（Bezier）控件。它可以成为一种快速有效的工作方式。图 8.22 显示了在 Assimilate Scratch 软件中通过曲线调整影像的情况。将平淡乏味的对数影像转换成更接近我们希望它最终呈现的状态，需要将经典的 S 形曲线应用到影像上：压碎黑的区域，拉伸白的区域。

8.4.5 对数控制

有些软件（尤其是达芬奇 Resolve 和 Baselight，但是毫无疑问，在不久的将来会有更多，特别是对 ACES 对数 / 代理模式有更广泛使用的软件）有一个称作对数的模式。在达芬奇 Resolve 软件中，

图 8.12（上） 正常伽马状态下的交叉灰阶曲线。梯度显示为正常的反差并且从黑到白有均匀的分布。

图 8.13（中） 同样的灰阶在伽马提高时的情况。效果是低反差和中间调的升高。

图 8.14（下） 同样的灰阶在伽马降低时的情况。效果是反差提高。跟上面的情况相同的是，灰阶的一端仍是纯黑，另一端仍为纯白，但中间调发生了明显改变。

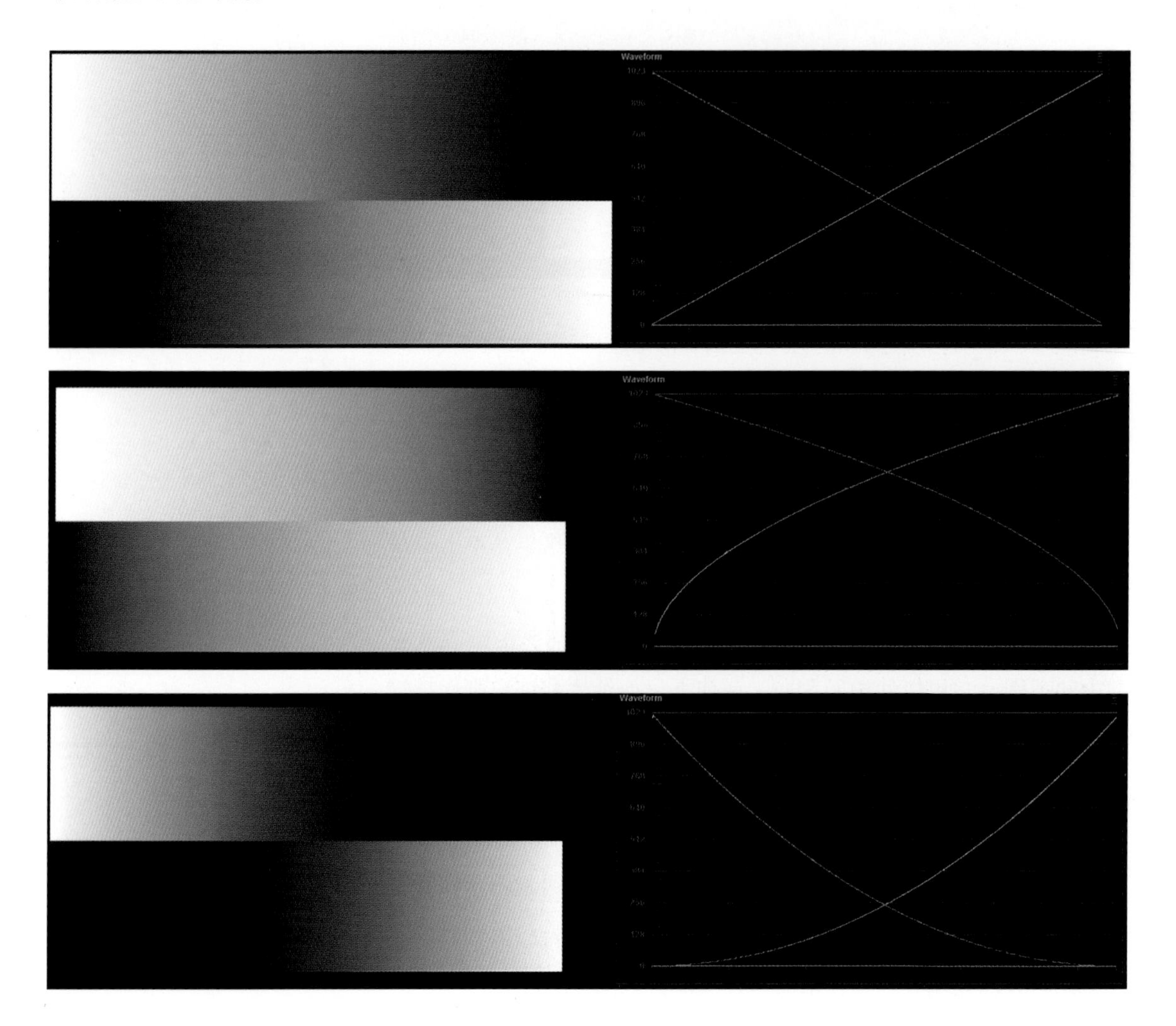

对数模式拥有的控件包括暗部、中间调、高光和偏移（如图 8.17 所示）。另外，它还有低范围 / 高范围（low range/high range）、反差、中心点（pivot）、饱和度和色调。（正如我们已经看到的，Resolve 软件中的其他模式是三法色调色，它拥有的控制轮有“提升”、伽马、增益，还有饱和度、色调和亮度混合。）

Resolve 软件中的三法色（three way color）被描述为“用宽画笔画画”，而对数模式允许更有针对性的调整，而且在暗部、中间调和高光三个部分很少产生重叠。低范围和高范围的选择决定了在暗部、中间调和亮部三部分分离点的位置。随后的讨论主要针对达芬奇 Resolve——详细讨论每个色彩校正软件远远超出了本书的范围，但不同软件的基本概念是一样的，即使某些特定应用会存在一些变化。而且，由于 Resolve Lite 是免费的，所以对于任何想要学习、实验和测试的人来说，它都是很容易获得的。Resolve 还提供了一些测试图像供你使用。还有其他几个软件包（有些是免费的），它们提供了我们在这里讨论的图像参数的控制。

8.4.6 对数模式的色彩偏移和主要控件

对数模式的控件与“提升”/ 伽马 / 增益还有一个不同之处，那就是它的第四组色彩平衡和主轮控制：偏移（offset）控件，它允许你在 RGB 通道的整个色调范围内进行调整（如图 8.18 至图 8.20 所示）。

图 8.15（上） 增益提高，在本例中它导致了切割。这里仅是一个个例，尽管它总是一个存在的危险，但提高增益不是总会造成切割。和使用“提升”一样，增益改变也会导致中间调发生变化。

图 8.16（下） 增益降低，高光变为灰色。注意在这两个例子中，中灰也发生了上下移动。

图 8.17 达芬奇 Resolve 软件中的对数页。用交叉灰阶显示了对中性灰的所有调整。

偏移平均地提高或降低整个场景的水平。另外它有时也被称为设置（setup），尽管这是一个古老的术语，可以追溯到模拟视频时代。因为这意味着你可以把它放入顶部的切割部分或者底部的零点以下，正如我们在“线性、伽马、对数”一章中看到的在对数模式下有一个顶部空间和一个底部空间。偏移有时伴随着反差控制，该反差控件允许用户在可选择的中心点周围改变信号的反差。换句话说，用户可以选择一个中心点，并将整个信号拉伸或挤压在这个点之上和之下，以使图像保持在限制范围内，同时仍然用偏移控制所有东西的上下移动。

低范围移动暗部和中间调相交的边界。降低该参数会扩大中间调的范围，并缩小暗部的范围；提高该参数将缩小中间调范围，并扩大暗部范围。

高范围则移动中间调和亮部相交的边界。降低该参数将缩小中间调的范围同时扩大亮部的范围；提高该参数将扩大中间调的范围同时缩小亮部的范围。

反差控制允许用户增加或缩小影像的最暗值和最亮值之间的距离，从而提高或降低影像的反差。其效果类似于使用“提升”和增益主控件来同时进行相反方向的调整。影像的亮部和暗部被推开或聚集在一个由中心点参数定义的中心点周围。提高反差将熟悉的 S

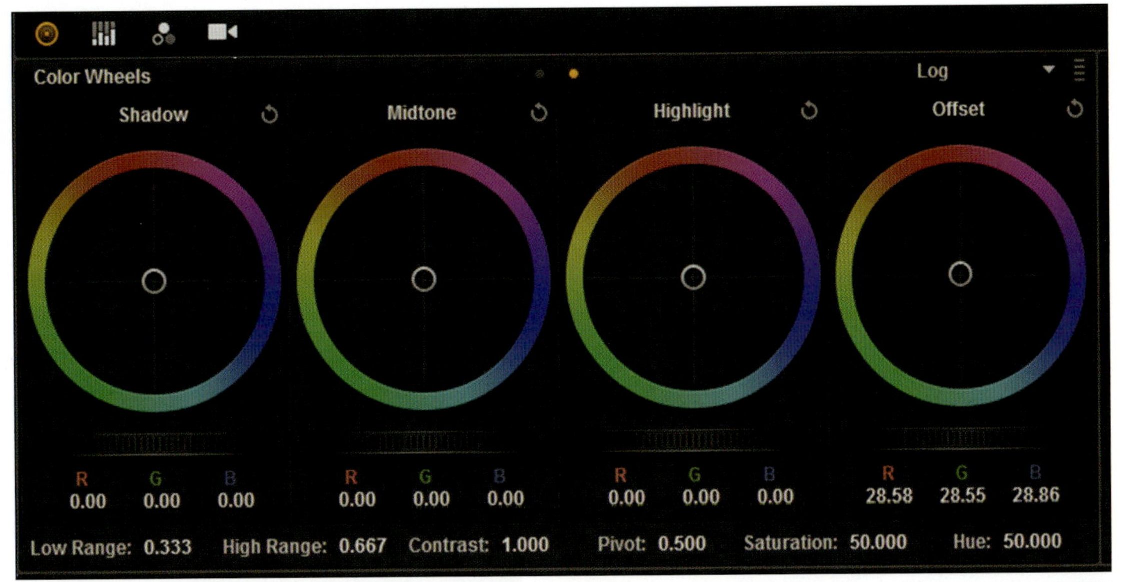

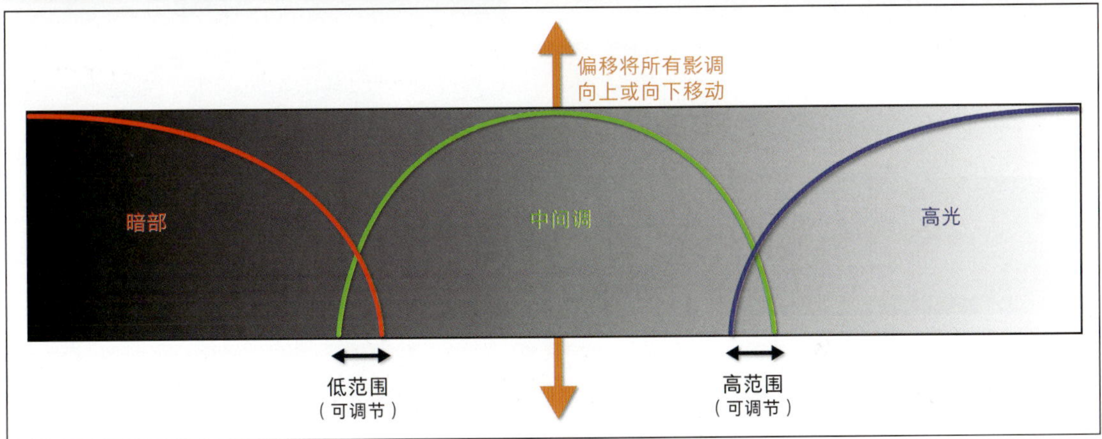

图 8.18（上） 达芬奇 Resolve 中的对数控制：暗部、中间调、亮部和偏移。偏移同时提高或降低所有的色调。

图 8.19（下） 对数控制是如何工作的：控制区之间的重叠相对较少，它们重叠的程度是可变的。控制区之间的完全分离会留下空白，并产生一些奇怪的影像。

形曲线添加到影像中：提高高光和降低暗调，同时尽量保持中间调不动（如图 8.21 至图 8.25 所示）。

中心点控制改变了在反差调整期间，影像的暗部和亮部被拉伸或被挤压所围绕的中心点。较暗的影像可能需要较低的中心点值，以避免在拉伸图像反差时过多地压碎阴影，而较亮的影像则可能受益于较高的中心点值以充分增加阴影密度。

色彩专家和视效主管迈克·莫斯特（Mike Most）是这样解释的："对数控制（在 Resolve 中）与线性化输出无关，这是一个通过查找表或曲线来处理信号的步骤。对数控件被设计为操作以对数格式编码的信息，并期望通过规范化的查找表来查看结果。对数编码影像中的值与视频图像具有不同的黑点、白点和伽马值，控件需要

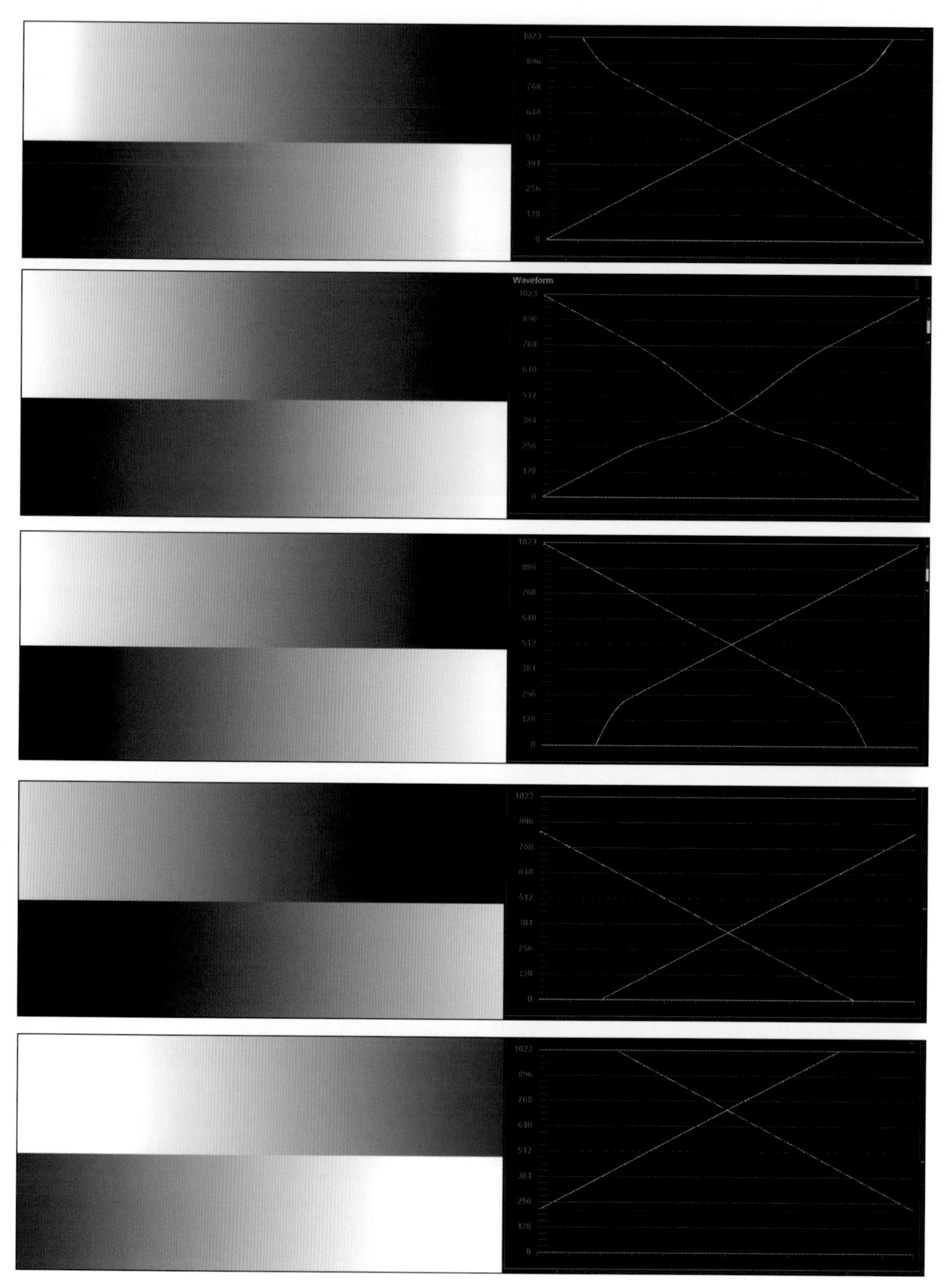

图 8.20 达芬奇 Resolve 中的对数控制：（顶）高光提高；（向下第二）中间调降低；（向下第三）暗部降低；（向下第四）偏移降低；（底）偏移提高。请注意，这三个区域受到影响，影像其他区域几乎没有变化。

被以不同尺度去操作，以便以更可控和更可预测的方式对这些影像进行操作。基于胶片时期的方法，处理这一问题的最常见方法是使用曝光（在此用偏移来实现）和反差的组合来改变整个影像上的色彩平衡和总体水平，并调整反差以更好地匹配任何曝光不足或曝光过度的素材和视频显示的环境。暗部、中间调和亮部控制的实施在非常有限的范围内，它是基于 Cineon 对数格式的 95 的黑点和 685 的白点，而不是 0 和 1 023。”

“其结果是，纯粹使用偏移和反差，然后使用暗部、中间调、亮部调整进行微调，你就可以建立一个影像的基本平衡。由于这些控件的设计，你会发现高光控制，虽然仅限于 685 附近或以上的输入值，相较于增益控件（增益控制在 0 处有一个中心点），它扮演了一种可以变化的软切割。所以它有时甚至在非对数调色环境中也很有用。还有一个非常重要的值得注意的点，反差中心点在处理曝光问题时是非常有用的，比如曝光不足或者曝光过度。通过提高中心点，反差控制会影响到更暗的区域，并开始感觉更像是一个‘黑扩展’的控制。通过降低中心点，它会影响亮部的范围，带来更多的细节，比如曝光过多的面部亮点等。在 Resolve 软件中，你可以从这些事情中获得很多纠正能力，因为你可以在不同的节点上分别实现它们（前提是所有这些节点都在输出查找表之前）。”

“胶片的数字中间片（DI）很长时间以来一直使用曝光 / 反差控件和对数标尺范围来工作。实际上，Lustre 软件[①]是围绕它设计的，就像 Baselight 软件中的胶片分级条带（film grade strip）一样。因为你没有通过分离亮度范围来分割画面，所以偏移 / 反差控制让你更真实地保持原来的影像，因为一旦你正确地平衡了它（通常是通过设置肤色），场景中的所有颜色就会变成它们应该基于原始摄影的颜色。对于那些只使用‘提升’/ 增益 / 伽马控制系统的人来说，这可能是违反直觉的，但是仅仅使用一个轨迹球（偏移轨迹球）比使用三个轨迹球要简单得多。你会得到更好的颜色分离，从而有更多的深度。我建议你尝试使用在此描述的对数分级控制，而不是试图使用‘提升’、增益和伽马。我想你会对你能取得的结果感到惊讶的。”

① Autodesk Lustre，调色配光和色彩管理软件，主要用于交互式电影、高清的配光和效果创造。

445, 445, 445
Kodak
Tray
Animation
Construct
5471
Range
Undo
Redo
Construct 1
0
Trim
Copy
Levels
Color
Curves
Numeric
Qualifier
Masks
FX Ctrls
FX Inputs
Save
Fetch..
Master
R
G
B
Hue -> Hue
Hue -> Sat
Hue -> Lgh
Sat -> Lum
Lum -> Sat
Curve Editor
Set: Lin. To Log.
Set: Log. To Lin.
By-Pass
Reset
M1
M2
M5
M6
Animation
Off
Manual
Set Key
Bin Key
445, 445, 445
Kodak

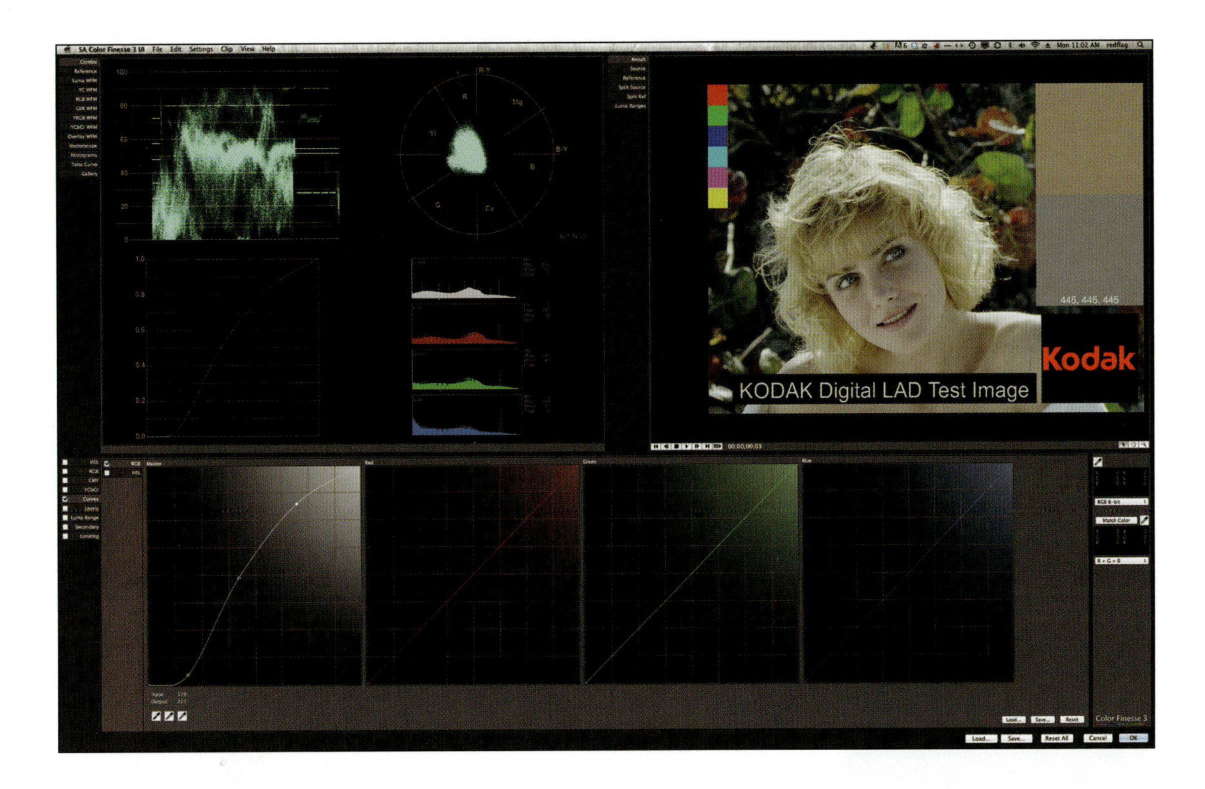

8.4.7 饱和度、色调和亮度混合

在达芬奇 Resolve 中，饱和度和色调调整是相当明显的，但亮度混合就并非如此了。以下是一些简短的描述。

饱和度控件：增加或减少整个影像的饱和度。当该项参数在较高值时，色彩会更强烈；在较低值时，色彩强度减少；一直到 0 时，色彩被去除，只留下中灰的影像。

色调控件绕着色环旋转影像的所有色彩。默认设置为 50，它使色调保持不变。提升或降低此参数将沿着色环上的色调分布同时向前或向后旋转图像中的所有色调。重要的是，这是平等地控制图像的所有颜色，不像其他个别的控件可以针对特定的色彩范围。

按黑魔设计公司（达芬奇 Resolve 的开发商）的说法："亮度混合允许你通过使用主轮或组合自定义曲线来控制 YRGB 反差调整之间的平衡，而通过使用主控制面板中 Y 通道'提升'/ 伽马 / 增益控制或非组合亮度曲线，'只 Y 调整'（即灰度亮度调整）用以进行反差控制。在默认值 100 的情况下，YRGB 和'只 Y 调整'对反差的贡献是相等的。降低这个值会减少'只 Y 调整'对反差的影响，直到为 0 时，'只 Y 调整'对反差的影响被关闭。"

图 8.21（对页，上） 对数空间中的柯达玛茜（LAD）测试图——平淡且低反差的。注意示波器上的波形（绿色标记）既没有在低端达到黑也没有在高端达到 100%。效果指示器（蓝色标记）是一条直线，表示没有进行任何更改。曲线工具（红色标记）也是一条直线。这是在软件 Assimilate Scratch 中。

图 8.22（对页，下） 曲线工具已经被用来创建经典的 S 形曲线，它将暗部降下来，亮部向上提升，使影像恢复到正常反差。波形（绿色）现在填充了从 0% 到 100% 的整个范围，直方图（黄色）现在更宽了，效果指示器（蓝色）显示已经做出的变化。

图 8.23（上） 相同的影像在 Color Finesse 软件中。再次应用 S 形曲线使影像恢复到正常反差，在波形和直方图中也可以看到变化。

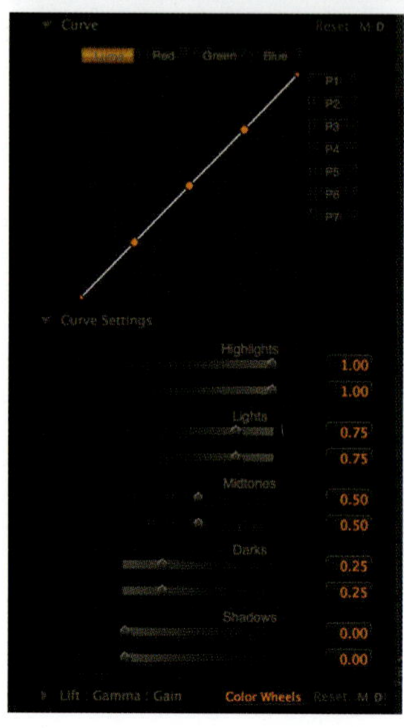

图 8.24（上） 在达芬奇 Resolve 对数控件中，（顶）正常状态的反差和（中）升高的反差。

图 8.25（下） RedCine-X Pro 中的曲线控制。

8.5 色彩空间

色彩空间是一个重要的考虑因素，原因有几个，其中一些是我们在“数字色彩”一章中谈到过的。不同的色彩空间有不同的能力来传达色彩的完整色域。改变项目的色彩空间可能会产生意想不到的后果——这就是为什么考虑整个影像的制作链是很重要的：如果最终产品被更改到不同的色彩空间，它最终可能会以我们不希望的方式改变影像。测试整个工作流程是防范这些灾难的最佳方法。虽然拍摄 RAW 已经成为趋势，但许多摄像机仍然内置了一个色彩空间的选项，以使摄像机有能力接受用户输入色彩空间的决定。无论如何，影像不可能永远保持在 RAW 状态，它们必须在某个阶段向一个特定的色彩空间转换，并且最终将这一色彩空间“烧入”影像。

8.6 色彩控制

一级校色（primary color correction）是指所有影响整个影像的调整。二级校色（secondary color correction）要更专业，但在许多项目中甚至都没有使用它。它使用相同的控件（红、绿、蓝、饱和度、“提升”、伽马、增益），但它们只适用于图像的某些方面，特定的色彩、饱和度或亮度值被分离和操纵（如图 8.26、图 8.27 所示）。

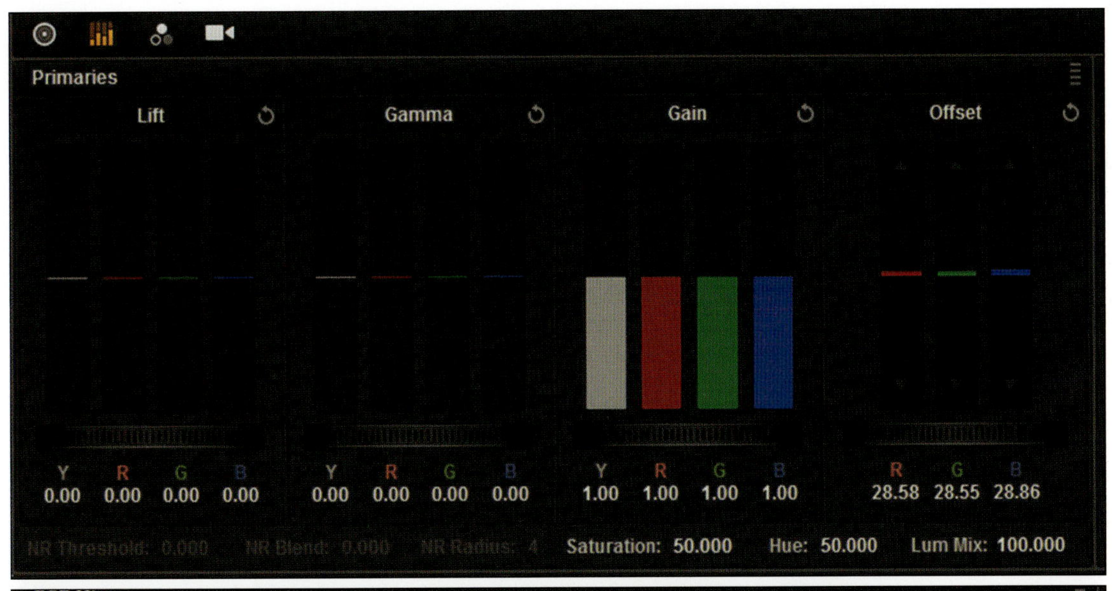

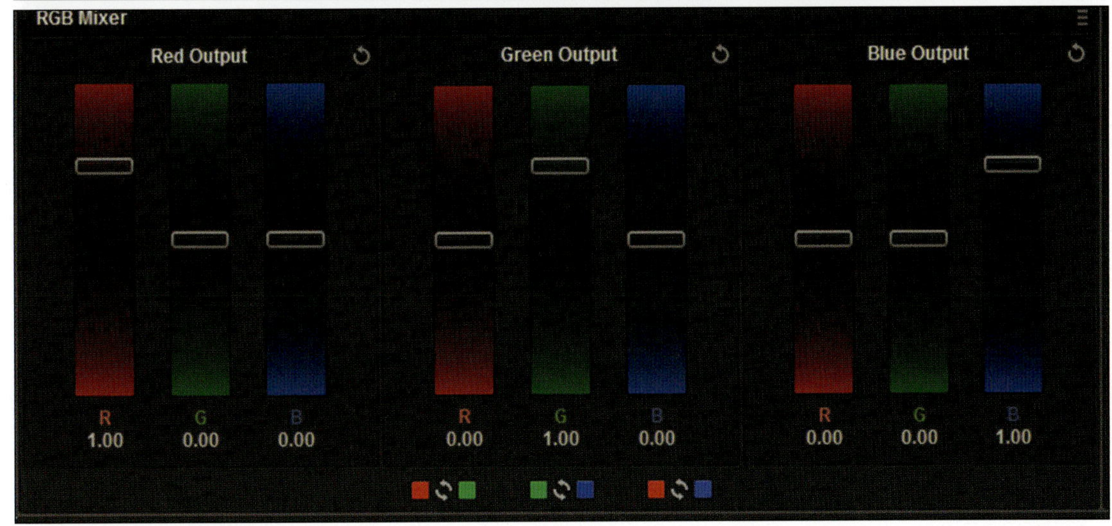

图 8.26（上） 大多数图像控制软件提供了几种改变图像值的方法。此图中是 Resolve 中的主要控制措施，还包括对单个色彩通道的偏移控制。

图 8.27（下） Resolve 中的红绿蓝混合器。

虽然它们超出了这本书的范围，遮罩（mask）、蒙板（matte）、威力窗口（power windows）可用于分离画面的特定区域，而且可以使改变只在这个区域发生。它们可以被动画和运动跟踪，以便随着场景的进行，它们可以和每一幅画面中的对象或特定区域一起移动。

8.7 矢 量

毫不奇怪，矢量与矢量仪相关联。在这里，矢量意味着我们在矢量仪上看到的狭窄的色彩“楔形”。图 8.28 显示的是来自 Assimilate Scratch 软件上的一个例子，在此显示的六种控件是三原

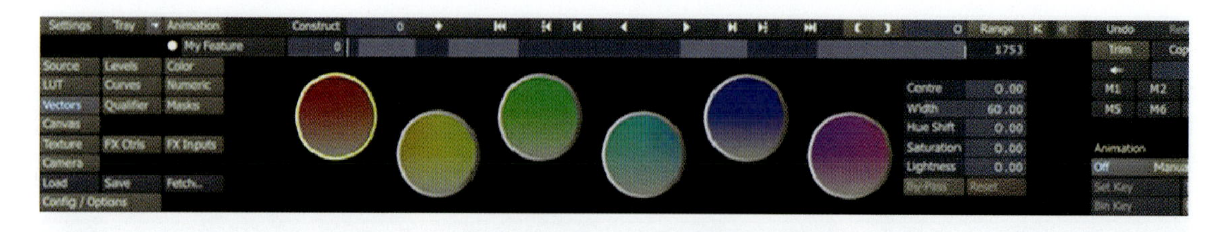

图 8.28　Assimilate Scratch 软件中的矢量控制，它可以影响色环中很狭窄的部分。

色红、绿、蓝和三补色品红、青、黄。但是，它们是可定制的。在窗口的右手是包括中心和宽度的控件。中心指的是色调 / 相位的选择，而宽度是用来控制你要隔离的楔子有多宽。然后，在这个范围内，你可以操纵色调、饱和度和亮度。这意味着，例如，你可以隔离一个低饱和蓝的镜头中的所有东西，然后把它改成深红色。

虽然二级调色是非常强大和有用的，但它们很少在现场进行，除非需要进行一个快速的实验，看看是否有可能产生特定的效果。

8.8　输出和再利用分级

在摄像机中或在 DIT 手推车上的图像处理通常是非永久性的，而且更像是一个粗略的草稿。由于时间、设备和观看条件的限制，除了快速的日报样片校正外，做更多工作将是一个危险的操作，而且也很少需要。然而，由于每日校色是要和摄影指导以及导演的想法进行结合的，所以它们需要是可输出的和可重复使用的。可输出使得它们可以被发送给制作流程中的各个工作人员以及后期生产的各个环节——这是让每一个人对影片生产保持意见一致的重要因素。未做处理的 RAW 格式日报基本上不会给后期提供摄影指导和导演关于场景创作意图的指导，他们可能从一个完全不同的方向出发，这很可能会浪费时间和资源，并可能导致创作上的混乱。ASC-CDL① 系统是一种解决这个问题的尝试，它可以将摄影指导和导演的想法传递给其余所有的制作过程。ASC-CDL 将在“工作流程”一章中讨论。

① 美国电影摄影师协会（ASC）色彩决策表，是一种用于在不同商家生产的软件或设备间传递基础调色信息的格式。

可重复使用性是很重要的，这样一来就不需要每天或每个场景都重新进行现场调色。这在如果只有某些类型的场景需要得到一种特定的色彩校正的情况下是尤其有用的，这种情况非常典型。可重复性是很有必要的，因为我们对特定外观的感知会随着时间的推移而“漂移”。这在类似电影这样的长期项目的色彩分级处理中是一个经常被注意到的现象。当某一特定类型的场景第一次被分级时，导演和摄影指导可能会选择一个相当极端的外观。随着时间的推移，眼睛和大脑倾向于适应这种外观，下一次出现这种场景时，它们想要把它推向一个越来越极端的样子，这是很正常的。结果有时可能比它们最初开始时真正想要的更多、更严重，可能会在外观上造成不一致。

为了克服这一问题，许多色彩分级软件具备保存始终抓取帧（或称始终存储帧）的能力，这些帧可用作保持一致性的参考。在有些软件，比如达芬奇 Resolve 中，这些帧的抓取同时包含了观看的参数，因此，所有需要做的就是复制参考帧，并将其放到当前场景中，外观也将自动应用于其中。而且你随时都可以调整这个外观。

摄氏温度（℃）	华氏温度（℉）
0	32
20	68
40	104
60	140
80	176
100	212

表 8.1 一种非常简单的一维形式的查找表。在本例中，知道了以摄氏度为单位的温度就可以查出同一温度的华氏度数值。

8.9 查找表和外观

LUT 代表查找表（look up table），它是一种不用数学计算而能将一个值与另一个值相关联（或替换）的方法。你可以认为它是一个算法，所有像素值已经预先计算并存储在内存中。一种非常简单形式的查找表如表 8.1 所示——对于任何数值的摄氏温度，你可以很快查找到相同温度的用华氏温度表示的关联值。

8.9.1 一维查找表

表 8.1 是一个一维（1D）查找表，意味着对于每个输入值，有且只有一个输出值与其对应。它很有趣，但对视频不太有用，在视频那里，我们几乎总是要处理至少三个值：红色、绿色和蓝色。一个基本类型的视频查找表是三个一维的查找表，每一维为一个色彩通道服务（如图 8.29 所示）。色彩通道之间没有相互作用。比如，三个一维查找表可以是这样的：

R, G, B

3, 0, 0

5, 2, 1

9, 9, 9

它的意思是这样的：

对应于 0 的输入值，红绿蓝的输出值分别是：R=3，G=0，B=0。

对应于 1 的输入值，红绿蓝的输出值分别是：R=5，G=2，B=1。

对应于 3 的输入值，红绿蓝的输出值分别是：R=9，G=9，B=9。

查找表就是由这些数字集的长列表组成的。

8.9.2 三维查找表

三维（3D）查找表虽然更复杂些，但它允许更多的图像控制。（如图 8.30 所示）三维查找表对于由一个色彩空间转换到另一个色彩空间是非常有用的。它可以对 RGB 空间中色彩立方体的每个值实施转换（图 8.31 和图 8.32 显示了色彩立方体）。三维查找表使用更复杂的方法从不同的色彩空间中映射（匹配）色彩值。三维查找表提供了一种可以表示任意色彩空间转换的方法，而不是像一维查找表那样，仅从输入的色彩值确定对应的输出色彩值。三维查找表允许在色彩通道之间进行交互对话：从输入色彩的所有分量计算输出色彩的分量，提供比一维查找表更强大和更灵活的三维查找表工具。

因为它不可能大到能包含每个色彩通道的每个单独的数值，所以节点的数量是受限的。每个坐标轴有 17 个坐标点（典型的大小），总共有 4 913 个节点。每个坐标轴增加到 257 个坐标点则总共会产生 16 974 593 个节点。出于这个原因，只有节点是被精确计算的。在节点之间，是被插值的，这意味着它不太精确。

一维查找表对于调整每个色彩通道的反差和伽马值非常有用，而三维查找表通常更灵活——它可以在色彩通道间交叉转换色彩、改变饱和度，并独立控制饱和度、亮度和反差。

一维查找表在位深和条目数目之间有 1∶1 的对应关系。三维查找表必须从子集内插，否则查找表可能超过千兆字节的大小。查找表可以是整数值或浮点数。

- 8×8×8 对大多数转换而言太小；
- 16×16×16 对于预览是一个合理的尺寸；
- 64×64×64 是用于渲染的质量。

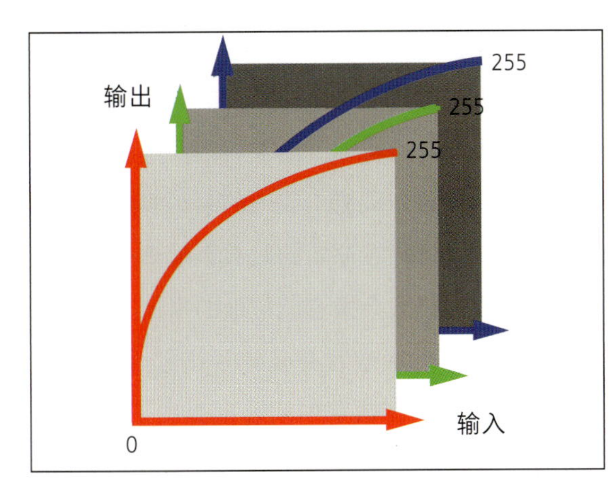

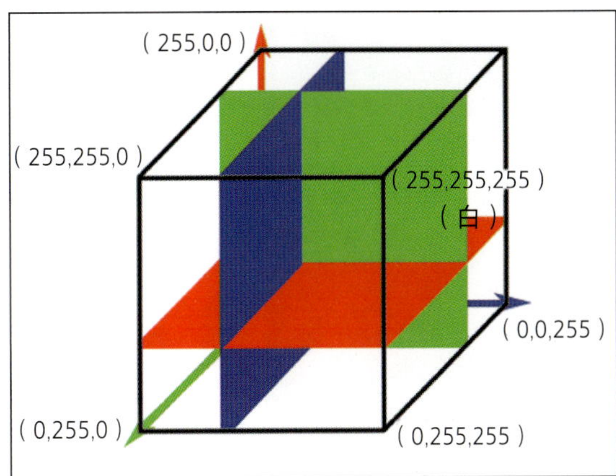

图 8.29（左） 一个一维查找表对于每个色彩通道都有一个单独的表，但是为了成像目的，几乎总是需要三个一维查找表，每个色彩通道一个（光幻象公司供图）。

图 8.30（右） 三维查找表是一个立方体或立方格，数值 0 到 255 是三条通道的数字色彩值（光幻象公司供图）。

浮点查找表的例子：

- Iridas
- Turelight
- CineSpace

有些人可能会问，是否有对数和线性查找表。简单的回答是没有。光幻象公司的史蒂夫·肖是这样说的："其实根本就没有对数查找表这样的东西。任何查找表只是将输入点转换为输出点，它并不知道自己工作其中的是线性空间还是对数空间。"

8.9.3　查找表格式

与所有新技术的典型情况一样，不同设计方设计的查找表之间几乎没有标准化，它们会以各种格式出现，其中一些格式是相互兼容的，而另一些格式则不是。因此，不同的软件包可以读取某些类型的查找表，而不能读取其他类型的查找表。尽管应用程序设计人员通常在程序的每一次迭代中都力求更具包容性（如图 8.33 所示）。

8.9.4　在色彩校正中查找表的正确使用

迈克·莫斯特这样来说查找表："因为某些原因，查找表方法常常被一些人误解，他们认为查找表应该做的是为每一幅画面提供一个'完美'的起点。情况并非如此。查找表所做的是根据正在使

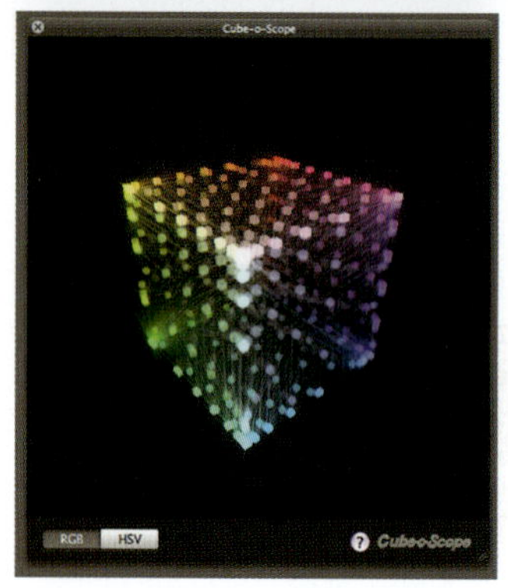

图 8.31（上） 一个未受影响的影像的色彩立方体在 Pomfort LiveGrade 软件的 Cube-O-Scope 中的显示。

图 8.32（下） 相同的影像应用了查找表。立体图显示了查找表如何使色彩偏移。

用的特定显示设备（通常是监视器）将对数曲线转换回正确的伽马校正曲线。在画面稍微曝光不足的情况下，这很可能导致黑被查找表压碎，而在曝光过度的图像中，这将导致白被切割。这就是误解产生的原因。查找表不是用作色彩分级流水线中的第一步校正。如果在初始校正后放置查找表，则可以在原始的对数影像被查找表转换之前提高黑或降低白。查找表仍然会做它应该做的事情，然后你可以选择在查找表之前进行色彩分级或者有必要时在之后也可以。这是许多专业调色师（尤其是那些在数字中间片世界中工作的人）所知道的'秘密'，而那些缺乏经验的人似乎并不了解这个秘密。查找表不是色彩校正，就像对数影像并不是影像一样。查找表只是一个转换，对数影像是一个容器。这个容器里的数据需要由查找表来'处理'，以使它变成能在人眼中正确观看的影像。"

8.10 观看用查找表

查找表中的一个品种是观看用查找表（viewing LUT），它的设计目的是使摄像机的输出在拍摄过程中看起来是好的，或者在拍摄 RAW 格式和对数格式的情况下，使素材可以在"所见即所得"模式下观看——也就是说，对于那些不习惯在 RAW 或对数模式下查看场景的人来说，这是有意义的。通常情况下，它们像把一个平的、低反差的 S-Log、C-Log 或 LogC 转换成普通的 Rec.709 图像一样简单，而其他查找表也会反映摄影指导和导演所追求的"外观"，换句话说，这些查找表包含了摄影师做出的创造性决定。在拍摄现场或者靠近拍摄现场工作的数字影像工程师（DIT）通常要为摄影指导和导演的监视器创建一个观看用的查找表。这些查找表可以被传送给后期以产生工作样片，并且给调色师作为最后分级的起点。观看用查找表通常是一个三维查找表，因为这能允许对外观进行最大可能的操作和控制。另外，摄影指导可以选择创建一个 ASC 色彩决策表（CDL），它实质上是对后期说"这就是我想让画面成为的样子"（如图 8.34、图 8.35 所示）。

重要的是要记住，观看用查找表，尤其是那些将对数转换为 Rec.709 的查找表并不能完美地代表画面，因为你正在将高动态范围影像适应到一个较小的动态范围内。原因很明显：对数编码的视频在高光区域的渲染能力远远超过 Rec.709 的能力。虽然观看用查找表可能会在监视器上呈现一个美丽的画面，但它在曝光和影调渲染方面可能会产生误导性（如图 8.36 所示）。在没有观看用查找表的情况下查看对数影像时，除非您有大量的对数空间经验，否则很难评估曝光，因为这些图像的反差很小。当然，即使您有很多经验，您也只能对着屏幕上看到的画面进行心理调整——这个词的另一个术语可能是“猜测”。对数的好处是，它有更宽容的高光（这当然不是为草率曝光所找的借口）。你仍然需要为一致性和连续性保持一个总体的底线。使用一个查找表作为对数数据的色彩空间转换，将其非破坏性地置入一个正常的反差范围，这是能达到此目的的一种方法。

观看用查找表在拍摄现场是非常有用的工具，它并不难创建，而且在大多数情况下都很容易应用。真正的问题是如何在片场使用它们，特别是让它们出现在摄影指导、导演和其他工作人员使用的监视器上。有些摄像机具有将查找表或外观文件输出到监视器的功能，但更通常的做法是，在摄像机和监视器之间使用一块被称为查找表盒的硬件，以使查找表被插入到用以观看的数据流中。另外，有些监视器还拥有内置查找表盒。关于在拍摄现场使用这些操作方法的更多细节将在“工作流程”一章中进行讨论。查找表盒的例子有黑魔设计 HDLink Pro、Cine-tal Davio 和 Pandora Pluto。像 Pomfort LiveGrade、来自 THX 的 CineSpace 和光幻象 LightSpace CMS 这样的软件可用于组合标定查找表和观看用查找表，这可能是一个复杂的处理过程。

8.11 查找表和外观文件：区别是什么?

Red 和阿莱摄像机有加载特殊的文件的功能，这些特殊文件称为外观文件（look），其本质功能非常像查找表。外观文件和查找表的区别在于，外观文件是在摄像机内使用的，而查找表通常可以在工作流程中的任何地方应用。

8.11.1 阿莱外观文件

这里是阿莱对其外观文件系统的解释：“在爱丽莎摄像机上的

图 8.33 Pomfort LiveGrade 是一款被广泛使用的用以创建和管理查找表的软件。它还可以控制设备，如查找表盒和监视器（面板在左边）。

阿莱外观文件使摄影指导能够在现场观看到能够传达他们全部创作意图的影像。外观文件可以在监视器上预览或被记录到影像中，无论哪种方式，定义外观的所有元数据都会被打包入媒体文件并传送到后期制作中。这是处理外观问题的一种全新的方式。”他们继续称：“本质上，阿莱的外观文件是用于爱丽莎摄像机本身的一个纯粹的创造性工具。它们可能是由调色师创建的，也可能是由摄影指导创建的。无论哪种情况，它们都鼓励拍摄和后期之间更多、更早地交互，并允许在拍摄现场的监视器对每个场景的最终外观有一个很好的呈现。”

由阿莱外观文件创建器（Arri Look Creator，来自阿莱的免费软件）生成，阿莱的外观文件是基于由爱丽莎拍摄的素材中获取的 LogC DPX 图片。要更详细地了解这个系统是如何工作的，请参阅“工作流程”一章，了解如何从爱丽莎获得帧抓取，并生成一个可以重新导回到摄像机中的外观文件的过程。爱丽莎摄像机可以加载由阿莱外观创建器或其他软件创建的外观文件，并使其输出的画面外观相应地做出调整。如果不想在平淡的对数模式下处理视频，这种输出也是可以被记录的。在爱丽莎上，外观文件是和每个镜头的元数据相伴随的，并且可以被提取出来去制作一个查找表。

8.11.2 阿莱的查找表

查找表可以由在线的阿莱查找表创建器（Arri LUT Generator，www.arridigital.com）来创建，创建器可以用许多不同的格式来创建

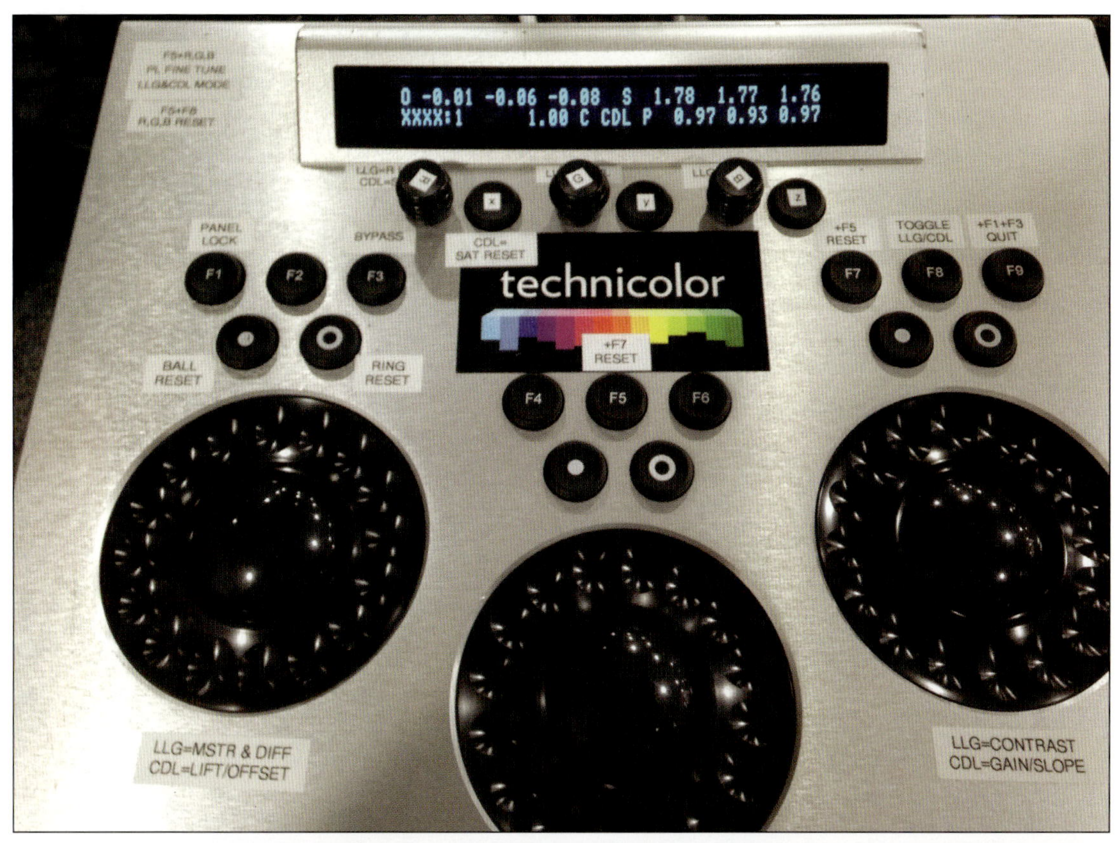

图 8.34（上） 在拍摄现场使用的一种带有 ASC 色彩决策表（ASC-CDL）的特艺色（Technicolor）专有系统。（数字影像工程师埃文·奈斯比特供图）

图 8.35（下） 面板上读数的特写。（数字影像工程师埃文·奈斯比特供图）

查找表（如图 8.37 所示）。这些被创建出来的查找表可以被加载以创建日报工作样片或被输入调色软件用以完成最终效果。关于此处理过程的更多细节参阅“工作流程”一章。

8.11.3　Red 的外观文件

Red 的外观文件称为 RMD（Red 元数据）。使用其 RedCine-X 软件，一个外观文件可以被生成并且被加载入摄像机中。然后，摄

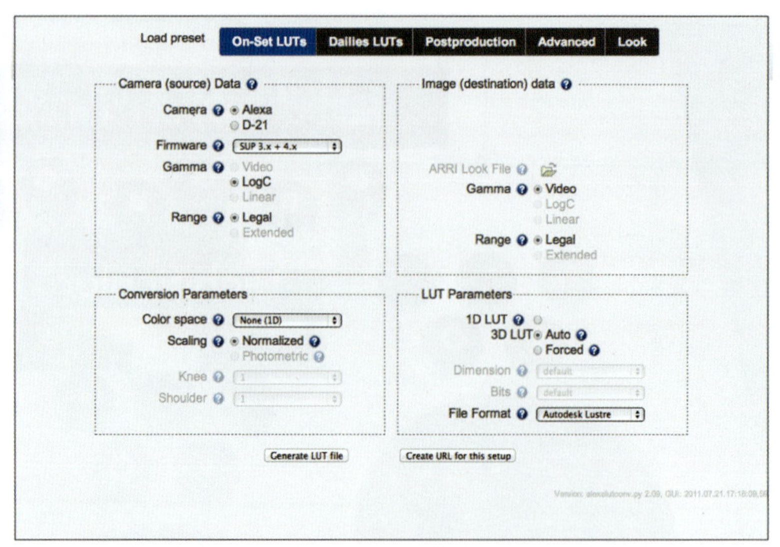

图 8.36（左） 这台索尼摄像机包含一个 MLUT 选择，它是提供给监视器的观看用查找表。本例中，选择了 800% 的 Rec.709 用于拍摄现场的监视器查看。

图 8.37（右） 在线的阿莱查找表创建器，在阿莱网站上可以获得。

像机可以对监视器输出应用这些调整。一个外观文件就像一个查找表，但它是专为特定的摄像机内置的，不需要外接硬件。这种调整之后通过每个镜头所记录的元数据传输，并且可以很容易地应用到后期制作中。使用查找表这一方面将在“工作流程”一章中有更详细的讨论。

标定查找表

一个标定查找表（calibration LUT，有时被称为显示器或监视器查找表）是补偿在拍摄现场的某个监视器的缺陷或多个监视器之间的差异的查找表。当然，在监视器上使用单独的控件是可能的，但这会很耗时，而且根据查看条件的不同也不是那么可靠。标定查找表可能被用于几个监视器同时出现在同一现场的情况，这种情况下往往需要匹配各监视器屏幕上的外观。

8.11.4 我们已经烤过这只火鸡

虽然会很罕见，但总会有这样的情况出现，就是查找表可能无意中在同一个镜头上用了两次。例如，由对数到 Rec.709 的查找表被应用在 DIT 手推车上，然后经过一些混淆，相同或类似的查找表再次在后期中被应用，或者就像安迪·希普塞斯所说的，“我们已经烤过这只火鸡”。由于这个原因，许多数字影像工程师坚持做查找表报告，跟踪在镜头上使用的查找表。查找表报告通常只是些简单的电子表格。

8.12 波因顿第四定律

我们绝不能忘记，“技术”控制是要服从我们作为艺术家的决定的。让事情在数学上是正确的，从来没有像讲一个在情感层面上影响到人们的故事那样重要。不要忘记波因顿第四定律——“在认可并进行主控操作以后，创造性意图并不能同制作上的错误区分开来。”（查尔斯·波因顿，色彩科学家、数学家。）

第 9 章

数字影像工程师手推车

the DIT cart

9.1 规划手推车时要考虑的事情

如果你计划拥有并操作一辆数字影像工程师（DIT）手推车，那么在你规划这个装置时，有很多事情需要考虑。请记住，它将不仅仅是一个用来安放设备的架子。为了那些不可避免地要去经历的在拍摄现场的漫长日子，它也将是你的工作空间，你的办公室和你的避难所（如图 9.1、图 9.2 所示）。它还需要适应不同的工作和那些已经到来的新技术。你需要考虑的事情：

（1）你的交通条件如何？是在一辆货车上？SUV 上？小轿车上？还是专用的摄像机运输车上？

（2）偶尔需要乘坐飞机旅行吗？

（3）你将要参加的工作是哪种类型的节目？故事片？广告？3D（如图 9.3、图 9.4 所示）？高速？还是多机拍摄？

（4）你将在拍摄现场工作？还是在拍摄现场附近？或是可以不在拍摄现场？

（5）你是可以一直保持固定不移动地方（比如长时间的摄影棚拍摄），还是一天内需要移动很多次（如图 9.5、图 9.6 所示）？

（6）需要上楼梯或是上山吗？需要乘坐小型电梯吗？

（7）工作的条件（平地还是装载码头？）或地点（户外、山丘、沙漠、砾石地等）？

（8）你需要做日报样片吗？需要转码吗？需要用示波器监视摄像机信号吗？

（9）拍摄地下雨时会发生什么？刮大风时呢？

（10）白天在户外拍摄时，你需要一个黑色帐篷或类似的设施以使你拥有良好的观看环境吗?

(11)是否总有交流电源可用，或者你有时需要电池或你自己的推杆发电机?

(12)工作用地。你需要一个工作区域来控制操作界面、笔记本电脑或读卡器吗?有专门的数字装载员(digital loader)和你一起工作吗?

9.1.1 其他考虑

你想要设置一个“超级推车”来处理你可能遇到的任何事情，还是你想要改变设备以适应这项工作?你进入计算机进行数据修改的频率是多长时间一次?当然，另一个因素是设备的变化、升级、是否需要修理或更换，所以非常重要的是要让你的手推车内部的各设备是方便拆卸和方便访问的。

有些数字影像工程师几乎会为每一项工作重新配置他们的设置(如图 9.7 所示)，改变 PCI 卡[①](例如 Red Rocket[②])、硬盘驱动器、接口(如光纤)和 RAID[③]，这些配置取决于拍摄所使用的摄像机类型，该项目是 3D、高速还是多机拍摄，等等。

冷却一直是计算机设备(包括数字摄像机)工作时的一个重要环节(如图 9.8 所示)，而另一方面，冷却往往会产生噪波。在某些情况下，比如仲夏在沙漠地区工作，有些数字影像工程师甚至发现有必要配备小型空调，以使他们的电脑和硬盘保持在合理的工作温度范围内。显然，这样的设备在拍摄现场附近是不会受到欢迎的，如果工作人员正在录制声音——这时音频人员将禁止你的这些设备运行。虽然可以通过精心设计手推车的布局和外部(例如一些手推车上的可移动侧面)来完成大量的冷却工作以及设备检查，但这些所能做的工作所起的作用都是有限的。

① PCI(pedpherd component interconnect，周边元件扩展接口)，是一种可插拔的数据采集卡。

② 是一种硬件加速卡。

③ redundant array of independent dis，独立磁盘冗余阵列。

9.2 移动性

显然，设备总是需要乘坐某种货车或卡车前往拍摄现场，这可能会因每一项工作而有所不同。有些数字影像工程师只是要求制片公司租用一辆卡车来运输这些设备，有些人拥有属于自己的货车，还有些人则利用运输摄像机的卡车上的空间——这是录音部门多

图 9.1（右） 数字影像工程师马克·威伦金（Mark Wilenkin）正在软件 Assimilate Scratch 上通过 1 Beyond[①] 生产的牧马人（Wrangler）鼠标运行一些素材。

图 9.2（左） BigFoot 手推车上的 Codex Vault 数据管理系统。笔记本电脑下面是杜比显示器的控制单元。

① 专业级视频系统制造商。

年来一直在用其录音车做的事情。所有这一切意味着，必须有一种方法，可以让设备使用齿轮传动上下车——在许多情况下，特别当使用货车时，需要配有便携式坡道，这是比较普遍的。它们的特性包括刚性、额外的重量和可折叠性，可折叠性使得它们更容易被存放。大型厢式货车和卡车（如典型的摄像机卡车）通常会有一个升降门，这大大简化了装卸。车轮的大小也是一个很重要的考虑因素：较大的车轮使车辆更容易在拍摄现场的粗糙的地面上移动，但对于空间有限的拍摄地可能移动起来是困难的（如图 9.9 至图 9.14 所示）。

另一个考虑是设备是否有必要通过航空运输。在这种情况下，设计成完全封闭和坚固的购物车的样子是非常必要的，请参见图 9.15 中的航空运输配置示例。

9.3 电　力

在一整天的拍摄过程中，除非你只是使用笔记本电脑下载几本电子杂志，否则你总是需要某种类型的电源来运行你的设备。虽然电脑、硬盘驱动器和显示器不需要大量的电力，但它们确实消耗了一定份额的电量。多年来，录音人员在没有其他电源的情况下，一直使用重型电池和直流交流变频器为设备供电。他们常常把摩托车电池放在小箱子里，比如 Pelican[②] 和其他的电池，来制造自己的电池。直流电的一个优点是它往往比交流电“更清洁”，特别是来自发电机的交流电。

② 一种电池的品牌。

9.3.1 交流电

当然，获得电力的最简单的方法是插入交流电源。大多数电影设备都会有几种电力供应装置：要么在工作室里，要么有一个为照明提供电力的大发电机，有时小型的推拉杆箱发电设备也是必需品。在极端情况下，汽车电池可以运行逆变器，将直流转换为交流。一些卡车为这个目的配备了额外的电池。显然，通过逆变器使用你的主要车辆的电池去驱动你的设备是有风险的，因为这可能导致你以后无法启动车辆。

另一个潜在的电源来自房车（RV[①]），它有时会用作化妆、发型造型室和服装柜或者作为移动生产办公室使用。它们通常会内置

① recreational vehicle 的缩写，房车或休闲车。

图 9.3（上） 一位摄影指导在查看一个 3D 镜头。手推车上针对左侧和右侧立体（3D）摄像机所使用的设备上用不同色彩做了标注。

图 9.4（下） 同一 3D 镜头的不同视图。

一个小型交流发电机。如果噪音是一个问题，尤其是在声音需要时时被记录的情况下，房车将停在远离拍摄现场的位置，所以你将需要大量的延长线，以达到车的位置。不要指望RV发电机一定在运行，除非你与副导演确认过。大部分时间，它将运行空调和理发器、干燥机以及熨斗等，但如果音频部门抱怨，它偶尔也会关闭。总之不要想当然！

9.3.2 小型发电机

有些数字影像工程师携带一个小型推杆发电机为他们的设备提

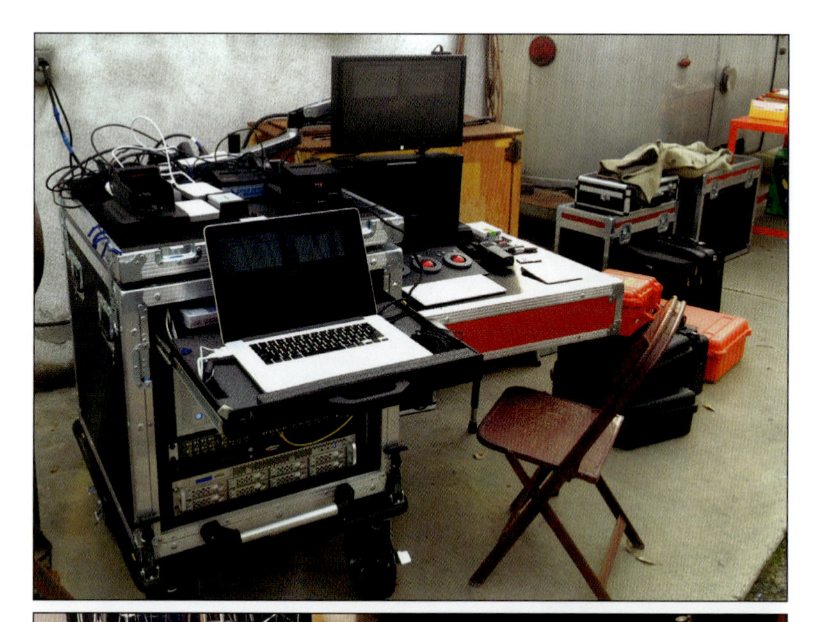

图9.5（上） 移动性和桌面办公空间是很关键的。本例中这个手推车有一个放笔记本电脑的滑出抽屉，其顶部可以转换成一个侧桌，用来放置监视器和色彩控制面板。（Bertone Visuals 供图）

图9.6（下） 数字影像工程师格里夫·托马斯（Griff Thomas）使用一个紧凑的便携式系统，适合安放在小车上。（格里夫·托马斯供图）

供电力而不依赖其他电源（如图 9.28 所示），有时只是为了备用。因为有一点是很有必要记住的，就是一旦喊了收工，照明部门往往会很快关掉总电源，或者还有极少数情况，渴望回家的电工可能会四处走动，拔掉插头，而完全不管这些插头上的电通往哪里。发电机的缺点当然是噪音。大型电影发电机是封闭在重型隔音外壳中的，但即使这样，实际拍摄中，它们也可能会远离拍摄现场。小型的无障碍推杆发电机会使你在录音部门非常不受欢迎，所以只有当你在片场之外工作或者没有录音时，比如在高速拍摄或广告拍摄时，它们才是真正有用的。不要认为几条隔音毛毯（它们在东海岸被这样称呼）或绒毛垫（它们在西海岸被这样称呼）足以用来掩盖声音，以防止录音人员来找你的麻烦——这些东西做不到能把声音完全遮盖住。

9.3.3 交流电缆

大多数情况下，你需要充足的供你自己使用的交流延长线。依靠照明部门为你提供这些是不明智的，正如前面提到的，其可能在你的工作完成之前很早就把总电源关闭，然后开车扬长而去了。拍摄现场的交流延长线通常都是黑色和重型的（带双层护套的 12 号电线），所以如果你使用普通的 14 号或 16 号橙色扩展线，就会发现它们与照明人员使用的设备是分开的，这使得它们不太可能被过度热情的电工拉着，也不太可能在一天结束时意外地被装上照明车。

9.3.4 后备电源

即使你自己提供电力和电缆，也总是会出问题。一个粗心大意的私人助理（PA，personal assistance）绊到电缆就可能会导致失去所有或许多天以来拍摄的镜头！由于这个原因，每辆 DIT 手推车都有一个备用电源，可以即时在线切换。它被称为不间断电源（UPS），以电池为基础，在主电源丢失时立即在线切换。大多数设备还包括电压保护装置，这对于处理设备和宝贵的数据而言显然是至关重要的。

这些设备很重，在手推车上占据了很大的空间，但是对于任何处理视频数据的装置来说，它们都是绝对需要的。它们可以持续足够长的时间来保存你的数据，并能安全地关闭以避免可能的灾难。

图 9.7（左） 新型的 Mac Pro 需要特殊的安装处理，就像本例中由 BigFoot 公司的道格·索利斯（Doug Solis）设计的解决方案。（BigFoot 移动手推车供图）

图 9.8（右） 数字影像工程师本·霍普金斯坐在他的货车里。他设计了一个系统，可以让他在车内工作。在那里，他的系统可以在需要的时候进行额外的冷却，或者他可以把车推下来，在拍摄现场工作。他的这种设计的另一个聪明之处是，他可以开车回家，把车停在车库里，让电脑继续做时间密集型的工作，比如编码转换。

正在处理文件的计算机、正在下载的读卡器和其他类似的设备，如果突然出现意外的停电或电压激增，往往会发生致命的、不可修复的错误。在某些情况下，整个视频文件可能会丢失，这可是灾难性的，因为这些正在处理的镜头很可能是花了几个小时的艰苦工作和大量的资金才拍摄完成的。

9.4 视频和数据电缆

除了电力，你还将需要各种视频和数据电缆。特别是如果你被“绑”在摄像机上，以便在示波器和矢量仪上即时观看记录信号时，你需要视频电缆（如图 9.12 所示）。它们几乎总是带有同轴电缆的 BNC 接口，有时是由摄制组提供的，但你永远不应该依赖它——要有备份——这当然是在筹备期的会议上提出的，参会人员包括摄影指导、执行制片人（line producer）或制片经理（production manager）、数字影像工程师、第一摄影助理（first AC）和剪辑师或后期制作主管（post production supervisor）。众所周知，这些会议可能为项目生产节省数千美元，而缺少这些会议有时会导致错误、混乱和用于后期纠正的大量不必要开支。如果事先进行一些协调和计划，就可以很容易地避免这种情况。对于商业广告和小型制作项目，可能会用电子邮件或电话交流的形式来取代实际的会议。

BNC 视频电缆虽然很重要，但它们经常会出现问题，所以多备几条是有必要的。这些电缆可以由摄影部门提供，但最有可能的

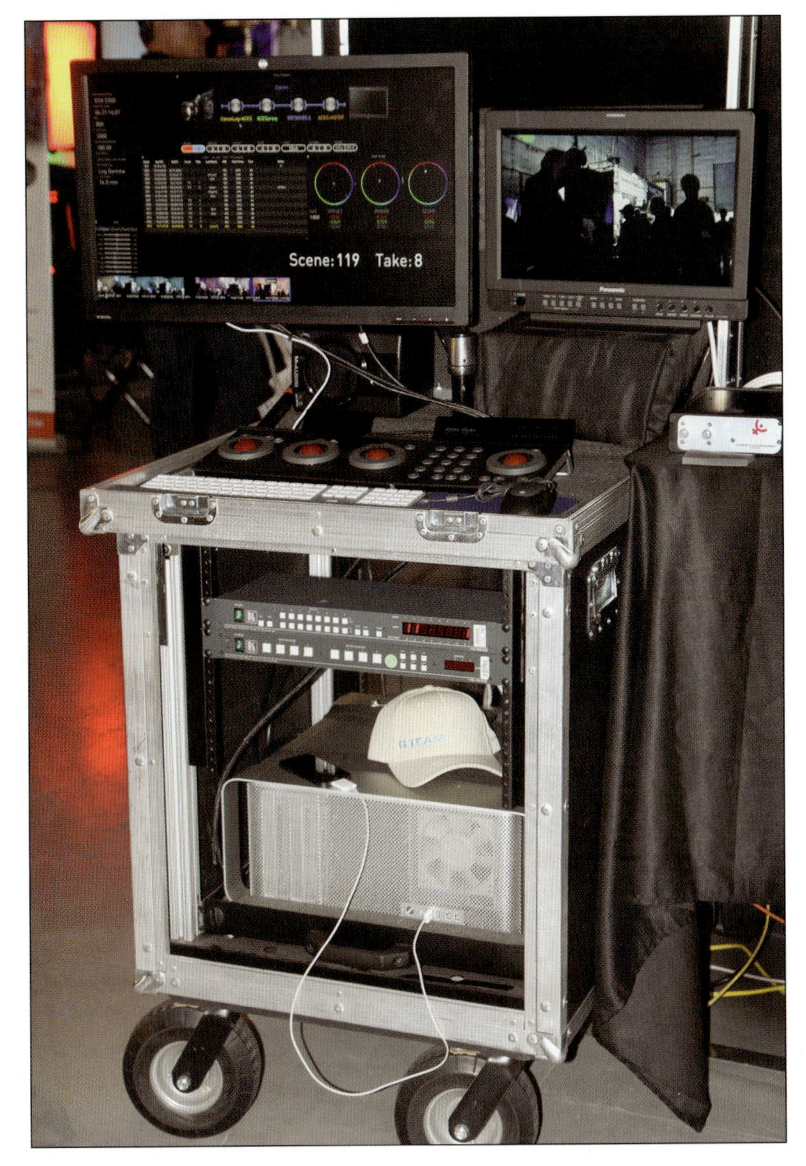

图 9.9 在片场使用的 ColorFront 分级系统，横向转动 Mac Pro 使其可以安装在机架上，许多手推车都配有标准的 19 英寸设备架。

情况是，摄影组只有用来满足自己需要的足够长的电缆。

根据所使用的设备，你可能还需要 USB 接口（两个或三个）、eSATA 接口、火线（400 或 800）接口、以太网接口、雷电接口、光纤接口及相应电缆等。视频制作中的一个经验法则——如果某些东西停止工作或出现故障，首先要检查的是电缆和连接。晃动开关对电缆也许合适，但对于视频和音频连接器，最好确保它们被牢固地插入。拔出插头并重新插入至少可以确保连接器是牢固的，特别是由一个拍摄场地向另一个拍摄场地转移时，手推车会受到因运输而产生的振动的影响。这同样适用于 PCI 卡，即使在计算机或扩展机箱内也是如此。当涉及电缆和连接器时，备份、备份！

9.5 在拍摄现场移动

我们前面讨论的仅仅是到达了拍摄现场的某个位置的情况，除此之外，你还需要考虑在拍摄现场的移动问题。它可能是一个单一的地点（仓库、医院、办公楼、某个房子），但可能在该建筑物内有许多不同的位置需要拍摄。有电梯或楼梯吗？如果下一个场景是在山上，也许要经过砾石车道？尤其是当你需要对手推车车轮的类型进行选择时，这些都是要考虑的事情，还包括对车轮进行控制的自行车式的锁定手刹，以方便更好地控制。多年以来，录音部门一直希望将其录音推车停在摄像车上，但不要以为会有额外的空间给你，或它们愿意容纳你。不过，问一下也是无妨的。

在拍摄现场有一件事是众所周知的——所有的东西都需要快速移动。如果你的装备很难移动而且移动起来速度很慢，那就会是个问题（如图 9.16 所示）。当你考虑是否需要在你的团队中要求一位数字或视频助理人员时，你也要记住这一点，他们应该能够帮助你更有效率地移动设备，特别是对你而言所有的那些烦人的电源和视频电缆。

9.6 失效备援

失效备援（failover）只是另一种形式的备份。例如，许多数字影像工程师在其手推车上有两台电脑，第二台可能用于单独的任务，例如转码，但它同时也可以作为失效备援——如果第一台电脑因某种原因产生了故障，它就可以用作主电脑。

9.7 支架安装

许多独立的手推车都有标准的机架安装导轨。这是一个标准化的系统，已经存在了相当长一段时间了，正如它们的原始名称所示，中继架（relay rack）。它们最初是由 AT&T 公司开发出来的，

图 9.10（右上） 便携式轻型坡道使它很容易把手推车移到一辆面包车上，本例是本·霍普金斯的设置。

图 9.11（右下） 在运输过程中专门为安全放置监视器而制作的抽屉。

图 9.12（左上） 重要的是要有足够的电缆，不仅要能到达较远的地方，而且要有备用。有故障的电缆是拍摄工作经常出现问题的原因。

图 9.13（左下） 在洛杉矶的数字影像工程师工作室里有许多不同的手推车供使用和租赁，包括这个大型的完整装备。电脑还在它的托运箱里。

在电话系统基本数字化之前，是为了容纳大量的中继设备。它们也被称为 19 英寸架，19 英寸是指安装导轨的间距以及可以安装在其上的设备或搁板的水平尺寸。19 英寸就是 48.26 厘米。符合规格（包括侧面安装孔的大小和间距）的设备称为机架可安装设备。机架侧轨带有预钻孔和固定安装孔（10—24 个螺钉），按高度划分规格，其单位为“U”。一个 1U 的齿轮名义上高 1.75 英寸，但实际上要稍微少一些，以允许一些摆动空间。一个 2U 单位名义上是 3.5 英寸（88.9 毫米）。有的钢轨有方形孔，无需螺钉或螺栓即可安装（如图 9.18 所示）。

标准化使人们更容易购买和安装各种常用设备，如电源板、搁板、备用电源等（更多手推车示例请参见图 9.17 至图 9.35）。

图 9.14（左） 数字影像工程师冯·托马斯（Von Thomas）和他的一些重要配件：一包 BNC 电缆和装有各种视频接头的盒子。

图 9.15（右上） 翻盖设计和可拆卸的车轮使这个手推车可以通过航空运输到很远的地方。

图 9.16（右下） 一个最小型化的数字影像工程师装备安装在一个短小的 C 形架上，非常紧凑和聪明的设计，但移动到下一拍摄场地可能要比带轮子的手推车复杂一点。

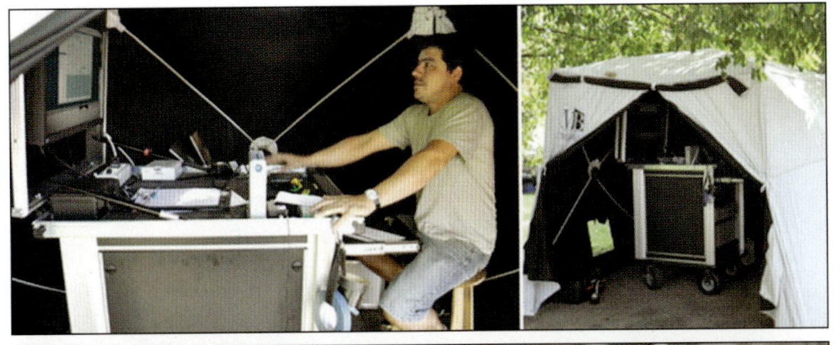

图 9.17（上） 由于观看条件至关重要，数字影像工程师经常在外景地的防空帐篷中工作。在这种情况下，普通的白色帐篷几乎没有用，因为它会在监视器上引起反射。（Musitelli Film and Video 供图）

图 9.18（下） 瑞士电影人（Swiss Filmmakers）使用的一种组织良好的手推车。它有 Red 摄像机读卡器、紧凑型闪存卡读卡器、阵列、备份电源和传输硬盘驱动器。在标准机架的顶部是一个欧式电源插头的面板。上面是一台笔记本电脑和一台 iPad。该装置采用方孔机架安装导轨。（瑞士电影人供图）

图 9.19（上） 在外景地拍摄中的一个数字影像工程师帐篷和视频中心的组合。[数字影像工程师鲍勃·坎皮（Bob Campi）供图]

图 9.20（下） 道格·索利斯为长途工作设计了这个在 Pelican 防护箱里的系统。滑出抽屉可以容纳读卡器、迷你 Mac 或其他设备。显示器安装在机箱顶部，操作表面可以容纳笔记本电脑或键盘。本例中这一款的操作表面有一个内置的 Red 读卡器。（BigFoot 移动手推车供图）

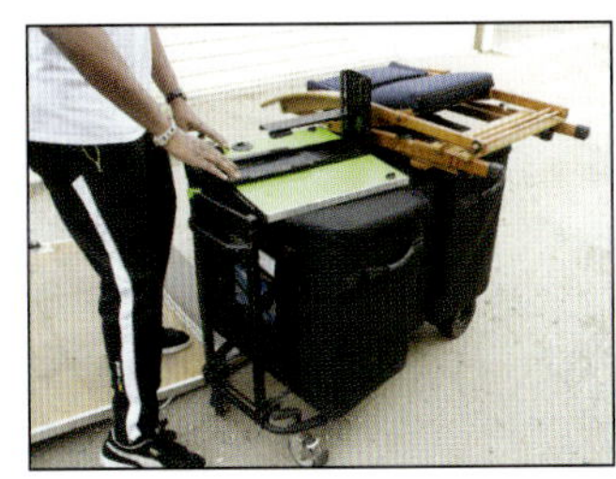

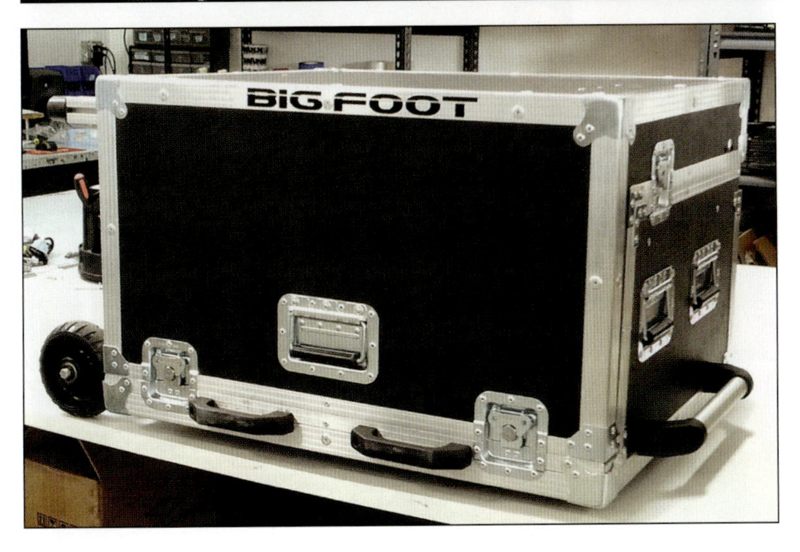

图 9.21（右） DIT 冯·托马斯和其“跟随车”，上面是载有监视器的航空旅行箱和非常重要的舒适的导演椅，椅子是为将要在拍摄现场度过的那些漫长的日子准备的。

图 9.22（左上） 一个配有放置新型 Mac Pro 的抽屉的折叠式翻盖手推车。顶部放置显示器，并可将其升到适当的位置。右下角是扩展机箱的隔间。（BigFoot 移动手推车供图）

图 9.23（左下） 与上面一样的推车，但为了旅行已经打包成了一个紧凑的箱子。（BigFoot 移动手推车供图）

图 9.24（上） 两辆手推车在一辆货车内进行 3D 拍摄。注意 3D 立体拍摄的左右两台摄像机相关的所有东西都使用了不同颜色的标签标注。这些手推车的侧边都有一个可以滑出的架子，以方便放入计算机。（New Media Hollywood 供图）

图 9.25（下） 上图两台手推车的另一角度的视图。有一点需要注意：如果你使用照明师或摄影师用的胶带（只有 1 英寸宽的胶带）来做标记，不要把它贴在设备上太久的时间，否则会留下一团黏糊糊的烂摊子，很难消除。（New Media Hollywood 供图）

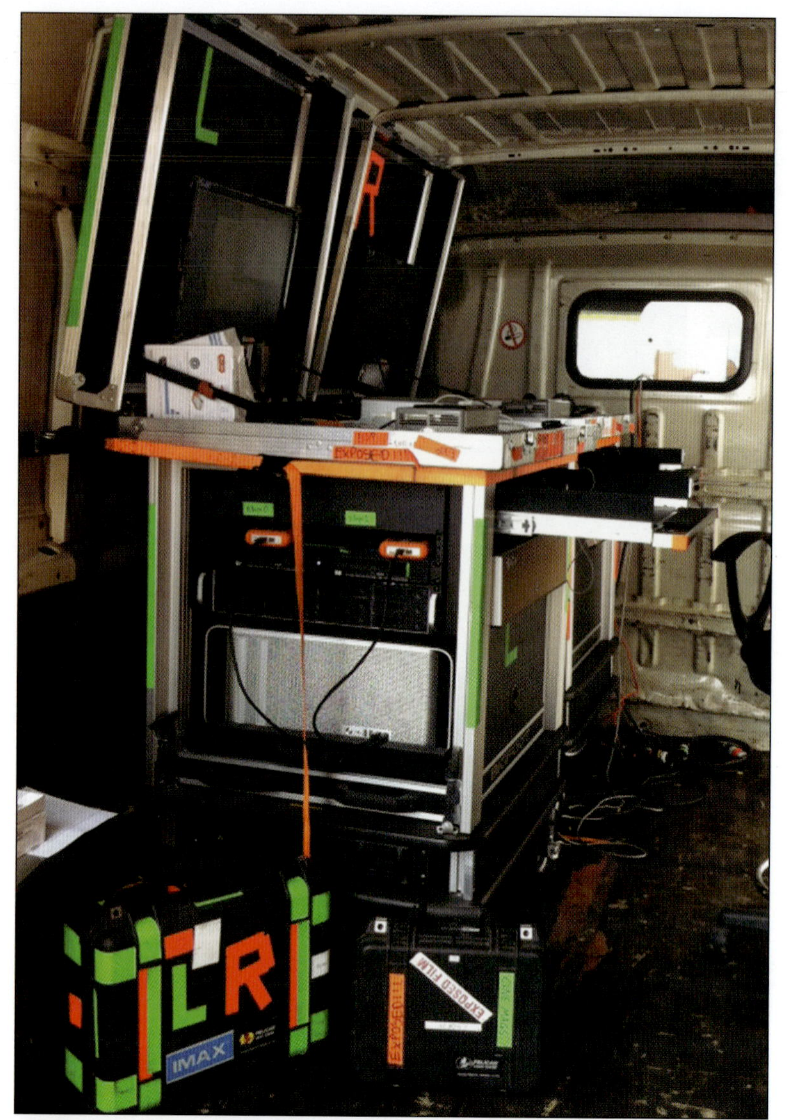

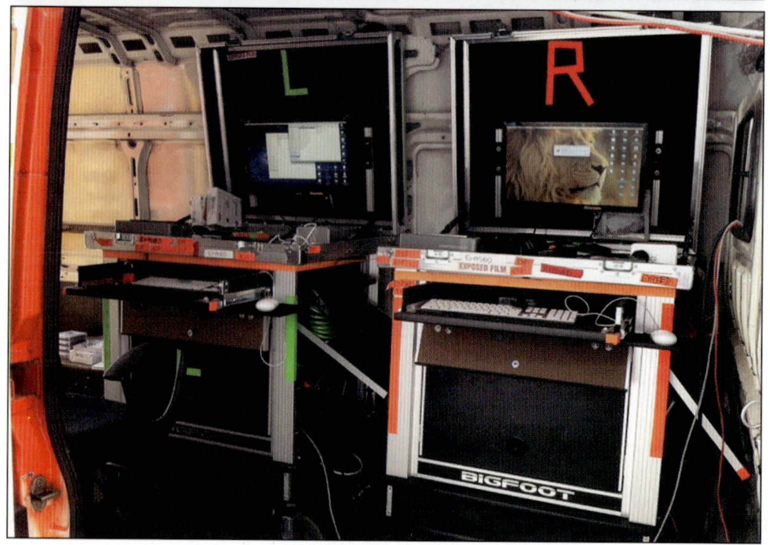

图 9.26（上） 在哥本哈根的摄影棚拍摄中，数字影像工程师把设备安置在了拍摄现场的右侧——画面右上角。

图 9.27（中） 这种开放式的推车的设计允许方便地接触组件和电缆。

图 9.28（下） 由于有拉杆式发电机，数字影像工程师格里夫·托马斯不得不远离拍摄现场，在山顶很孤独！（格里夫·托马斯供图）

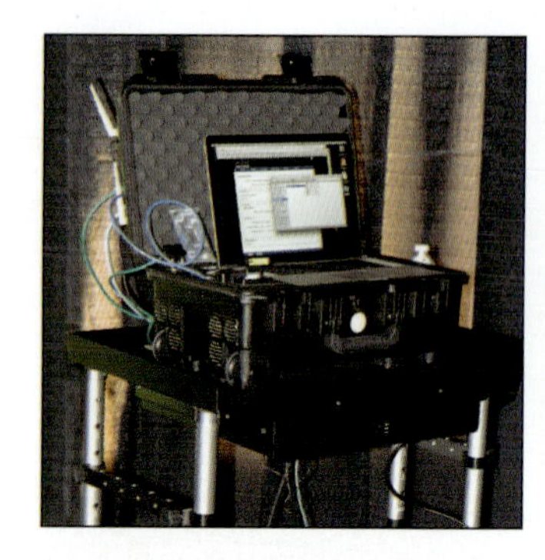

图 9.29（左） LightIron 制造并租赁像图示这样的便携式系统。

图 9.30（右上） 这辆 BigFoot 大车是为环球虚拟舞台设计的。

图 9.31（右中） 在环球虚拟舞台上使用的大手推车。（BigFoot 移动手推车供图）

图 9.32（右下） 许多数字影像工程师使用两台计算机，至少有两台显示器。

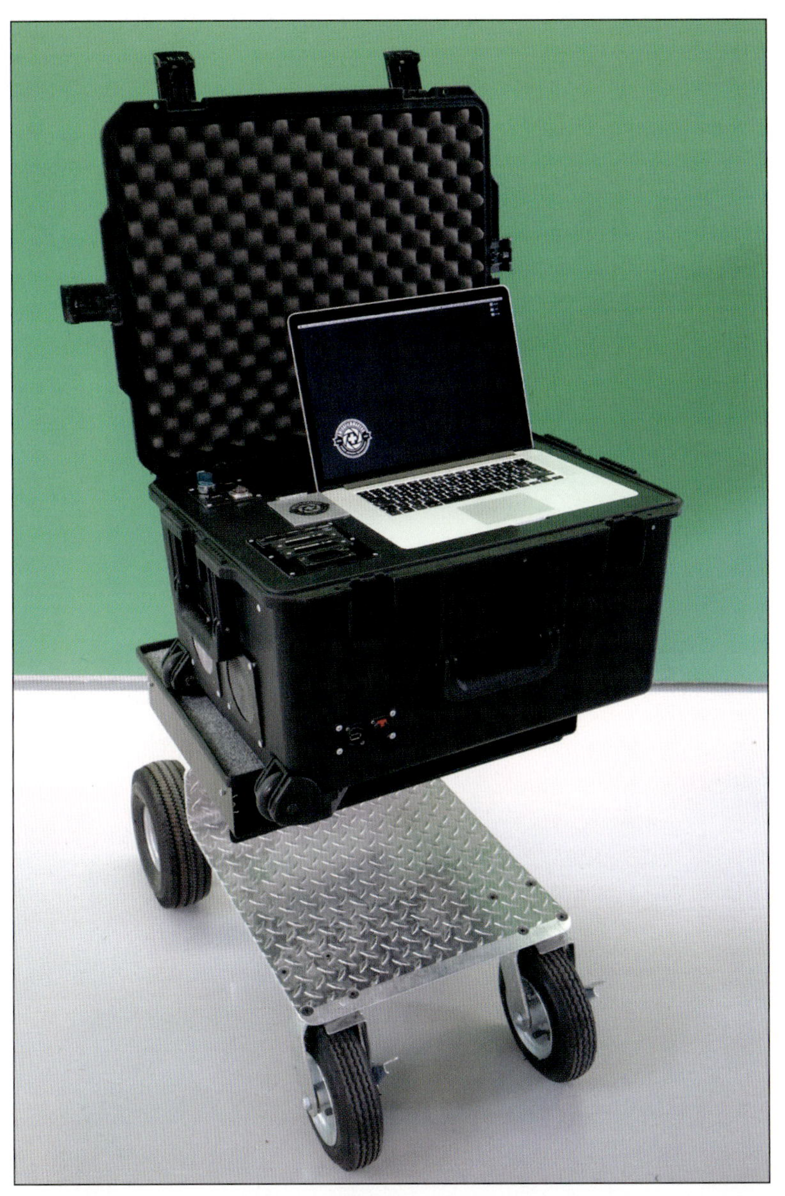

图 9.33（右） 两个 RedMag 读卡器的特写，一个 USB 3.0 端口和各种类型的闪存卡插槽。（瑞士电影人供图）

图 9.34（左上） 由瑞士电影人制作的一个便携式系统，在本例中它安装在一个小车上。注意左下角的冷却通风口。（瑞士电影人供图）

图 9.35（左下） 这张俯视图显示了 Mac Book Pro、输入端口、连接器和两个“插入”式硬盘驱动器。（瑞士电影人供图）

第 10 章

数据管理

data management

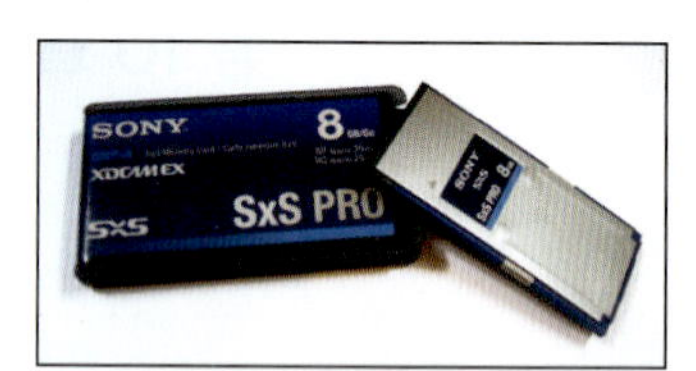

图 10.1（上） 带有读卡器和机载模块的索尼 ASX 卡。

图 10.2（下） SxS 卡是闪存，数据传输速率为 800Mb/s，突发数据传输速率[①]高达 2.5Gb/s。它们可以直接被一个快速卡插槽读取，这是许多笔记本电脑的特点。或者，它们也可以通过一个特殊的 SxS 读卡器与 USB 连接。在这两种情况下，都必须安装索尼驱动程序。SxS Pro 是为 4K 视频制作设计的更快的版本，速度为 1.3Gb/s，最大突发速率为 8Gb/s。

① 也称为外部数据传输速率，指的是通过数据总线从硬盘内部缓存区中所读取数据的最高速率。

10.1 数据管理

原则上，数据管理听起来很简单：你下载摄像机媒体文件，把它放在硬盘上，然后备份它（如图 10.1、图 10.2 所示）。实际上，这是一个充满危险的过程，充满了陷入困境的机会。处理录制的媒体文件是一个巨大的责任，一次点击就可以抹去一整天的拍摄！

电影工业花了几十年的时间发展出了一整套有条理的和细致的处理曝光胶片的工作流程。装片员（摄影组的成员，他们将生胶片装入摄影机片盒，然后取出已经曝光的胶片）要接受标准方法和流程化的培训。拍摄过程中，他们保存了大量的标准化文件，并以规定的方式准备好已经曝光的胶片然后把它们送到胶片洗印部门，而胶片洗印部门又会对每盒胶片进行彻底的文件跟踪。对于数字视频，在某些方面，工作变得更加困难，因为事实是我们所要处理的完全是计算机文件。如果数字影像工程师没有处理这个问题，那么做这件事的剧组工作人员就被命名为装载员（Loader，官方术语），但有时也会被称为媒体管理员、数据管理员或许多类似术语中的任何一个，至于到底如何称呼，有时取决于是在美国的哪个地区或你所在的是哪个国家（如图 10.3 所示）。

10.2 基本原则

适用的某些核心原则：

- 保护自己的利益，不让别人抓住把柄；
- 要有一个标准的流程，并且要有条不紊；

• 维护好所有日志。

让我们更详细地讨论一下。

10.2.1 保护自己的利益，不让别人抓住把柄

当一切顺利的时候，人们很少注意到装载员在做什么，他们似乎是在例行公事和自动完成一些事情。如果出了问题，整个生产就会在相互指责中变得一团糟。你不想成为最终对重大灾难负有责任的人。当然，防止这种情况出现的最重要的保护措施是不要把所做的事情搞砸，但同样重要的是要能够证明那不是你干的。摄影助理有一个长期的传统，立即和毫无保留地承认他们的错误：摄影指导、助理导演和导演尊重他们的这一点。然而，如果事情不是你搞砸的，你需要有流程和文件来证明这一点。

有些人将这条规则解释为“避免指责”，这根本不是重点。真正重要的是要确保没有出现问题，这样就不会有任何指责。保证生产过程不出错，你将会被再次雇用，并会被推荐给其他人。如果你确实搞砸了，但立即承认了这一点，摄影指导和制片部门仍然会知道，作为生产过程的一部分，你是一个可以信任的人：错误难免会发生——关键是要修复它们，防止它们再次发生。

10.2.2 标准流程

几十年来，摄影助理们已经学会了，确保避免错误的首要方法是有条理、有组织的做事方式，并且每次都以同样的方式去工作。观察所有好的摄影助理的工作：他们的工作方式几乎有一种仪式化的气氛；他们也始终非常专注和注重每一个细节；他们的重复动作是经过练习的并且是可靠的；他们的流程是按行业标准进行的。

10.2.3 维护好你的日志

摄影助理有相当多的表格需要填写和更新：摄影机报告、胶片库存清单、摄影机日志等。在数字世界里，我们很幸运的是，这些大量的工作是由摄像机以及在摄像机之后我们会立即使用的各种应用软件来完成的。大多数下载的 app（如 ShotPut Pro、

图 10.3 数字影像工程师和装载员需要具备处理各种媒体文件的能力。这个 Qio 读卡器可以识别不同类型的卡。有些读卡器也可能需要为特定的摄像机服务——它们可能是租赁的，或者是数字影像工程师自己拥有的，是他的装备的一部分。

Silverstack、Double Data 等）也会创建能够跟踪文件的日志。许多装载员还会单独维护日志，无论是手写还是使用更常见的电子表格。吉莉安·阿诺德（Jillian Arnold）编写的这类日志的示例如图 10.4 所示。

10.3 流程化——最佳做法

到目前为止，最大的危险是不小心删除没有备份的数据——这种恐惧笼罩在对存储媒介进行处理的任何操作上。不同的数据管理

FNF LOG 0926

CARD	DATE	FOLDER	CAM	DL #	FILE	SIZE	CARD	DESCRIPTION	MASTER	✓	SHUTTLE	✓		TOTAL GB	NOTES
P2	9/26/1	FNF 0926	F	01	0001FI	4.26 GB	001	STRATEGY	MASTER 01	✓	SHUTTLE 01	✓	JA	48.34	
			F	01	0002NG	4.26 GB	001	STRATEGY	MASTER 01	✓	SHUTTLE 01	✓	JA		
			F	01	0003YU	4.26 GB	001	STRATEGY	MASTER 01	✓	SHUTTLE 01	✓	JA		
			F	01	0004QY	4.26 GB	001	STRATEGY	MASTER 01	✓	SHUTTLE 01	✓	JA		
			F	01	0005VE	4.26 GB	001	STRATEGY	MASTER 01	✓	SHUTTLE 01	✓	JA		
			F	01	0007CI	4.26 GB	001	STRATEGY	MASTER 01	✓	SHUTTLE 01	✓	JA		
			F	01	0008GE	4.26 GB	001	STRATEGY	MASTER 01	✓	SHUTTLE 01	✓	JA		
			F	01	0010N0	4.26 GB	001	STRATEGY	MASTER 01	✓	SHUTTLE 01	✓	JA		
			F	01	0011UY	4.26 GB	001	STRATEGY	MASTER 01	✓	SHUTTLE 01	✓	JA		
			F	01	0012L2	857.3 MB	001	STRATEGY	MASTER 01	✓	SHUTTLE 01	✓	JA		
			F	01	000961	4.26 GB	001	STRATEGY	MASTER 01	✓	SHUTTLE 01	✓	JA		
			F	01	000637	4.26 GB	001	STRATEGY	MASTER 01	✓	SHUTTLE 01	✓	JA		
P2	9/26/1	FNF 0926	E	01	0001GA	370.1 MB	007	STRATEGY	MASTER 01	✓	SHUTTLE 01	✓	JA	48.54	
			E	01	0003P8	4.26 GB	007	STRATEGY	MASTER 01	✓	SHUTTLE 01	✓	JA		
			E	01	0004EP	4.26 GB	007	STRATEGY	MASTER 01	✓	SHUTTLE 01	✓	JA		
			E	01	0005L8	4.26 GB	007	STRATEGY	MASTER 01	✓	SHUTTLE 01	✓	JA		
			E	01	0006F5	4.26 GB	007	STRATEGY	MASTER 01	✓	SHUTTLE 01	✓	JA		
			E	01	0007LL	4.26 GB	007	STRATEGY	MASTER 01	✓	SHUTTLE 01	✓	JA		
			E	01	0008E8	383.4 MB	007	STRATEGY	MASTER 01	✓	SHUTTLE 01	✓	JA		
			E	01	0009RZ	2.78 GB	007	STRATEGY	MASTER 01	✓	SHUTTLE 01	✓	JA		
			E	01	0010NR	4.26 GB	007	STRATEGY	MASTER 01	✓	SHUTTLE 01	✓	JA		
			E	01	0011BB	4.26 GB	007	STRATEGY	MASTER 01	✓	SHUTTLE 01	✓	JA		
			E	01	0012QU	4.26 GB	007	STRATEGY	MASTER 01	✓	SHUTTLE 01	✓	JA		
			E	01	0013M8	4.26 GB	007	STRATEGY	MASTER 01	✓	SHUTTLE 01	✓	JA		
			E	01	0014KR	806.3 MB	007	STRATEGY	MASTER 01	✓	SHUTTLE 01	✓	JA		
			E	01	00020T	4.26 GB	007	STRATEGY	MASTER 01	✓	SHUTTLE 01	✓	JA		
P2	9/26/1	FNF 0926	D	01	0001RC	4.26 GB	002	STRATEGY	MASTER 01	✓	SHUTTLE 01	✓	JA	48.47	
			D	01	0002U4	4.26 GB	002	STRATEGY	MASTER 01	✓	SHUTTLE 01	✓	JA		
			D	01	0003U5	4.26 GB	002	STRATEGY	MASTER 01	✓	SHUTTLE 01	✓	JA		
			D	01	0004OS	4.26 GB	002	STRATEGY	MASTER 01	✓	SHUTTLE 01	✓	JA		
			D	01	0005XQ	4.26 GB	002	STRATEGY	MASTER 01	✓	SHUTTLE 01	✓	JA		
			D	01	0006XQ	4.26 GB	002	STRATEGY	MASTER 01	✓	SHUTTLE 01	✓	JA		
			D	01	0007PM	3.38 GB	002	STRATEGY	MASTER 01	✓	SHUTTLE 01	✓	JA		
			D	01	0008KV	4.26 GB	002	STRATEGY	MASTER 01	✓	SHUTTLE 01	✓	JA		

图 10.4 数字影像工程师吉莉安·阿诺德为数据管理保存了非常详细的日志。标有 Card 的那一列是指素材的来源（本例中是来自 P2 卡）；Date 是指素材拍摄的日期；Folder 是指父文件夹，而父文件夹又被标记为影片名称和日期；DL# 是该卡的按时间下载的顺序；File 是大多数摄像机自动生成的文件名；Description 是指节目的片段；Master 列出了素材会加入哪个主驱动，复选框是一种验证文件是否已进入该驱动器的方法；Shuttle 描述了哪种双向驱动文件被转换，而复选框是为了进一步验证；JA 是吉莉安·阿诺德的首字母；Total GB 是卡 / 文件夹的总大小；Notes 是自己的解释说明。她每天晚上都会发电子邮件把这份报告传给制片人和后期制作主管。在拍摄结束时，她会发送一份最后的综合报告。吉莉安的哲学是：“保持过程的纯净，用时间标注每一件事，并且痴迷于程序。制片人需要明白，这像装胶片一样，这是一套特殊的技能。你不能只是相信那些给你新鲜素材的人。”

人员的做法各不相同，如果制片人或保险公司需要某些流程，则可以针对不同的制作进行调整或改变，但其都有一个基本目标：通过明确标明哪些媒介是空的，哪些媒介记录了数据，从而确保记录数据的安全。

一个基本的原则是，在拍摄现场应该有且仅有一个人，他能被允许对媒介进行格式化。这解决了数字工作流中最基本的危险——绝对和坚定不移地确保数据已被下载和备份，因此格式化才是安全的。你当然不希望在拍摄现场有这样的对话："真的要格式化吗？我以为丹尼已经做过了。"工作中任何的不确定都是不被允许的。指定一个人负责格式化有助于控制这种情况。当然，这不是整个解决方案，严格遵守标准化流程是必要的，就像摄影助理们一直以来所做的那样。

10.3.1 锁定和加载

对于第二摄影助理来说一个典型的工作流程是从摄像机中取出存储媒介（无论是 SSD 还是卡）并立即拨上记录锁定拨挡（如果存储媒介有的话），当存储媒介交给数字影像工程师或装载员时一定得是已经锁上的。当数据下载完毕，存储媒介还回给第二摄影助理时，这个记录锁定开关应该仍然是处于锁定状态的。这样，只有摄影助理（在本例中指定的格式化操作者）被授权断开锁，将媒介放回摄像机并进行格式化。这只是一种工作方法，不同的数字影像工程师和摄制组将有其不同的做事方式。

当然，这个过程也有变化，比如当摄制组不想花时间格式化媒体时。这最终取决于你所使用的摄像机类型。例如，使用爱丽莎来格式化驱动器是非常快速和简单的，而另一方面，为 Phantom 摄像机格式化媒介则需要相当长的时间。这一过程的重要之处不在于这件事情到底由谁来做，而在于要让它在全摄制组中形成一个每个人都能理解的既定流程，而且这个流程在任何时候都必须得到虔诚的遵守：任何偏离流程的行为都是危险的"调情"。记住做一名摄影助理的基本信仰：建立流程，每次做同样的事情，而且要有条不紊！

图 10.5 数字影像工程师冯·托马斯的手推车中的"商业"部分包括了一个大规模的用于数据存储和管理的阵列。他有时会用他的 Mac Book Pro 笔记本电脑上网，以确保其雷电接口能力。

10.3.2 做标记——灾难预防

毫无疑问，最大的恐惧是有人可能会擦除 / 格式化一张卡或硬盘，其中存放着没有被存储在其他地方的素材。地球上没有哪位数字影像工程师、装载员或摄影助理没经历过这样的噩梦。一如既往地，它的保护措施，就是制定流程，确保全剧组工作人员知道它们是什么，然后贯彻执行。

这张卡准备好格式化了吗？有许多系统的标记方式，其中也许最可靠的是贴标签。通常，绿色标签意味着"格式化是可以的"，就像是在说："这个驱动器已经准备好格式化了。"红色标签意味着"还没有准备好格式化"。保持红色标签一直在它上面，直到你完全确定数据下载已经完成，并且已经有了两个已经检查过了的备份。使用纸带来标记数据卡和 SSD，而不是用摄影或照明用的大力胶。大力胶会在媒介上留下黏稠的类似口香糖的残留物，谁想把它粘在摄像机里呢？这里其实没有硬性规定，这是全体剧组成员一致同意的，所以重要的是一致性和沟通。许多人不仅要标记卡，还要加上口头信号，比如"这些卡已经准备好格式化了"。总是统一把它们

图 10.6 一台索尼 F3，Ki-Pro 安装在机身和电池之间（Aja 供图）。

放在同一个位置也很重要，这意味着 DIT 手推车上可能要配有一个小盒子，或者类似的东西。

10.3.3 经常检查

把它变成一个习惯，经常通过拖拉进度条预览检查素材，即使仅在高速状态下。目视检查是唯一能确保画面良好的方法。你也可以关注其他问题——如果你发现了其他人没有注意到的事情，一定要让他们知道。对于一个拍摄项目来说，当重新拍摄并不是一个大问题时，最好是能立刻发现并解决问题，因为一旦摄制组杀青了这个地点或这个地点的景被撤掉了，问题就会变得棘手。

不要浏览原始文件，因为会产生两个潜在的问题：第一，如果这样做了，你可能会认为自己已经下载了素材；第二，真正被下载到硬盘上的是什么才是最重要的[1]。最好使用摄像机制造商提供的软件来对素材进行拖拉预览，因为这样可以把产生问题的风险降到最低。如果你使用其他软件预览，有些东西看上去不对，那么你就不能确定它是素材的问题，还是仅仅是播放的问题，所以不能确定素材是否正常。

[1] 所以不要在没有下载之前去看素材。

下载 > 预览检查 > 做上准备格式化的标记

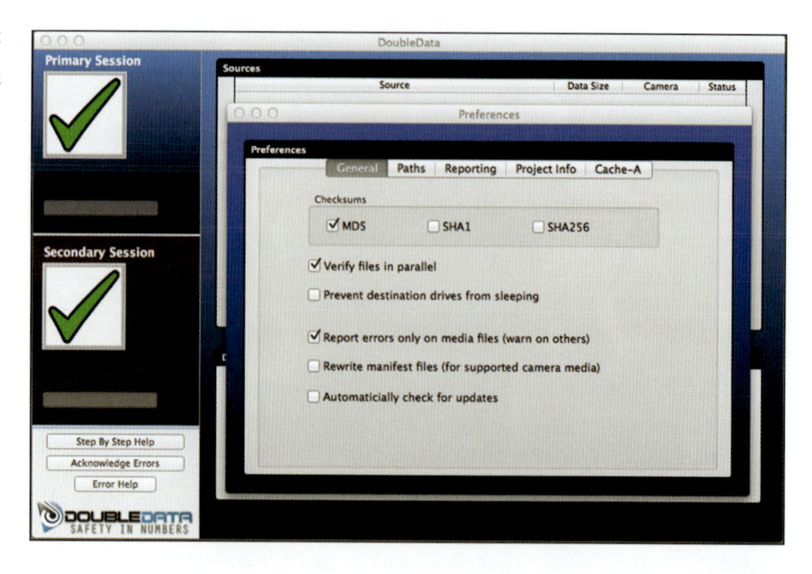

图 10.7 Double Data 软件采用不同的方法来摄取数据，它的设计是为了在整个过程中管理你的数据。

10.3.4 三驾马车

大多数数字影像工程师认为至少要对素材做好三份拷贝。因为硬盘一旦坏掉，文件就会被损坏，所以备份是唯一的保护措施。用于将视频传送到后期、归档部门或制片公司的硬盘驱动器被称为穿梭驱动器（shuttle drive）。比如，硬盘驱动器可能会被这样处理：

- 一份给剪辑师；
- 一份备份给客户 / 制片人；
- 一份备份给自己（所以当一些不好的事情发生时你就可以成为英雄）。

另一种方式可能是：

- 所有文件在数字影像工程师的阵列（如图 10.5 所示）中；
- 一份所有文件的穿梭驱动传送给制片人；
- 一份所有文件的穿梭驱动传送给后期公司。

视效人员也可能需要传送来的素材。显然，一旦穿梭驱动已经传送到制片人 / 后期公司，并已经经过检查，数字影像工程师就可以清理手推车上的所有驱动器了。但许多数字影像工程师倾向于尽可能长时间地将文件保存在硬盘上（这意味着可能要一直到下一次

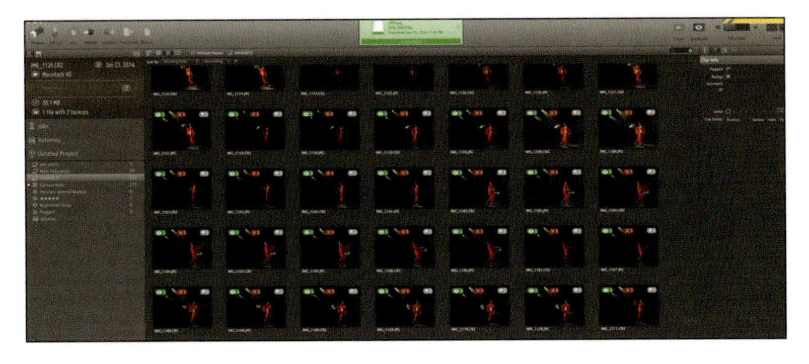

图 10.8 Pomfort 的 Silverstack 除了能导入素材外，还提供了多种功能：素材库、转码、本地回放、元数据搜索、用户元数据，甚至在小屏幕上查看时还提供了切割警告和焦点帮助。它还生成 XML、HTML 或 PDF 格式的报表，以及 Final Cut Pro 的 XML 文件。

工作），就像紧急备份一样。

为了谨慎起见，制片部门和后期公司也应该在收到所有文件后立即进行备份。这只是常识问题。尽快将 LTO 磁带存档是一种防止不可预见的灾难的明智方法。我们一会儿再谈 LTO 磁带。

对于有些项目，在后期公司确认之前文件是不允许被删除的，这通常是保险公司的一项要求。有些保险公司在素材被转移到 LTO 磁带并储存在保险库之前，不会许可存放素材的媒介被格式化。显然，这一要求对摄制组需要订购的硬件数量（SSD 驱动器、Phantom 磁带、紧凑闪存卡、SxS 卡等）（如图 10.6 所示）有很大影响，并对数字影像工程师 / 后期工作流程的规划具有重要意义。这再次说明了在正式拍摄之前召开一次规划会议的重要性，该会议将各方聚集在一起，制定出如何完成这项工作的细节。因为导素材需要时间，所以有些人会请求在存储卡被完全填满之前就换卡来导素材。因此，实际拍摄中，有些剧组人员会在卡只拍到一半时就换卡。

10.3.5 请勿拖拽文件

不管遵循什么流程，一个普遍适用的原则是：永远不要“拖拽”文件夹或文件。任何使用计算机的人都熟悉用鼠标抓取文件夹或文件并将其拖到新位置的做法。这很简单，但是出于几个原因，对视频文件不要使用这样的方法。有些摄像机拍摄的视频文件远比“文件 1，文件 2”等复杂。除了视频片段之外，通常还有相关联的文件。

10.3.6 循环冗余检查

当你只是拖放文件时，你对所复制的文件是否与原始文件完全一致是缺乏确认度的。在众多应对这个问题的方法中的其中一种是

CRC——循环冗余检查（Cyclic Redundancy Checking）。它听起来很复杂，但其原理其实很简单。复制的文件被划分为预定的长度，这些长度除以一个固定的数目，由此产生一个余数，该余数被附加到所复制的文件上。当执行检查时，计算机重新计算余数并将其与文件中伴随的余数进行比较。如果数字不一致，则会检测到错误并显示警告。

例如，Double Data 公司强调其数据管理软件的一个突出的特点是，当文件已被转移并且为了准确性而进行了彻底的双倍检查后，一个大的绿色检查标记就会出现在屏幕上（如图 10.7 所示）。这是很有价值的。请记住，在片场工作是高强度的、忙碌的、混乱的，而且经常涉及疯狂的长时间工作。你的软件能给你一个明确的、可理解的、能够说明一切都好的信号，是非常有意义的（如图 10.8 所示）。所有专业的素材导入软件都包括循环冗余检查。

10.3.7 文件复制检查的其他方法

一个简单得多的方法是文件大小比较，这是不言自明的——该过程仅比较原始文件和复制文件的大小——它可能对快速和粗略的查看是适用的，但对于真正的验证几乎没有足够的准确度。另外两种广泛使用的方法是 MD5 校验（MD5 Checksum）或消息摘要算法 5（Message Digest 5），它类似于 CRC，但要稍微复杂一些。它是一种算法，它创建一个与每个文件关联的字母数字字符串，该字符串像指纹一样独特。它通常用于从互联网上下载文件，通过将你计算的 MD5 校验与原始文件的已发布校验进行比较，可以确保到达硬盘上的文件没有以某种方式被篡改。这也适用于复制视频 / 音频文件。如果两个 MD5 校验相一致，那么在复制过程中出现致命错误的可能性很小。

另一种方法是字节验证（byte verification），它将文件大小比较到下一级别——它比较数据的每个字节，以确保副本与原始文件完全一致。

10.4 日　志

日志是一些你通常不怎么去想的东西，但是它们很重要。大多

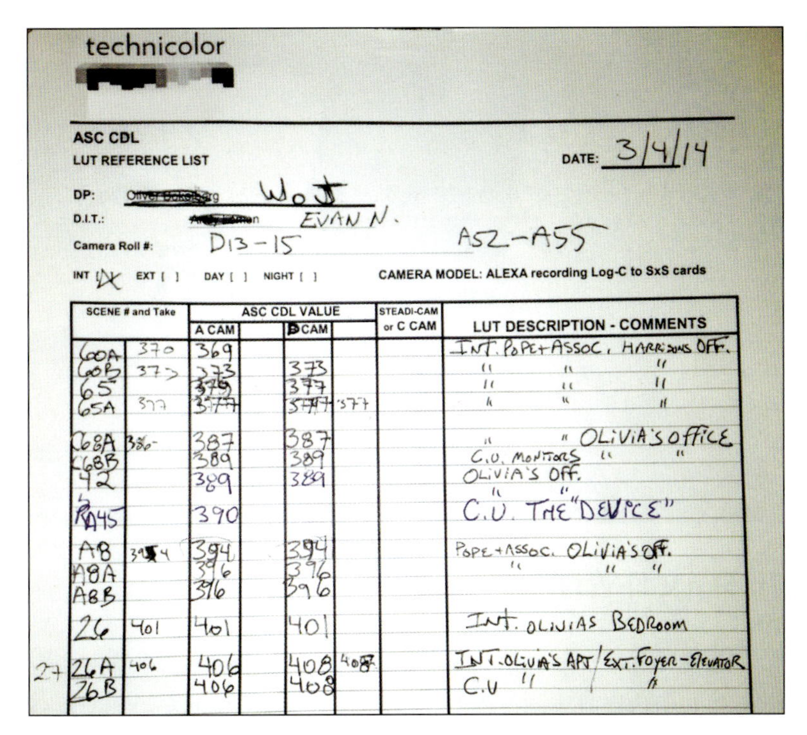
technicolor

ASC CDL
LUT REFERENCE LIST

DATE: 3/4/14

DP: Wo J
D.I.T.: EVAN N.
Camera Roll #: D13-15 A52-A55

INT [X] EXT [ ] DAY [ ] NIGHT [ ] CAMERA MODEL: ALEXA recording Log-C to SxS cards

SCENE # and Take		ASC CDL VALUE A CAM		B CAM		STEADI-CAM or C CAM	LUT DESCRIPTION - COMMENTS
60A	370	369					INT. POPE+ASSOC. HARRISONS OFF.
60B	373	373		373			" " "
65		375		377			" " "
65A	377	377		377	377		" " "
68A	386	387		387			" " OLIVIA'S OFFICE
68B		389		389			C.U. MONITORS " "
42		389		389			OLIVIA'S OFF.
A45		390					" " C.U. THE "DEVICE"
A8	394	394		394			POPE+ASSOC. OLIVIA'S OFF.
A8A		396		396			" " "
A8B		396		396			
26	401	401		401			INT. OLIVIAS BEDROOM
27 26A	406	406		408	408		INT. OLIVIA'S APT / EXT. FOYER-ELEVATOR
26B		406		408			C.U " / "

图 10.9 一位数字影像工程师为一个电视节目所做的查找表日志表。请注意，除了列出了场景和镜号，它也有列出为三台摄像机所做的色彩决策表（ASC-CDL）记录。（数字影像工程师埃文·奈斯比特供图）

数专业的文件复制应用程序可以生成记录复制和备份过程的每个细节的日志：日期、时间、文件大小、卡号等。有些日志可能非常冗长，甚至记录了你可能认为永远不需要的细节。然而，正是这种记录上的彻底性可能会挽救你的职业生涯。这些都是能真正区分专业人士和一般从业者的东西（如图 10.9 所示）。

日志通常只有在文件损坏或丢失时才会起作用。当这种情况发生时，通常会变成一个指责游戏，而数字影像工程师或装载员轻描淡写地说“我很确定我复制了那个文件”，这是不够的——日志是你的备份和文件记录。在专业情况下，让软件生成日志并保存日志或自己制作日志是非常关键的。要让下载软件完成它，通常需要在所有应用程序的参数选择部分进行选择，你需要选择让该软件生成日志的选项，并跟踪它们把文件保存在了哪个文件夹中。你需要备份这个文件夹，并且在许多情况下，需要向剪辑师、制片人甚至保险公司提供日志的副本。除了下载软件生成的计算机文件外，大多数数字影像工程师和装载员都会单独维护所有操作的日志，无论是手写，还是在计算机、平板电脑甚至智能手机上，如图 10.4 所示。

图 10.10 数字影像工程师本·霍普金斯为 Phantom 所做的 10 千兆位雷电工作站（ThunderStation）。它具有 3TB 内部 RAID-5[①] 存储，能够用 35 分钟下载 512GB PhantomMag 或使用 49 分钟下载 512GB PhantomMag 到两个外部穿梭驱动器并进行验证。它可以使用交流电或直流电运行，并可选择添加雷电接口的外部存储阵列。（数字影像工程师本·霍普金斯供图）

① 是一种存储性能、数据安全和存储成本兼顾的存储解决方案

10.5 文件管理

下载所有的一切（如图 10.10 所示）——这是至关重要的，因此，在开始拍摄时要确保你有充足的硬盘空间（见本章中其他部分的硬盘存储空间计算）。挑选素材可能是危险的，除非你可以根据一个具体的计划或指示来清除废镜头——一般来说，这是一个非常危险的想法。保留文件结构！不要更改文件名或位置，特别是 R3D 文件。为什么这些做法很重要，Red 文件就是一个很好的例子。注释可以保存在“Read Me”（请阅读我）文本文件中。

10.6 文件命名

为每个项目建立一致的文件命名约定是至关重要的。摄像机本身生成的文件名是有序和有用的。最后，剪辑师可能对文件命名有最终决定权，因为他们必须要面对文件的命名和组织方式所引起的长期后果。这再次说明了拍摄前的会议、电话或电子邮件交流的重要性——剪辑和视觉特效人员需要参与到这一交流中。

10.7 下载和摄取软件

幸运的是，有几个应用软件是专门为下载和备份视频 / 音频文件开发的，它们可以应用于那些有特定需要的如电影、广告、音乐视频

和其他类型的专业制作的拍摄现场中。在某些情况下，它们还可以对文件进行转码。所有这些应用程序都提供冗余检查，如果没有冗余检查，它们就不会是专业的软件。它们还为这些检查提供了一系列选择。大多数还允许以卷轴和片盒数命名，并在每次下载时自动增加这些数字。有些数字影像工程师还使用苹果终端中的脚本来处理下载任务。

10.7.1 ShotPut Pro

这是一款在拍摄现场被广泛使用的用以下载拍摄素材的软件。它专门为此目的而设计，并提供装载员或数字影像工程师通常需要的所有选项：多个拷贝发送到不同的硬盘驱动器，日志和几种不同的文件验证方法。Mac 和 Windows 操作系统都有版本。该公司将其描述为："ShotPut Pro 是一款用于高清视频和图片文件的自动复制应用程序。ShotPut Pro 针对专业用户，是事实上的工业标准下载应用程序。简单的用户界面和强大的复制速度使得它对于今天的无磁带高清工作流程来说是不可或缺的。"

10.7.2 Silverstack

Pomfort 公司的 Silverstack 可执行媒体下载任务，但也有一些更多的功能（如图 10.8 所示）。Silverstack 可以摄取所有摄像机的存储媒介类型和所有文件格式。它可以进行校验 – 验证，高速备份到多个目的地。根据 Pomfort 的说法："从数字摄像机中摄取素材和制作媒体备份是一项重复性的，但也需要负责任的任务。由于 Silverstack 的加速复制功能，这个过程变得更容易、更快、更安全。结合并行能力，在一次操作中读取、验证和写入，并利用硬件的全部带宽，可以方便和安全地复制大量文件。"

此外，Silverstack 有一个功能齐全的素材库，可以进行转码 / 导出、QC（质量控制）和本地播放（对某些摄像机）。它还可以为拍摄和后期制作输出定制的报告。

10.7.3 Double Data

源于 R3D 数据管理器及其伴生的 Al3xa 数据管理器，Double Data（它将两者结合在一起）以一种明确的理念来处理数据管理

图 10.11（上） 一个 Codex Vault 接受多种类型的摄像机存储媒介，并可以记录到 LTO 磁带上以及完成其他类型的输出。（Codex 供图）

图 10.12（下） 一个 Codex 记录模块安装在了佳能 C500 上。（Codex 供图）

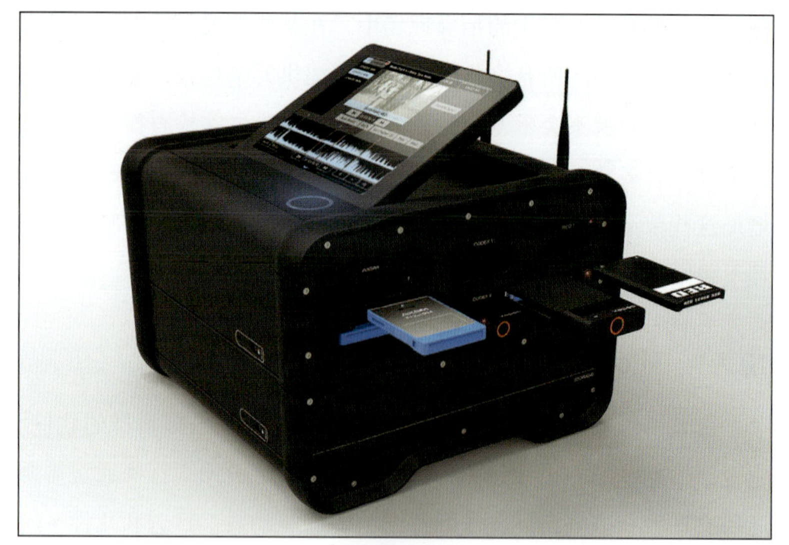

（如图 10.7 所示）。除了具有验证功能的标准复制之外，它还能够实现公司所谓的自动多会话管理，可以这样理解："和其他软件相比，Double Data 对拍摄现场和后期的数据管理采取了不同的方法。其理念是，你的工作流程包括或者可以分成几个阶段。第一阶段是把你拍摄的素材从摄像机的存储媒介取出并传送到一个高速的阵列或类似的设备中。从那里，你将复制拷贝到那些用作冗余副本或穿梭 / 传输驱动的速度较慢的目的地。"

"Double Data 有两个'会话'，在第一个'会话'中将文件快速下载到主阵列，然后在第二个'会话'中将该主阵列中的文件复制到其他较慢的目标。Double Data 将跟踪每个摄像机存储媒介在过程中的位置，并自动执行顺序备份以获得最佳性能，例如，在第

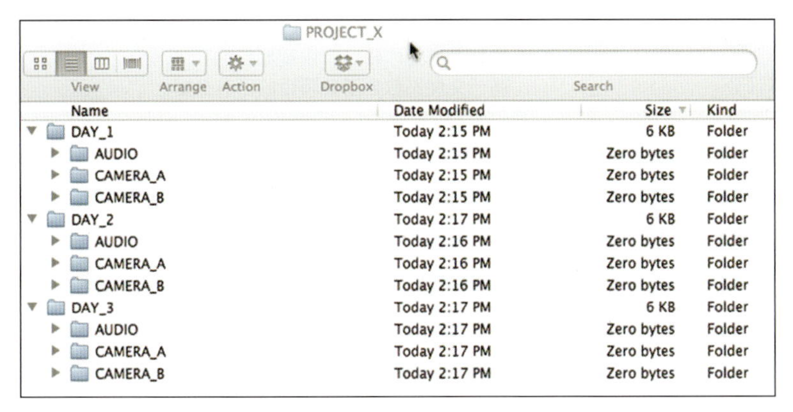

图 10.13（右上） 来自 Atomos 的 Samurai 机载记录仪。在这里，它也被用作摄影助理的监视器。（Atomos 供图）

图 10.14（右下） 奥德赛 7Q，可以使用可移动 SSD，进行 4K RAW、DNxHD 和其他格式的记录。它还支持查找表。作为选项，它可以记录 ArriRAW、佳能 4K RAW 和索尼 RAW。它也是一个 OLED 显示器，可以显示在 Rec.709 或 DCI P3 状态以及还能显示各种形式的波形和矢量图。（Convergent Design 供图）

图 10.15（左） 一个双机拍摄的样片文件夹。对文件夹和文件进行仔细的标记对于良好的数据管理是必不可少的。音频被单独录制，它不是特定用于任何一台摄像机，因为两台摄像机是按同一块场记板来同步的。如果它们是单独操作的，例如在第二摄影组，那么第二组音频将需要一个单独的文件夹。

一个‘会话’等待时才会复制第二个‘会话’的内容。当然，如果你宁愿一次性复制到所有目的地而不使用第二个‘会话’过程，这也是可能的。Double Data 可以把一个摄像机的媒体文件同时向四个目标写入。”

它还可以执行其所谓的智能错误报告——“Double Data 知道 MOV 或 R3D 文件中的错误与 XML 或 RMD 文件中的错误之间的区别。一个被期望改变，一个应该从不改变。当非必需文件发生更改时，Double Data 将发出警告，但当基本文件不匹配时，则会出现错误。”该软件还可以对意外删除的数据进行某些类型的恢复。

10.8 专有数据管理软件

所有的摄像机公司都为其摄像机所采用的媒体类型制作了某种文件传输软件，并且这些软件可以免费下载。阿莱、索尼、Red、佳能、松下、黑魔和其他公司都有各种功能的应用软件。这些软件有的是基本的数据管理软件，另外一些如 RedCine-X，也有色彩校正和转码功能。

因此，很明显，对数字影像工程师这一职位的工作和职责的看法是多种多样的，有时甚至是激烈的。做一个“文件猴子”一点也不难，他们只知道机械地死记硬背，“拿到 A 卡然后把素材扔进硬盘，然后输出 4：2：2 的 ProRes 文件”。让我们面对现实，一只猴子确实可以做到这一点——其实也没那么难。好吧，它必须是一只非常聪明的猴子，但我们可以得到一只这样的猴子。

因此，我们已经看到了影响数字影像的大量问题。如果你是那

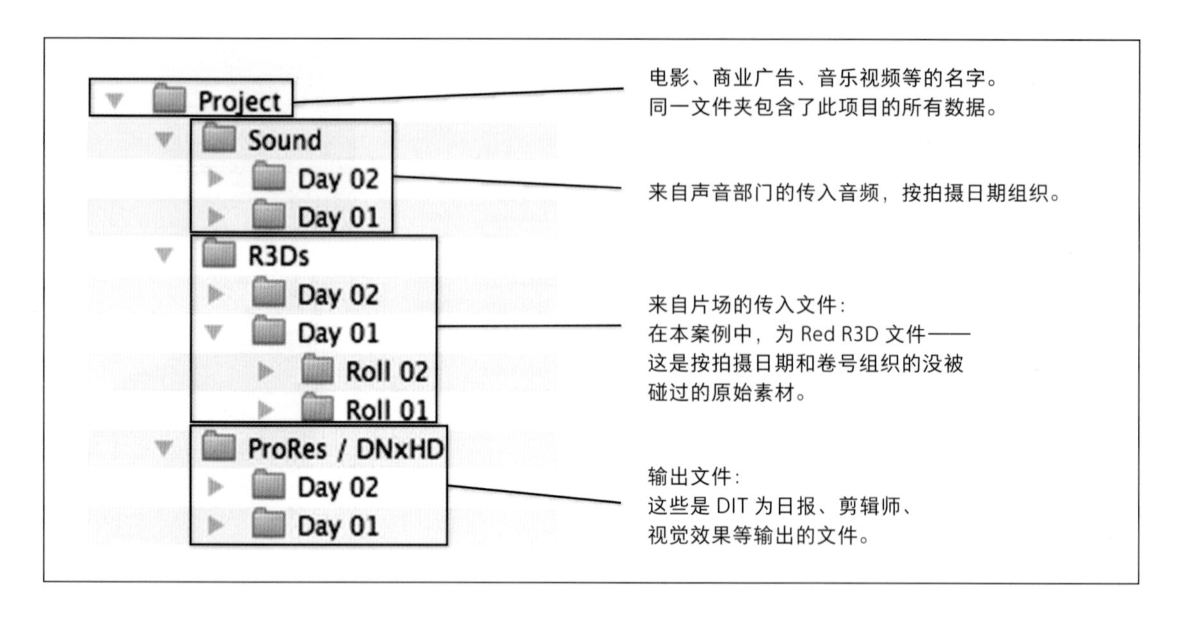

图 10.16 使用 Red 摄像机拍摄的两天的素材。音频、R3D 和 ProRes/DNxHD 文件采用单独的文件夹放置。保持数据有条不紊是装载员或数字影像工程师的重要职责。

些认为数字影像工程师唯一的工作就是拿走摄像机输出的东西，做好备份并发送文件的人之一，那么你注定会像你有时听到的那样成为那些“文件猴子”之一。这是一项死路一条的工作——只不过是一个带着笔记本电脑的私人助理（PA）而已。

另一方面，如果你渴望成为那些能够与摄影指导密切合作的高端数字影像工程师的人之一，可以创建一个外观、控制（多台）摄像机，以及形成有一定想法的格式正确的日报，然后输出后期制作工作流程中所需要的各种文件（如图 10.15、图 10.16 所示），那么你就走上了成为真正有需求的数字影像工程师的道路。你会在大制作的项目中工作，坦白地说，你也能赚到大钱。

10.9 外部记录器

大多数摄像机在设计上都是在机内录制视频素材，尽管并不是所有摄像机都会在机内以 RAW 形式记录它们的全分辨率素材。例如最早的 Red 摄像机就把素材录制在紧凑型的闪存卡上——就像大多数高端数码相机记录 RAW 格式文件一样。索尼摄像机长期以来一直使用 SxS 卡，取代了原来的 XDCam 解决方案，即使用蓝光 DVD 进行录制。分辨率和帧频有时超过了紧凑型闪存卡甚至 SxS 卡的容量，爱丽莎就是一个很好的例子——只有 QuickTime 文件可以直接记录在摄像机上——直接使用双 SxS 卡记录，这些卡上的素材可以很容易地下载到笔记本电脑和外部驱动器上。为了记录ArriRAW文件，需要一个外接的记录器（如图10.11至图10.14所示）。Codex是专门为此目的而制作的，它被设计成摄像机的一个组成部分。它很小，而且很轻，甚至斯坦尼康操作员也发现它很容易使用。就像数字后高清世界中的许多事情一样，这是一项新的、正在发展的工作。为了跟上新的工作流程，这实际上是一项全职工作。

10.9.1 Cinedeck

什么是Cinedeck？它的制造公司是这样说的："它是一个由摄影师为摄影师们设计和制造的、非常有能力的、可升级的、高度坚固的、便携式的，直接烧录进磁盘的视频录像机。"

"它与HDMI/HD-SDI/LAN接口的摄像机兼容，并且可以选择最广泛的记录格式，包括未压缩的4:4:4或4:2:2 HD、苹果ProRes、Avid DNxHD（封装在MXF或MOV中）、Avid Meridien JFIF和使用MOV格式的CineForm™数字中间片文件，并通过HDMI或单/双路3G HD-SDI连接。它还可以为世界上最流行的摄像机进行记录，并且可以回放包括AVC-Intra、XDCam HD和H.264等文件格式。这可能为你提供了最快的基于文件的工作流程。它还有一个大的7英寸高分辨率预览/焦点/回放监视器和服务于所有常用功能的物理按钮接口。"

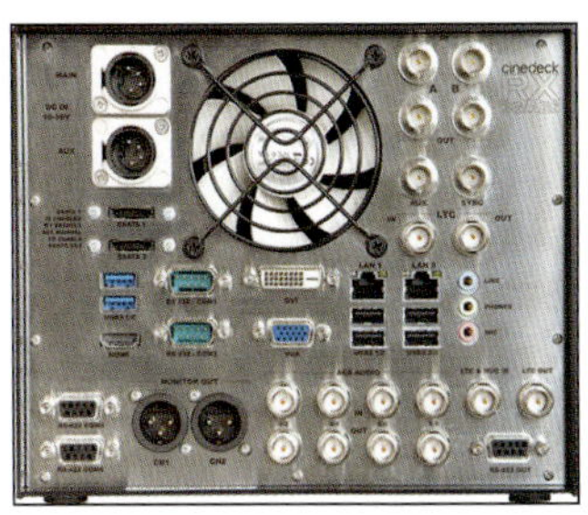

图10.17（右） 一台Cinedeck RX记录器的背面。（Cinedeck供图）

图10.18（左） 素材导入车上的一个雷电接口的阵列存储单元。（数字影像工程师埃文·奈斯比特供图）

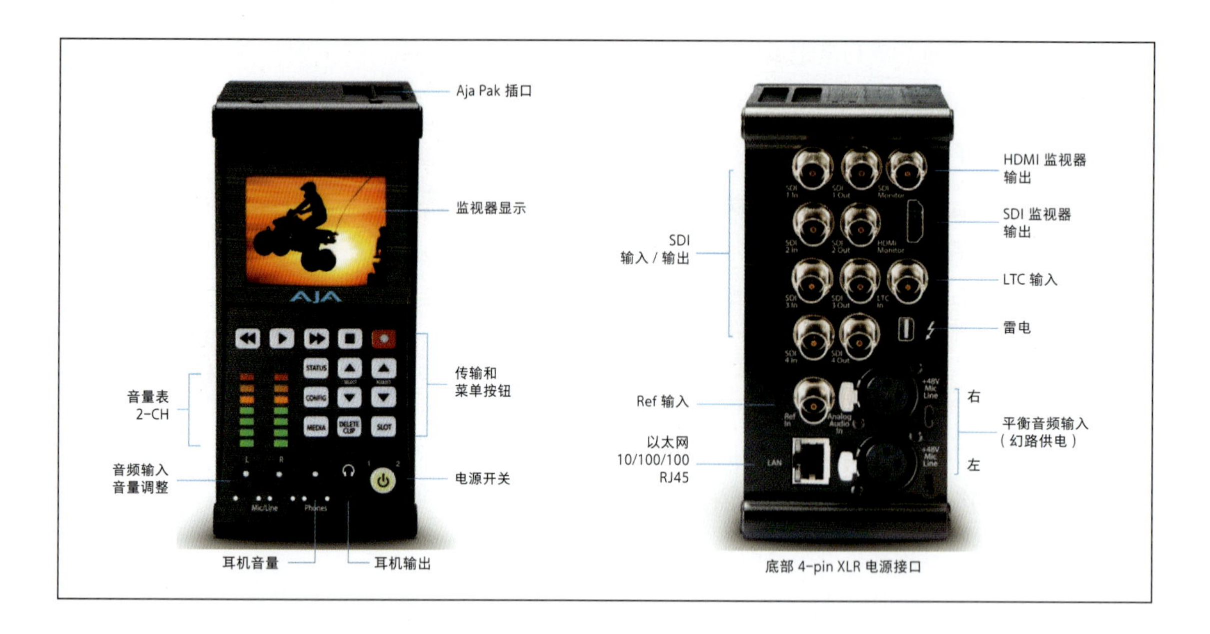

图 10.19 由 Aja 制造的迷你 Ki-Pro 的前面和后面。它有 SDI、HDMI、LTC 时间码、雷电、音频和以太网的连接，以及一个用于回放的小型监视器。（Aja 供图）

Cinedeck 单元结合了监视、录制和播放多种类型视频文件的功能，这些文件如 ProRes（包括 4：4：4：4）、AVC-Intra、H.264、DPX、DNxHD、XDCam、DNG 等。监视功能包括波形、矢量图、直方图、切割和边缘对焦辅助。为了回放，它在触摸屏用户界面上使用 VTR（录像机）类型的控件，也可以连接到可以显示 HD-SDI 或 HDMI 信号的监视器上。它还可以执行实时上转换、下转换或交叉转换之间的十几个分辨率、帧组合。

它重量轻，可移动性高，这是许多拍摄方式的一个重要的考虑因素。它是专为严格的现场拍摄要求而设计的。它还可以使素材立即在 Avid、Final Cut Pro、Adobe Premiere 和索尼 Vegas 软件中进行剪辑。图 10.17 和图 10.18 显示了它可以进行的各种连接，包括 3G HD-SDI、HDMI 和 LAN。它可以通过触摸屏或遥控系统进行控制，如果有必要，还可以包括微动 / 穿梭设备或传统的 RS-422 VTR 设备接口。

10.9.2 Ki-Pro

Ki-Pro 由 Aja（发音为 a-Jay-a）制造，是一种被广泛使用的外部记录器。它能记录 10 比特的苹果 ProRes 422，正如 Aja 所说："这彻底改变了视频从拍摄到剪辑的效率。"同时它还能记录 DNxHD 文件。它有可移动的存储模块（大多数外部记录系统都这样做，它们基本上都使用固态硬盘驱动器——SSD）。它可以在不

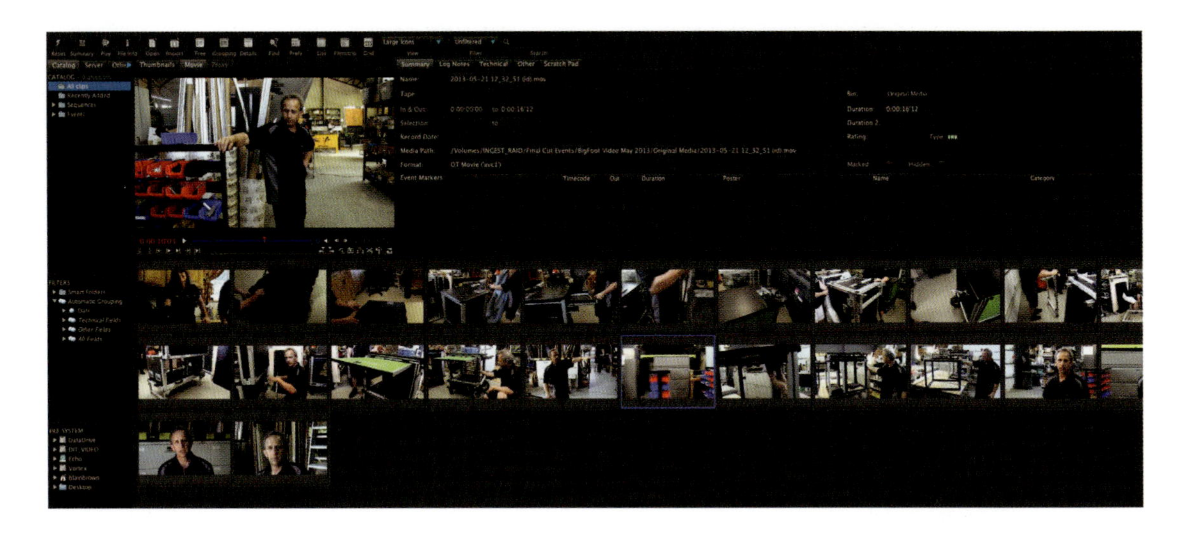

图 10.20 CatDV Pro 是一个文件管理和归档应用程序，它提供了各种各样的方法来编录、排序和搜索视频文件。它还内置了时间线选项，可以输出适合于大多数主要剪辑系统的 XML 文件。

同格式之间做上/下和交叉转换，还具有 SDI、HDMI 和模拟连接以及 RS-422 VTR 类型的控制连接。迷你 Ki-Pro 可直接安装在摄像机上，公司为此制造了各种安装用的配件（如图 10.6、图 10.19 所示）。

10.9.3 其他机载记录器

有几种小型机载记录器用于摄像机输出。其中包括 Convergent Design Gemini 4：4：4：4 记录器，它可以记录 ArriRAW（作为一个选项）、佳能 4K RAW 和其他格式。它把素材记录到可移动的固态硬盘（SSD）上。它是足够小的摄像机安装设备，并包括一个用来检查素材的小监视器。还有一个小适配器单元用于下载视频到数字影像工程师工作站的硬盘驱动器上。

10.9.4 编目系统：CatDV Pro

编目系统主要是为组织可搜索索引而设计的，而不太关心材料本身是什么以及存储在何处。这种设计的一个例子是 CatDV Pro（数字视频目录的缩写）。这种类型的 DAM（数字资产管理，digital asset management）给用户很大的自由，因为它的设计是通过使用 XML 标记指向素材来组织任何类型的内容（如图 10.20 所示）。它从不触及或更改内容本身，甚至不关心该内容驻留在何处，只允许用户组织和搜索。它是一个虚拟库，一个可以用来描述定位在任何地方的内容的目录。这可以极大地帮助控制存储成本和物理管理，因为用户可以访问虚拟库和代理库，所以不需要访问实际的内

图 10.21　一个电视节目的穿梭驱动器。在数据管理中做标签是非常重要的。（数字影像工程师埃文·奈斯比特供图）

容库。CatDV Pro 可以和非线性编辑系统（如 Final Cut Pro）进行交互，允许用户找到一组片段并将它们发送到非线编系统，以便可以使用代理文件进行剪辑。双向通信也是可以实现的，因此非线编（NLE）中的更改可以反映在目录中的元数据中。

虽然 CatDV 是作为一个独立于存储介质的系统而设计的，但也有一些与归档设备（如 LTO 设备）相结合的功能。协调地利用这些功能，可以创建一个完整的数字资产管理系统（DAM）。由于其自主特性，CatDV 可以从单个用户扩展到一个 4 到 5 人的工作组，甚至扩展到一个拥有 100 多个用户的企业服务器，包括允许互联网用户进行远程访问的能力。过去，传统的 DAM 系统启动和维护费用很高，需要专门的设备和训练有素的咨询人员。这样的系统总是需要定制安装。然而，CatDV 可以最小限度地启动并按需放大。

10.9.5　索尼 XDCam 档案文件

与 CatDV 这样的编目系统不同，归档系统的核心是内容本身。它主要是一个内容管理系统，而不是一个带有归档组件的目录。这方面的一个例子是索尼 XDCam 档案文件（XDA）。然而，该系统比其名称所暗示的更加灵活和通用，因为内容可以来自不同格式的许多系统，包括非索尼格式。内容被输入 XDA 系统进行存储和代理转码。该材料保持其原始的文件结构，可以再次载出来进行访问，并且创建代理以允许搜索和脱机使用。XDA 将媒体文件放置到 XDCam 光盘上，然后将其存储在由存档文件管理的组织系统中的物理架上。

10.10　硬盘和阵列

在面对硬盘时，无论是涡流盘（spinning drive）还是固态硬盘，其实最重要的是要记住只有两种类型的硬盘：那些已经坏掉的和那些将要坏掉的。这使得备份和保留富余量变得如此关键。同样的情况也适用于闪存，存储媒介失效——这种情况总是在发生。做好准备！当你计算一个工作需要多少硬盘时，考虑到硬盘有可能出现故障，所以要把备用硬盘计算在内。

10.10.1　阵　列

大多数数字影像工程师使用阵列（独立磁盘冗余阵列，redundant array of independent disks）来立即存储从摄像机存储媒介下载的视频。为何使用阵列，其原因有几个方面。它们提供了速度优势，并且比硬盘驱动器有更大的容量，而且也提供内置备份——此即冗余名称的由来。即使其中一个驱动器发生故障，阵列也可以继续工作，不会丢失任何数据。

10.10.2　传输 / 穿梭驱动器

在制作工作的末端，文件需要交付给剪辑师、制片人、视效工作室和其他各个部门。为此，需要使用穿梭或传输驱动器（如图 10.21 所示）。由于对拍摄当天的素材多做备份是绝对必需的，所以这些穿梭驱动器不必全是阵列存储。然而，许多数字影像工程师在确保后期公司、制片人甚至是保险公司已经将数据转移到自己的系统之前，都会将这些工作保留在自己的阵列（如图 10.22、图 10.23 所示）上。许多数字影像工程师已经达到了“英雄”的地位，因为往往在拍摄遭受到一些灾难，并且大家认为一切都已经失去时，他们手里还有可用的文件。

数字影像工程师会建议制片方购买哪种类型的硬盘驱动器，是基于他们自己对可靠性和故障率的经验。也许有必要提醒制片部门，与丢失的数据相比，在更便宜的硬盘上节省一些钱是毫无意义的。

共享存储

共享存储仅仅是指可以由一个或多个操作员同时访问的硬盘驱

图 10.22（上） 在数字影像工程师手推车上摆放在索尼 HDCam SR 磁带录像机旁的一个阵列。

图 10.23（下） 一个装有泡沫垫的抽屉，用来运送硬盘驱动器。把它们留在阵列箱中可能无法在运输过程中提供充分的保护。

动器（通常是阵列）。它本质上是一个文件服务器。虽然通常在拍摄现场没有必要使用它，但它在后期制作过程中非常有用，在这一过程中，相同的文件可以同时被用于不同的进程（如图 10.24 所示）。

10.11 你需要多少存储空间？

在胶片拍摄中，有些事情是不可原谅的。在数字电影制作中，它们包括耗尽充电电池，没有足够的摄像机卡和存储硬盘（当然，名单会更长，这些都是我们需要关注的问题）。

摄像机需要多少机载存储（无论它们是 P2、闪存卡、SxS、SD 卡、固态硬盘等）以及在数字影像工程师手推车上用来载出数据的硬盘需要多少，这取决于许多因素：拍摄多少天，使用多少台机器，类型是什么，是一个故事片、广告、音乐录影带、工业宣传片或是纪录片。在电影制作中，预算是要重点考虑的因素，但它不仅

图 10.24 安装在手推车上的用以共享存储的阵列服务器。

仅是“制作这个项目愿意支付多少硬盘?”的问题。这是一个很大的交易。如果制片人抱怨购买硬盘或租用摄像机存储卡的成本，你通常应该让他们把这一相对较小的成本与在下载和备份已满载的摄像机卡或驱动器时可能导致整个生产停止所产生的巨大成本进行比较，这一解释过程会花费很长的时间。或者你还应该要求他们考虑一下无法正确备份所有数据的不能被接受的风险，这通常足以说服即使是最吝啬的制片人。

有些数字影像工程师需要填写表格，其中包括要交付的内容、要订购多少硬盘、文件类型，等等。把它写在书面上永远是最好的主意，让制片人、剪辑师和其他关键人物在上面签字也是个好办法，这样可以用来防止在拍摄现场出现问题后所引起的混乱并缩短相互指责的游戏。

决定数字影像工程师手推车上硬盘空间的另一个因素是格式和

AT&T 3G
9:26 AM
77%
8
0
9
1 Hours
10 Minutes
23.98 FPS
2
11
24
3
12
25
REDCode RAW 4K (4096x2048)
(Tap to Change Video Format)
1.26 TB
VideoStorage
Audio Settings
About

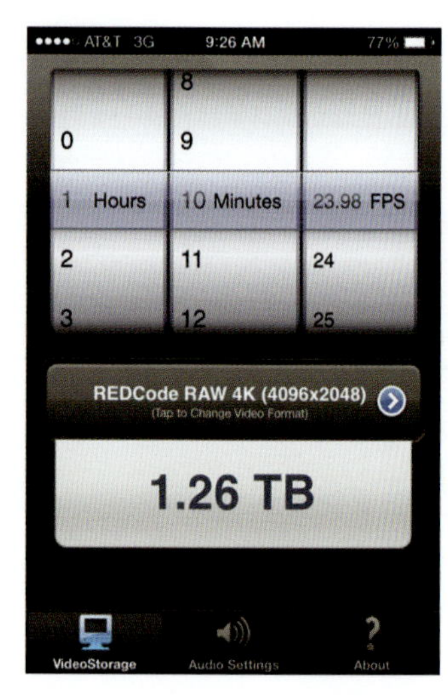

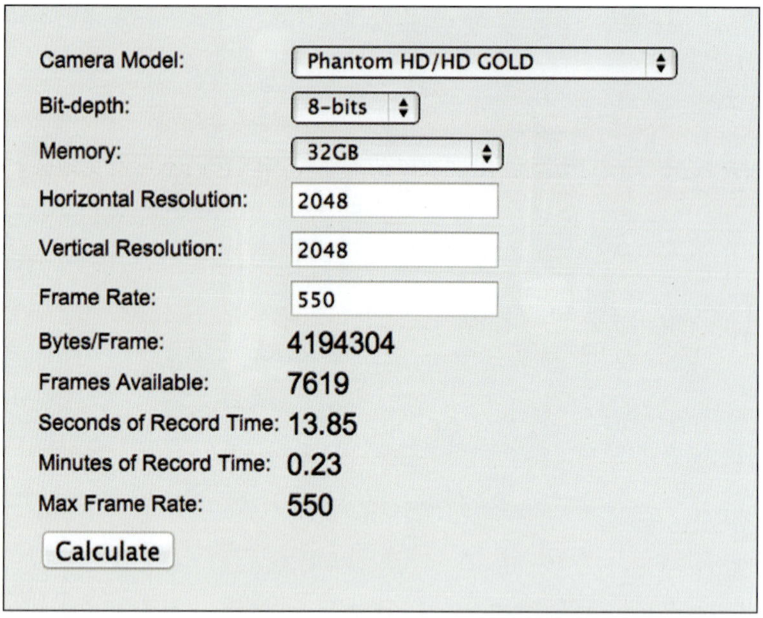

Camera Model:
Phantom HD/HD GOLD
Bit-depth:
8-bits
Memory:
32GB
Horizontal Resolution:
2048
Vertical Resolution:
2048
Frame Rate:
550
Bytes/Frame:
4194304
Frames Available:
7619
Seconds of Record Time:
13.85
Minutes of Record Time:
0.23
Max Frame Rate:
550
Calculate

图 10.25（左） 一个在 iPhone 上使用的用来计算需要多少视频存储空间的计算软件，其中有许多可选择的应用。在数字时代，硬盘用完是不可饶恕的，就像以前没有胶片一样。

图 10.26（右） 一款用于 Phantom 高速摄像机的数据计算软件。（Vision Research 供图）

转码问题。在某些情况下，拍摄素材可能处于相当紧凑的编码状态，例如摄像机录制的是 H.264 或 ProRes 的情况。但在专业层面，这很可能是罕见的。在大多数情况下，摄像机将拍摄 RAW 并且文件一直要保持 RAW 状态，直到交付给后期。但是，可能会需要将编码转换为更有效的日报格式（如 H.264，供导演审阅），或者也有可能需要将编码转换为占用更多空间的 DPX 文件。正如之前说过很多遍的，拍摄前的会议或者至少是电话和电子邮件沟通对于决定谁需要什么是很重要的。

通常，这种转码过程将发生在拍摄现场外或可能是在拍摄现场的一夜之间。无论如何，必须有足够的驱动器空间来处理这些转码文件并保留原始文件的多个副本。最终，唯一实用的解决方案是使用视频空间计算器。幸运的是，有许多优秀的应用软件，包括在线的和作为计算机、电话和平板电脑应用程序的。图 10.25 显示了其中一个计算器。图 10.26 是另一个数据计算软件。

10.12 长期存储

高清 / 超高清视频产生非常大的文件，而且 4K、5K 和更大的格式的使用频率的增长已经成倍增加了存储需求。请记住，对于故事片、电视节目和其他项目来说，仅仅保留最终的项目输出是不够的——往往需要长时间保存原始文件。

对于稳定的长期存储和存档而言，硬盘驱动器被认为是不够的。这不仅仅是硬盘会出现故障的问题（当然它们不可避免地会产生问题），还有磁介质“蒸发”的问题——这些数据将在很长一段时间内逐渐变得不可读，预计每年约为 1% 的比例。其中也有机械故障和环境条件问题，可以通过定期将数据记录到新媒介上来处理这一问题，但这显然只是一种权宜之计。

除了稳定性问题，还有另一个重要的考虑因素：未来的可访问性。对于那种存在时间很长的视频格式，其视频要么几乎不可能，要么是完全不可能播放的，因为不再有能播放它们的设备。尝试找到一个设备来播放 2 英寸的 Quad 磁带或 1 英寸 C 型视频，你就会看到问题。这同样适用于软盘、Zip 驱动器和其他类型的计算机存储器——它们越来越难被找到，有时甚至是不可能的。

目前，存档视频的保存方式与电影底片保存的方式大同小异：那就是将它们保存在温湿度可以控制的防火地下室里。最著名的储藏地点是堪萨斯州的一个绝密盐矿。好吧，它其实不是真正的“绝密”，只因为它在堪萨斯州。它已经被电影工业使用了相当长一段时间，用来保存底片和拷贝，现在它也用于视频存储。

奇怪的是，有些机构实际上是使用 35mm 胶片作为长期存储的介质：如果存储得当，它是稳定的，而且回放的技术是耐用的、简单的、非电子的，并且它可能会以某种方式存在相当长的一段时间。它的分辨率和色彩再现能力也很高。长期存储负片的方法，温度湿度控制以及防火问题，是电影工业中众所周知的和值得信赖的技术。在这种场合下，Irony Meter 仍需要得到校准。

10.12.1　LTO

最接近行业标准的归档方法可能是线性磁带开放协议（LTO，Linear Tap-Open），如图 10.27 所示。LTO 使用磁带进行数据存储。它最初是在二十世纪九十年代后期作为当时可用的专有磁带格式的替代物而开发的。LTO 现在已经是第六代了，各代之间的主要不同是磁带的容量。

图 10.27 一盘 LTO 磁带和它的录 / 放机。[数字影像工程师赫尔穆特 · 科布勒（Helmut Kobler）供图]

10.13 移动数据

在硬盘和计算机之间提取和移动数据有许多不同的选择。尽可能安全、快速地移动数据始终是一个目标，但在电影拍摄现场这种需要消耗大量时间的情况下，它变得尤为重要。对于数字影像工程师和装载员来说，特别重要的是，他们不想在摄制组的其他工作人员结束了一天的工作后，让人再等上几个小时。对于那些不愿为他们支付加班费的制片人来说，这一点尤为重要。

10.13.1 输入 / 输出选择

被列为“最大”的速度实际上是一个理论上的最大值。在现实世界中，实际的传输速度通常比较低，而且基本就是如此。电缆的长度也可能影响到这一点。大多数数据格式都有所允许的最大电缆长度，在这个长度范围内，它可以以最小的错误和丢失来传递数据。这些最大长度受一些因素的影响，这些因素可能会增加或减少可被使用的电缆长度，在此长度范围内不会出现重大问题。显然，当在拍摄现场处理数据时，允许数据传输中出现丢失和错误的空间很小。要使用的传输系统的选择取决于设备的接口类型以及数字影像工程师的个人偏好。有些数字影像工程师在其手推车上会配有几个系统，以便能够适应不同的工作流程和不同的情况（如图 10.28、图 10.29 所示）。

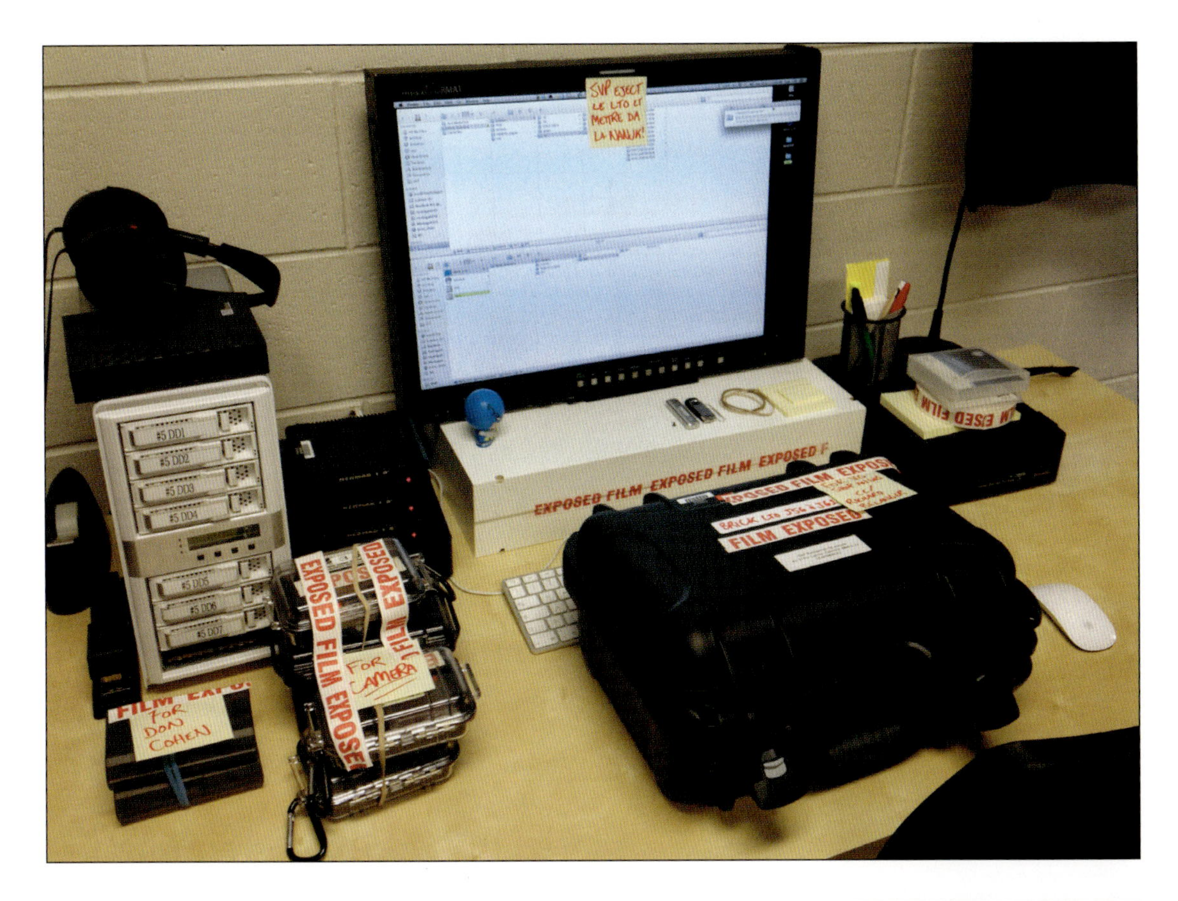

火线 400/800

火线 400 现在已经过时，因为火线 800（IEEE 1394b）能以更快的数据速率运行。铜线版本是人们最熟悉的，但火线也可以运行在光纤和同轴电缆上。火线 800 的最大速率为 800Mb/s。

SATA/eSATA

SATA 代表串行高级技术附件（serial advanced technology attachment），是迄今为止使用最广泛的计算机内部硬盘驱动器的连接方式。eSATA 是 SATA 的变体，又称扩展 SATA，用于连接外部设备。这是一种非常快速的连接方式。eSATA 600 被列为“高达”6Gb/s。名为 SATA Express 的更新的版本以 16Gb/s 的速度运行。

USB 3.0 /2.0

USB 往往具有相当一致的数据速率。任何使用过台式电脑或笔记本电脑的人都很熟悉 USB，因为它被广泛用于连接键盘、鼠标，

图 10.28（下） 一个数字影像工程师手推车上的 Qio 读卡器和光纤连接。

图 10.29（上） 正确的标签和有组织的工作站的重要性怎么强调也不为过。（数字影像工程师肖恩·斯威尼供图）

SDI 标准				
标准	名称	比特率	色彩编码	同轴距离
SMPTE 259M	SD-SDI	270Mb/s，360Mb/s	4：2：2 YCbCr	300 米
SMPTE 292M	HD-SDI	1.485Gb/s 和 1.485/1.001Gb/s	高清	100 米
SMPTE 372M	双链接 HD-SDI	2.970Gb/s 和 2.970/1.001Gb/s	高清	100 米
SMPTE 424M	3G-SDI	2.970Gb/s 和 2.970/1.001Gb/s	高清	100 米
TBD	6G-SDI	6Gb/s	4K	100 米

表 10.1 针对不同类型的 SDI 输出的 SMPTE 标准。

当然还有拇指驱动器或闪存驱动器。USB 3.0 是数据传输速度的一大飞跃，从 480Mb/s 跃升到了 5Gb/s。

雷电 1.0/2.0

作为主要的苹果产品，雷电接口（Thunderbolt）在制造领域的发展速度非常缓慢，但作为一个数据管理渠道，它有着巨大的希望。雷电 2.0 具有令人印象深刻的 20Gb/s 的数据传输率。

SAS

SAS 是串行连接的 SCSI（小型计算机系统接口，small computer system interface）。它取代了几年前在硬盘上逐步停止使用的旧的并行 SCSI。在物理上，它与 eSATA 非常相似。SAS 的数据传输率在 6Gb/s，较新版本为 9.6Gb/s。

以太网

千兆位以太网（ethernet）广泛应用于家庭网络中。特别要注意的是，它是千兆位以太网，而不是千兆字节。正如你可能猜到的，它以每秒 1Gb 的最高速率移动数据，10 千兆以太网以 10 倍的速度工作。40 千兆和 100 千兆以太网也存在。

光纤通道

历史上，数据传输是在铜线上进行的，但是光纤现在变得越来越受重用。它有两个版本，分别可以达到 6.8Gb/s 和 12Gb/s 的数据传输率。它比铜线更快，但到目前为止，由于成本更高，所以它主要被用在大型视频设备上，但拍摄现场确实也会用到它。

SDI、双链接、3G、四链接、6G

单通道的串行数字接口数据传输率为 1.485Gb/s，双链路 SDI 的串行数字接口为 2.97Gb/s。对于许多高级应用程序来说，这些都不够快。3G-SDI 速度更快，但为了适应 4K 摄像机和监视器等急需数据的设备，更高的速率标准正在开始使用。4K 通常需要至少 6G-SDI 连接（如表 10.1 所示）。SDI 在电缆上使用 BNC 接口。BNC 是迄今为止在摄像机、监视器和其他设备上使用最广泛的专业接口（如图 10.30 所示）。还有为适应机器上狭小空间的迷你 BNC 接口。

10.13.2 DVI

DVI（数字视觉接口）是基于一种通用格式的视频，该视频被称为 TMDS（最小化传输差分信号，transition-minimized differential signaling）。它主要由三个串行数据通道组成：红色、蓝色和绿色——外加第四个通道，该通道带有一个像素速率时钟（pixel rate clock）作为定时参考，以保持通道同步。每个 DVI 链路本质上是一个数字化的 RGB 信号，支持每种色彩 8 比特。

为了支持不同的分辨率要求，DVI 标准为每个接口提供一或两个视频链接，称为单链路或双链路。单链路 DVI 的最大像素速率为 165MHz，对应于 4.95Gb/s 的数据传输率，对于每个信道深度为 8 比特的 1920 × 1200 和 HDTV 1080p/60 已经足够了。双链路 DVI 处理的像素速率高达 330MHz，分辨率高达 3840 × 2400。

HDMI

HDMI（高清多媒体接口，high definition multi-media interface）是一种消费级的连接，但出于必要，它有时会被不情愿地应用于某些专业场合。它最大的问题是插头，没有锁定装置，很容易被拉出来，甚至掉下来。因此，在拍摄中经常使用摄像机胶带、橡皮筋和夹子来使这种连接更加安全。HDMI 以 10.2Gb/s 的传输速度运行。

HDMI 接口包括 DVI 的 TMDS 视频功能，并将其扩展到携带数字音频和控制信息。它将高清视频、音频和控制功能合并成了一个接口和电缆。最常见的 HDMI 接口是 19 针的 A 类型（如图

图 10.30（上） BNC 接口被广泛应用于视频设备中。

图 10.31（下） HDMI 和迷你 HDMI 接口。

10.31 所示)，它包含一个 TMDS 连接。HDMI 已经经过了几次升级，最新的版本支持每个通道 16 比特，这就是所谓的深色彩（Deep Color）。

DisplayPort

DisplayPort 是一个在信号源和显示器之间的数字接口，它被定位为个人电脑设备制造商的低成本 HDMI 替代品。DisplayPort 使用与 TMDS 不同的数字视频传输方案，因此与 HDMI 和 DVI 不直接兼容。20 针的 DisplayPort 接口，具有类似于 HDMI A 型和 C 型接口的特性，只要设备支持，它可以用来传送 HDMI 信号。例如，如果视频信号源只有 DisplayPort 接口，但它具有容纳 HDMI 信号的功能，则可以使用 DisplayPort 到 HDMI 的适配器将信号源连接到具有 HDMI 接口的显示器上。

DisplayPort 视频和音频信号在四条信道 / 线路上传输，每条信道以 1.62 Gb/s 或 2.7 Gb/s 运行，最高数据传输速率为 10.8Gb/s。

第 11 章

工作流程

workflow

11.1 数字摄影团队

在数字项目的拍摄中，摄影组的人员组成和在胶片拍摄时并没有太大的不同——拍摄数字项目时摄影组需要的人更少的想法基本上是制片人的幻想。这种情况下的摄影组同样由这些人构成：摄影指导、掌机（有时需要）、摄影助理（必然由第一助理和第二助理组成）。

像一个传统的胶片摄影组一样，可能还有一个装片员。在胶片拍摄中，这个人负责将生胶片装入片盒，曝光完成后再由片盒中取出熟胶片，并在一系列过程中维护详细的流程文件。在数字拍摄中，这些是一样的，除了明显不一样的存储介质：SSD（固态硬盘）、紧凑型闪存卡、SxS 卡、RedMag、PhantomMag 等。装载员仍然保持做日志，尽管其表格的形式还没有像在胶片中那样标准化。

尽管 DIT（数字影像工程师）的操作更加独立，他们也是摄影组的一员。根据工作类型、预算和摄影指导的愿望，他们的责任和职责有很大不同。说每一项工作都不同，这只是一种轻描淡写的说法。还有两个额外的岗位，虽然一般只在更大的拍摄工作中出现，可能也要被归入摄影组：数字事务员和摄像机事务员。

11.1.1 装载员

装载员（Loader）是美国电影摄影师协会的官方术语，这一职位有时也会使用其他术语。数字影像工程师马特·艾弗斯克（Matt Efsic）解释说："在过去的六到七年里，在不同的拍摄阶段，我被赋予了不同的头衔（经常涵盖大部分相同的工作）。我的头衔包括数据装载员（Data Loader）、数据牧马人（Data Wrangler）、数字资产管理师（Digital Asset Manager）、数据资产管理师（Data Asset Manager）、数字媒体管理员（Digital Media Manager）、数字媒体工程师（Digital Media Tech）和数字影像工程师（Digital Imaging Tech）。”

“虽然我个人并不反对‘数据牧马人’的头衔，但很多时候高层人士并不能意识到这个职位的全部职责，认为它只是负责‘拖拉’数据。为此，我倾向于避免被这样称呼。”

“如果我只是使用位奇偶校验[①]（bit parity check）和下载日志进行安全下载和备份，根据摄像机报告检查文件，并对摄影指导提供的静态图片进行解析，那么我觉得这些工作可以被数据装载员、数据牧马人或数字媒体工程师的头衔所涵盖。我不以任何方式修改文件，而是将它们置于一个安全、有组织的结构中，用于后期制作和使用工作文件进行工作（和胶片装片员所做的工作类似）。”

“如果我正在对素材进行任何改变[比如改变色温、应摄影指导的要求改变ISO、应用查找表或使用单光号调色（one-light grade），或者要渲染出日报样片以及有可能还要转码]，那么我更喜欢数字影像工程师的头衔，因为我现在是在为影像而工作。”

那么装载员什么时候会被雇用呢？数字影像工程师丹尼·布雷姆（Dane Brehm）总结道：“根据拍摄工作的复杂程度，给数字影像工程师配一个装载员在功能上是很正常的。该装载员可能需要处理数据，也可能不需要处理数据，他更像是一个具有处理数据能力的第三摄影助理。在2 500万美元以上规模的电影拍摄中使用3台、4台、5台或者更多摄像机拍摄而产生了大量数据，安排第二数字影视工程师的职位可能更适合。因此，我的媒体管理员在分类上将是一个数字影像工程师，但需要专门处理媒体管理任务。这是因为装载员通常不具备某些节目所需的网络、编码和脚本技能。这些技能更多是一种经验和知识解决方案，这是高端采集格式所特有的。在某些拍摄中，有时如果我提出带薪资的第二数字影像工程师的职位会遭到制片经理（UPM）的拒绝，所以我必须雇用他们作为摄像机事务员（而不是数字事务员），他们的薪金相当于第一摄影助理。那么，我不能要求其他数字影像工程师因为他们的宝贵技能而承受这样的降薪，因为他们的这些技能对其他工作也是需要的。”

① 位奇偶校验，通常用在数据通信中用来保证数据的有效性。

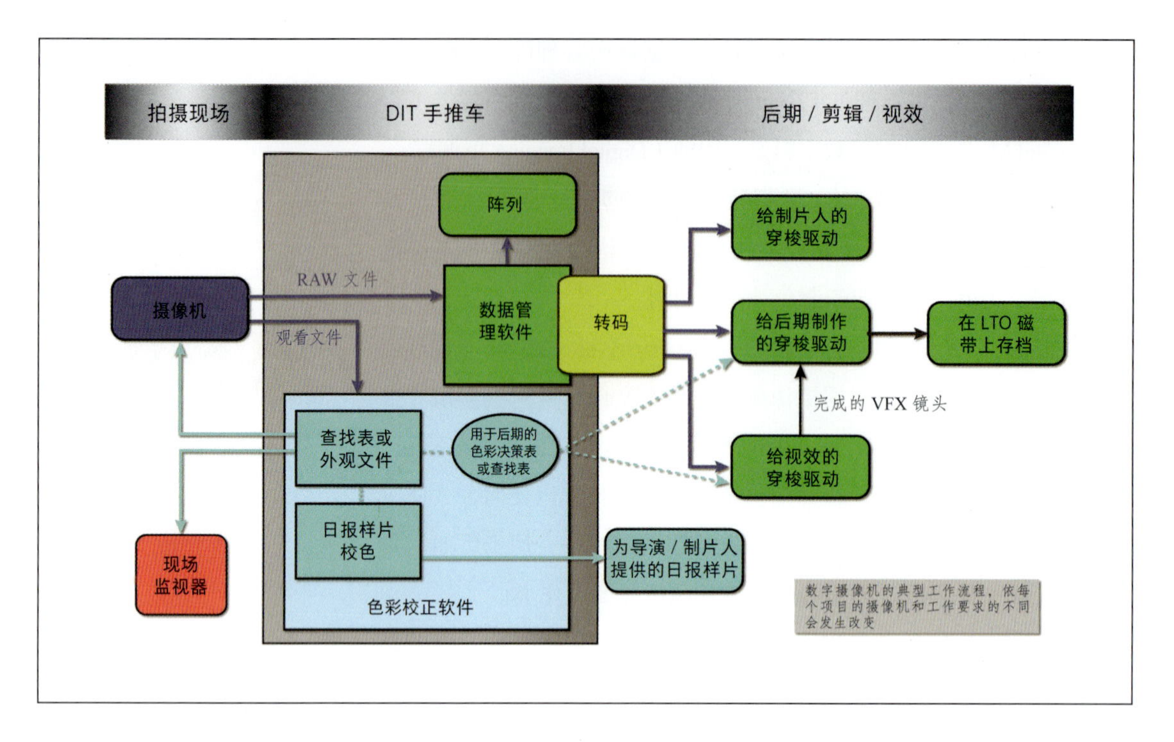

图 11.1 一个由拍摄现场的摄像机，到数字影像工程师手推车，然后再到剪辑和视效的典型的工作流程。这只是一个例子，对于每一项工作、每一种境遇、每一台摄像机可能情况都不尽相同。例如，有些工作可能不需要转码，或者可能是在场外执行。穿梭驱动是硬盘或类似的数字媒介，用于向制片人、剪辑师、视效或安全存储传送视频。

11.1.2 事务员

数字事务员（Digital Utility）就额外的监控、电缆、媒体库存、出租公司需求和数字影像工程师职责相关的文书工作等方面向数字影像工程师提供协助。摄像机事务员（Camera Utility）可以做摄影助理、数字影像工程师、数据管理员所做的除去现场调色外的任何事情。

11.2 数字影像工程师的工作

德国电影摄影师协会（BVK）明确了数字影像工程师的职责内容。显然，每个工作的环境都不同，每个人都有不同的专业和技能，所以这样的清单永远不会是通用的，但这是理解这项工作的一个极好的起点。他们的工作描述如下：

数字影像工程师

个别制作步骤的日益数字化，以及整个影像记录或影像处理过程的数字化，以及制作生产手段和形式的相应变化，对摄影指导的工作产生了不可低估的影响。与此同时，各部门都面临越来越大的

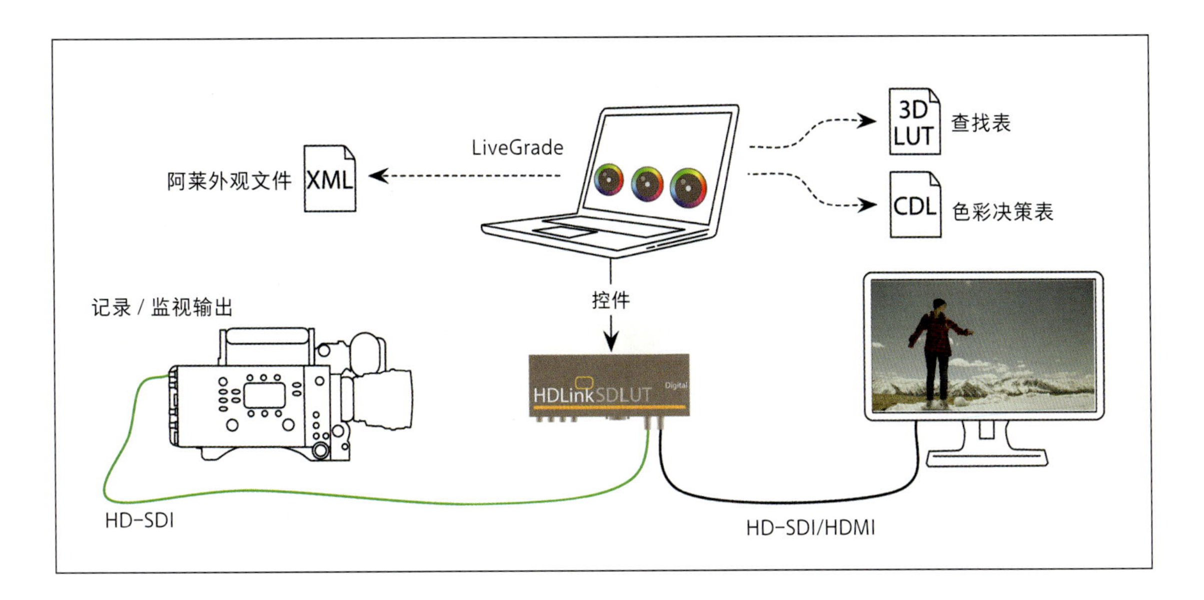

图 11.2 在拍摄现场通过一个HDLink查找表盒，使用Pomfort LiveGrade软件提供经过调整后可观看的视频的框架图。注意，它也可以用来创建应用于爱丽莎摄像机的观看用文件以及查找表和色彩决策表（ASC-CDL）的元数据。（Pomfort 供图）

压力，要求他们更快、更有效地进行生产。

数字拍摄通常需要在摄影部门有一个额外的、适合的专业人员，他接管新的额外任务，并为团队提出建议。如有必要，他可以对已经在现场拍摄的素材进行初步的技术质量检查。这并不能取代后期制作中对画面素材的最终技术控制，但可以极大地提高生产安全性，以确保使用数字式胶片拍摄的最佳技术质量。数字影像工程师是一名独立的专业技术人员和摄影部门的技术顾问。他支持摄影组使用数字摄像机所进行的技术创造性工作。他既工作在前期筹备过程中，也工作在拍摄过程中，并且可以作为拍摄现场和后期公司之间沟通的桥梁。（如图 11.1、图 11.2 所示）

11.2.1 数字影像工程师所具备的知识和技能

- 胶片和电视制作的相关知识，理解两种不同生产方式及其后期技术之间可能存在的不同；
- 广泛了解常用的摄像机、存储媒介及其各自的可能性和局限性；
- 关于照明、光学和滤镜、色彩理论和技术以及创造性的用光和曝光的基本知识。
- 深入了解视频和数字技术，以及在实际应用中使用的测量技术，如示波器、矢量仪、直方图等；
- 对计算机和相关附件的使用有很好的了解，例如能够评估用

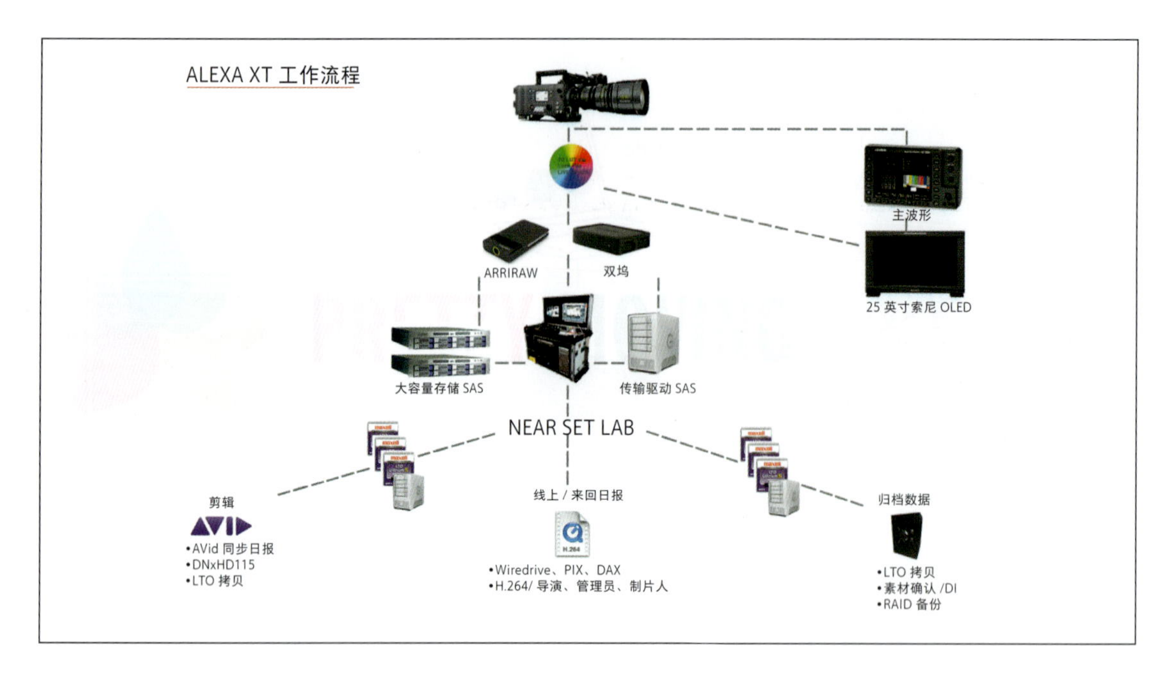

图 11.3 一个由 Pretty Moving Pictures 的数字影像工程师丹尼·布雷姆设计的工作流程图。它是为一个大电影工作的 Alexa XT 摄像机从拍摄到数据存档之间的所有过程的流程图。请注意图中的"Near Set Lab"（近片场后期制作）不是数字影像工程师手推车，它实际上是第二数字影像工程师 / 媒体管理员 / 日报样片调色师进行数据 / 录入 / 日报 / 可交付文件 / 质量检查 /LTO 储存带工作的手推车。丹尼更喜欢把他的 DIT 手推车靠近摄像机，实时监控图像，直接与摄影指导和摄影助理一起工作，并经常对图像进行实时校色。丹尼还使用类似装载员使用的手推车，不过它更小一些，并被指定为一个数据提取 / 数据擦除站，在那里（一旦 LTO 磁带被检验）原始存储媒介会被清除干净。他指出，对于 Red 或佳能的素材来说，这个工作流程基本上是一样的。（Pretty Moving Pictures 的丹尼·布雷姆供图）

于影像记录的不同存储介质的数据安全性，或者能够对摄像机进行特定的调整；

- 对后期制作的可能性和工作流程有基本的了解，如色彩校正和转胶。

11.2.2 职责和行动——准备工作

- 就生产系统的选择向摄影指导提供建议；
- 规划工作流程（如图 11.3、图 11.4 所示）；
- 测试摄影指导的视觉理念在拍摄和后期制作中的可行性；
- 与第一摄影助理和后期制作人员一起对设备进行深入的测试和准备；
- 如有需要，对设备进行校准和外观管理；
- 如有需要，可与后期协商，对数据结构 / 数据管理进行微调；
- 与第一摄影助理合作装配和选择设备；
- 执行和在必要时纠正设备的设置，控制技术功能，例如，在与多台摄像机配合时进行调整（使其匹配）；
- 与第一摄影助理协商，规划和组织设备。

11.2.3 拍摄过程中

数字影像工程师支持摄影指导使用适当的技术选项呈现所需的

画面特征。

- 在拍摄现场进行第一次技术检查（数字门检查）；
- 负责在拍摄和数据存储期间，在困难情况（例如高反差）拍摄期间或在使用色度键（蓝/绿屏抠像）时维护技术工作流程；
- 如果需要数据存储，在现场进行数据管理并检查样片；
- 特殊设备的操作，比如录像机；
- 与第一摄影助理密切合作，例如控制焦点和曝光，以及与其他部门（如声音部门）的合作；
- 尽可能修复小的技术缺陷；
- 与第一摄影助理/视频操作员合作，建立和调整设备的设置（视频村、测量技术、监控、录制）；

图 11.4 由数字影像工程师丹尼·布雷姆为一部故事片的拍摄而设计的另一种工作流程。注意查找表盒，它把影像发送给拍摄现场的监视器时使用了经过选择的“外观”应用。这个工作流程还包括一个色彩决策表（ASC-CDL），这样摄影指导的选择就可以通过流程传递到后期。这一过程还包括 H.264 日报样片和把归档文件运往保险库——通常是保险公司的一项要求。（Pretty Moving Pictures 的丹尼·布雷姆供图）

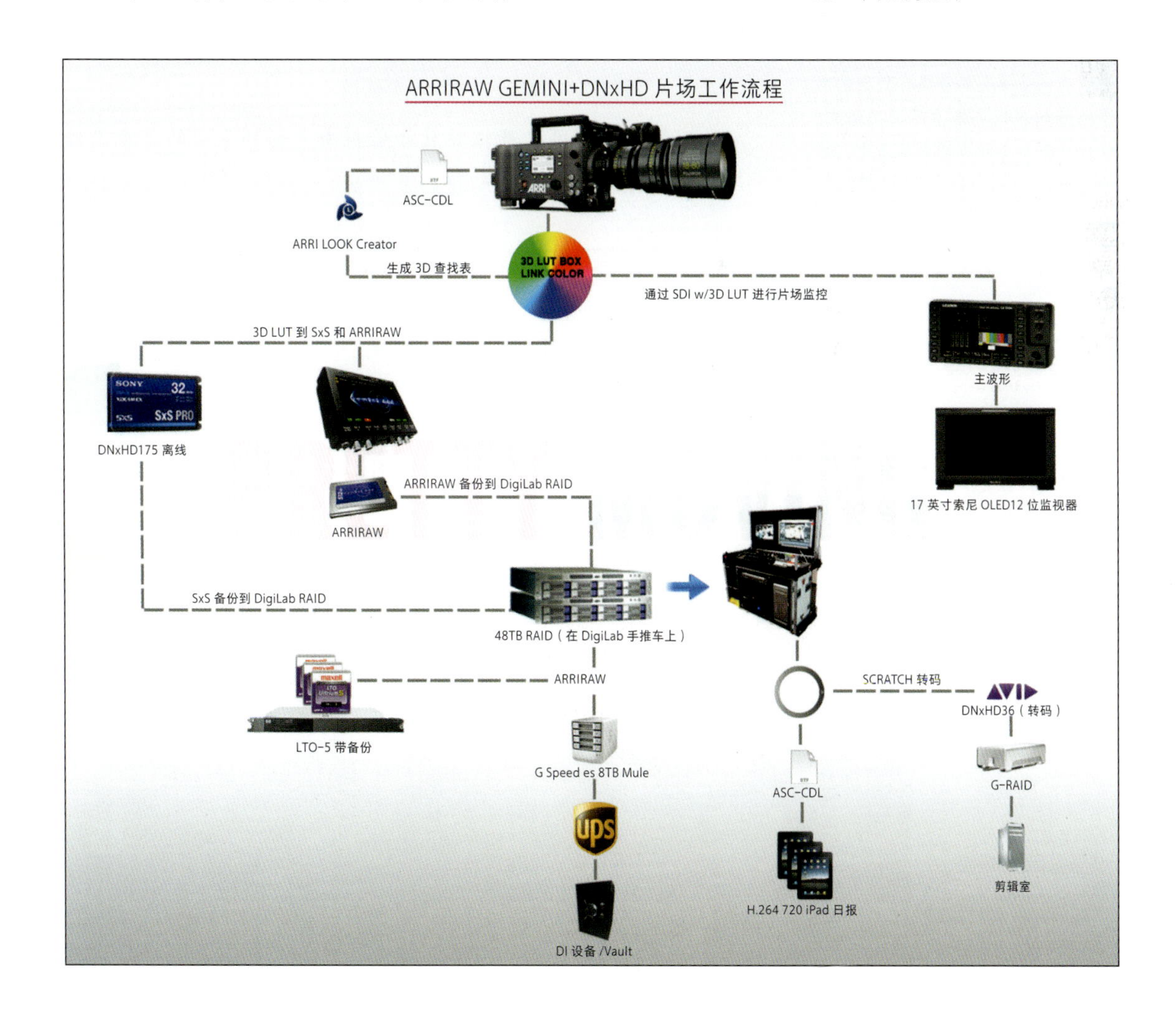

- 更改记录参数以优化所需的影像特性。

11.2.4 后期制作过程中

- 如果需要，使用适当的设备对后期制作设备上的影像素材进行技术 / 视觉检查；
- 如有需要，与后期协商，准备制作日报 / 工作样片或工作副本或类似文件；
- 设备物流，如将所录制的素材移交给后期制作、数据存储、数据传输等；
- 与第一摄影助理合作归还设备。

11.2.5 在美国

以下是来自美国摄像机联盟 IA Local 600 Camera Guild 的一些协议内容，涉及数字影像工程师、摄影师和摄影助理：

- 数字影像工程师：应该设置和监控由开始到最后的整个工作流程，以确保由最初拍摄到最终的后期制作处理过程中的影

图 11.5 Pomfort LiveGrade 软件在色彩决策表（ASC-CDL）模式下的主界面。LiveGrade 是一个被广泛使用的工具，用于拍摄现场的查找表创建和管理，也用于色彩决策表（ASC-CDL）的创建，如本图所示。它不仅包括创建查找表的控件，还包括多个设备控件。还请注意最右侧的下方，软件是如何可能更改执行顺序的，在这个环节中查找表被应用。这是一项重要的功能，应用查找表的位置与其他操作之间的顺序的不同可以创建出不同的结果。软件还记录查找表活动的历史，并输出报告。（Pomfort 公司供图）

像的完整性；

- 负责所有摄像机内的记录、数字音频采集、同步和时码处理，并了解它们是如何整合到数字采集格式和后期制作环境中的；
- 负责数字摄像机的订购、准备、安装、操作、故障排除和维护（监督摄像机助理和事务员），负责示波器、下变换器（高清到其他格式）、监视器、电缆、数字记录设备、终端设备、驱动软件和其他相关设备；
- 对摄像机进行更进一步的调色 / 阴影处理，包括操作传统的视频控制器；负责配光，包括但不限于调整、平衡、记录和设定时间，匹配电子对比度、亮度、质量和边缘清晰度；摄像机的匹配，匹配每台摄像机和监视器的色彩一致性（RGB）和曝光（光圈）、密度（主黑）、电子色彩平衡（色度、色调和饱和度），从总体上匹配摄像机信号输入和视频控制器（VCU），并用示波器和矢量仪进行检查；
- 对图像的技术可接受性行使监督责任。

11.2.6 底 线

数字影像工程师的准确角色定位会因制作项目的不同和摄影指导的不同而改变，或者甚至根据工作流程的要求，每天都会发生一些变化。正如任何在电影拍摄现场工作了几年的人都会告诉你的，没有哪两个拍摄日是完全一样的。

正如上面的引用所提示的，数字影像工程师的工作范围可以从全程仅是一个数据管理员到与摄影组在设置摄像机、拍摄、监视画面外观和信号等各方面密切合作（数字影像工程师几乎总是会有一个更好的监视器和更好的观看条件，以及更好的示波器 / 矢量仪）。为特定的情况甚至特定的场景创建查找表，创建日报，以及对素材进行质量检查也是他们的重要工作。除此之外，数字影像工程师通常被认为是拍摄现场所有数字方面事情的“权威”。虽然这可能不是对他们工作描述的一个正式部分，但许多摄影指导和摄影助理都希望，如果自己不确定特定的摄像机操作（例如加载查找表）或针对拍摄文件的最佳实践工作流程，那么数字影像工程师应该知道有

图 11.6（左） 一个内置于牧马人中的 Qio 读卡器。（1 Beyond 供图）

图 11.7（右） 1 Beyond 生产的牧马人，一个高度独立的便携式数字影像工程师工作站。红色墨盒是用于存档的 LTO 磁带。（1 Beyond 供图）

关数字工作流程、设置、文件和针对摄像机输出数据以及如何正确处理它们的程序的任何问题的正确答案。数字影像工程师与摄影组密切合作，这也是制片人希望的针对丢失、毁坏或损坏数据文件风险的最好的、最保险的工作方式，因为数据文件是重中之重，是所有项目投资风险抵押的所在。

底线是，你可以选择学习如何将文件复制到硬盘驱动器并称自己为数字影像工程师，或者你可以吸收有关数字信号、数字影像、数字色彩、文件结构、查找表、文件类型等的全部知识。一开始看起来很有压力，但最终你会发现这也不是火箭手术。对三个字母缩略词（如 DIT）的良好记忆也很重要。

丹尼·布雷姆在大型演播室室内剧和广告拍摄中担任数字影像工程师和工作流程顾问，他是这样描述这份工作的：

- 设计出由摄像机拍摄到最终的“素材确认”（conform）的整个工作流程；
- 预计整个项目的存储需求（母版 + 拷贝），一直要包括到最终的“素材确认”过程，分析成本以达到预期效果；
- 确保为摄影指导、灯光师、导演、视觉效果总监、造型师所做出的创作选择提供没有疑问的监看画面；
- 根据摄影指导和导演的创作意图帮助达成合适的曝光；
- 创建查找表或利用 LiveGrade 软件处理素材（如图 11.2、图 11.5 所示），然后传送给后期；

- 管理数据（声音、摄像机、剧本、元数据和镜头数据）；
- 在拍摄现场监督技术问题，并与摄影助理、数字洗印（digilab）、剪辑部门、运输部门（transpo）、置景部门（production）、后期部门进行协调；
- 为剪辑创建转码日报（两个人的工作量）；
- 在拍摄现场创建项目的经过验证的 LTO 备份；
- 成为 iPad/iPhone/Android/Blackberry 的充电站，这些设备可能属于摄影组 / 服化组 / 道具组的各种人员，甚至可以是剧组的任何人。这是结交朋友的好方法。

“素材确认”也是一个重要的过程，在此过程中应确认被剪辑的素材和原始素材相一致。丹尼还提到了运输部门，为什么数字影像工程师会和运输部门有关系？因为硬盘和 LTO 磁带需要被交付，这是运输部门控制的领域。

11.2.7　独自工作的数字影像工程师

通常，数字影像工程师独自工作，既处理数据提取（将文件下载到硬盘驱动器并且做好备份，如图 11.6、图 11.7 所示），也处理外观管理：查找表和外观文件、日报样片的色彩校正、色彩和曝光范围的监视，等等。第三个方面——转码，这可能是数字影像工程师所做的事情，也可能是在场外进行的，也许是由分包商或后期制作机构完成的。因为有很多不同的任务要处理，所以对数字影像工程师而言，时间管理和多任务处理的技巧是必不可少的。

11.2.8　独自工作的装载员

一些投资规模较小的制作只需要下载数据并进行备份。在这种情况下，装载员 / 媒体管理员可能会独自工作，甚至可能由第二或第三摄影助理来处理这些任务，尽管这样做总是有危险的——任何时候，如果在拍摄现场有人试图身兼双职，这总是存在风险的，要么其中一个工作会做得不好，要么两个工作都做不好。

11.2.9 数字影像工程师 / 装载员团队或者两个数字影像工程师一起工作

这通常是针对大投资的制作项目，特别是在涉及多机拍摄的情况下，或者当拍摄高速、3D 或其他类型的会产生大量数据的制作项目的情况下。他们如何一起工作，他们之间的分工怎样，这里面总是有产生混淆的危险，需要有一定的保障措施，以防止某些东西被漏掉。

11.3 和摄影指导一起工作

数字影像工程师通常是摄影指导的第二双眼睛。这意味着他要么实时监控摄像机上的反馈，要么检查素材去观察切割、噪波或其他曝光问题。此外，数字影像工程师还可能会被期望对软焦点和其他问题保持警惕，这些问题在较小的显示器上并不明显，还因为拍摄现场的观看条件往往不太理想。

当然，数字影像工程师如何与摄影指导合作，这完全要看摄影指导的要求。有些摄影师希望得到数字影像工程师的密切合作和持续的反馈；有些摄影师希望少一些或不需要——每个团队都不一样，每一份工作都不同。纽约的数字影像工程师本 · 施瓦茨（Ben Schwartz）这样说："特别是在广告领域，在我的大部分作品中，数字影像工程师经常代替摄影指导，得到有时只有摄影师才有的最佳机会，把他的视觉观念强加于画面的最终色彩之上。通过使用诸如 LiveGrade、Scratch Lab 和达芬奇 Resolve 这样的软件，数字影像工程师创建查找表、分级（graded）静态图片和经过色彩校正的离线材料，然后传递给后期制作。许多摄影指导——无论是由于酬金上还是时间上的原因——都没有机会出现在最终的数字中间片（DI）的色彩校正中，所以至少花几分钟时间和数字影像工程师一起来处理色彩问题，对所有方面都有好处。在不侵犯作者影像控制权的情况下，我认为在色彩、曝光和摄影机设置方面数字影像工程师可以向摄影指导提供许多的建议。我希望有更多的摄影指导能好好地利用这一点。"

摄影组的任何成员都会告诉你，人际关系对于有收获地度过每一天和获得下一份工作至关重要。数字影像工程师处于一个特别微妙的位置，因为他们能够对图像进行评论和更改。显然，有很多机会踩错脚趾头，特别是摄影指导的脚趾头。就像电影拍摄现场的任何事情一样，交流手段是最最重要的。数字影像工程师本·凯恩（Ben Cain）提供了这样的建议，“如果摄影指导的曝光存在问题，或者他们更偏爱的画面在技术上有问题，最好的方法是客观地向他们展示问题，并提供解决方案作为一种选择。比如你可以说：‘您的这个镜头的光线较暗的区域或者人脸的辅光面存在大量噪波，如果您觉得这样没有问题，那很好。如果您也感觉有问题，我们可以这样来做调整。’此时，你就可以使用可用的工具来为摄影指导提供最佳的解决方案。”

11.3.1 现场监测和现场分级

很多时候，数字影像工程师在拍摄现场是在摄像机旁边工作的，这样方便于对信号进行实时监控。这意味着摄像机监控输出会直接发送到数字影像工程师的手推车上，在高质量的监视器、示波器和矢量仪上可以持续看到被监视的画面。根据摄影指导和摄影组工作人员的意愿，数字影像工程师可能会或可能不会立即就曝光、切割、噪波、色彩甚至焦点问题给出反馈。在某些情况下，他们通过对讲机进行交流，而在其他情况下，只需在谈话结束后轻声地说一句。

现场分级（校色）意味着数字影像工程师需要在白天拍摄时就对画面的外观进行调整，这样摄影指导和导演就可以了解到各方面是如何一起工作的。如前所述，为此会经常使用如 Pomfort LiveGrade、Scratch Lab、达芬奇 Resolve、Link Color 和 ColorFront 这样的现场调色应用软件，尽管显然也可以使用其他调色应用软件。有些应用软件，像 ColorFront，可以将日报输出到 iPad 上，提供给摄影指导，摄影指导可以进行更改，并将其发送回数字影像工程师手中再做进一步调整。

11.3.2 和摄影组一起工作

数字影像工程师将如何与摄影组一起工作，应该在一天的拍摄开始前事先确定并把合作的流程制定出来。

本·凯恩采取了这种方法："作为摄影部门的成员，对自己最好的定位是：成为团队中的一名积极分子，并在任何自己能做到的地方提供帮助。在我的经验中，许多跟焦员喜欢有第二组眼睛关注他们的焦点。他们的工作是片场最有挑战的工作之一，哪怕他们使用了现代化的工具。有时判断焦点对他们来说是非常困难的。在拍摄过程中，当焦点员需要时，数字影像工程师通过无线电（对讲机）传送给他们的一个小小的提示往往会让跟焦员的跟焦工作变得完美无瑕。"

"数字化的一切都是实时的——实时的色彩校正、实时焦点和操作、实时反馈。对每个人来说，这都是一个让自己正确工作的机会，但它需要一组客观的眼睛去仔细检查正在拍摄着的镜头。有些摄影指导非常关心这个问题，而另一些则不同，他们在很大程度上依赖于他们的数字影像工程师来帮助他们管理部门和发现错误。"

11.4 会 议

为了使项目顺利进行，生产前的计划是必不可少的。这不仅是为了避免延误和错误，还是一个重要的方面，以保证按计划和预算完成工作。有些人错误地认为："我们已经得到了拍摄素材，并且备份了它——现在可能会出什么问题？"答案是在任何项目的拍摄后阶段，很多事情都有可能出错。

到目前为止，人们已经使用计算机处理事务许多年了，文件命名约定往往是第二天性，其最重要的方面是一致性。提前制定出你的文件/文件夹的命名方式并坚持贯彻它——通常这取决于剪辑师对素材中的镜头如何称呼。就像总是提到的，与后期制作主管、剪辑师、视效工作室、摄影指导、第一摄影助理以及其他参与数字工作流程的人交谈是至关重要的。毫无疑问，对于一个长时间的项目（比如一个故事片），最好的流程是让所有这些人在同一个房间里待上一个小时左右，包括导演和制片人。这可能是不方便的，但其好处是，它可能会节省数千美元的成本，并可能避免在生产流程中造成高昂代价的延误——大多数制片商在出现问题的晚期才会注意到这一点。在商业广告和短片等较小的项目中，更常见的形式是那些关键人物通过电话或电子邮件进行交流。

11.5 数字影像工程师工作流程

就像电影制作中的每件事一样，数字影像工程师的责任和义务也会因项目、摄影指导、后期制作的要求等而有很大的不同。其工作流程也是如此。所有这一切都是为什么会议如此重要的原因——在拍摄开始之前，文件命名约定、转码日报、查找表和驱动器标签等问题都必须要提前解决。因此，从最简单的文件管理到与摄影指导商议画面外观、准备查找表、摄像机整备（跟摄影助理一起）、监测信号和其他更高端的任务，数字影像工程师的实际职责将有很大不同。

11.5.1 简单的数据工作流程

让我们从最简单的例子开始。

（1）机器上的素材存储媒介被从摄像机上传送过来；

（2）数字影像工程师或装载员下载媒体文件，并备份到至少两个单独的硬盘驱动器或阵列上——最好是三个；

（3）在确保所有记录和下载都正确后，抹掉存储介质中的素材；

（4）存储媒介被送回拍摄现场，准备提供给摄像机使用；

（5）保存所有操作的详细的媒体日志。

11.5.2 更高级的工作流程

现在有一个稍微高级一些的工作流程：

（1）机器上的素材存储媒介被从摄像机上传送过来；

（2）下载并备份；

（3）在确保所有记录和下载都正确后，抹掉存储介质中的素材；

（4）如果有要求，准备摄像机用以观看的查找表，或应用提前开发好的、用以在现场预览和制作日报样片的查找表；

（5）可以为日报样片做稍微高级的色彩校正；

（6）存储媒介送回拍摄现场准备被格式化；

（7）为日报样片做文件转码；

（8）保存所有操作的详细的媒体日志。

11.6 与其他部门的沟通

使用摄像机工作存在很大的变数，这不仅取决于生产的需要，而且取决于所涉及的人员的培训和他们拥有的知识，以及由预算决定的可使用的设备 / 软件。请记住，虽然一个特定的数字影像工程师可能拥有任何可能情况下的所有设备和软件，但他们没有必要把这些东西拿去为现场所有部门提供服务。这只是生意——数字影像工程师在设备和软件方面进行了大量投资，如果指望他们提供一切而不给予适当的补偿，那将是不公平的。当然，这也是专业的数字影像工程师和“带笔记本电脑的私人助理”的区别所在。有时（从制片人的角度来看），有笔记本电脑的私人助理就足够了，值得冒这个险。然而，想想创造这段视频素材的时间、金钱和精力，然后想一想，鼠标一击就有可能在瞬间摧毁它的每一部分。

第一和第二摄影助理在三脚架或轨道车上对摄像机及其附件进行物理装配，但当涉及设置摄像机上的变量——快门速度、感光度、白平衡和最重要的所有外观文件或查找表时——数字影像工程师可能会间接或直接地参与进来。在任何情况下，当摄像机出现问题时，数字影像工程师都被期望知道该做什么。

11.7 监视输出

有些摄像机除了输出未经处理的视频外，还可提供监视输出。索尼 F55 有超过 4 路 HD-SDI 的 4K 输出；佳能 C500 有几个 4K 记录选项的 4K 输出；Phantom Flex 4K 有超过 2 路 3G-SDI 的 4K 输出。有些索尼摄像机也包括一个 MLUT 选项，这是它们的监看查找表。一些安装在摄像机上的监视器也支持查找表，这意味着掌机员或摄影助理可以在拍摄现场获得更适合他们的显示器。

11.8 可交付物

传统上，在电影世界中，术语“可交付物”指的是合同上规定的一组胶片、视频和音频元素，它们是提交给客户、发行商或广播公司的。通常情况下，应付款被全部或部分地扣留，直到这些要素已经交付并且通过了质量检查（QCed）。在本书所叙述的范围中，我们将使用“可交付物”的术语来表示需要传递到工作流程的下一步的元素（通常是数字文件）。因为我们聚焦于制作过程中在拍摄现场使用数字视频 / 音频文件所做的工作，我们将讨论为发送给剪辑师、视效人员、制片人所需准备的元素以及给导演观看的日报样片。保险公司可能会增加额外的要求，其可以要求额外的检查和备份。

11.8.1 转 码

转码当然就是将文件转换成另一种格式，既用于剪辑，也用于日报样片。这是最后一个可以成为争论点的工作，原因很简单，转码可以是一个很耗时的过程。有些数字影像工程师要为此额外收费，而且有些制作项目的转码工作会外包给一个拥有更快硬件的机构。也许在处理器慢吞吞地工作几个小时的时候，不需要加班是更重要的。当然，针对这种处理的硬件正在持续改进，最明显的例子是 Red Rocket 或 Red Rocket-X 卡，它大大加快了 Red 摄像机 RAW 文件的处理速度。

在现场还是不在现场？

由于时间原因，许多制片公司都求助于外部公司（如分包商或后期公司）进行转码。在现实中，让一名高技能的工作人员在拍摄现场的设备后面待上几个小时，而电脑在例行公事地运行，这是毫无意义的。一切都归结到时间因素——导演或制片人需要立即转码文件吗？在它们被送到后期制作之前是否有空余时间？广告、故事片、音乐视频和纪录片的时间框架和工作流程将有很大的不同。Codex Vault（如图 11.8 所示）是一个解决方案，因为在很大程度上，其对日报和需要传送的文件的编码转换是自动化的。它的模块还包括用于长期存档和存储的 LTO 记录。

洛杉矶的数字影像工作室以爱丽莎为例提供了这样的观点：“尽管爱丽莎可以用 Codex 机载记录装备记录苹果 ProRes 4444 和 ArriRAW，但许多剪辑设施要求较小的离线文件，这样其系统就不至于慢下来。在拍摄现场创建你自己的日报样片可以节省成本，并允许对你的影像进行更大的控制。

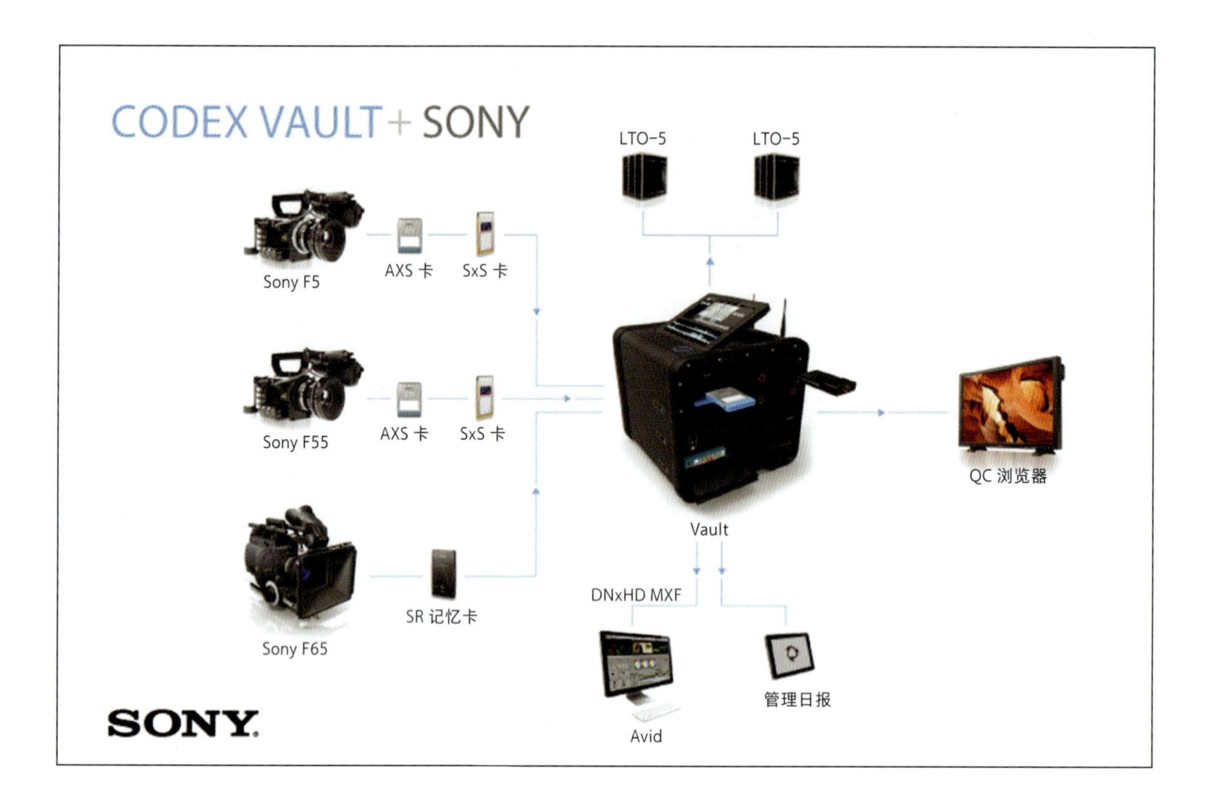

图 11.8 针对索尼摄像机，由拍摄到日报样片、剪辑以及 LTO 磁带存档的 Codex Vault 工作流程。Red、索尼、佳能和其他摄像机的工作流程是相似的。（Codex 和索尼供图）

- 与典型的单光号日报样片相比，节省了时间；
- 与典型的单光号日报样片相比，节省了成本；
- 可以租用更少的索尼 SxS 卡；
- 预览素材更快，可以知道你得到了什么样的镜头；
- 传达你渴望得到的画面外观给后期和视效。”

多路输出

幸运的是，许多软件应用程序能够同时转换多个输出数据流，这取决于当时运行的计算机处理器的功率和数量。Codex Vault 可以同时生成不同类型的文件。

11.8.2 日报样片

日报样片是电影中的一个古老传统。在胶片拍摄中，通常意味着曝光的负片是在午夜前被送出的。第二天（在理想的情况下），印好的日报样片已经准备好进行放映了。随着时间的推移，这种方式转变为把原来的负片转成视频和磁带、DVD 或数字文件，用来充当日报样片。你可能看到过这样的场景，雪茄高管们坐在放映室里评论演员、导演、情节时说："我真的看过比这更好的电影！"这是对日报样片的需求的一部分，但并非主要原因。主要的需求是对拍摄中的基本技术问题进行仔细检查：片盒有划片[①]吗？某些特定的镜头是否对不上焦[②]？摄影机有溜片（mis-registered）[③]现象吗？等等。事实上，一条旧的生产规则是，在对日报样片进行审查之前，在拍摄现场搭建的一系列布景不能拆除或破坏，以防看过样片后发现有技术问题需要重拍。

① 片盒中进入灰尘或者其他较坚硬的微粒，这些微粒附着在胶片上，使胶片在运行过程中产生划痕。

② 由于长期使用或者运输过程的振荡等因素造成镜头的后焦（法兰）松动，从而使镜头无法准确对焦。

③ 胶片摄影机在拍摄过程中依靠抓片爪下拉胶片，依靠定位针使要曝光的胶片画格在曝光时间内保持稳定，当定位针的这一功能发生故障时，曝光的画格会由于不稳定而导致画面上的影像像被拖出了尾巴一样，这种现象称作溜片。杜可风在《东邪西毒》中恰是利用了溜片原理，故意使定位针发生故障，从而制造了特别的影像风格。

由于现在实际上对素材的检查几乎是即时的，所以对技术审查的需要是可以在拍摄现场来处理的（主要是在数字影像工程师的手推车上）。从创作的角度来说，许多导演之所以需要日报样片，是因为他们每天晚上可以审看它们。这些文件通常被转换成 H.264 格式，可以在 iPad 或笔记本电脑上查看。数字影像工程师可能会被要求生成这些文件，或者在某些情况下，它们可能被外包到一家非现场的制作公司。如果他们是在拍摄现场完成这项工作，这可能会导致收工后其他剧组人员已经回家了，而数字影像工程师还需要继续工作非常长时间。这就是为什么有一种倾向，让这项工作在场外完成，或以其他方式，不让收工后很长时间数字影像工程师还一个人坐在片场。可以参阅"数字影像工程师手推车"一章中的另一解决方案——数字影像工程师本·霍普金斯把他的电脑放在货车里，这样晚上把车停在他的车库里时，它们还可以继续转码。唯一的缺点是，如果拍摄结束的话，第二天可能仍然需要把日报样片交给制片人，但这可以很容易地通过送信人或从制片办公室派来的私人助理来完成。

11.9 用于后期和视效工作的文件

你需要提供哪些文件给后期呢？无论他们要什么。这就是在生产前所进行的会议交流的要点——确保生产中的每个人都理解下一阶段的生产过程所需要的东西。对于在拍摄现场的数字影像工程师而言，这意味着需要了解剪辑师需要什么样的文件，以及视效部门可能需要什么。

作为一种额外的麻烦，有时制作项目的保险公司也会有具体的要求。这不仅关系到保险公司需要什么样类型的文件：RAW、

图 11.9（上） Arri Look Creator 显示了爱丽莎拍摄的一个 LogC 文件。

图 11.10（中） 在同样的镜头上使用了 Rec.709 查找表。

图 11.11（下） Arri Look Creator 中的一个单独的界面，可以创建并输出色彩决策表（ASC-CDL）文件，本例中是一个比较暖调的外观。

ProRes、DNxHD、日志或任何东西；重要的是还需知道保险公司是否需要把它们放在特定的容器格式（QuickTime、MXF 等）中，以及保险公司可以处理哪种类型的存储媒介。一个例子：雷电接口在拍摄现场有巨大的作用，所以确保后期可以处理有雷电接口的硬

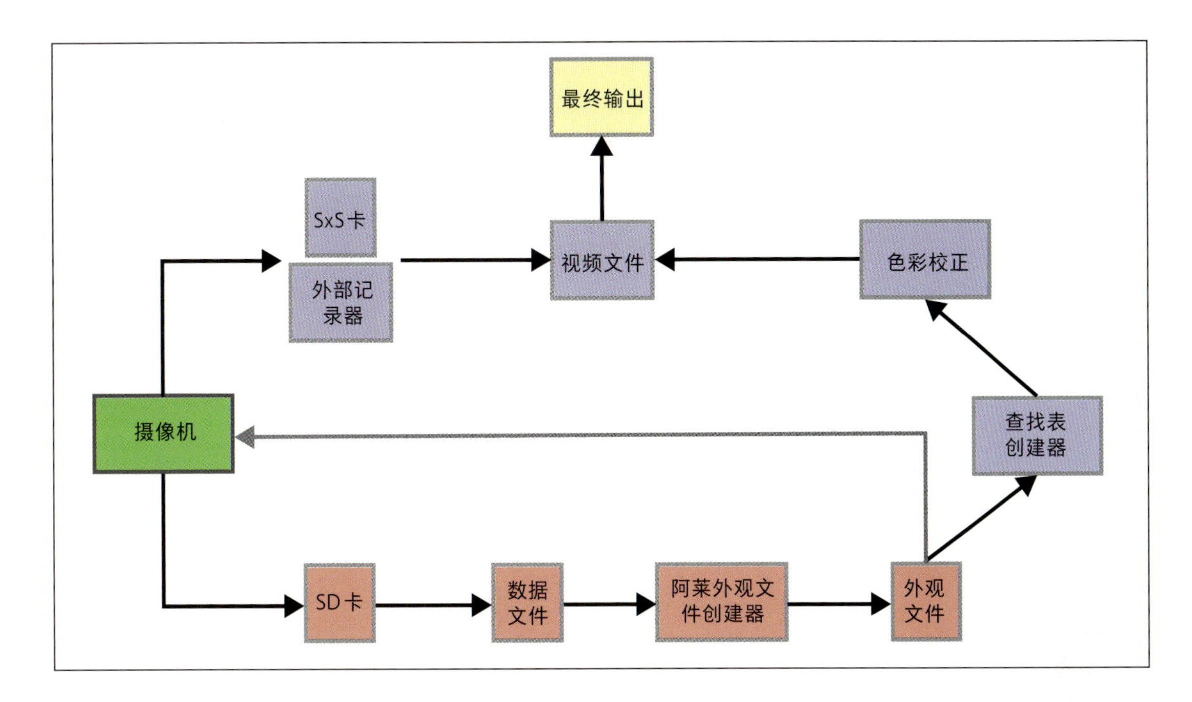

图 11.12　针对创建阿莱外观文件（用于摄像机）和查找表的工作流程。虽然查找表可以用多种方式来创建，但是这个特定的方法是基于从摄像机抓取的文件（静帧）来创建它们的。

盘是很重要的。这同样适用于任何其他接口和文件格式。

11.10　不同摄像机的专有工作流程

主要的摄像机制造公司从一开始就意识到数字影像制作不仅仅是硬件问题。他们一直非常积极地开发软件，以配合其硬件，并考虑了从他们的摄像机输出数据后的整个工作流程。在某些情况下，使用针对摄像机开发的软件会使工作变得更容易。而且幸运的是，这些软件在大多数情况下是可以免费下载的。

11.10.1　爱丽莎

如果你想让摄像机生成和使用它们的外观文件，那么对于爱丽莎来说工作流程就会稍微复杂一些。爱丽莎可以把 QuickTime ProRes 1080p 文件记录在内部的 SxS 卡上，而把未压缩的 ArriRAW（和其他格式）或高清格式文件记录到外部记录器上。它也可以输出 1920 × 1080 的高清信号（使用了或没有使用用户外观文件）给监视器。图 11.9 至图 11.12 显示了其中所包含的步骤顺序。

阿莱公司对于工作流程提出了这样的思路，“数字影像工程师在使用爱丽莎时需要对摄像机的工作知识有熟练掌握：任务——

通过各种可获得的选项确保正确的监控。他们必须知道导航，为记录、监视、电子寻像器等设置各种伽马选项。在拍摄现场‘驾驭着数据’的数字影像工程师要确保摄影指导或掌机员有足够的存储空间（例如 SxS 卡），并且要确保数据被正确地备份和验证，特别是当你通过有限数量的 SxS 卡周转时。另外，还需要准备日报样片，等等。”

“以一个基本的频率对摄影机的设置进行额外的检查也是很好的。例如，如果你进入爱丽莎的高速模式，并希望以每秒 120 帧来记录，那你就不能记录 4 : 4 : 4 的信号，而是要记录 4 : 2 : 2 的信号。但是，如果你把帧频降低到每秒 60 帧，你就可以记录 4 : 4 : 4 的信号（供你使用的是新的 64GB 的 SxS 卡）。有人可能会意外地改变设置或没有意识到 SxS 卡上记录的是 Rec.709 信号而非 LogC 信号，或者曝光指数放在了 1 200 而不是 800，由一种设置到另一种设置进行调整时，往往会出现这种忘记调整回来的情况。”

11.10.2　Red

当引入新的摄像机文件格式时，它们往往会经历类似的循环——一开始，需要通过转码甚至是借助于特殊的软件才能使这些文件在色彩校正和剪辑应用程序中被使用，然后要为这些应用程序开发插件，直到各种软件包都能天然地、毫无问题地接受这些文件。许多剪辑和色彩校正软件可以天然地接受 Red 文件，但是 Red 也提供了 RedCine-X Pro（如图 11.13 所示），这是它自己的专有软件；像大多数摄像机制造公司的这种类型的软件一样，它是可以在网上免费获取的。它是一个了不起的应用软件，可以执行数据提取、色彩校正和一些范围很广的控制，当然，包括对 RAW 文件进行去拜耳处理的选项：ISO、色彩空间、伽马空间和色温。它最聪明和最有用的特性之一是，当你在画面上移动光标时，波形显示上会出现一个小点，这样你就可以很容易地看到画面的哪一部分对应在波形标尺范围的哪个位置。

11.10.3　佳　能

佳能的电影级摄像机的工作流程相当简单，但是在某些情况下 .rmf（原始媒体格式）文件可能需要转码。和 ArriRAW 以及

图 11.13 RedCine-X Pro 为 Red 摄像机拍摄的素材提供了一套完整的影像控制工具。

CinemaDNG 一样，它们是把每个镜头中的图像堆栈在一个文件夹中。和大多数摄像机制造商一样，其也有非常适合自己文件的专有软件。对于佳能，这个软件是 Cinema RAW Development（如图 11.14 所示）。它可以根据需要转码并导出 DPX、OpenEXR 和 ProRes 文件。佳能公司还为 Final Cut X 和 Avid 提供了插件。

11.10.4 索　尼

索尼的高端摄像机都有类似的工作流程，尽管它们输出的文件略有不同（如图 11.15 所示）。F65 可以拍摄 16 比特的线性 RAW、S-Log2、S-Log3、伽马或 Rec.709 文件，并且可以输出从 16 比特到 10 比特的几种不同口味的 RAW 或 SR-HQ 高清格式。索尼表示，“F65 的 16 比特线性 RAW 捕获是进入 16 比特线性 ACES 工作流程的理想切入点”。F55/F5 可以输出 XAVC 4K、SR 文件、XAVC 2K 高清或 MPEG-2 高清，并且也有 RAW、S-Log2、S-Log3 和 Rec.709 选项。图 11.8 显示了一个典型的工作流程——为了便于在剪辑系统中使用，摄像机文件被转换为 ProRes 或 DNxHD 格式的日报文件。然后通过 XML 和 AAF 文件对原始文件进行重新连接，调色（分级）将最终应用于原始文件上。

11.10.5 松下 P2

松下有 P2 CMS（内容管理系统，content management system），通过 AVC-Intra 编码（见“编码和格式”一章）的 P2 MXF 文件来应用。松下建议不要使用计算机操作系统从 P2 卡传送文件（在 Mac 上根本不建议）。P2 卡是 PCMCIA 兼容的，也可以使用为它们专门设计的读卡器。

11.10.6 黑魔摄像机工作流程

黑魔设计公司为其摄像机推荐了这种典型的工作流程。当然这只是一种最常用的方式，变化总是有可能的。

（1）使用黑魔电影级摄像机进行拍摄，记录的是 CinemaDNG RAW 文件；

（2）把 SSD 从摄像机中取出，通过使用快速的雷电、USB 3.0 或 eSATA 接口的 SSD 下载器把数据下载到你的电脑上；

（3）将文件导入达芬奇 Resolve（在通常的冗余备份之后）；

（4）在达芬奇 Resolve 进行基本的调色，然后渲染出苹果 ProRes、DNxHD 或其他格式的文件；

（5）在常用的非线性剪辑软件中剪辑文件，比如 Apple Final Cut、Avid 或 Adobe Premiere Pro；

（6）当剪辑完成后，输出一个 XML 或 AAF 文件；

（7）将 XML 或 AAF 文件导入达芬奇 Resolve，并套对（conform）到 CinemaDNG 影像上，以获取对画面的最大范围的创作控制；

（8）对达芬奇 Resolve 上的已经经过剪辑的时间线上的素材进行调色以完成最终的项目。

如果你拍摄的是 ProRes 格式，并且应用了胶片动态范围（film dynamic range），你可以利用内置在达芬奇 Resolve 中的 3D LUT 从而快速地把它转成正常视频或 Rec.709 格式。

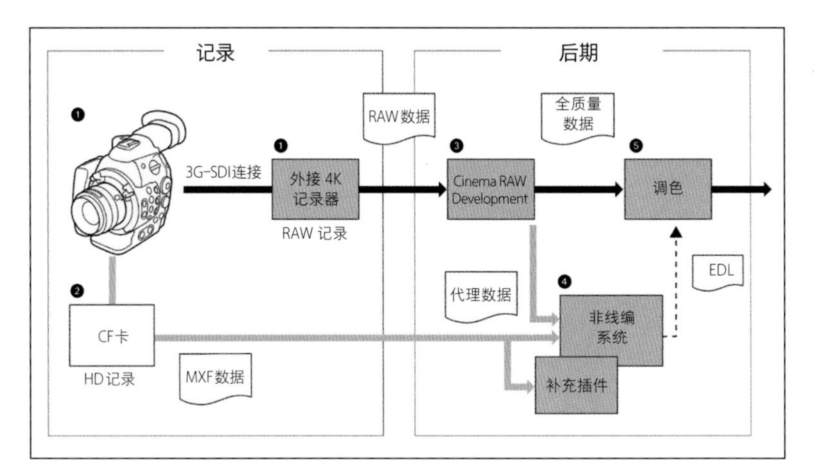

图 11.14 使用了 Cinema RAW Development 软件的典型的佳能 4K 工作流程。（佳能供图）

11.11　行业标准工作流程

除了摄像机制造商专门为其数据文件设计的工作流程之外，还有一些工作流程工具是由有影响力的全行业组织开发的，旨在覆盖来自所有类型摄像机的数据文件。这些行业解决方案是电影工业中的一些主要参与者努力的结果。这些组织包括 ASC，以及像 DCI 和 ACES 委员会这样的工业联盟。ACES 委员会由色彩科学家、行业代表和来自摄像机和显示器制造公司的人员组成。

11.12　十个参数：ASC-CDL

由于电影摄影师与如何拍摄、处理、修改和显示影像有很大的关系，美国电影摄影师协会（American Society of Cinematographers，缩写 ASC）很早就采取了行动，以确保摄影指导不必在看到其影像被放在硬盘上之后只能抱着最好的希望挥手道别。在制作过程中，当摄影指导几乎没有时间来监督日报样片的制作（无论是胶片还是数字拍摄）时，他们认为需要有一个有组织的系统，让摄影师可以以某种方式向后期人员传达想法，而不是使用像“这个场景要有很深的阴影和整体上深沉的色调”这样的模糊表述。多年来，胶片电影摄影师每天晚上和配光师以任何可能的方式交流，以完成他们的日报样片：书面笔记、剧集上的剧照、从杂志上撕下来的照片——任何他们能想到的。它的工作效果取决于摄影指导的沟通技巧，也取决于夜班工作的配光师。当然，在夜班做日报样片的往

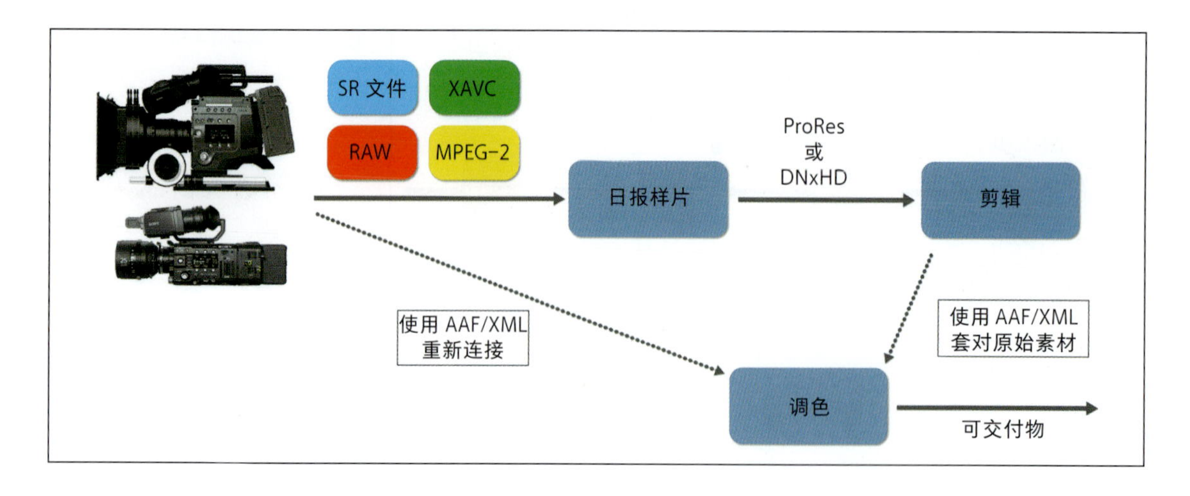

图 11.15 索尼 F65、F55 和 F5 摄像机的工作流程基本类似，尽管它们并不都输出相同类型的文件。它也是一个很典型的工作流程，即剪辑时不使用摄像机拍摄的原始文件。在索尼的例子中，AAF/XML 用于将已经剪辑的版本和原始文件进行重新连接，这个过程称为套对。

往不是最有经验的配光师。在拍摄现场的监视器上查看通常涉及应用了一个基于 Rec.709 的查找表，这样看到的画面和实际拍摄的素材相比，其色域要有限得多。

11.12.1 再见，旋扭

摄影师希望能把他们对画面的想法发送给后期，在很大程度上，提供工具以实现这一目的的努力，是为了应对这样一个事实，即当我们面对拍摄 RAW 和对数格式的摄像机时，摄影指导已经不再用“旋钮”来调整摄像机中的画面的外观。正如我们将要看到的，ACES 工作流程将所有的摄像机都整合到一个统一的色彩空间中。由于不同的色彩响应，一些摄像机的特性仍然会显示出来。这并不意味着艺术性和创造性地去拍摄画面的方式将被从电影制作中去除，它只是意味着创造性操作将以不同于过去的方式进行，不同于在胶片中以及在传统高清拍摄中的方式。

幸运的是，数字工作流程不仅为后期提供了新的方法来“破坏”我们的影像，它还创造了新的可能性来保持我们对想要的影像的控制。当画面离开拍摄现场，为了方便对它的控制，ASC 技术委员会在主席柯蒂斯 · 克拉克（Curtis Clark）的带领下，设计了 ASC 色彩决策表（CDL）。该色彩决策表在运行中，允许设备和不同制造商设计的应用程序之间交换基本的 RGB 色彩校正信息。虽然大多数色彩校正系统的基本控制是相似的，但在具体的操作方面，以及在针对影像的不同控制和影像的不同特征所用的术语方面，会有所不同。术语“提升”（暗调）、增益（高光）和伽马（中间调）是

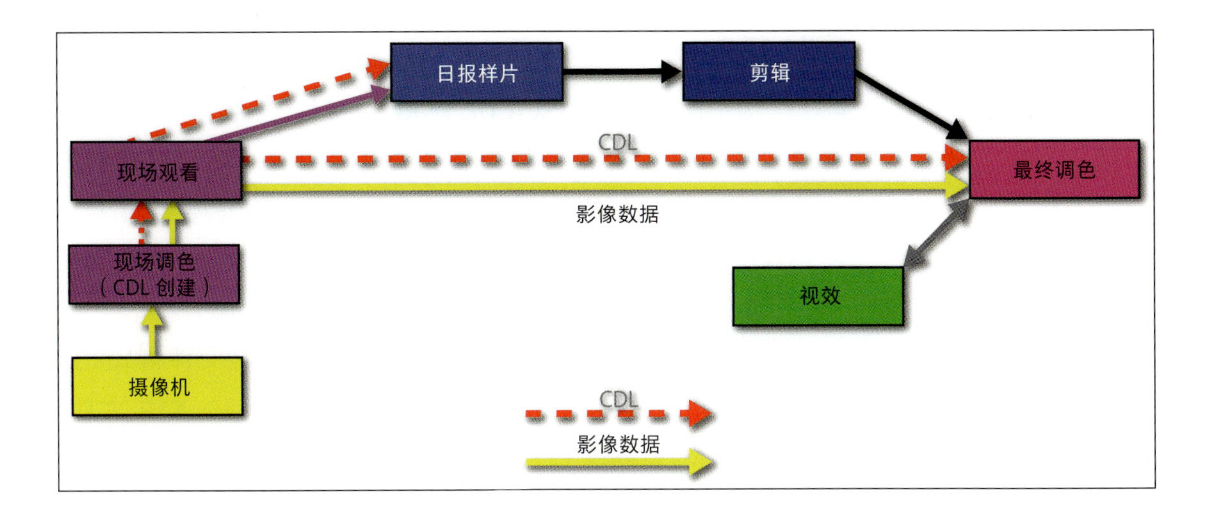

图 11.16 使用 ASC-CDL 进行现场调色和通过 FLEx 或 EDL 数据为剪辑师和视效人员提供输出文件的工作流程。FLEx 是一个单独的文件，它能跟踪在拍摄现场所做的色彩决策。EDL 是包含了色彩决策的剪辑决策列表。另一种方法是 EDL“引用”包含色彩决策记录的外部文档。

大多数色彩校正系统常用的术语，但这些术语不可避免地因不同公司而有所不同（如图 11.16 所示）。

为了避免与已经存在的系统产生混淆，委员会决定使用不同名称的三种功能：偏移（offset）、斜率（slope，相当于增益）和幂（power，相当于伽马）。每个功能对每个色彩通道使用一个数字，因此三个色彩分量的传递函数可以用 9 个参数来描述。另外又增加了第十个数字代表饱和度，它适用于所有色彩通道（如图 11.17、图 11.18 所示）。ASC-CDL 并不指定色彩空间。

设计 ASC 色彩决策表这样一个系统，旨在帮助摄影师完成“想法的传递”——这是为了给摄影师提供工具，让他们把关于离开拍摄现场的画面最终看上去应该是什么样子的决定发送给剪辑师、调色师和生产链中的其他环节。它表明了这样一个事实，即后期制作中使用的工具并不经常能在拍摄现场得到，而且实际上，在你拍摄的时候，你甚至可能不知道这些工具将会是什么。完全有可能在整个过程的每一步都使用不同的软件和硬件，实际上，很难确保机器或软件的一致性，特别是在涉及数十个不同的后期公司和特效机构的故事片制作中。整个过程都需要密切的协调和监督，而且各种工具都要求能够处理 CDL 数据。为了效率，重要的是在生产开始之前要对工作流程进行测试，并且整个团队就应用了 CDL 和用于监控的色彩空间达成了一致。这对于对数、线性和伽马编码的视频都适用。

11.12.2 只做一级校色

为了保持简单，ASC-CDL 只进行一级校色，而不进行二级校色。在实践中，这并不是那种无论如何都会在拍摄现场做的事情。二级校色这种更细微的校正更适合于真正的色彩校正环境，有合适的观看条件，有时间去尝试各种方案，以及有我们在色彩校正套件中所期望的所有工具。

目前，使用 CDL 的方法有两种：利用现有文件格式（如 FLEx、ALE 或 CMX EDL 文件），或者创建一个新的 XML 文件。FLEx 文件是时码、片边码（KeyKode）[①] 和音频时码之间关系的记录。FLEx 文件在在线编辑过程中非常重要。

① 也写作 keycode，是柯达公司在胶片边缘处标注的一种编码，是对每个画格的地址编码。

ALE 的意思是 Avid 日志互换（log exchange），非常类似于 FLEx 文件，因为它是随着视频素材一起传播的元数据文件。它记录了 80 多种元数据。ALE 包括了 ASC-CDL 数据以及 ASC_SOP（斜率、偏移、幂）和 ASC_SAT（饱和）的文件头。ALE 文件是文本数据，可以编辑——但是，请小心进行。ASC-CDL 参数也可以作为 EDL（剪辑决策列表）的一部分导出。CMX 是一种常用的 EDL 类型。

XML 文件越来越多地被当成一种标准格式来使用。XML 代表可扩展标记语言（extensible markup language）。在功能上，它类似于 QuickTime 这样的“封装文件”——它充当不同处理过程之间的传输机制。XML 在后期制作中得到了广泛的应用，与所有的视频技术一样，它也在不断地成长和发展。

摄影指导马克·韦恩加特纳（Mark Weingartner）说：“除了饱和度，只有这三种运算应用于 RGB 信号通道，缺点是没有像二级校色中那样的微妙的工具任由你使用。然而，这也许是一种祝福，而不是一种诅咒。ASC-CDL 的优点是，理论上讲，如果你在众多调色系统中的任何一个系统中，把 ASC-CDL 应用于你的影像，它都会出现相同的外观……通过把球旋转到合适的地方它会有效地做到这一点……因此，它为继续进行色彩校正提供了一个很好的起点，而且不会对影像带来任何的截断、拉伸或损坏。但是当你使用查找表作为校色的起点时，这些情况就有可能发生。”

```
<ColorDecisionList xmlns='urn:ASC:CDL:v1.01'>
      <ColorDecision>
            <ColorCorrection>
                  <SOPNode>
                        <Description>WF_CDL</Description>
                        <Slope>1.27 1.18 1</Slope>
                        <Offset>-0.009 -0.002 0.003</Offset>
                        <Power>1 1 1.08</Power>
                  </SOPNode>
                  <SatNode>
                        <Saturation>1.08</Saturation>
                  </SatNode>
            </ColorCorrection>
      </ColorDecision>
</ColorDecisionList>
```

图 11.17 ASC-CDL 编码既是机器可读的，也是人类可读的，而且它优雅简洁。

11.12.3 SOP 和 S

ASC-CDL 的斜率和幂功能是基于增益和伽马的，正如我们在“影像控制和色彩分级”一章中所讨论的。偏移类似于对数分级控制中的偏移。它们按顺序应用于影像：首先是斜率，其次是偏移，再次是幂。饱和度是一个平均应用于所有信道的总体功能。这些控制是在 RGB 色彩空间中的，而且可以被用于线性、伽马或对数编码的视频。请记住，这三个功能中的每一个都适用于三个色彩通道，总共有九个参数加上第十个，饱和度参数。斜率功能改变传递函数的斜率而不改变黑水平，其默认值为 1.0。

偏移功能降低或提高亮度：色彩通道的整体亮度。它上下移动，同时保持斜率不变。如果正在处理的视频数据在对数空间中，那么偏移就是对配光光号[①]的解释，这就是为什么一些电影摄影师，特别是那些与胶片冲印公司在合作上有长期经验的摄影师，在

① 在胶片制作项目中，负片印正过程中的校色环节称为配光，通过控制红绿蓝三种光的光号（一种对光的强度的量化数值）来调整正片的色彩效果。不做任何调整的情况下的配光光号为 25/25/25。

图 11.18 来自 LightSpace CMS 的 ASC-CDL 控制界面，LightSpace CMS 是由光幻象公司研发的一种色彩控制和查找表管理软件。

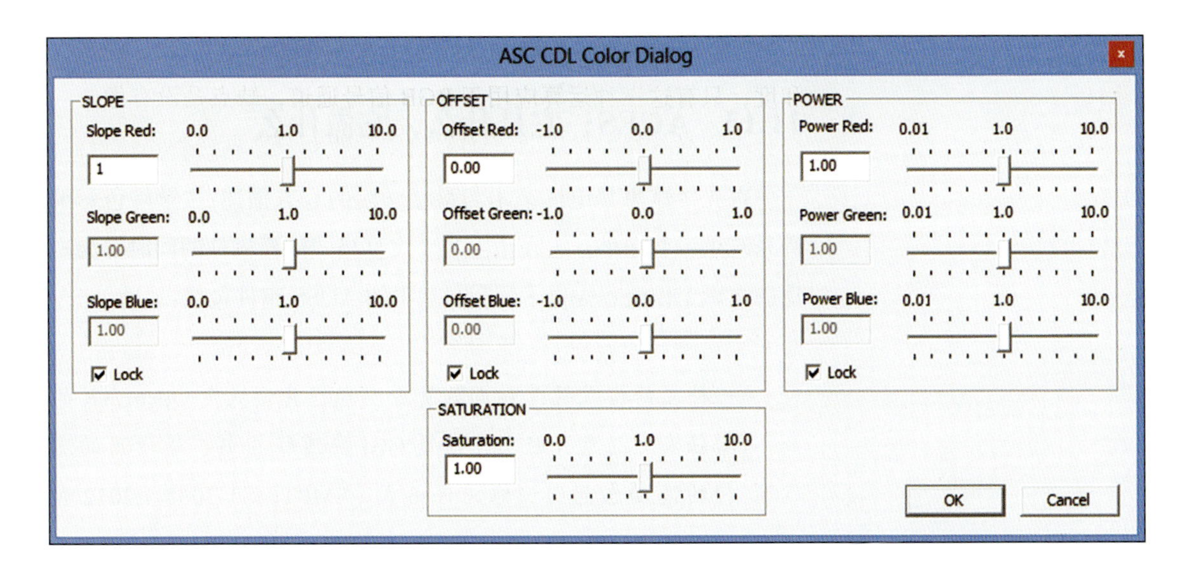

塑造他们的影像时，主要选择或甚至完全使用这个功能。斜率和偏移本质上是线性函数，而幂是非线性的，就像我们看到的视频伽马一样。其函数公式如下：

输出 = 输入 ^ 幂

其中 ^ 的意思是“提升到…… 的多少次幂”，就像 10^2 和 10^2 一样，而 10^2 的意思就是“10 提升到它的 2 次幂”——所有这些表达都等于 100。

饱和度：此系统使用最常见的行业标准来定义饱和度，使用 Rec.709 色彩权重。饱和度平均应用于所有三种色彩成分，因此只需要一个数字就可以定义它。作为 CDL 如何出现在工作流程中的一个示例，在 CMX EDL（剪辑决策列表）中，你可以在注释中找到以下内容：

- ASC_SOP（1.0 1.0 1.0）（0.0 0.0 0.0）（1.0 1.0 1.0）
- ASC_SAT 1.0

第一行为红绿蓝每个色彩通道定义了斜率、偏移和幂，第二行定义了饱和度。在 EDL 文件中，有两种指定这些值的方法：内联（inline）或通过 XML 引用。内联意味着 CDL 值包含在 EDL 中，XML 引用意味着它们包含在单独的引用 XML 文件中。

11.13 ACES：它是什么，它做什么

首先，这里是电影艺术与科学学院的官方描述：“学院色彩编码系统是一套组件，它在消除当今文件格式的模糊性的同时，为广泛的电影工作流程提供了便利。基本的 ACES 组件包括：

- 一种文件格式规范和开放资源实现，其形式是 OpenEXR 的增强和‘约束’版本，这是 CGI 应用程序中广泛使用的流行的高动态范围影像文件格式（SMPTE ST 2065-1:2012 和

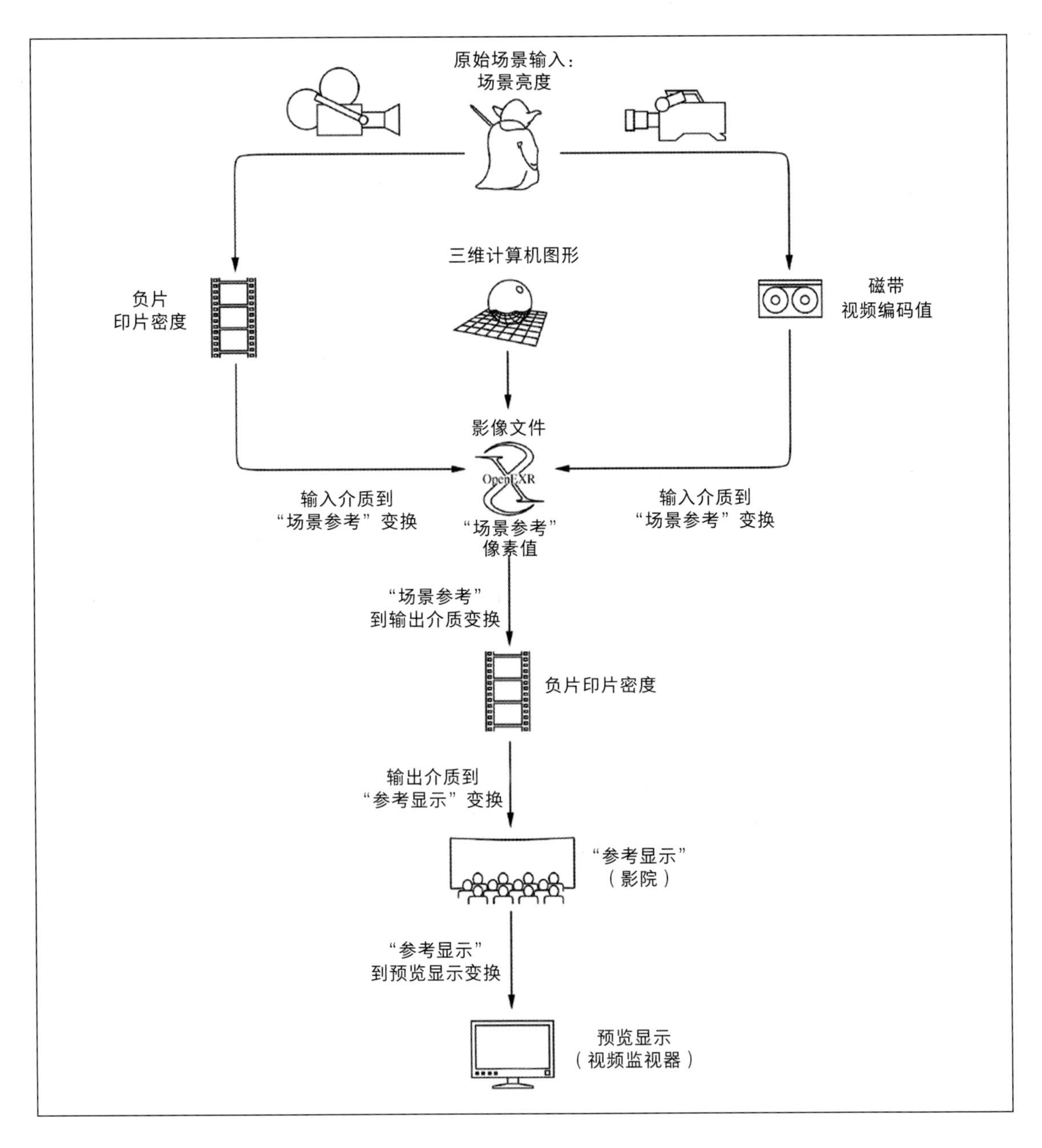

图 11.19 ACES 工作流程开发早期阶段的关键文档——来自工业光魔（ILM）的弗洛里安·卡因兹书写的白皮书《对 OpenEXR 色彩管理的提议》。虽然它在某些方面有些不同，但我们将看到它与 ACES 工作流程的总体概念本质上是相同的。

SMPTE ST 2065-4:2013）；

- 一种专为色彩转换而设计的便携式的软件编程语言。这项技术被称为色彩转换语言（color transform language），或 CTL，现在是 SMPTE 注册的公开文档（SMPTE RDD-15）；
- 针对在 ACES 编码方案之间转换的参考变换；
- 一组用于胶片扫描仪和记录仪的参考影像和校准目标；
- 关于体系结构和软件工具的文档。”

“ACES 旨在支持全数字以及胶片 – 数字混合的电影工作流程，并支持自定义外观开发。ACES 和 ASC-CDL 是齐头并进地被设计出来的，而且是互相补充的。一些相同的人参与了这两个项目的研发过程。”

11.14　ACES 的历史

我们之前讨论过柯达为了制作数字中间片的 Cineon 系统。它的核心是 Cineon 文件格式（.cin），包含在 DPX（数字图像交换）文件中。在开发 Cineon 格式时，其最关心的问题之一是保留使胶片看起来像胶片的特定性能。我们感受到的胶片的外观并非化学的偶然，除了色彩科学家、化学家和感光测量学（有关曝光的科学）专家之外，柯达还聘请了许多心理学家，他们专注于人们如何感受影像。为了不丢失胶片影像的特殊之处，Cineon 的基础是印片密度（print density），就像由负片印制而成的正片一样。它还包括胶片伽马的特性和颜色串扰（color crosstalk）——相互分离的颜色层相互作用的趋势。Cineon 数据以对数格式存储，对应于原始负片的密度等级。其中还涉及一个被称为“解构”（unbuilding）的过程，它解释了原始电影负片的特性，并根据所使用的胶片种类的不同而发生变化。正如我们将要看到的，ACES 工作流程中包括了一个类似的步骤，本质上，它解构了每个摄像机特有的影像特征。有关 Cineon 的更多细节，特别是黑点（black point）和白点（white point）以及顶部空间和底部空间的概念，请参阅“线性、伽马、对数”一章。

柯达在 1997 年取消了这个系统，但是 Cineon 文件格式仍然存在，并且在数字电影制作方面一直具有影响力。DPX 格式也仍然被广泛使用，但是不再仅仅包含印片密度值，它现在可以充当任何类型的影像数据的容器。它的每个色彩通道有 10 比特，一共 32 比特（有两个比特没有使用）。

11.14.1　工业光魔和 OpenEXR

接下来的故事发生在工业光魔，一家由乔治·卢卡斯（George

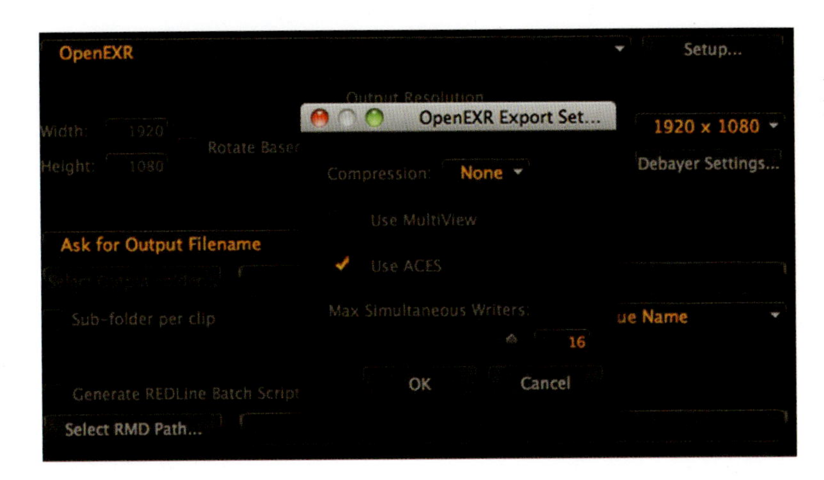

图 11.20 越来越多的软件采用了 ACES 工作流程。本图为 RedCine-X Pro 中的 ACES/OpenEXR 输出设置菜单。

Lucas）创办的视效公司。工业光魔在电影制作的许多方面都已经变成了最尖端的公司。作为与真人动作镜头相结合的 CGI（计算机生成图像）和 VFX（视觉效果）方面的世界先驱，其很快意识到 Cineon 系统存在一些局限性。在胶片上拍摄的影像（实际应用中的影像大多来自摄像机）具有特殊的影像特征。而另一方面，CGI 和 VFX 所做出的画面是相对“干净”的。当你试图将两者结合起来时，问题就出现了。由于 Cineon 刻意结合了胶片的影像特征，工业光魔意识到需要一个新的系统。其着手设计一种程序，使它有可能“退回”每台摄像机的特殊性，并使影像足够中性，以便于与计算机生成的视频相结合。

在白皮书《对 OpenEXR 色彩管理的提议》（*A Proposal for OpenEXR Color Management*，被认为是 OpenEXR 和 ACES 的“创始文件”之一）中，弗洛里安·卡因兹（Florian Kainz）写道：“我们为 OpenEXR 图像文件格式提出了一种实用的色彩管理方案，用于电影和视觉效果制作环境中（如图 11.19 所示）。当来自胶片、视频和其他来源的影像被转换为 OpenEXR 格式，进行数字处理，然后输出到胶片或视频时，我们的方案生成了可以预测的结果。即使在不同的公司进行像胶片扫描、图像处理和胶片记录这样的活动，结果也是可以预测的。该方案还允许准确的预览，以便艺术家使用 OpenEXR 文件可以在他们的电脑上看到他们的影像出现在影院时将是什么样子的。”

这背后的基本概念是“场景参考”——在没有任何摄像机机内信号处理的情况下记录实际影像的想法。“场景参考”意味着摄像机本质上是一个光子计量器——如果有 X 数量的光子击中传感器，它就会产生 Y 数量的电子；没有伽马校正，没有拐点或肩部，影像数据就像它落在传感器上的一样。正如卡因兹所说，“OpenEXR 图像通常是‘场景参考’的：图像中的浮点红、绿和蓝值和来自场景中的对应景物的相对光量成正比。场景可能存在于现实中，也可能是假想的，就像由计算机渲染出来的三维物体一样，或者它可能是真实和假想元素的组合。在‘场景参考’的图像中，存储在像素中的数据不应该太依赖于图像是如何获取的。理想情况下，如果一个场景被拍摄了两次，一次是在电影胶片上，一次是用数字摄像机拍摄的，那么相应的‘场景参考’影像文件应该包含相同的数据。”

当然，这只是一种理想；就像不同型号的胶片一样，不同的传感器有不同的工艺和影像特性，它们可能需要进行补偿，但“场景参考”的理想是，从摄像机出来的图像将是线性的。除此之外，每个摄像机制造商对数据的处理都有不同的策略，即使是我们在大多数 RAW 数据中看到的最小处理。当然，正如我们之前所讨论的，许多摄像机为了提高效率都采用对数编码，但对数编码很容易在之后被解构，这与摄像机中可能发生的其他图像处理的形式不同。为了适应这些数据，工业光魔开发了一种新的文件格式：OpenEXR，它引入了我们在“编码和格式”一章中所讨论的浮点的概念。正如你从那一章中所记得的，浮点允许更大的动态范围和在每一挡曝光中的更精细的精度。工业光魔将其称为一种高动态范围格式。由于现代计算机中 GPU 的巨大处理能力，32 比特格式和更常用的半浮点 16 比特版本在很大程度上是可能的。工业光魔的理念“直接拍摄，把它和视觉特效结合起来，然后再做你的图像处理”确实是最基本的概念，它导致了这一发展的下一个阶段——学院（Academy）。

11.14.2 AMPAS 和 ACES

电影艺术与科学学院总是伴随着奥斯卡的光彩夺目和魅力。在电影工业发展的早期，该学院是一个负责诸如胶片齿孔的尺寸和间距等重要特征的标准化的组织。虽然齿孔似乎是一个微不足道的问题，但它对于电影制作的成功和传播是一个非常重要的部分。我们似乎已经忘记了这样一个事实：胶片的尺寸（大多数故事片使用的胶片尺

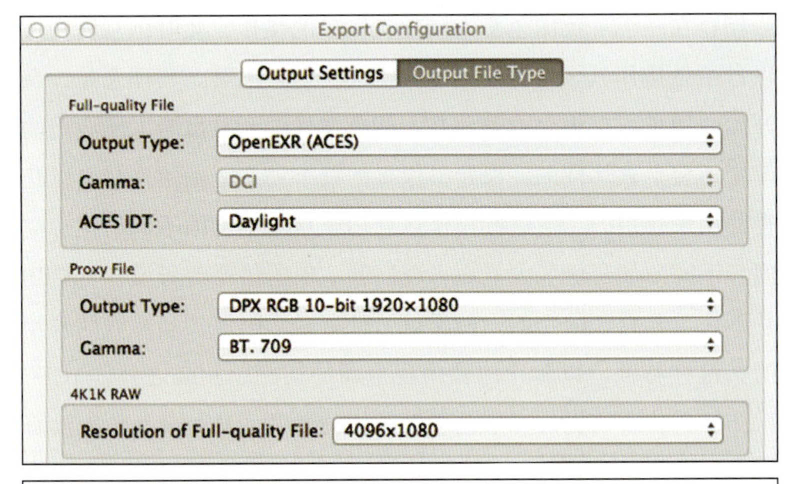

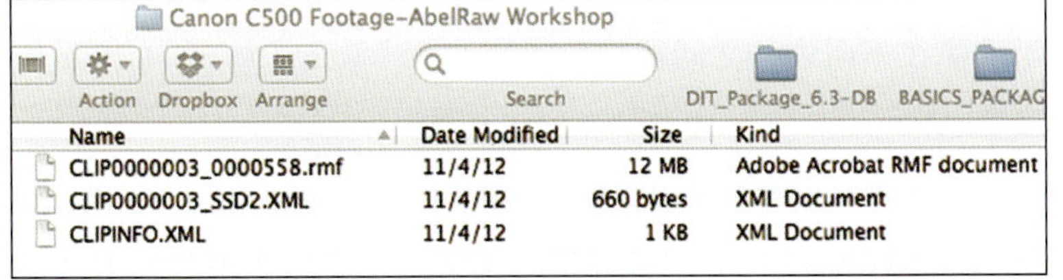

Name	Date Modified	Size	Kind
CLIP0000003_0000558.rmf	11/4/12	12 MB	Adobe Acrobat RMF document
CLIP0000003_SSD2.XML	11/4/12	660 bytes	XML Document
CLIPINFO.XML	11/4/12	1 KB	XML Document

Name	Date Modified	Size	Kind
Abel Cine Test Footage -ACES export	Today 12:47 PM	796.8 MB	Folder
Abel Cine Test Footage_00000000.exr	Today 12:44 PM	53.1 MB	OpenEXR image
Abel Cine Test Footage_00000001.exr	Today 12:44 PM	53.1 MB	OpenEXR image
Abel Cine Test Footage_00000002.exr	Today 12:44 PM	53.1 MB	OpenEXR image
Abel Cine Test Footage_00000003.exr	Today 12:44 PM	53.1 MB	OpenEXR image
Abel Cine Test Footage_00000004.exr	Today 12:44 PM	53.1 MB	OpenEXR image
Abel Cine Test Footage_00000005.exr	Today 12:44 PM	53.1 MB	OpenEXR image
Abel Cine Test Footage_00000006.exr	Today 12:44 PM	53.1 MB	OpenEXR image
Abel Cine Test Footage_00000007.exr	Today 12:44 PM	53.1 MB	OpenEXR image
Abel Cine Test Footage_00000008.exr	Today 12:44 PM	53.1 MB	OpenEXR image
Abel Cine Test Footage_00000009.exr	Today 12:44 PM	53.1 MB	OpenEXR image
Abel Cine Test Footage_00000010.exr	Today 12:44 PM	53.1 MB	OpenEXR image
Abel Cine Test Footage_00000011.exr	Today 12:44 PM	53.1 MB	OpenEXR image
Abel Cine Test Footage_00000012.exr	Today 12:44 PM	53.1 MB	OpenEXR image
Abel Cine Test Footage_00000013.exr	Today 12:44 PM	53.1 MB	OpenEXR image
Abel Cine Test Footage_00000014.exr	Today 12:44 PM	53.1 MB	OpenEXR image
log	8/11/13 5:47 PM	96 KB	Folder
CRD0.log	Today 12:46 PM	3 KB	Log File
SystemInfo.txt	Today 12:41 PM	93 KB	Plain Text

图 11.21（上） 佳能 Cinema Raw Development 的输出设置界面。在这个例子中，ACES OpenEXR 被选择为输出文件类型，ACES 的输入设备变换（IDT）设为日光（daylight）——这是佳能摄像机所拍摄素材在软件中的固有特性。另请注意，它将导出一个代理文件，在本例中是 DPX RGB 10 比特 1920×1080，其中应用了 BT.709 伽马。

图 11.22（中） 包含有原始测试素材的文件夹。.rmf 文件是实际的佳能 C500 拍摄素材，还包括两个携带元数据的 XML 文件。

图 11.23（下） 从 Cinema Raw Development 输出的 ACES OpenEXR 文件，为了方便做说明，此例中的帧数已经减少了。这也是文件作为堆栈的一个例子——每一个帧都是一个单独的文件。注意，还有两个日志文件。CRD0.log 是导出的日志，系统信息（systeminfo）是关于计算机硬件的报告。请始终保存这些日志以供以后参考。

寸为 35 毫米）和齿孔的尺寸是使胶片具有普遍性的原因。你可以在孟买拍摄一部电影，在巴黎冲洗，在洛杉矶印制发行拷贝，并在纽约首映——因为加工设备、剪辑机器和放映机几十年来都是标准化的。

随着拍摄、后期制作和发行的数字化，学院了解到一些新的标准化需要被再次提出。这不应被认为是对创造性的干扰——这些标准绝不妨碍导演、摄影指导、剪辑师、调色师的完整的创意控制。据 ACES 委员会主席吉姆·休斯敦（Jim Houston）说，这样做的一个主要目标是“提供一个一致的色彩通道”。不同来源的影像被保存在一个一致的色彩空间中供以后的操作，此时创意团队可以自由地应用其可能选择的任何艺术 / 创意决策。其理念是，在开始使用色彩决策表或其他基于调色文件的元数据时，所应用的改变不会是破坏性的。原始摄像机的整个动态范围始终是可以获得并用来操控的，但这些操作在处理素材时不会因不同的色彩空间、不同的伽马值等因素而出现问题。根据休斯敦所说，“ACES并不想重复胶片的功能，但保留了带有 S 形影调传递曲线的胶片的关键性特征，以防止图像出现生硬的切割。除此之外，ACES试图保留住所捕捉的场景色彩的确切的色调，这是胶片从来没有做到过的。”除了成为一种一致的色彩通道，这一处理过程也是为了确保在不同设备之间所得到的结果是一致的（如图 11.20 至图 11.23 所示）。

这意味着电影摄影师们必须放弃“旋钮”——这些“旋钮”在拍摄时把摄影师们的创造性的决定“烧入”了素材。但作为回报，摄影师们在拍摄过程之后（后期）会获得巨大的创作自由。对于许多摄影指导来说，这需要有一个真正的哲学理念上的改变，因为也许他们会有一种对影像失去控制的感觉。这就是 ASC-CDL 等工具发挥作用的地方。在胶片制作的日子里，摄影师不得不依靠粗糙、不准确的工具来把他们的想法传达给日报样片的配光师，现在有了精确的数字方法能把摄影师的这些想法传送给后期的各个部门。实际上，该过程可能使摄影指导更好地控制最终的影像。这也使得数字影像工程师成为这个过程中的一个重要角色。对于场景看上去应该是什么样子，摄影指导有一些具体的想法，但他们同时做了几项工作，很少有时间在色彩决策表或色彩校正软件中去花费功夫。通过与摄影师的交流，甚至了解其喜好和艺术倾向，数字影像工程师可以作为摄影指导的对拍摄场景的视觉意图的实施者，向摄影指导提供多种外观供他们选择（认同或反对），然后把他们选定的方案转换为色彩决策表（CDL）、查找表或色彩分级文件，以确保摄影指导和导演在拍摄时所商定的对所拍摄场景的外观选择转换成一种（数据）形式，可以作为最终调色的一个起点或者作为一种指导传递给后期制作的各个部门。

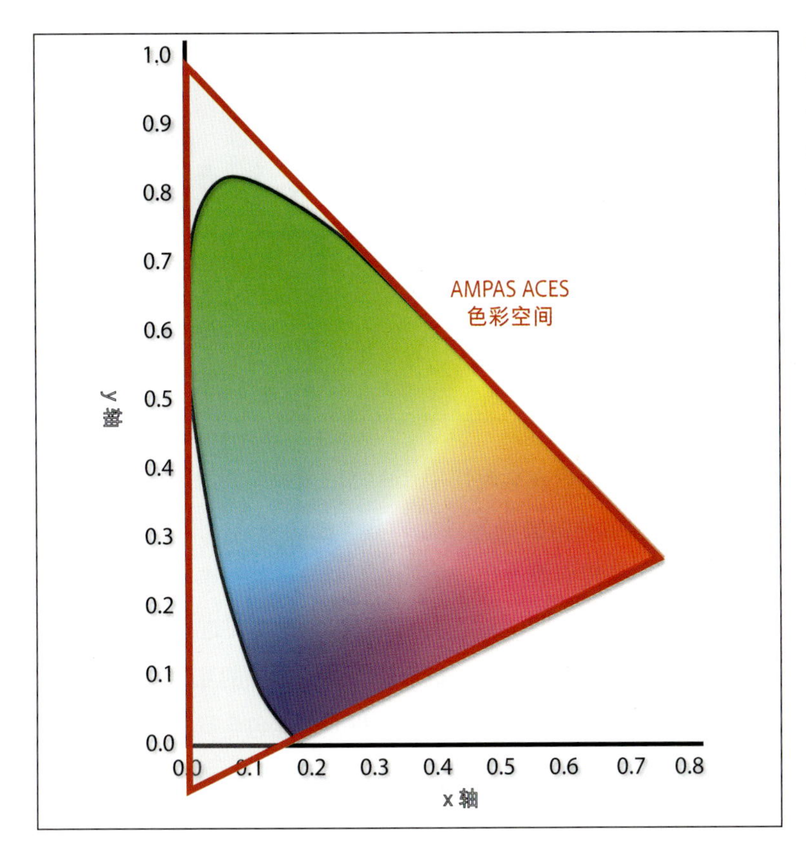

图 11.24 如我们在“数字色彩”一章中所看到的，AMPAS ACES 色彩空间有一个非常大的色域。它是整个 ACES 工作流程的基础，因为它是整个过程的“未来证明”。

IIF

他们在这方面的第一个努力是图像交换格式（image interchange format）。交换不仅指过程的各个阶段，也指在不同的设施之间。一个项目往往要经过许多不同的公司：剪辑、色彩校正，可能还有几家视效公司。影像必须在剪辑室、色彩校正机房、视觉效果工作室或最终放映母版的制作室保持相同的外观。

另一个问题是影院的放映。电影放映机在短短的几年内有了很大的改进，并且在色域和动态范围上可能会继续改进。如果已经设置了标准，致力于此的色彩科学家和工程师们会认为他们需要尽可能多的“未来证明”（future proof）。其中很大一部分是他们选择的超宽的色域空间，我们在“数字色彩”一章中曾经详细介绍了这个空间（如图 11.24 所示）。他们确定了整个过程的名称为“学院色彩编码系统”或简写为 ACES。这是一种标准化的摄像机输出的方法，通过“解构”不同机器制造商所生产的摄像机各自的特性，将其放入到一个标准化的色彩空间中，进行艺术操作，然后再一次标

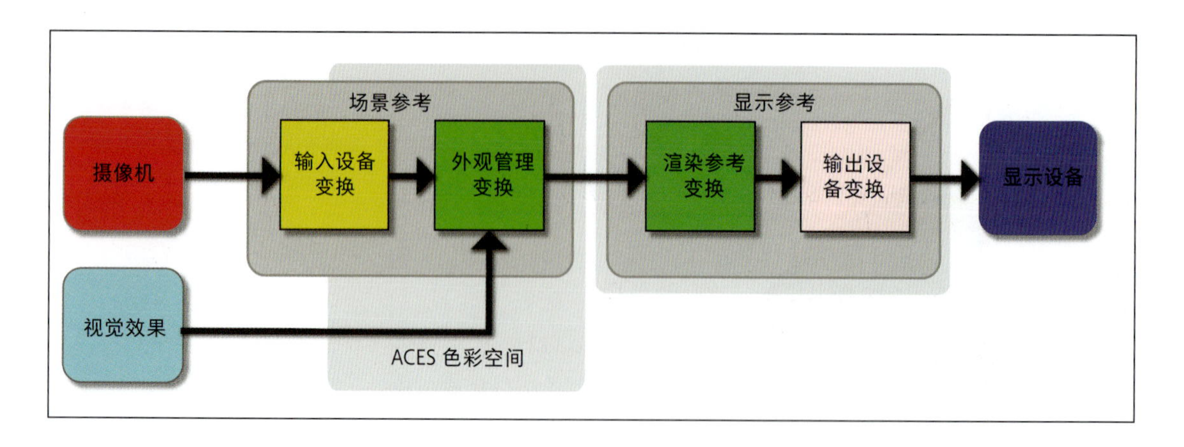

图 11.25 从摄像机和视觉特效到输入变换，然后是外观管理，再到输出阶段的参考变换和输出变换的整个过程的 ACES 工作流程框图。

准化输出，使其无论在影院使用什么样的放映机放映都能显示出相同的效果。使这种做法成为可能的基本概念是“场景参考”/线性影像数据。由于没有哪个摄像机能真正输出“场景参考”的影像数据（由于传感器的光谱灵敏度等因素），因此需要进行一些调整才能实现这一目标，并实现不同机型所拍摄的影像的互换性。因为追求线性影像，特别是最新一代的摄像机，可能包含具有很高动态范围的影像；OpenEXR 文件格式及其动态范围值和精确的图像数据是该系统的核心，这是工业光魔团队研发的重要成果。

11.14.3 步 骤

如图 11.25 所示，ACES 工作流程涉及四个基本步骤，它们是由各自的变换来定义的。它们是输入设备变换（input device transform）、外观管理变换（look management transform）、渲染参考变换（rendering reference transform）和输出显示变换（output display transform）。它看起来有点复杂，但实际上是一种相当简单和优雅的设计。以下是工作流程中的一些非常简单的定义。ACES 工作流程的总体概念在你分解并单独查看每个步骤之后，就更容易理解了：

• IDT——输入设备变换。一种将摄像机或其他影像源变换为“学院色彩编码规范”的运算方法，在此，图像是“场景参考”的，并将是 RGB 浮点格式。每台摄像机都需要自己的 IDT，在大多数情况下这都是由制造商提供的。

• LMT——外观管理变换。这是调色师、摄影指导和导演开展其艺术工作的环节。换句话说，它是色彩校正，在此通常会对某种对数或代理空间进行临时转换（取决于色彩校正系统）。它可以由色彩决策表（ASC-CDL）、查找表或色彩分级文件来指导。

• RRT——渲染参考变换。它是被设计成标准化的一种单独的变换，也是完成画面渲染的地方。"场景参考"的影像对于人眼并不能正确观看，所以 RRT 把影像转换为"输出参考"（output referred）。RRT 是制作最终影像的重要组成部分。它也包括画面渲染。

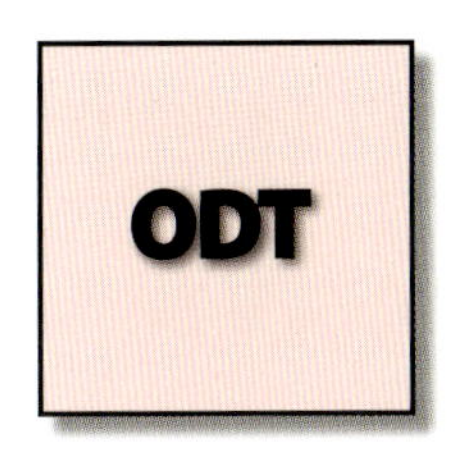

• ODT——输出设备变换。其也被称为电－光转换函数，取用 RRT 的输出结果，并完成将数据映射到实际显示设备的过程。这些显示设备是指在家中（电视机）或影院（数字放映机）观看用的设备。目前针对当下显示设备的 ODT 标准有 Rec.709、DCI P3、P3D60 和 DCDM（XYZ）。

11.14.4 ACES 术语

让我们回顾一下描述 ACES 工作流程时使用的一些基本术语。

• ACES——基于"学院色彩编码规范"的色彩空间的整个系统，全部可见光谱处于该系统的中心位置。ACES 使用与大多数现有图像处理系统兼容的 RGB 值。术语 ACES 也用于指代特定的色彩空间，正如我们在"数字色彩"一章中所讨论的那样。

• SMPTE（2065-4）——ACES 文件的文件格式。它是基于帧的，并建议用来取代 .dpx 格式。ACES 源自 OpenEXR（由工业光魔开发），它是以 .exr 为扩展名的半浮点格式。但是，ACES 文件包含标识它们的元数据标志。所有 ACES 文件都是 .exr，但不是所有 .exr 文件都是 ACES。

• 场景参考——ACES 影像是"场景参考"的，这意味着光线被记录为如它在摄像机的图像传感器上的一样，无论在 RAW

格式状态下它看起来会怎样，或者说它与任何输出格式或显示设备无关。

- 显示参考——一个基于显示设备（监视器或放映机）可以再现的实际色域的色彩空间。虽然 ACES 的前端是围绕着“场景参考”的线性数据建立的，但后端必须面向影像如何被实际观看，这取决于使用什么样的放映机或监视器，以及观看条件如何。正如我们从针对画面渲染的讨论中所知道的，不同的观看条件（不同的光线水平）需要不同的伽马等级来保持原始场景的外观。
- ACES 色彩空间——它是“场景参考”的，是由 AMPAS 所选择的超宽范围的色域。它不仅涉及所有已知的当前的摄像机和显示设备，而且还覆盖了会在未来得到验证的新的发展，因为它包含了人眼所能看到的所有色彩，以及一些看不到的色彩。由于它包含了所有可能的色彩，所以该色彩空间被新技术淘汰的可能性很小。
- OCES 色彩空间——输出色彩编码空间。这是该系统的一个技术方面，对于用户来说并不是必须要了解的。
- ACES 代理 / 对数 ACES——在外观管理变换（LMT）环节，一个基于“旋钮”的色彩空间。ACES 的色彩空间是如此之大，以至于没有一种方式可以用当前的软件 / 硬件来操作它。它是 16 比特整数（就像许多当前的调色分级系统一样），也可以是浮点数。LMT 环节是艺术性和创造性的色彩决策实施的地方。到达这一过程的这个阶段有几种途径，软件 / 硬件制造商正在以各种方式实现这一阶段。毫无疑问，随着方法的设计和实地测试，这一技术上的困难任务将在几年内得到攻克。
- ADX——学院密度交换编码，它是一种基于印片密度的将胶片扫描结果输出到 ACES 的方法。ADX 建议采用 16 比特整数格式以适应整个动态范围，但也为兼容性定义了 10 比特编码。
- CTL——一种色彩转换语言，它是资源开放型软件，是一种用于色彩转换的编程语言。对于在拍摄现场或在后期制作中的专业人员来说，没有必要在这种编程级别来处理色彩转换

（尽管如果他们愿意的话也是可以的）；相反，这种编程语言将被内置到用于拍摄、后期制作、视效和母版制作的软件中。它主要是一种方法，使后期制作软件和硬件的开发人员能够结合 ACES 工作流程。通过这种方式创建的转换可以转换为 C 编码和 GPU 着色器，因此没有必要使用 CTL 合并 ACES 进入工作流程。

11.15 变 换

ACES 工作流程中的这些步骤——IDT、LMT、RRT 和 ODT——都是变换，是相当简单的数学，但它们从何而来？由于 IDT（输入变换）对于每台摄像机都是特殊的，它们将由每个摄像机制造商提供。但很多时候这些制造商并不想揭示自己特殊的“秘密酱汁”，不过没关系，你可以创建自己的 IDT。这可以通过几种方式来完成，从简单地拍摄一个测试图表并通过绘图求得结果，到需要更多专门设备的高科技方法。这些方法在 ACES 技术规范中有概述。

外观管理变换（LMT）在很大程度上属于色彩校正软件开发人员的工作范畴，而且他们正致力于把 LMT 纳入应用软件中。而渲染参考变换（RRT）则是由 ACES 委员会严格控制的。其意图是使 RRT 具有普遍性，其理念是，RRT 将长期保持不变。RRT 的概念旨在包含所有与输出变换（ODT）共有的变换，这样就不必重复它们。RRT 还包括画面渲染，以使其适应观看环境。输出变换（ODT）将由监视器和在电影院中使用的放映机系统的制造商开发。随着新技术的出现，比如激光投影仪，RRT 和 ODT 对它们来说将是必要的。

第 12 章

元数据和时间码

metadata & timecode

图 12.1 基本的时间码：小时、分、秒和帧。

12.1 打板器

数字拍摄和剪辑有许多优势，其中一个经常被忽视的优势是元数据。这个术语简单的意思是“有关数据的数据”，在这种语境下，它意味着信号内除了实际影像之外的信息。这个概念并不是数字时代的原创，而是一种可以追溯到早期胶片时代的概念。无论你称它们为片段、镜头、条数，或是素材，重要的是要让它们被组织得井井有条，容易被找到。最早的解决办法是打板（slating），这是我们今天仍在使用的方法。早期的板子是黑板，后来演变成有机玻璃，上面有可擦除的标记。虽然它们仍在被使用，但时码打板器的引入是向前迈进了一大步，尽管许多制作项目仍然使用传统的手工场记板（clapper slate）。

下一步是全数字化打板器，它也可以从智能手机和平板电脑上的应用程序中获得。它们的优点是不需要留出为每一次拍摄或每一个镜头而删除和重写信息的位置。在打板器上擦除和改写，摄影助理长期以来不得不携带“鼠标”，它是一种可擦除的记号笔，化妆泡沫垫贴在它的末端。一个更现代的解决方案是将橡皮垫安装在记号笔的末端。

打板器上所记录的信息是：

- 片名；
- 日期；

- 导演；
- 摄影师；
- 摄影机（A、B、C 等）；
- 帧频（如图 12.1 所示）；
- 场号；
- 镜号；
- 日景或夜景；
- 内景或外景；
- 是否同期录音（称为 MOS）；
- 是否是“拾拍”（PU，即 pick up）镜头。

传统上，第二摄影助理操作打板器并与场记（Scripty，或 Continuity Supervisor）协调，以确保板子上的信息（特别是场号）是正确的。板子上的其他符号可能包括场号后面的字母“PU”。这意味着本次拍摄是一次“拾拍”——它是从之前拍摄镜头的中间某个地方开始“拾拍”的，而不是从头开始。这种情况通常发生在导演对前一次拍摄中的前半部分感到满意，但希望重拍后半部分的时候。比如当演员弄错台词时，这种情况经常发生。不要把它和一个“拾拍日”（a pick up day）相混淆，它们是不同的。在大多数长时间的制作项目（比如故事片）中，一旦剪辑工作开始，有时为了获得正确的剪辑效果，剪辑师和导演会做出额外需要的场景和镜头的清单。这些场景和镜头的拍摄有时是在主要摄影工作结束后的“拾拍日”来完成的。这种拍摄通常只涉及一个更精干的剧组构成，而且有时多用跑轰打法（run-and-gun）[1]。在独立电影拍摄中，这种拍摄可能采取的方式是摄制组由最低限度的人员构成，几个关键的剧组成员跳进和跳出一辆面包车，在这里和那里拍摄。当然，这也可能涉及在某一个摄影棚或某个场景中进行更广泛的拍摄。

① 跑轰打法，是职业篮球比赛中的术语，意为开放半场式的快速打法。

12.1.1 时码打板器

时码打板器（如图 12.2、图 12.3 所示）有用于填写通常信息的空格：片名、镜号、条数等，但它们还包括时间码的 LED 显示。这样做的优点是，它可以把胶片与单独录音的音频相同步，这种记

图 12.2　MovieSlate，一个 iPhone/iPad 上的 app 应用，它具有时码打板器的所有功能，还有额外的日志和报告功能。

录方式被称为双系统记录。一个系统是摄影机正在拍摄胶片，而另一个系统，通常是数字录音机，正在捕捉音频。

除了打板，第二摄影助理还负责拍摄记录，记录镜头的条数和每条所消耗的胶片尺数（在胶片拍摄中），有时还记录时间码（在视频中），当然这种工作方式在不同的制作项目中会有很大的差异。

12.1.2　在拍摄现场打板

摄影助理布拉德·格林斯潘（Brad Greenspan）负责在片场同

图 12.3　一个 Denecke 时码打板器。（Denecke 供图）

步时码："我们要确保在拍摄现场至少有一个 Lockit 盒可用（如图 12.4 所示）。有时调音台上有这个东西，有时我们把它作为摄像机包中的一个部分。每天两次（如果他们想的话可以更多），声音同步信号从他们的调音台、主时钟，或任何他们使用的有时码的装备灌进我们的这个 Lockit 盒。"

图 12.4 Lockit Buddy，用于数码单反的双系统记录中的声音录制。为了把时码记录在相机上需要用它调整电平和阻抗。它可以使用来自打板器、专业录音机或 Lockit 盒时码 / 同步发生器的 SMPTE 线性时间码（LTC）。本图显示的是它和一个 Ambient Recording 公司的 Lockit 盒。

"一整天，我们把这个盒子的同步信号灌入摄像机。我一般不喜欢把盒子戴在摄像机上，因为它使摄像机多出来一件挂在它上面的硬件。我通常会把它放在我的前面，以防出现问题，也可以方便地访问。我在一天开始的时候，在大多数断电（或摄像机上没有电池）的时候，在午餐后和在高速拍摄之后，会把盒子戴到摄像机上。如果有一段时间我有空，我也会经常这样做。在拍摄现场，我并不认为这是一件大事，但我确实把它放在心上了。"

"当我们交出存储卡的时候，我们的下载员会抽查时码的漂移（timecode drift）。我们也几乎总是使用时码打板器，因为它显示时间码数，使我们很容易看到漂移；而且它也是一种备份，可以使后期的同步变得更快，并最终节约成本。至于穿戴声音的无线跳频（wireless hop），这取决于拍摄工作本身和摄像机的设置，以及声音部门是否能够提供。如果有必要的话，我通常不介意在摄像机上装一个，但这毕竟使摄像机上又多挂了一个盒子。当然和用硬电缆来完成这项工作相比我更喜欢用它，即使接口会'突然断开'。"

时码发生器

时码打板器需要与录音机同步，因此板子通常会灌入（加载）从音频设备生成的时间码。有些情况下，时码可能来自不同的源，例如时码生成器，一个例子是 Lockit 盒。虽然有许多软件可以使来自专业录音设备上的音频和有时质量不太好的录制在摄像机上的音频同步，但在视频和音频上有能用来匹配的时间码仍然是有好处的。因此，几乎所有的专业制作都使用时间码打板器，并使用手工打板进行同步。有些使用胶片拍摄的作品，甚至有些数字作品，仍然只使用传统的打板器。

12.2 什么是时码？

只有在时码被发明之前就从事过剪辑工作的人才能真正体会到时码给拍摄和后期制作带来的巨大改进。其威力的秘诀在于它为镜头的每一帧提供了一个独特的、可搜索的标识符；针对每一帧，音频也将拥有一个独特的时间码。对于现代摄像机和音频记录器，时间码会伴随每一个视频或音频帧一起被记录下来。当播放视频或音频时，这些数据可以被读取并且准确的帧号可以被显示出来。每个帧都有唯一的地址，并且可以被精确地定位。与每一帧相关联的元数据信息可以分为四个部分：

- 用小时、分钟、秒和帧表示的时间；
- 用户比特数；
- 控制比特数；
- 同步字。

时间，本质上是帧数——记住，它可能是或可能不是“真实”的时间：被表示为“零”的时码可能代表午夜，或者（更常见的）是代表磁带或数字录音的开始。这是一个很大的区别：时码可以是实际的时钟时间，或者仅仅是作为零的拍摄起点。时钟时间，所谓一天中的时间的时间码，可以在某些情况下有用，比如纪录片、音乐会和活动，特别是当多个摄像机同时拍摄，其镜头需要在后期制作中同步时。如果多个摄像机可以使用硬线或以无线同步连接在一起，这可能是不必要的。

12.2.1 关于时间码的两个注记

标准时码的标记方法是00:00:00:00——以冒号分开的小时、分钟、秒和帧。每次都把这个打印出来非常冗长乏味。大多数剪辑和后期制作系统都允许快捷方式，例如输入句号（点），而不是冒号（因为输入冒号涉及使用shift键），而且不需要输入前导零。这意味着时码00:00:21:15可以输入为“21.15”——软件知道如何通过插入0小时和0分钟来正确解释这一点。有些系统甚至不需要句号（点）。

图 12.5（上） 索尼 F900 上的时码面板和控制选项。

图 12.6（下） 控制选项的更大特写显示了“自由运行”（F-run）和“记录运行”（R-run）以及“预置”（preset，它允许操作员设定时码起始的位置）或者“重生”（regen，它重新生成时码）。

当将视频传输到另一个平台、设备或非线编计算机系统时，剪辑师应该注意一些问题。如果你通过旧的视频系统或 HDMI 接口进行连接，则时码不会被传输。

取值范围从 00:00:00:00 到这个格式所能支持的最大值，23:59:59:29——不能超过 23 小时，没有分钟或秒大于 59，并且没有帧高于正在使用的帧频所允许的最高值（因为每秒 30 帧的帧频，所以本例中帧数最大为 29）。这种格式表示场景或节目素材的持续时间，并使时间计算变得简单而直接。

Infinite Monkey

CAM	ROLL	SCENE	TAKE	SLATE	DATE	Timecode IN	Timecode OUT	Duration	FPS	INT	EXT	NITE	MOS
A	3	77A	1	31	3/7/14	14:12:47:22 3/7/14	14:12:55:03	00:00:07:05	23.976		EXT	NITE	MOS
A	3	77	1	30	3/7/14	14:12:26:16 3/7/14	14:12:34:05	00:00:07:13	23.976		EXT	NITE	MOS
A	3	21	2	29	3/7/14	14:11:57:17 3/7/14	14:12:16:18	00:00:19:01	23.976		EXT	NITE	MOS
A	3	21	1	28	3/7/14	14:11:34:14 3/7/14	14:11:50:08	00:00:15:18	23.976		EXT	NITE	MOS
A	3	20	1	27	3/7/14	14:10:53:13 3/7/14	14:11:14:03	00:00:20:14	23.976		EXT	NITE	
A	3	19	3	26	3/7/14	14:10:34:23 3/7/14	14:10:44:01	00:00:09:02	23.976		EXT	NITE	
A	3	19	2	25	3/7/14	14:10:07:02 3/7/14	14:10:27:01	00:00:19:23	23.976		EXT	NITE	
A	3	19	1	24	3/7/14	14:09:29:02 3/7/14	14:10:02:10	00:00:33:08	23.976		EXT	NITE	
A	3	27D	2	23	3/7/14	14:08:50:20 3/7/14	14:09:10:16	00:00:19:20	23.976		EXT	NITE	

Notes

Production	Roll	Scene	Take	Date	Time	Timecode	Note
Infinite Monkey	3	27	1	3/7/14	2:03 PM	14:02:27:01 - 14:02:44:03	Master at warehouse.
Infinite Monkey	3	27	2	3/7/14	2:03 PM	14:03:04:18 - 14:03:18:06	Sirens in BG.
Infinite Monkey	3	27A	1	3/7/14	2:04 PM	14:04:08:06 - 14:04:19:06	Coverage on him.
Infinite Monkey	3	27C	1	3/7/14	2:07 PM	14:06:49:23 - 14:07:02:10	Coverage on her.
Infinite Monkey	3	27C	2	3/7/14	2:08 PM	14:07:26:13 - 14:07:39:11	Sirens in BG.
Infinite Monkey	3	27D	1	3/7/14	2:09 PM	14:08:23:07 - 14:08:38:21	Handheld.
Infinite Monkey	3	27D	2	3/7/14	2:09 PM	14:08:58:19 - 14:09:08:15	Handheld.

图 12.7 从 MovieSlate 软件电子邮件发出的日志报告，这是纯文本，它还可以以 Avid ALE 和 Final Cut Pro XML 的格式发送报告。

12.2.2 视频的帧频

帧是 SMPTE 时码中最小的测量单位，直接对应胶片或视频的单个画面。帧频是指每秒所显示的画面的次数，连续显示的画面给人的视觉提供了运动的感觉。SMPTE 使用了四种标准的帧频（每秒帧数）：24、25、29.97 和 30。

- 24fps（胶片、ATSC、2K、4K、5K 和 8K）；
- 25fps 基于欧洲的电影和视频，包括 SMPTE EBU PAL（欧洲、乌拉圭、阿根廷、澳大利亚使用）、SECAM、DVB、ATSC；
- 29.97fps（30 ÷ 1.001）；
- 30fps。

帧数显示为每进一帧胶片或视频便推进一个数字，允许用户将事件的计时方式降至 1/24、1/25 或 1/30 秒。除非你有一个专门调用上述帧频之一的应用程序，否则使用哪个时间码并不重要，只要它是一致的。

12.2.3 记录运行和自由运行

大多数摄像机都提供记录时码的选项，既包括记录运行（record run），也包括自由运行（free run）。当摄像机的时码设置处于记录运行状态时，只有当摄像机拍摄时，时码才会向前走，这意味着在拍摄的镜头（或条数）之间没有时码间隙，即时码是连续的。当摄像机的时码处于自由运行状态时，无论它是否拍摄，时码都会前进（如图 12.5、图 12.6 所示）；大多数情况下，即使摄像机处于关机状态，时码也会前进。

自由运行也可以设置为与实际时钟时间相一致，实际时钟时间通常又称为"一天中的时间"。在需要把一个拍摄项目是在哪个具体的时钟时间完成的信息记录下来的情况下，这可能是有用的。更常见的情况是，在使用多个摄像机的纪录片制作或音乐会拍摄中，所有摄像机记录同步时码将使编辑工作变得更加容易。这可以通过从同一来源（或从主摄像机）向所有摄像机灌入同步信号来实现，或者通过一个时码发生器运行到所有摄像机，无论是有线的还是无线的。你可能还会遇到一些叫作片边码的东西，这是一种将单个胶片帧与从该原始胶片派生出的任何视频的时码相关联的方法。当用视频剪辑拍摄在胶片上的素材时，它是有用的。在胶片制造时，片边码被加在胶片乳剂中，这种片边码是可以被机器识读的。

12.2.4 报　告

无论是使用胶片拍摄还是数字拍摄，报告和日志都是电影制作的重要组成部分。有几种 app 可以用来制作所拍摄镜头的报告信息（如图 12.7 所示），但有些摄影助理仍然喜欢手写报告。摄影助理布拉德·格林斯潘说："我仍然保守地喜欢使用纸质报告，我有一个自己喜欢的模板。我可以得到一盒用无碳复写纸（3 号或 4 号）写成的报告，当然具体情况视所拍摄的项目而定，这已经足够了。"

"我不喜欢用数字方式填写报告的主要原因有两个：一、它需要一个设备，其电池将保持全天供电。如果现在每天要工作 16 小时，我觉得如果我的 iPad 被用来做报告 / 日志的话，那它没那么大的电量。而一张纸总是可以一直工作的。二、我目前还没有发现有任何一款 app，它填写报告 / 日志的速度能超过手写。"

“现在越来越多的要求放在了我的第二摄影助理身上，任何潜在的减慢他们工作速度的因素都是一个问题。另外，以我的经验看，为每台摄像机单独书写报表和日志（就像拍胶片时一样）比在 app 中输入更容易。在每次装载员对数据进行下载后场记会得到这些报告。我让一个数据管理员把这些报告扫描到 Acrobat，并在一天的工作结束后把它们发送出去，包括把它们传到穿梭驱动（硬盘）上。我还会让另一个人把它们复制到 Excel 中，他们也会为后期标记出每个通过的镜头。”有关摄像机报告和日志的更详细讨论，请参见本书作者的《电影摄影：理论与实践》一书。

12.3 其他类型的元数据

与特定视频片段或静态图片相关联的元数据具有存储广泛信息的能力（如图 12.8 所示）——而且这些用途正在不断增长，特别是在视效、运动捕捉和 3D 制作领域。这些数据可以由摄像机自动生成（源元数据，source metadata），也可以在任何阶段添加到最终输出（添加元数据，added metadata）。还有一个叫作派生元数据（derived metadata）的类别，它包括软件可以自己执行的东西，例如人脸识别和语音识别。

元数据的一些例子：

- 拍摄的日期和时间；
- 摄像机；
- 地点；
- 镜头焦距；
- 摄像机的倾斜角度；
- 光圈；
- 感光度；
- 文件尺寸；
- 声道。

其还有许多例子。有些类型的数据是高度专业化的，例如，一些摄像机可以记录水平或上下转动的速度和方向。如果镜头是用于运动捕捉或视觉效果的，那么这个信息是至关重要的。

在拍摄现场也可以加入额外的元数据，比如摄像机注释、拍摄项目注释、说明等等，或者在数字影像工程师的手推车上以及在剪辑过程中加入类似关键字、注释等。当电影制作人员不断发现元数据的新的和有价值的用途时，最广泛使用的是关键字。实际上，一些剪辑软件主要围绕着使用关键字来组织、分类和归类视频片段。元数据的最大优点是可搜索，可以任何方式进行排序。这意味着，看起来仅仅是一堆视频片段的东西实际上是一个数据库。它对于剪辑、后期制作和归档的优势是巨大的。使用元数据虽然很简单，但也存在一些需要注意的问题。并非所有元数据方案都是兼容和互操作的。有一些不同的标准，其中包括都柏林核心（DC，即 Dublin Core），公共广播核心（PB Core，全称为 Public Broadcasting Core）和运动图像专家组（MPEG 7）。“核心”一词只是指用于一般资源描述的核心元数据的概念。与数字视频的许多方面一样，元数据也是一个仍在发展的领域，可能会发生变化、增长，有时还会出现标准冲突。元数据没有一个“通用标准”，但目前，都柏林核心（正式名称为都柏林核心元数据倡议，Dublin Core Metadata Initiative）是最接近于普遍可交换的。元数据还可以分为四种一般类型：

- 结构元数据：描述元数据记录及其与数字视频资源的关系；
- 描述性元数据：总结数字视频的内容；
- 管理元数据：可以包括权限元数据、视频原始模拟源的信息和存档元数据；
- 技术元数据：描述视频文件本身属性的管理元数据，还包括有关打开和处理文件的信息，这对于处理数据的应用程序非常有用。

12.4 XML

XML 代表可扩展标记语言。它是一种人类可读的、存储和传输元数据的简单的语言方式。它在网站编码中得到了广泛的应用，并且非常类似于 HTML，因为其和 HTML 所服务的目标非常相似。HTML 是作为一种标准而开发的，它使许多不同类型的计算机和

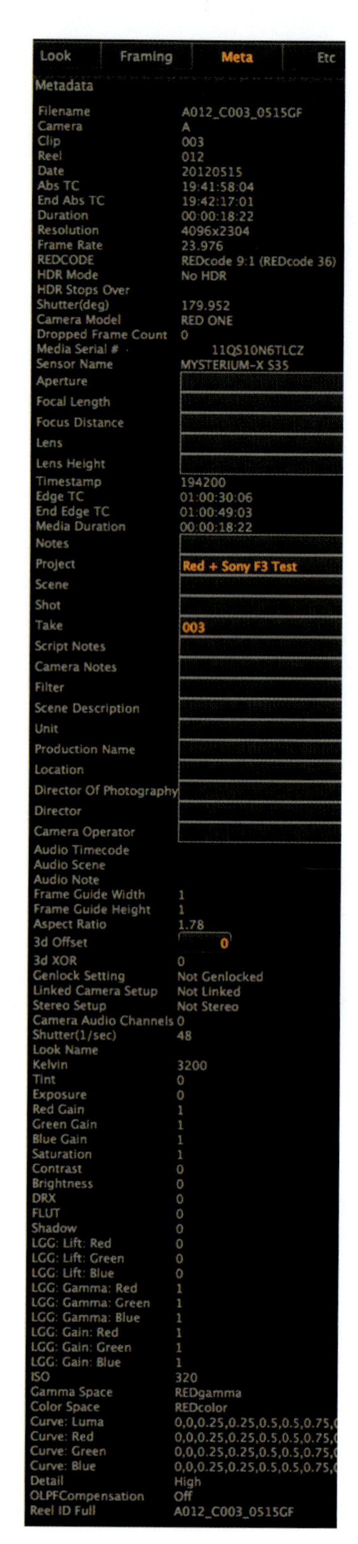

图 12.8 RedCine-X Pro 中的元数据界面。

操作系统不仅可以读取文本和图像数据，还可以按预期显示这些数据。我们可以把它看作是一个“翻译器”，可以将数据传输到不同的环境。另外，HTML 和 XML 都是通过标记元素来工作的。

XML 实际上是由一组标准不断发展而来的，这些标准都是针对数据交换的：最开始先有 EDL（剪辑决策列表，Edit Decision List），接着是 OMF（公开媒体框架，Open Media Framework）和 AAF（高级制作格式，Advanced Authoring Format）以及 MXF（素材交换格式，Material eXchange Format），后者是将数据（本体）与元数据结合在一起的容器格式（如图 12.9 所示）。

在视频中，我们需要同样的能力：视频数据几乎从不停留在一台机器上或一个系统中——它总是从摄像机移动到数字影像工程师手推车以及各种后期制作设备中。XML 是一种把元数据伴随视频文件一起传输的方法。例如，XML 可用于将剪辑后的序列从剪辑软件传输到色彩校正软件，然后再返回——这称为“来回批”（round tripping）。

剪辑师和调色师已经交换文件很长时间了，但常常涉及文件的渲染问题，这可能是一个非常耗时的过程，更不用说它对硬件的要求了。这是一个看起来更大的交易。在数字工作流程中，制作过程的几个阶段（包括硬件和软件）要“谈论”（处理）相同的素材是非常常见的。最常见的情况是，所有这些操作都依赖于视频的中央存储库——一个所有视频文件和文档都被整合和备份的服务器。诸如编目和存档软件以及剪辑、色彩校正、视觉效果等都需要能够访问和处理这些视频和音频组件。虽然 XML 和其他交换语言可以促进这一工作流程，但仍然有一些问题需要解决。

12.5 来自设备的元数据

元数据可以从摄像机以外的来源产生，一些摄像头和升降机（包括三轴头）也记录元数据，比如倾斜和旋转的角度。这对于和其他镜头做合成、绿屏拍摄和视效工作非常有价值。这些设备大多也可以记录 GPS 数据。因此，无论何时，只要涉及位置、摄像机超出地面的高度、倾斜和旋转、一天中的时间和相关数据，它们

一个由 Avid 生成的 XML 编码的示例

```
<FilmScribeFile Version=” 1.0” Date=” Oct. 25, 2012” >
<AssembleList>
<ListHead>
<Title>SCENE 76</Title>
<Tracks>V1</Tracks>
<EventCount>26</EventCount>
<OpticalCount>0</OpticalCount>
<DupeCount>0</DupeCount>
<MasterDuration>
<FrameCount>2394</FrameCount>
<Edgecode Type=” 35mm 4p” >0149+10</Edgecode>
<Timecode Type=” TC1” >00:01:39:21</Timecode>
</MasterDuration>
<SourceDuration/>
<MediaFile/>
<VideoConform>KN Start</VideoConform>
<AudioConform>Aux Ink</AudioConform>
<LFOA>
<Edgecode Type=” 35mm 4p” >0149+10</Edgecode>
</LFOA>
<EditRate>24</EditRate>
<Resolution>24</Resolution>
</ListHead>
<Events>
<Event Num=” 1” Type=” Cut” Length=” 75” SourceCount=” 1” >
<Master>
<Reel/>
<Start>
<Timecode Type=” TC1” >01:00:00:00</Timecode>
<Pullin>A</Pullin>
<Edgecode Type=” 35mm 4p” >5010+08</Edgecode>
<Frame>80168</Frame>
<FrameImage/>
</Start>
<End>
<Timecode Type=” TC1” >01:00:03:03</Timecode>
<Pullin>C</Pullin>
<Edgecode Type=” 35mm 4p” >5015+02</Edgecode>
<Frame>80242</Frame>
<FrameImage/>
</End>
</Master>
```

图 12.9 一个由 Avid 生成的 XML 编码的示例。

都是可记录的、可搜索的和可在后期制作中使用的。这些数据中有很大一部分过去是由摄影助理或视效专家手工记录的，如果没有这些元数据，仍然有必要将其记录下来。这种记录是由摄影指导大卫·斯顿普（David Stump）开创的，他因此获得了学院技术奖。

12.6 DIT 手推车上的元数据

大多数下载和处理软件允许用户添加或修改一些元数据。最明显的是轴号（Reel #）、盒或媒介号（Mag / Media #），以及制作项目、导演和摄影指导的名字等，这些是跟踪数据并为剪辑过程做准备的重要部分。当然，用于剪辑目的的元数据将符合剪辑团队的要求并按照其规格完成——这是在制作前会议上要规定的最重要的事情之一。有些摄像机，比如黑魔，允许直接输入元数据。

参考文献

Adams, Ansel. *The Negative*. Little, Brown & Company. 1976.

Adams, Ansel. *The Print*. Little, Brown & Company. 1976.

Adams, Art. *Hitting the Exposure Sweet Spot.* ProVideo Coalition. 2012.

Adams, Art. *What are Incident Light Meters Really Good For, Anyway?* ProVideoCoalition.com. 2012.

Adams, Art. *Log vs. Raw: The Simple Version.* ProVideo Coalition. 2013.

Adams, Art. *The Not-So-Technical Guide to S-Log and Log Gamma Curves.* ProVideoCoalition.com. 2013.

Apple. *Apple ProRes White Paper.* Apple. 2009.

ARIB. *Multiformat Color Bar — ARIB Standard STD-B28 V1.* Association of Radio Industries and Businesses. 2002.

Arri. *ARRI Look Files for ALEXA.* Arri White Paper. 2011.

Arri. *ARRI Look File Low Contrast Curve.* Arri White Paper. 2011.

Arri. *MXF/DNxHD With Alexa.* Arri White Paper. 2012.

Avid. *Avid DNxHD Technology.* Avid White Paper. 2012.

Behar, Suny. *Best Practices Guide to Digital Cinematography Using Panasonic Professional HD Cameras.* Panasonic Broadcast. 2009.

Brendel, Harald. *Alexa LogC Curve, Usage in VFX.* Arri White Paper. 2006.

Brown, Blain. *Motion Picture and Video Lighting,* 2nd Edition. Focal Press. 2007.

Brown, Blain. *Cinematography: Theory and Practice,* 2nd Edition. Focal Press. 2011.

Cain, Ben. *Arri Alexa— Legal vs. Extended.* NegativeSpaces.com. 2012.

CineForm. *CineForm RAW Technology Overview.* CineForm White Paper. 2007.

Cioni, Michael. *Best Practices for Data Management.* Canon White Paper. 2012.

Clark, Curtis; Kawada, Norihiko; Patel, Dhanendra; Osaki, Yuki; Endo, Kazuo. *S-Log White Paper,* Version 1.12.3. Sony White Paper. 2009.

Dunthorn, David. *Film Gamma Versus Video Gamma,* CF Systems. 2004.

Extron. *The ABC's of Digital Video Signals.* Extron Video White Paper. 2009.

Gaggioni, Hugo; Patel , Dhanendra; Yamashita, Jin; Kawada, N. Endo; K, Clark Curtis. *S-Log: A New LUT For Digital Production Mastering and Interchange Applications.* Sony White Paper. 2011.

Galt, John and Pearman, James. *Perceptually Uniform Grayscale Coding In the Panavision Genesis Electronic Cinematography System.* Panavision. 2009.

Goldstone, Joseph. *Usage of Test Charts With the Alexa Camera— Workflow Guideline.* Arri. 2011.

Grimaldi, Jean-Luc. *Using 1D and 3D LUTS for Color Correction.* TCube. 2012.

International Telecommunication Union. *Recommendation ITU-R BT.709-5: Parameter Values for the HDTV Standards for Production and International Programme Exchange.* ITU-R Publication. 2002.

Iwaki, Yasuharu and Uchida, Mitsuhiro. *Next Generation of Digital Motion Picture Making Procedure: The Technological Contribution of AMPAS-IIF.* FujiFilm Research & Development #56-2011, FujiFilm Corporation. 2011.

Kainz, Florian. *A Proposal for OpenEXR Color Management.*

Industrial Light & Magic. 2004.

Kainz, Florian. *Using OpenEXR and the Color Transformation Language in Digital Motion Picture Production.* Industrial Light & Magic/The Academy of Motion Picture Arts & Sciences, Science and Technology Council Image Interchange Framework Committee. 2007.

Kainz, Florian; Bogart, Rod; Stanczyk, Piotr. *Technical Introduction to OpenEXR.* Industrial Light & Magic. 2013.

Kodak. *Conversion of 10-Bit Log Film Data to 8-Bit Linear or Video Data for the Cineon Digital Film System.* Kodak White Paper. 1995.

Lejeune, Cedric. *Using ASC-CDL in a Digital Cinema Workflow.* Workflowers. 2009.

Most, Michael. *Scratch and Red Raw: The Red Color Workflow v2.0.* Assimilate White Paper. 2010.

Oran, Andrew and Roth, Vince. *Color Space Basics.* Association of Moving Image Archivists Tech Review. 2012.

Parra, Alfonso. *Color Modifications in Sony CineAlta Cameras.* White Paper. 2008.

Poynton, Charles. *High Definition Television and Desktop Computing.* Sun Microsystems, Proceedings of the International Technical Workshop on Multimedia Technologies in HDTV, IEEE CES Tokyo. 1993.

Poynton, Charles. *A Technical Introduction to Digital Video.* John Wiley and Sons. 1996.

Poynton, Charles. *A Guided Tour of Color Space.* New Foundations for Video Technology. SMPTE. 1997.

Poynton, Charles. *Frequently Asked Questions About Gamma.* www.poynton.com. 1998.

Poynton, Charles. *Brightness and Contrast.* www.poynton.com. 2002.

Poynton, Charles. *Merging Computing With Studio Video: Converting Between R'G'B' and 4:2:2.* Discreet Logic. 2004.

Poynton, Charles. *Picture Rendering, Image State and BT.709.* www.poynton.com. 2010.

Poynton, Charles. *Digital Video and HD Algorithms and Interfaces,* 2nd Edition. Elsevier/Morgan Kaufman. 2012.

Quantel. *The Quantel Guide to Digital Intermediate.* Quantel White Paper. 2003.

Rodriquez, Jason. *RAW Workflows: From Camera to Post.* Silicon Imaging. 2007.

Roush Media. *Digital Cinema Mastering 101.* Roush Media. 2013.

Selan, Jeremy. *Cinematic Color From Your Monitor to the Big Screen.* Siggraph 2012 Course Notes. Sony Pictures Imageworks. 2012.

Selan, Jeremy. *Cinematic Color: From Your Monitor to the Big Screen.* Visual Effects Society White Paper. 2012.

Shaw, Kevin. *The Beauty of Aces.* Final Color, Ltd. White Paper. 2012.

Shaw, Steve. *Digital Intermediate — A Real World Guide to the DI Process.* Light Illusion. 2009.

Shipsides, Andy. *HDTV Standards: Looking Under the Hood of Rec.709.* HDVideoPro.com. 2013.

Sony. *Digital Cinematography with Hypergamma.* Sony White Paper. 2013.

Sony. *4K Workflow With CineAlta F5, F55, F65.* Sony White Paper. 2013.

Sony. *Technical Summary for S-Gamut3, Cine/S-Log3 and S-Gamut3/S-Log3.* Sony White Paper. 2014.

Sullivan, Jim. *Superior Color Video Images Through Multi-Dimensional Color Tables.* Entertainment Experience. White Paper. 2010.

Thorpe, Larry. *Canon-Log Transfer Characteristics.* Canon White Paper. 2012.

Vision Research. *The Phantom CINE File Format.* Vision Research, 2007.

Wong, Ping Wah and Lu, Yu Hua. *A Method For the Evaluation of Wide Dynamic Range Cameras.* Proceedings of SPIE, Digital Photography VIII, 2012.

致　谢

特别感谢

我要感谢许多使这项研究和写作成为可能的人：阿特·亚当斯、亚当·威尔特和查尔斯·波因顿和其他一些人。他们的研究、细心的方法论和详尽的测试方法为我们许多人铺平了道路。杰夫·博伊尔的 Cinematographer's Mailing List 对于有问题的专业摄影师和数字影像工程师来说是个好去处。尤其感谢来自 DSC 实验室的大卫（David）和苏珊·科利（Susan Corley）的帮助。

感谢阿特·亚当斯、本·凯恩和尼克·肖，他们阅读了我的手稿。还要感谢亚当·威尔特、约瑟夫·戈德斯通、吉姆·休斯敦、迈克·西普尔、本·施瓦茨和格雷姆·纳特雷斯，他们阅读过个别章节。他们都提出了许多有益的意见和建议。任何在本书中仍然存在的错误完全是我的责任。我恳请各位发表意见、提出建议、做出更正和进行辩论。可以通过 hawkhandaw@charter.net 来联系我。

感　谢

Abel Cine Tech，网址：Abelcine.com。

亚当·威尔特，发明者、顾问，网址：Adamwilt.com。

安迪·希普赛兹，Abel Cine Tech 洛杉矶教育总监，网址：Abelcine.com。

阿莱公司，网址：Arri.com。

阿特·亚当斯，摄影指导、作家，网址：Artadamsdp.com。

本·霍普金斯，数字影像工程师，网址：Huemaninterest.com。

本·施瓦茨，数字影像工程师。

黑魔公司，网址：Blackmagic.com。

鲍勃・坎皮，数字影像工程师。

佳能公司，网址：Canon.com。

查尔斯・波因顿，色彩科学家、顾问、作家，网址：Poynton.com。

丹尼・布雷姆，数字影像工程师，工作流程顾问，网址：Prettymovingpictures.com。

大卫和苏珊・科利，DSC 实验室，网址：DSClabs.com。

道格・索利斯，BigFoot 移动手推车公司，网址：Bigfootmobilecarts.com。

埃文・卢齐（Evan Luzi），摄影助理，网址：Theblackandblue.com。

埃文・奈斯比特，数字影像工程师。

杰夫・博伊尔，摄影指导、CML 创始人。

格雷姆・纳特雷斯，图像处理软件开发师，网址：Nattress.com。

吉姆・休斯敦，调色师、ACES 委员会主席，Starwatcher Digital 公司。

约瑟夫・戈德斯通，影像科学家，阿莱公司。

马克・威伦金，数字影像工程师，网址：Markwilenkin.com。

米夏・冯・霍弗（Micha van Hove），网址：NoFilmSchool.com。

迈克・西普尔，弗莱彻摄像机公司工程总监。

尼克・肖，调色师、工作流程顾问，安特勒邮局，网址：Antlerpost.com。

史蒂夫・肖，光幻象公司，网址：Lightillusion.com。

松下公司，网址：Panasonic.com。

潘那维申公司，网址：Panavision.com。

Pomfort 公司，网址：Pomfort.com。

萨夏・里维埃（Sacha Riviere），数字影像工程师，网址：Thedithouse.com。

索尼公司，网址：Sony.com。

冯・托马斯，数字影像工程师，网址：Digitaltechnyc.com。

译后记

翻译《认识数字影像》一书的过程同时是一个不断学习和不断对自己以往所感所惑进行验证和求解的过程。该书所阐释的内容令本人受益匪浅，概括以下三点与读者共享：

一，该书的内容是以一位摄影师（作者布莱恩·布朗本人就是一位优秀的影视摄影师）的视角展开的。因此，它既充分满足了摄影师对于数字影像的种种认知需求，又避开了作为一位摄影师所不必具备的太过繁琐庞杂的数理知识，作者不惜笔墨，旁征博引，以浅显示深邃，通俗易懂地把道理阐述得清晰明了。所以，这是一本可以帮助非专业读者的书，只要你对数字影像充分感兴趣。

二，该书在讲述数字影像的原理时与胶片影像进行了充分的对比。读完本书，我有一个最大的感悟是数字影像与胶片影像原来“大道相通”。比如 RAW 格式被比作是没有冲洗的负片，比如由 RAW 到各种不同的非 RAW 就类似于对曝过光的负片进行不同类型的冲洗。

由胶片到数字的跨越是巨大的和颠覆性的。自 1998 年进入电影学院跟随马松年老师学习胶片知识以来，包括随后在传媒大学从事了近 20 年的胶片和数字技术的教学工作，本人在教学和创作实践中从未放松过对新技术的追随，对于数字影像存在的一些认知上的问题和迷惑虽有不断的自我总结和自我修正，但最为系统的理论梳理和融会贯通是直到读过布莱恩·布朗先生的这本英文著作才算完成的。这本著作令我茅塞顿开、豁然开朗。

三，该书内容涵盖全面，可以说是跨越了整个数字影像的制作流程。从前期拍摄中的曝光控制、DIT 工作流程，到后期调色，再到 ACES 系统的方法论，本书是无所不及的。从这个意义上讲，该书又是一本数字影像制作的小百科。

若深究影像成像之“道”，它无非受制于其所依存的技术外壳。胶片或数字作为不同的技术外壳，既各具特色又大道相通。打通胶片技术和数字技术的界隔，是真正理解影像、理解数字影像的关键所在。

总之，本书的内容将是你打开更高更远的影像原理之门的法宝。

李 勇

2021 年 4 月 28 日

出版后记

如今，想要在电影院里看见一部胶片拍摄的电影，已经是一件不太容易的事。数字技术在电影行业掀起的变革，不仅迅速，而且彻底。不管你是刚刚入行的新人，还是摸爬滚打多年的老手，如果不及时更新自己的知识，了解和掌握数字影像的成像原理和实操技术，便很难在这个行业里站稳脚跟。

在本书里，对于展现在我们面前的这个全新的世界，布莱恩·布朗提供了一份明晰、实用的路线图。通过它，你不仅将认识种种新设备、新技术，学习运用它们的方法，还将了解到这个行业里出现的新角色，以及新的行业标准和工作流程。如果你想成为一名电影制作的从业者，无论是摄影师、数字影像工程师、摄影助理、剪辑师还是视效艺术家，这些知识都是必不可少的。对于导演来说，有了这些知识，也更方便你与其他工作人员进行有效的沟通。

这是一本高度专业的影像技术指南，为了将书中的术语、理论和方法准确传递给读者，我们邀请了中国传媒大学戏剧影视学院李勇教授来翻译本书。李勇老师兼具专业背景、实践经验和教学经验，保障了译稿的专业度。全书配备了丰富的插图，在编辑过程中，我们尽可能遵循原书版式，还原文字和配图之间的关系，以期给读者带来舒适、顺畅的阅读体验。如有疏漏之处，敬请读者朋友们批评指正。

后浪电影学院已出版多部摄影和后期制作方面的专业书籍，如《电影摄影照明技巧教程》《拍出电影感》《视效制片人》《视效合成初级教程》《视效合成进阶教程》等。未来我们还会陆续推出更多相关书籍，敬请关注。

为了开拓一个与读者朋友们进行更多交流的空间，分享相关“衍生内容”“番外故事”，我们推出了“后浪剧场”播客节目，邀请业内嘉宾畅聊与书本有关的话题，以及他们的创作与生活。可通过微信搜索“houlangjuchang”来获取收听途径，敬请关注。

服务热线：133-6631-2326 188-1142-1266

服务信箱：reader@hinabook.com

后浪电影学院

2022 年 6 月

图书在版编目（CIP）数据

认识数字影像：数字摄影、影像控制和工作流程 / (美) 布莱恩 · 布朗著 ; 李勇译 . — 北京：北京时代华文书局，2021.11

书名原文 : The filmmaker’s guide to digital imaging : for cinematographers, digital imaging technicians, and camera assistants

ISBN 978-7-5699-4459-4

Ⅰ . ①认… Ⅱ . ①布… ②李… Ⅲ . ①数字照相机—摄影技术—教材 Ⅳ . ① TB86 ② J41

中国版本图书馆 CIP 数据核字 (2021) 第 225083 号

The Filmmaker’s Guide to Digital Imaging: for Cinematographers, Digital Imaging Technicians, and Camera Assistants / by Blain Brown

ISBN: 978-0-415-85411-5

北京市版权局著作权合同登记号 图字：01-2021-4781

认识数字影像：数字摄影、影像控制和工作流程

Renshi Shuzi Yingxiang : Shuzi Sheying、Yingxiang Kongzhi he Gongzuo Liucheng

著　　者 | [美] 布莱恩 · 布朗
译　　者 | 李　勇

出 版 人 | 陈　涛
责任编辑 | 李　兵
装帧设计 | 墨白空间 · 黄怡祯
责任印制 | 訾　敬

出版发行 | 北京时代华文书局 http://www.bjsdsj.com.cn
北京市东城区安定门外大街 138 号皇城国际大厦 A 座 8 层
邮编：100011　　电话：010-64263661　　64261528
印　　刷 | 河北中科印刷科技发展有限公司　　电话：010-69590320
（如发现印装质量问题，请与印刷厂联系调换）
开　　本 | 787 mm × 1092 mm　1/16　　印　张 | 24.25　　字　数 | 360 千字
版　　次 | 2022 年 8 月第 1 版　　印　次 | 2022 年 8 月第 1 次印刷
书　　号 | ISBN 978-7-5699-4459-4
定　　价 | 138.00 元

《视效制片人》

The Visual Effects Producer

著者：［美］查尔斯·菲南斯（Charles Finance）

［美］苏珊·兹韦尔曼（Susan Zwerman）

译者：雷丹雯　范亚辉

书号：978-7-5142-2660-7

出版时间：2019 年 12 月

定价：99.80 元

- 美国视效协会（VES）推荐教材　制定标准的行业领袖倾力打造
- 《复仇者联盟》《权力的游戏》《绿皮书》视效制片人梳理行业标准
- 《流浪地球》导演、总制片人热血推荐　弥补电影工业化缺失一环
- 量化！拆分！高效！省钱！　全流程实战攻略 × 项目管理宝典

这本书对于我们来说来得太晚。希望在中国电影工业化的初期，这本书能为我们的年轻创作者提供更多的可靠务实的、有章可循的珍贵参考资料。

——郭帆，《流浪地球》导演

该书从视效制片人的岗位出发，几乎完整地梳理了视效制作流程，从技术和管理两个维度给视效制片人以及视效总监、制片人、导演一个关于视效制作的全景式流程指引，阐释了如何高效地对视效部门进行制片管理，这于重视效电影的创作、生产尚处起步阶段的中国电影而言殊为难得。

——赵海城，《流浪地球》总制片人

内容简介｜这是一本工业化体系下的视效全流程实战宝典。两位参与行业标准制定的资深专家总结 20 余年经验，从制作与管理两个维度有体系、有步骤进行了事无巨细的梳理：如何在筹备期组建团队，做前期分解、计划与预算；在拍摄过程中控制成本、管理进度、配合摄制组；在后期驾驭视效剪辑，统筹分包团队；在每一步合理分配有限的资金、时间、人员，充分运用数据库，令团队高效配合；以及如何处理视效部门运营中的合同、保险、谈判、招标等问题，一应俱全。

作者介绍｜查尔斯·菲南斯，视效协会终身成员，资深视效制片人、视效总监。在进入视效行业之前，曾担任 70 多部非院线影片的制片和导演，频频获奖。于 1983 年担任大卫·林奇的视效大片《沙丘》的视效统筹。自那以后，他一直担任视效制片人、视效顾问、视效总监。

苏珊·兹韦尔曼，获格莱美奖的资深视效制片人，曾任美国视效协会（VES）技术委员会主席，制片人工会（PGA）新媒体委员会董事会成员。作品包括：奥斯卡最佳影片《绿皮书》，卖座大片《复仇者联盟》系列、《银河护卫队》系列、《雷神》系列、《蜘蛛侠》系列、《惊奇队长》、《黑豹》、《星球大战 8：最后的绝地武士》等。